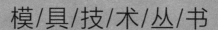

模/具/技/术/丛/书

U0292315

注塑模具
与制造技术

ZHUSU MUJU
YU ZHIZAO JISHU

冯亚生　崔春芳　等编

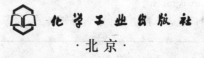

化学工业出版社

·北京·

本书以实践和第一手模具制作的实际经验综合编写而成，对注塑模具制作有一定的参考价值。

全书共分十章，主要阐述了注塑成型工艺与设备及其制品的设计；注塑模具的结构形式与制造材料选择；注塑模具浇注系统的设计；注塑模具成型零件的设计；注塑模具的基本结构部件；注塑模具顶出脱模机构的设计；侧向分型与抽芯结构；注塑模排气系统与温度调节系统；注射成型的质量控制。

本书注重先进性、实用性和可操作性，章节以实例叙述为主，理论表述从简，表文并茂。可供主要从事塑料模具成型制作工技能鉴定培训、塑料模具产品制品成型技术与塑料模具材料研究的工程技术人员阅读参考，也可作为高等院校塑料工艺专业师生研究与参考。

图书在版编目（CIP）数据

注塑模具与制造技术/冯亚生，崔春芳等编 .—北京：化学工业出版社，2013.7

（模具技术丛书）

ISBN 978-7-122-17639-4

Ⅰ.①注…　Ⅱ.①冯…②崔…　Ⅲ.①注塑-塑料模具-设计②注塑-塑料模具-制造　Ⅳ.①TQ320.66

中国版本图书馆 CIP 数据核字（2013）第 129473 号

责任编辑：夏叶清	文字编辑：徐雪华
责任校对：宋　夏	装帧设计：刘丽华

出版发行：化学工业出版社（北京市东城区青年湖南街 13 号　邮政编码 100011）
印　　装：三河市延风印装厂
710mm×1000mm　1/16　印张 22　字数 446 千字　2013 年 11 月北京第 1 版第 1 次印刷

购书咨询：010-64518888（传真：010-64519686）　售后服务：010-64518899
网　　址：http://www.cip.com.cn
凡购买本书，如有缺损质量问题，本社销售中心负责调换。

定　价：78.00 元

丛书序

我国模具工业从起步到现在，已经走过了半个多世纪。自从 20 世纪以来，我国就开始重视模具行业的发展，提出支持模具行业的发展以带动制造业的蓬勃发展。有关专家表示，我国的加工成本相对较低，模具加工业日趋成熟，技术水平不断提高，人员素质大幅提高，国内投资环境越来越好，各种有利因素使越来越多国外企业选择我国作为模具加工的基地。模具行业在"十二五"期间将面临再次腾飞的契机。

据统计资料，模具可带动其相关产业的比例大约是 1∶100，即模具发展 1 亿元，可带动相关产业 100 亿元。通过模具加工产品，可以大大提高生产效率，节约原材料，降低能耗和成本，保持产品高度一致性等。如今，模具因其生产效率高、产品质量好、材料消耗低、生产成本低而在各行各业得到了应用，并且直接为高新技术产业服务，特别是在制造业中，它起着其他行业无可替代的支撑作用，对地区经济的发展发挥着辐射性的影响。

现代模具行业是技术、资金密集型的行业。目前，中国约有模具生产厂点 2.5万余家，从业人员有 100 多万人，全年模具产值达 1000 多亿元人民币，模具出口近 30 亿美元，但是目前我国注射模具设计制造大多集中在低档次领域，技术水平与附加值偏低，对于那些精密、复杂、大型、科技含量高和寿命长的高中档模具，国内模具企业在技术上还有一定差距。

目前，热流道的注塑模具已应用普遍，如双色注塑模、气体辅助注塑模、无熔接痕高亮度模具正在广泛应用；同时，CAE 的模流分析和模具信息化的管理系统（CAE、CRP、EMS）已开发应用，通过信息化的管理系统能对模具项目计划、材料、进程进行有效的控制，提升了企业的生产效率和质量。

面对国外先进技术与模具质量高、市场价格低、制造周期短的挑战，模具行业应不断地提高设计、制造、工艺技术及管理水平。我国必须打破传统习惯的模具生产工艺，使模具设计规范化、标准化，使模具生产零件化，使模具企业管理信息化、网络化。只有这样，才能使模具行业整体水平跃上一个新的台阶，缩短与国外水平的差距，使中国的模具工业有一个更大的发展。近年来，模具行业结构调整步伐加快，主要表现为大型、精密、复杂、长寿命模具和模具标准件发展速度高于行业的总体发展速度；塑料模和压铸模比例增大；面向市场的专业模具厂家数量及能力增加较快。随着经济体制改革的不断深入，"三资"及民营企业的发展很快。

随着我国制造业国际地位的不断提高，模具工业获得了飞速的发展，模具的需求量也成倍增加，其生产周期愈来愈短。因此，迫切需要加快塑料模具技术进步、技术创新的步伐。只有掌握最新的塑料模具技术成果才能提高竞争能力，开拓新的市场领域。当前要应对塑料模具原材料价格暴涨等各方面的挑战，为此需要特别注意学习和吸收国际塑料模具业的经验教训和科技成果。

《模具技术》丛书的出版，为推动制造业的健康有序的发展、优化模具产业结构有所帮助，有利于制造业产业集群人员的知识需求，切实把科技创新与技术资源优势转化为经济优势，为企业解决一些技术难题。该丛书的特点是以技术性为主，兼具专业性和实用性，同时体现基础理论的研究等。

丛书共分七册，包括《注塑模具与制造技术》、《三维建模与模具设计》、《塑料模具与设计》、《模具材料及工艺》、《模具设计与数控编程一体化》、《冲压模具与制造技术》、《橡塑模具与设计》。

为了帮助广大读者比较全面地了解塑料模具行业的发展与技术进步，编者在参阅大量文献资料的基础上组织编写了《模具技术》丛书。相信本丛书的出版对于广大从事塑料模具与设计、塑料新材料的制品与加工和开发研究的科技人员会有所帮助。

丛书编委会
2013 年 1 月

我国已成为世界上净出口模具最多的国家。大型多工位级进模、精密冲压模具、大型多型腔精密注塑模、大型汽车覆盖件模具等虽已能生产，但总体技术水平不高，与国外先进国家相比，仍有很大差距，特别是模具寿命低的问题非常突出。

尽管塑料模具工业取得了飞速的发展，但也远远赶不上人们对塑料精品越来越高的要求，注射挤出成型好的精品必须有优质模具，为此不少企业的从业人员常受到各种难度较大模具技术问题的困扰，如对经济、简便的注塑模的设计和制造；怎样进行数量众多、性能各异的塑料原料取舍；怎样用简单实用的方法进行注塑制品与模具的设计；在塑件注射成型时要把握哪些工艺参数；注射成型设备怎样才能正确地使用并生产出优质塑件；怎样控制注塑制品的最终质量；如何将 CAD/CAE/CAM 技术导入注塑模的设计和制造中……如此众多的技术问题极大地束缚了塑料工业前进的步伐成为制约塑料工业发展的拦路虎。

《模具技术》丛书会有效地推动支持模具行业带动制造业的蓬勃发展和促进我国经济发展。从前瞻性、战略性和基础性来考虑，目前应更加重视模具材料与模具工业总体技术水平提高，另外把提高生产效率，节约原材料，降低能耗和成本，保持产品高一致性等作为重点。因此，丛书的特点是以技术性为主，兼具科普性和实用性，同时体现基础理论的研究等。

《注塑模具与制造技术》是该丛书分册之一，以实践和第一手模具制作的实际经验综合编写而成，该书将对注塑模具制作有一定的参考价值。

全书共分十章，第一章　概论；第二章　注射成型工艺与设备及其制品的设计；第三章　注塑模具的结构形式与制造材料选择；第四章　注塑模具浇注系统的设计；第五章　注塑模具成型零件的设计；第六章　注塑模具的基本结构部件；第七章　注塑模具顶出脱模机构的设计；第七章　注塑模具顶出脱模机构的设计；第八章　侧向分型与抽芯结构；第九章　注塑模排气系统与温度调节系统；第十章注射成型的质量控制与标准化体系。

本书注重先进性、实用性和可操作性，章节以模具图解叙述为主，理论表述从简，表文并茂。可供主要从事塑料模具成型制作工技能鉴定培训、塑料模具产品制品成型技术与塑料模具材料研究的工程技术人员阅读参考，也可作为高等院校塑料工艺专业师生研究与参考。

在本书编写过程中，许多注塑模具前辈和同仁热情支持和帮助，并提供有关资料，对本书内容提出宝贵意见。高占义、杨经涛、郭爽、朱美玲、崔春芳等参加了本书的编写与审核工作。黄雪艳、杨经伟、王书乐、高新、周雯、耿鑫、陈羽、董桂霞、张萱、杜高翔、丰云、蒋洁、王素丽、王瑜、王月春、韩文彬、俞俊、周国栋、陈小磊、方芳、高巍、高洋等同志为本书的资料收集和编写付出了大量精力，在此一并致谢！

　　由于我们水平有限，收集的资料挂一漏万在所难免，虽认真编审，恐有不足之处，敬请读者批评指正，以便再版时更臻完善。

编者
2013 年 2 月

目录

第一章 绪 论

第二章 注塑成型工艺与设备及其制品的设计

第三章 注塑模具的结构形式与制造材料选择

第四章 注射模具浇注系统的设计

第五章 注塑模具成型零件的设计

第六章　注塑模具的基本结构部件

第七章　注塑模具顶出机构的设计

第八章　侧向分型与抽芯结构

第九章　注塑模排气系统与温度调节系统

第十章　注射成型的质量分析与控制

>>>>>>>>>

参考文献

植又 参考

第一章

绪 论

◀◀◀

第一节 概 述

　　我国塑料工业经过长期的奋斗和面向全球的开放，已形成门类较齐全的工业体系，成为与钢材、水泥、木材并驾齐驱的基础材料产业。作为一种新型材料，其使用领域已远远超越上述三种材料。进入 21 世纪以来，中国塑料工业取得了令世人瞩目的成就，实现了历史性的跨越。作为轻工行业支柱产业之一的塑料行业，近几年增长速度一直保持在 10% 以上，在保持较快发展速度的同时，经济效益也有新的提高。塑料制品行业规模以上企业产值总额在轻工 19 个主要行业中位居第三，实现产品销售率 97.8%，高于轻工行业平均水平。从合成树脂、塑料机械和模具生产来看，都显示了中国塑料工业强劲的发展势头。

一、塑料应用性能

　　塑料是以树脂为主要成分，加入各种能够改善其加工及使用性能的添加剂（如增塑剂、稳定剂、润滑剂、着色剂、阻燃剂、抗静电剂、填料及发泡剂等），在特定温度、压力等条件的作用下，能够成型为符合所设计的形状要求，并可在常温、常压下保持此形状的一类材料。目前，塑料中所使用的树脂，绝大部分是合成树脂。

　　塑料的密度低、比强度高，又具有耐腐蚀和绝缘性能。在较多的品种中，有的减摩或耐磨性能良好，有的防振抗冲性能优异，有的则是耐疲劳性能突出，这使得塑料制品在国民经济的各行各业，无论是机械仪表或电子电器，还是建筑、包装和交通工具等，或是在人们的日常生活中，都大量地使用着。塑料制品能得到如此广泛使用的另一原因是，它还具有良好的可加工性，可以用注射、挤出、压制等多种成型方法高效地生产各种制品，又可经纤维增强或改性（物理或化学的），在一定程度上改善制品所需的某些性能。另外，塑料材料易着色、可多样化进行修饰，经处理后以千姿百态和艳丽的容颜走进千家万户。

二、塑料制品的功用

结构件是塑料制品用量最大的品种，并在声光电等领域已成为不可或缺的构件。例如，电子仪表、家用电器和通信设备等的机壳、机架和机座，建筑上的塑料管道、板条和门窗。汽车上的前后保险杠、仪表板和内饰件。塑料件作为电的绝缘零件，与金属导体、半导体器件相辅相成。近年来，透明的塑料制品，从镜片、光盘到照明灯具，又拓展了新的应用领域，有许多特殊的应用场合都非塑料件莫属。例如，输送腐蚀性介质的管道、阀和泵。

音响和办公设备中的无噪声的塑料齿轮，无法用油润滑的轴承和导轨，只能采用减摩和耐磨的自润滑的塑料。还有瞬时高温要求和高速飞行器上的特殊制件等。

塑料也存在着一些缺点，这使其在应用中也受到一定的限制。一般塑料的刚性差，如尼龙的弹性模量约为钢铁的 1/100；塑料的耐热性差，在长时间工作的条件下一般的使用温度在 100℃ 以下，在低温下易开裂；塑料的热导率只有金属的 1/600～1/200，这对散热来说是一个缺点，若是在长期受载荷作用下使用，即使温度不高，塑料也会渐渐产生塑性流动，即产生"蠕变"的现象；塑料易燃烧，在光和热的作用下性能容易变差，发生老化的现象。所以，在制品设计选择塑料时要注意这些问题。

三、塑料模具的功能和地位

我们日常生产、生活中所使用到的各种工具和产品，大到机床的底座、机身外壳，小到一个坯头螺丝、纽扣以及各种家用电器的外壳，无不与模具有着密切的关系。模具的形状决定着这些产品的外形，模具的加工质量与精度也就决定着这些产品的质量。

一般一种用于压塑、挤塑、注射、吹塑和低发泡成型的组合式塑料模具，主要包括由凹模组合基板、凹模组件和凹模组合卡板组成的具有可变型腔的凹模，由凸模组合基板、凸模组件、凸模组合卡板、型腔截断组件和侧截组合板组成的具有可变型芯的凸模。模具凸、凹模及辅助成型系统的协调变化。可加工不同形状、不同尺寸的系列塑件。

近年来，随着塑料工业的飞速发展和通用与工程塑料在强度和精度等方面的不断提高，塑料制品的应用范围也在不断扩大，如：家用电器、仪器仪表、建筑器材、汽车工业、日用五金等众多领域，塑料制品所占的比例正迅猛增加。一个设计合理的塑料件往往能代替多个传统金属件。工业产品和日用产品塑料化的趋势不断上升。

　　塑料模具，是塑料加工工业中和塑料成型机配套，赋予塑料制品以完整构型和精确尺寸的工具。由于塑料品种和加工方法繁多，塑料成型机和塑料制品的结构又繁简不一，所以，塑料模具的种类和结构也是多种多样的。

　　从塑料原材料到塑料制品，它所经过的生产流程是由三个既相关又独立的部门所组成的：一是原材料（树脂）的生产；二是塑料的生产；三是塑料制品的生产。这三个生产部门构成了塑料制品成型加工密不可分的工业系统。

　　将塑料成型为制品的工艺有三个要素：原材料、成型设备及工艺条件、成型模具。在现代塑料制品的成型加工中，合理的加工工艺、高效率的设备和先进的模具，被誉为塑料制品成型技术的"三大支柱"。尤其是塑料模具，其对实现制品加工工艺的要求、制品的使用和外观造型，都起着无可替代的作用。就是高效全自动化的设备，也只有与具有自动化生产功能的先进模具相配合，才能发挥其应有的效能。此外，塑料制品的生产与产品更新均以模具设计制造和更新为前提。

　　在现代工业发展的进程中，模具的地位及其重要性日益为人们所认识。据有关专家统计，在全世界所有的制品中约有75％以上是用模具来成型的（包括金属、陶瓷和玻璃等材料的制品）。因此，从这一意义上来说，"模具是产品之母"是不争的事实。也可以说，没有模具就没有产品。模具工业作为进入富裕社会的原动力之一，正推动着整个工业技术的进步。

　　随着模具工业的迅速发展，对模具的使用寿命、加工精度等提出了更高的要求。模具材料性能的好坏和使用寿命的长短，将直接影响加工产品的质量和生产的经济效益。而模具材料的种类、热处理工艺、表面处理技术是影响模具使用寿命的极其重要的因素，所以世界各国都在不断地研究和开发新型模具材料，改进模具的热处理工艺，选用适当的表面处理技术，合理地设计模具结构，加强对模具的维护等措施，来稳定和提高模具的使用寿命，防止模具的早期失效。

　　模具材料的使用性能将直接影响模具的质量和使用寿命。模具材料的工艺性能将主要影响模具加工的难易程度、加工质量和生产成本。为此，应合理选择模具材料，改进热处理工艺和表面处理工艺，大力推广模具生产中的新材料、新工艺和新技术。

第二节　塑料模具工业的现状与发展前景

一、世界各国模具制造技术状况

　　日本在模具制造领域把持着核心技术，也掌握着模具制造技术产业链中利润最丰厚的环节，给大部分全球其他市场的工厂只留有模具组装环节的利润，这种"产业立国"的经济模式也是值得中国模具加工企业学习的地方。当前需要警惕的是，国际对冲基金及资本家通过制造舆论，夸大损失，趁机抽走模具制造技术资金，那将对全球经济的发展都产生严重冲击，如果日本资本被抽走，全球模具制造产业关联体都将受到非常大的冲击。

美国现有约 7000 家模具企业，90％以上为少于 50 人的小型企业。由于工业化的高度发展，美国模具业早已成为成熟的高技术产业，处于世界前列。美国模具钢已实现标准化生产供应，模具设计制造普遍应用 CAD/CAE/CAM 技术，加工工艺、检验检测配套了先进设备，大型、复杂、精密、长寿命、高性能模具的发展达到领先水平。但自 20 世纪 90 年代以来，美国经济面临后工业化时代的大调整、大变革，也面对强大的国际竞争——来自成本压力、时间压力和竞争压力。

德国一向以精湛的加工技艺和出产精密机械、工具而著称，其模具业也充分体现了这一特点。对于模具这个内涵复杂的工业领域，经过多年的实践探索，德国模具制造厂商形成了一个共识：即全行业必须协调一致，群策群力，挖掘开发潜力，共同发扬创新精神，共同技术进步，取长补短，发挥好整体优势，才能取得行业的成功。此外，为适应当今新产品快速发展的需求，在德国，不仅大公司建立了新的开发中心，而且许多中小企业也都这样做，主动为客户做研发工作。在研究方面德国始终十分活跃，成为其在国际市场上保持不败的重要基础。在激烈竞争中，德国模具行业多年保持住了在国际市场中的强势地位，出口率一直稳定在 33％左右。据德国工、模具行业组织"德国机械制造商联合会（VDMA）"工模具协会统计，德国有模具企业约 5000 家，2003 年德国模具产值达 48 亿欧元。其中（VDMA）会员模具企业有 90 家，这 90 家骨干模具企业的产值就占德国模具产值的 90％。

澳大利亚近年来经济发展较快，而且今后几年还有继续增长的势头。但是作为基础工业的模具制造业，尤其是冲压模具的制造能力赶不上经济发展的需要，为此急需从国外进口冲压模具制造技术和能力，而中国模具业在这方面恰好有较大的优势，市场前景看好。具体分析如下：中国冲压模具企业的技术装备水平高于澳大利亚。目前国内四大汽车冲模企业拥有数控铣床 56 台，其中大型的 35 台，高速铣床 5 台（其中主轴转数 20000r/min 的 2 台）。拥有计算机工作站 143 台，配备各种软件 200 套，还有成型分析软件和逆向工程软件 8 套。大型坐标测量机 5 台，调试压机 30 台（1600t、1400t、1300t、800t、600t），研配压机 16 台，吊车多为 30t 和 15t，这些远远超过澳大利亚装备水平。

中国有完整的冲模设计制造技术人员和编程人员，有熟练的数控机床操作工人、钳工装配和模具调试人员。中国的劳动工资水平低于澳洲，目前已具备制造轿车冲压模具能力，企业生产能力多在年制造 300 套至 500 套大中型冲压模具，而且企业设备负荷不高，完全有能力为澳大利亚制造模具。

澳大利亚汽车模具设计制造所用的软件多为 UG、Pro-E、Catia 和 Euclid，与中国模具企业用的软件基本相同，可以共享，CAE 分析软件和模拟成型分析软件都有相似之处。这为我们开展中外合作提供了良好的条件。

澳大利亚模具协会、阿德莱德模办、墨尔本模协都对中国模具市场和制造企业寄予很大希望，这将为中国向澳大利亚出口模具创造有利条件。

新加坡是一个只有 300 万人口的小国，在 20 世纪 80 到 90 年代，政府重视和支持精密模具的发展，出台了很多政策，使模具工业得到快速增长，促进了新加坡经济的快速发展。新加坡拥有各种类型模具以及精密加工相关企业超过 1000 多家，模具年产值超过 45 亿人民币，在亚洲模具业中有着相当重要的影响力和作用。模具企业中上市的有 10 多家。新加坡 65％以上企业生产的模具都是为电子相关业配套的，生产的模具不是大型的，但都是高精密、高水平的模具。新加坡模具企业主要集中在半导体框架/封装模具、五金冲压模具、塑胶模具、硅橡胶模具等领域。

二、中国模具工业的发展现状

20 世纪 80 年代以来，中国模具工业发展十分迅速。国民经济的高速发展对模具工业提出了越来越高的要求，也为其发展提供了巨大的动力。这些年来，中国模具工业一直以 15％左右的增长速度快速发展。截止 2011 年底，中国近 30000 多个模具生产厂点，从业人数约 100 多万。2011 年中国模具工业总产值达到 1240 亿元人民币，约合 196 亿美元，到 2012 年底全国模具产销值在 1380 亿元左右。但是就我国模具行业的现状看，产品结构不尽合理，大多数产品都是低值产品，而技术层面上与先进国家比还有一段距离。国内一般工业总产值中企业自产自用的约占 2/3，作为商品销售的约占 1/3。

在模具工业的总产值中，冲压模具约占 50％，塑料模具约占 33％，压铸模具约占 6％，其他各类模具约占 11％。

虽然中国模具工业在过去十多年中取得了令人瞩目的发展，但许多方面与工业发达国家相比仍有较大的差距。例如，精密加工设备在模具加工设备中的比重还比较低，CAD/CAE/CAM 技术的普及率不高，许多先进的模具技术应用还不够广泛等等。特别在大型、精密、复杂和长寿命模具技术上存在明显差距，这些类型模具的生产能力也不能满足国内需求，因而需要大量从国外进口。

三、我国模具技术的进步状况的对比

近些年来，在中国，人们已经越来越认识到模具在制造中的重要基础地位，认识到模具技术水平的高低，已成为衡量一个国家制造业水平高低的重要标志，并在很大程度上决定着产品质量、效益和新产品的开发能力。

许多模具企业十分重视技术发展，加大了用于技术进步的投资力度，将技术进步视为企业发展的重要动力。此外，许多研究机构和大专院校开展模具技术的研究和开发。

目前，从事模具技术研究的机构和院校已达 60 多家，从事模具技术教育的培训的院校已超过 100 多家。其中，获得国家重点资助建设的有华中理工大学模具技术国家重点实验室，上海交通大学 CAD 国家工程研究中心、北京机电研究所精冲技术国家工程研究中心和郑州工业大学橡塑模具国家工程研究中心等。经过十多年的努力，在模具 CAD/CAE/CAM 技术、模具的电加工和数控加工技术、快速成型与快速制模技术、新型模具材料等方面取得了显著进步；在提高模具质量和缩短模具设计制造周期等方面做出了贡献。

我国塑料模具在设计、制造技术、（CAI）技术、CAPP 技术方面都得到相应的开发和推广应用。特别是在大型、精密和多型腔注塑模具的设计、制造技术方面已取得了很大的进步，模具的寿命明显提高，交货期也大大缩短。

（1）塑料模具技术　近年来，塑料模发展很快，在国内模具工业产值中塑料模具所占比例不断扩大。电视机、空调、洗衣机等家用电器所需的塑料模具基本上可立足于国内生产。重量达 10～20t 的汽车保险杠和整体仪表板等塑料模具和多达 600 腔的塑封模具已可自行生产。在精度方面，塑料尺寸精度可达 IT6-7 级，型面的粗糙度达到 $R_a 0.05 \sim 0.025 \mu m$，塑料模使用寿命达 100 万次以上。在塑料模具的设计制造中，CAD/CAM 技术得到较快的普及，CAE 软件已经在部分厂家应用。热流道技术得到广泛应用，气辅注射技术和高效多色注射技术也开始成功应用。

（2）CAD/CAE/CAM 技术　目前，国内模具企业中已有相当多的厂家普及了计算机绘图，并陆续引进了高档 CAD/CAE/CAM，UG、Pro/Engineer、I-DEAS、Euclid-IS 等著名软件在中国模具工业应用已相当广泛。一些厂家还引进了 Mold-flow、C-Flow、DYNAFORM、Optris 和 MAGMASOFT 等 CAE 软件，并成功应用于塑料模、冲压模和压铸模的设计中。

近年来，我国自主开发 CAD/CAE/CAM 系统有很大发展。在注塑模具的设计、制造技术方面，CAD/CAM/CAE 技术的应用水平上了一个新台阶。例如，华中理工大学模具技术国家重点实验室开发的注塑模、汽车覆盖件模具和级进模 CAD/CAE/CAM 软件，上海交通大学模具 CAD 国家工程研究中心开发的冷冲模和精冲研究中心开发的冷冲模和精冲模 CAD 软件，北京机电研究所开发的锻模 CAD/CAE/CAM 软件，北航华正软件工程研究所开发 CAXA 软件，吉林汽车覆盖件成型技术所独立研制的商品化覆盖件冲压成型分析 KMAS 软件等在国内模具行业拥有不少的用户。

另外，不少厂商和研究开发单位陆续引进了相当数量的 CAD/CAM 系统和塑料模具分析软件等。这些系统和软件的引进，对我国模具行业中，实现了 CAD/CAM 的集成，并能支持 CAE 技术对成型过程，如充模和冷却等进行计算机模拟，取得了一定的技术经济效益，促进和推动了我国模具 CAD/CAM 技术的发展。但与国外相比仍有较大差距，具体数据见表 1-1。

■ 表 1-1　国内外塑料模具技术比较表

项目	国外	国内
注射模型腔精度/mm	0.005~0.01	0.02~0.05
型腔表面粗糙度/μm	R_a0.01~0.05	R_a0.20
非淬火钢模具寿命/万次	10~60	10~30
淬火钢模具寿命/万次	160~300	50~100
热流道模具使用率/%	80 以上	总体不足 10
标准化程度/%	70~80	小于 30
中型塑料模具生产周期/月	1 个月左右	2~4 个月
在模具行业中的占有量/%	30~40	25~30

　　我国自主开发的塑料模具 CAD/CAM 系统有了很大发展，主要开发的有 CAXA 系统、注塑模具 HSC5.0 系统及 CAE 软件等，这些软件具有适应我国模具的具体情况、能在计算机上应用且价格较低等特点。为进一步普及模具 CAD/ CAM 技术创造了良好的条件。表 1-2 为我国在设计技术与软件的应用方面与发达国家的对比。

■ 表 1-2　塑料模具设计技术应用状况的对比

技术名称	发达国家			中国		
	美国	日本	德国	香港	台湾	大陆
CAD 应用	70%	75%	70%	50%	40%	30%
CAE 应用	50%	50%	50%	40%	30%	15%
Flow 软件	普及	普及	普及	70%	50%	20%
Cool 软件	普及	普及	普及	70%	50%	20%

　　（3）快速成形/快速制模技术　快速成形/快速制模技术在我国得到重视和发展，许多研究机构致力于这方面的研究开发，并不断取得新成果。清华大学、华中理工大学、西安交通大学和隆源自动成形系统公司等单位都自主研究开发了快速成形技术与设备，生产出分层物体（LOM）、立体光固化（SLA）、熔融沉积（FDM）和选择性烧结（SLS）等类型的快速成形设备。这些设备已在国内应用于新产品开发、精密铸造和快速制模等方面。

　　快速制模技术也在国内多家单位开展研究，目前研究较多的有电弧喷涂成形模具技术和等离子喷涂制模技术。中、低熔点合金模和树脂冲压模制造技术已获得成功应用，硅橡胶模也应用于新产品的开发中。

　　（4）其他相关技术　近年来，国内一些钢铁企业相继引进和装备了一些先进的工艺设备，使模具钢的品种规格和质量都有较大的改善。在模具制造中已较广泛地采用新的钢材，如冷作模具钢 D2、D3、A1、A2、LD、65Nb 等；热作模具钢 H10、H13、H21、4Cr5MoVSi、45Cr2NiMoVSi 等；塑料模具钢 P20、3Cr2Mo、PMS、SMI、SMII 等。这些模具材料的应用在提高质量和使用寿命方面取得了较好的效果。

国内一些单位对多种模具抛光方法开展研究，并开发出专用抛光工具和机械。花纹蚀刻技术和工艺水平提高较快，在模具饰纹的制作中广泛应用。

高速铣削加工是近年来发展很快的模具加工技术。国内已有一些公司引进了高速铣床，并开始应用。国内机床厂陆续开发出一些准高速的铣床，并正开发高速加工机床。但是，高速铣削的应用面在国内尚不广泛。

"十一五"期间，中国模具技术得到了快速发展。目前，国内已能生产精度达 $2\mu m$ 的精密多工位级进模，寿命 1 亿～2 亿次。在大型塑料模具方面，现在已能生产 48in 电视的塑壳模具、大容量洗衣机的塑料模具，以及汽车保险杠、整体仪表板等模具。在精密塑料模具方面，国内已能生产照相机塑料模具、多型腔小模数齿轮模具及塑封模具等。在大型精密复杂压铸模方面，国内已能生产自动扶梯整体踏板压铸模及汽车后桥齿轮箱压铸模。但与国外相比仍有较大差距，我国制造业急需的精密、复杂冲压模具和塑料模具、轿车覆盖件模具、电子接插件等电子产品模具等，仍然大量依靠进口。

四、"十二五"模具行业发展规划

(1) 精密冲压模具 多工位级进模和精冲模代表了冲压模具的发展方向，精度及寿命要求极高，主要为电子工业、汽车、仪器仪表、电机电器等配套。这两种模具，国内已有相当基础，并已引进了国外技术及设备，个别企业生产的产品已达到世界水平，但大部分企业仍有较大差距，总量也供不应求，进口很多。

(2) 大型精密塑料模具 塑料模具占模具总量近 40%，而且这个比例还在上升。塑料模具中为汽车和家电配套的大型注塑模具，为集成电路配套的塑封模，为电子信息产业和机械及包装配套的多层、多腔、多材质、多色精密注塑模，为新型建材及节水农业配套的塑料异型材挤出模及管路和喷头模具等，目前虽然已有相当技术基础并正在快速发展，但技术水平与国外比仍有较大差距，总量也供不应求，每年进口几亿美元。

(3) 汽车覆盖件模具 冲压模具占模具总量的 40% 以上。汽车覆盖件模具（也包括为农用车、工程机械和农机配套的覆盖件模具），在冲压模具中具有很大的代表性。这些模具大都是大中型的，结构复杂，技术要求高，尤其是为轿车配套的覆盖件模具，要求更高，它可以代表冲压模具的水平。此类模具我国已有一定的技术基础，已为中档轿车配套，但水平还不高，能力不足，目前满足率只有一半左右。中高档轿车覆盖件模具主要依靠进口，已成了汽车工业发展的瓶颈，极大地影响了车型开发。

(4) 主要模具标准件 目前国内已有较大产量的模具标准件主要是模架、导向件、推杆推管、弹性元件等。这些产品不但国内配套大量需要，出口前景也很好，应继续大力发展。氮气缸和热流道元件主要依靠进口，应在现有基础上提高水平，形成标准并组织规模化生产。

镁合金压铸模具目前虽然刚起步，但发展前景好，有代表性。子午线橡胶轮胎模具也是发展方向，其中活络模技术难度最大。与快速成型技术相结合的一些快速制模技术及相应的快速经济模具具有很好的发展前景。这些高技术含量的模具在"十二五"期间也应重点发展。

五、"十二五"期间模具产业发展三大展望

"十二五"期间，我国模具业将进一步调整结构，开拓市场，苦练内功，提升水平，使我国模具业在整体上再上一个新台阶，而这并不只是模具业的"一家之事"。模具业与其他行业的发展可以用唇齿相依来形容，因而模具业整体水平的提升与相关行业的发展息息相关。

目前我国模具产品主要还是以中低档为主，技术含量较低，高中档模具多数要依靠进口，其中一个原因就是因相关行业缺失核心技术。如在 IC 封装模具领域，由于国内 IC 业整体水平以及国外技术封锁的缘由，使得 IC 封装模具业难以高起点发展。因而，在 IT 业、汽车业带动模具产品需求增长的同时，提升我国在 IT 业、汽车业的整体实力是双赢所不可或缺的。

1. 半导体封装模具走向自动化

半导体封装模具业对模具的要求是：一是要求精加工模具，目前电子产品不断集成化、小型化，产品趋向高端，尺寸也越来越小，封装体越来越薄，对封装要求越来越高，对模具精度要求很高。

塑封模工艺是半导体器件后工序生产中极其重要的工艺手段之一，一般应用单缸封装技术，其封装对象包括 DIP、SOP、QFP、SOT、SOD、TR 类分立器件以及片式钽电容、电感、桥式电路等系列产品。

如今封装技术正不断发展。芯片尺寸缩小，芯片面积与封装面积之比越来越接近于 1，I/O 数增多、引脚间距减小。封装技术的发展离不开先进的电子工模具装备，多注射头封装模具（MGP）、自动冲切成型系统、自动封装系统等高科技新产品适应了这一需求，三佳也陆续推出这些产品。

多注射头封装模具（MGP）是单缸模具技术的延伸，是如今封装模具主流产品。其采用多料筒、多注射头封装形式，优势在于可均衡流道，实现近距离填充，树脂运用率高，封装工艺稳定，制品封装质量好。它适用于 SSOP、TSSOP、LQFP 等多排、小节距、高密度集成电路以及 SOT、SOD 等微型半导体器件产品封装。

自动冲切成型系统是集成电路和半导体器件后工序成型的自动化设备。高速、多功能、通用性强是该系统发展方向，可满足各类引线框架载体的产品成型。

今后半导体封装模具发展方向是向更高精度、更高速的封装模具——自动封装模具发展。自动塑封系统是集成电路后工序封装的高精度、高自动化装备。系统中设置多个塑封工作单元，每个单元中安装模盒式 MGP 模，多个单元按编制顺序进行封装，整机集上片、上料、封装、下料、清模、除胶、收料于一体。该项技术国

外发展较快，已出现了贴膜覆盖封装、点胶塑封等技术，可满足各类高密度、高引线数产品的封装。

随着微电子技术飞速发展，半导体后工序塑封成型装备应用技术不断提高，自动化作业已成必然趋势。三佳作为国内第一家模具行业的上市公司，将紧盯世界先进技术，发展电子模具国产化进程。

2. 连接器对模具制造业要求高

连接器作为传递信号的端口，在各行业如手机、电脑、程控交换、家电等领域得到了广泛应用。目前国外厂商占据高端连接器市场，国内厂商还是以低端为主，这部分是受到连接器模具业水平的影响。因连接器模具涉及注塑、端子冲压、电镀等方面，国盛主要做端子冲压模具，产品包括手机 SIM 卡端子模具、电脑 CPU 插槽 STOCK 端子模具、电器类端子模具等。在连接器端子模具方面，国内厂商以低端为主，而国盛主要面向高端领域。国盛目前为国际连接器厂商如安普 AMP、莫仕等知名厂商配套。连接器对模具制造业的要求很高：一是需要有高的模具设计水平，因不同形状的端子，连接器有不同的结构，如何进行合理设计很重要，如果结构不合理会导致产品不合格。二是高精密的设备，连接器端子要求加工设备精度高，国外设备精度能达到±0.002mm，而一般国产设备只能达到±0.01mm。三是好的加工基础工艺。一个好的连接器模具需要设计、设备、工艺三方面的完美结合。同时，这对设备配套性要求较高，技术壁垒比较高，国盛采用先进的 CNC 平面磨、全自动光学曲线磨、慢走丝线切割、加工中心等设备组合，进行生产。未来连接器端子模具的要求是越来越高，这是连接器接口小型化、高数据传输率等趋势使然。因而这对模具设备、材料、质量等要求更高，模具使用的冲床的冲速已达到500～3000r/min，这对模具企业提出更高要求。

中国 IT 模具企业要不断进行设备的投入资金，因投入资金购买最先进的设备，才能引进最高水平的工艺、技术，然后进行研究创新。目前连接器模具所需的线切割、4 轴加工设备国内已有厂商在制造，虽然在精度、稳定性方面还有差距，但这是一个好的开端。另外，模具企业要进行人才培训，以"走出去、请进来"的办法，不断提升模具技术水准。

除此之外，小家电市场、农用机械、食品机械、建筑五金业发展也将带动家用空调散热片模具、马达模具、电子枪模具、钣金模具业快速发展，与世界先进水平保持一致。

3. 模具设备、标准化发展更上层楼

我国模具业虽然有了长足的发展，取得了巨大进步，但在模具业的上下游配套环节中，加工设备大都依赖进口，而机床是一薄弱环节。据了解，2004 年进口加工设备中机床约 60 亿美元，而其中模具业应用机床占据了大部分，这也反映国内在这一领域还待加油。一般国内厂商应重视装备制造业重视模具业的需求，目前国内设备厂商如沈阳机床集团公司等已意识到模具机床的"增值"潜力，着重在加工中心、数控机床等设备的研发与生产。而机床朝着高速化、精密化、高性能专业化、系统化、复合化方向发展也给国内厂商带来新课题。在模具标准件领域，国内已有较大产量的模具标准件主要是模架、导向件、冲头等，汽车模具用含油导板、斜楔等。据了解，目前我国模具标准件在模具中的使用覆盖率只有40％，而在欧美等国则达到了70％。标准化成为模具业发展的新趋势，模具业要扩大模具标准件的品种，提高其精度，提高生产集中度，实现大规模生产。

第三节　注塑模具开发功能与动向

一、通过热流道技术提高多层模具的功能

事实表明，人们对产品及其加工工艺的要求越来越高。特别是在模具、设备以及自动化领域，需要完成复杂的工作。为了尽可能减少塑料材料的消耗，必须使成型件的几何形状完全符合载荷的要求。使用模拟软件可以计算出产品的机械设计方案，预测产品成型状态。在模具生产上反映很突出的是对缩短作业循环时间和提高劳动生产率的要求。使用多层模具可以使产量提高80％～100％，这个步骤是合理的。由于热流道技术的进步，可以通过调节热流喷嘴来解决高中空度的问题。

按照目前的技术水平，在多层模具上会有两个分型面。例如在芝加哥的NPE2000塑料展览会上，来自Naefels的Netstal-MaschinenAG公司在Synery6000注塑机上展示了一种在一个作业循环内能生产6个包装箱的88倍模具。作业循环时间5s以内，其生产率对于此规格的机器来说，是非常值得一提的。完全可以想象，将来的模具可以分成更多层。

二、同时作业可以缩短作业循环时间

注塑机是生产过程中的核心装置，它对能否达到作业循环时间具有关键影响。重要的评判指标是能否达到高的塑化注射的效率、能否同时作业。如果能达到这些要求的话，就可以节省20％～50％的作业循环时间。这一点对于多层模具来说，是提高经济性的决定性因素。同时作业是指在塑化的时候，也可以进行所有其他工序，如成型件的输出、合模和高速注射等。另外，通过使用其他专门辅助装置，可以明显提高塑化效率。

目前，注塑模具完全被融合到生产设备里，它在一定程度上发挥着对外围设备进行调控的作用。从热流道开始到取件，最后直到压模标记（IML）。对于机器生产厂家来说，这就意味着下一步的发展不能仅仅关注运行速度和时间上，而在于整个生产的环境上。所以厂家所面临着一系列挑战：①对生产清洁性的要求更高，所设计的设备必须符合清洁生产的需要；②工艺步骤必须完美地集合到生产流程里；

③公差范围越来越小，要求整个生产过程的精度越来越高。

三、工艺流程可以合成一体

对现代化包装的要求使得生产步骤越来越集中化。压模标记（IML）和多组分注塑便是两个合适的工艺方案。采用 IML 工艺时，可以直接设置标签，因此后续的步骤就可以省略掉。此外，IML 还有其他一些优点：①采用 IML 工艺能达到很高的打印质量；②调整或更换设备非常灵活，方便快捷。由于设备、模具和自动控制相互之间配合得非常好，所以打印标记并不影响作业的循环时间。例如，可以使用下列两种方法：①事先冲压好的标签逐个被放入到模腔里；②把印制好的薄膜直接放入，标签的冲压和放入与作业循环同步进行（Cut-in-Place 法）。

多组分注塑是目前需要关注的一个技术发展趋势。过去，人们可以用多个材料组分生产出成型的产品。为了充分挖掘设计方面的潜力，一段时间以来在包装领域，人们越来越多地使用多组分技术。例如，现在在各种密封元件上就用两三种颜色进行修饰。预计在薄壁包装领域也会越来越多地使用多组分技术。从 Netstal 公司设计的一种二组分饮料杯上就可以完全看出，生产这类包装产品是具有很好的经济效益的。

第四节　注塑模具应用的关键技术

一、注塑模具应用背景

塑料工业近 50 年来发展十分迅速，早在 20 世纪 90 年代前塑料的年产量按体积计算已经超过钢铁和有色金属年产量的总和，塑料制品在汽车、机电、仪表、航天航空等国家支柱产业及与人民日常生活相关的各个领域中得到了广泛的应用。塑料制品成形的方法虽然很多，但最主要的方法是注塑成形，世界塑料成形模具产量中约半数以上是注塑模具。

随着塑料制品复杂程度和精度要求的提高以及生产周期的缩短，主要依靠经验的传统模具设计方法已不能适应市场的要求，在大型复杂和小型精密注塑模具方面我国还需要从国外进口模具。

模具行业是制造业的重要组成部分，具有广阔的市场前景。目前全世界的模具年产值在 800 亿美元左右，我国的模具年产值为 100 多亿美元左右，据估计到2015 年我国模具产值将达到 300 多亿美元。目前我国一般模具的 25%～30%，中高档模具的一半以上还依赖进口（其中注塑模占有很大的比例）。由此可见，模具（特别是注塑模具）制造业的落后在某种程度上已经成为阻滞我国制造业发展的瓶颈所在。开发和引进先进制造技术是改变我国注塑模具制造业相对落后和市场需求快速增长的重要途径。

先进制造技术是制造业不断吸收信息技术和现代管理技术的成果，并将其应用于产品的设计、加工、检测、管理、销售、使用、服务乃至回收的制造全过程，以实现优质、高效、低耗、清洁、灵活生产，提高对动态多变的市场的适应能力和竞争力的制造技术的总称。先进制造业正在急剧地改变着传统制造业的产品结构和生产模式，注塑模具制造业也不例外。

二、注塑模具制造的特点

（1）型腔及型芯呈立体型面　塑件的外部和内部形状是由型腔和型芯直接成型的，这些复杂的立体型面加工难度比较大，特别是型腔的盲孔型内成形表面加工，如果采用传统的加工方法，不仅要求工人技术水平高、辅助工夹具多、刀具多，而且加工的周期长。

（2）精度和表面质量要求高，使用寿命要求长　目前一般塑件的尺寸精度要求为IT6-7，表面粗糙度 $R_a0.2\sim0.1\mu m$，相应的注塑模具零件的尺寸精度要求达到IT5$\sim$6，表面粗糙度 $R_a0.1\mu m$ 以下。激光盘记录面的粗糙度要达到镜面加工的水平的 $0.02\sim0.01\mu m$，这就要求模具的表面粗糙度达到 $0.01\mu m$ 以下。长寿命注塑模对于提高高效率和降低成本是很必要的，目前注塑模的使用寿命一般要求100万次以上。精密注塑模要用刚度大的模架，增加模板的厚度，增加支承柱或锥形定位元件以防止模具受压力后产生变形，有时内压可以达到100MPa。顶出装置是影响制品变形和尺寸精度的重要因素，因此应该选择最佳的顶出点，以使各处脱模均匀。高精度注塑模具在结构上多数采用镶拼或全拼结构，这要求模具零部件的加工精度、互换性均大为提高。

（3）工艺流程长，制造时间紧　对于注塑件而言，大多是与其他零部件配套组成完整的产品，而且在很多的情况下都是在其他部件已经完成，急切等待注塑件的配套上市。因为对制品的形状或尺寸精度要求很高，加之由于树脂材料的特性各异，模具制造完成后，还需要反复地试模与修正，使开发和交货的时间非常紧张。

（4）异地设计、异地制造　模具制造不是最终目的，而是由用户提出最终制品设计，模具制造厂家根据用户的要求，设计制造模具。而且在大多数情况下，制品的注射生产也在别的厂家。这样就造成了产品的设计、模具设计制造和制品的生产异地进行的情况。

（5）专业分工，动态组合　模具生产批量小，一般属于单件的生产，但是模具需要很多的标准件，大到模架，小到顶针，这些不能也不可能只由一个厂家单独完成，且制造工艺复杂，普通设备和数控设备使用极不均衡。

三、模具制造技术的发展方向

基于以上模具制造的五个特点，对现代模具制造业提出了相应的要求。当前模具制造的发展方向主要表现为以下五个方面：

1. 从一般的机加工方法，发展至采用光机电相结合的数控电火花成形、数控电火花线切割以及各种特殊加工相结合，例如电铸成形、粉末冶金成形、精密铸造成形、激光加工等。从而可以加工出复杂的型腔和型芯，以及保证较高的加工精度要求。目前慢走丝线切割和电火花放电加工精度要求。目前慢走丝线切割和电火花放电加工精度可达到 $\pm 1.5 \mu m$，加工表面粗糙度可达到 $R_a 0.004 \mu m$，基本上达到了精面要求。

2. 先进的技术支持条件。模具的服务对象主要是电器、汽车厂家，产品的更新换代快，而且模具的设计已经从二维发展为三维，实现了可视化设计，不但可以立体、直观地再现尚未加工出的模具体，真正实现了 CAD/CAM 一体化，而且三维设计解决了二维设计难于解决的一些问题，诸如：干涉检查、模拟装配等。

3. 模具快速制造技术。当前快速制造有三个发展方向：分别是基于并行工程的注塑模具快速制造、基于快速原型技术的注塑模具快速制造和高速切削技术。

（1）基于并行工程的注塑模具快速制造这种生产方式　是以注塑模具的标准化设计为基础的，它主要体现为经营管理、模具设计和模具制造的三个体系的标准化。为了实现标准化，需要解决三项关键技术：一是统一数据库和文件传输格式；二是充分利用和开发 Internet 和 Intranet，实现信息的集成和数据资源的共享；三是解决生产的组织、协调和专业分工，确定各个部门和层次的项目分解和利益分配的基准和算法。

（2）基于快速原型技术的注塑模具快速制造　直接从 CAD 模型生产工模具被认为是一种可以减少新产品成本和开发周期的重要的方法，近些年来，这种将 CAD 技术、快速成型（RP）和快速工模具制造（RT）等高新技术相结合，已经对传统的注塑模具的制造产生了重大的冲击。CAD 技术的应用在很大程度上代替了实物的评估和试验，减少了新产品研制过程中的迭代次数，从而加快了新产品的开发速度。

（3）高速切削技术（high speed machining）的应用　高速切削技术制造模具，具有切削效率高，可明显缩短机动加工时间，加工精度高，表面质量好，因此可大大缩短机械后加工、人工后加工和取样检验辅助工时等许多优点。

在某注塑模的高速铣削中，材料硬度为 $56 \sim 58HRC$，原来采用电火花加工（EDM），每个零件需时 90min，采用直径为 12mm 球头铣刀，主轴转速 1500r/min、工作台进给 1500r/min 进行高速加工，加工每个零件只需 5min，工效提高了 18 倍。

今后，电火花成形加工应该主要针对一些尖角、窄槽、深小孔和过于复杂的型腔表面的精密加工。高速成切削加工在发达国家的模具制造业中已经处于主流地位，据统计，目前有 85％左右的模具电火花形加工工序已被高速加工所取代。但是由于高速切削的一次性设备投资比较大，在国内，高速成切削与电火花加工还会在较长时间内并存。

模具的高速切削中对高速切削机床有下列技术要求：①主轴转速高，功率大；

②机床的刚度好；③主轴转动和工作台直线运动都要有极高的加速度。由于高速切削时产生的切削热和刀具的磨损比普通速度切削高很多，因此，高速刀具的配置十分重要，主要表现为：①刀具材料应硬度高、强度高、耐磨性好，韧度高、抗冲击能力强，热稳定和化学稳定性好；②必须精心选择刀具结构和精度、切削刃的几何参数，刀具与机床的连接方式广泛采用锥部与主轴端面同时接触的 HSK 空心刀柄，锥度为 1：10，以确保高速运转刀具的安全和轴向加工精度。③型腔的粗加工、半精加工和精加工一般采用球头铣刀，其直径应小于模具型腔曲面的最小曲率半径；而模具零件的平面的粗、精加工则可采用带转位刀片的端铣刀。

4. 发展新的塑料模具材料及模具表面技术。主要是发展易加工、抛光性好的材料，预硬易切削钢（一般 28～35HRC 之间）、耐蚀钢、硬质合金钢以及时效硬化型钢、冷挤压成型钢。表面工程可以弥补模具材料的不足，降低模具材料的研发及加工的费用。近年来迅速发展起来的激光表面强化技术、物理气相沉淀技术（PVD）、化学气相沉淀技术（CVD）、热喷涂技术等新的表面技术，而传统的表面技术（如热扩散、电镀）也有很大的完善与发展，如电镀技术已经发展到复合电镀技术。

5. 基于信息注塑模具的制造新模式。与注塑模具制造活动有关的信息包括产品的信息和制造信息。现代制造过程可以看作是原材料或毛坯所含的信息量的增值过程，信息流驱动将成为制造业的主流。它包括两个层面：一是通过企业内部的局域网，完成模具报价、人员的安排、制品原始数据、模具加工工艺、质量检测、试模具与交付等任务；二是通过企业外部的互联网完成企业与用户、与外协企业之间的信息交换，这种制造方式必须通过动态联盟（virtual organization）这种新的生产模式来实现的。动态联盟分三层：紧密层、合作关系层和松散层。

四、关键技术和实用功能

1. 用三维实体模型取代中心层模型

传统的注塑成形仿真软件基于制品的中心层模型。用户首先要将薄壁塑料制品抽象成近似的平面和曲面，这些面被称为中心层。在这些中心层上生成二维平面三角网格，利用这些二维平面三角网格进行有限元计算，并将最终的分析结果在中面上显示。而注塑产品模型多采用三维实体模型，由于两者模型的不一致，二次建模不可避免。但由于注塑产品的形状复杂多样、千变万化，从三维实体中抽象出中心层面是一件十分困难的工作，提取过程非常繁琐费时，因此设计人员对仿真软件有畏难情绪，这已成为注塑成形仿真软件推广应用的瓶颈。

HSCAE 3D 主要是接受三维实体/表面模型的 STL 文件格式。现在主流的CAD/CAM 系统，如 UG、Pro/ENGINEER、CATIA 和 SolidWorks 等，均可输出质量较高的 STL 格式文件。这就是说，用户可借助任何商品化的 CAD/CAE 系统生成所需制品的三维几何模型的 STL 格式文件，HSCAE 3D 可以自动将该 STL文件转化为有限元网格模型，通过表面配对和引入新的边界条件保证对应表面的协调流动，实现基于三维实体模型的分析，并显示三维分析结果，免去了中心层模拟技术中先抽象出中心层，再生成网格这一复杂步骤，突破了仿真系统推广应用的瓶颈，大大减轻了用户建模的负担，降低了对用户的技术要求，对用户的培训时间也由过去的数周缩短为几小时。

2. 有限元、有限差分、控制体积方法的综合运用

注塑制品都是薄壁制品，制品厚度方向的尺寸远小于其他两个方向的尺寸，温度等物理量在厚度方向的变化又非常大，若采用单纯的有限元或有限差分方法势必造成分析时间过长，无法满足模具设计与制造的实际需要。我们在流动平面采用有限元法，厚度方向采用有限差分法，分别建立与流动平面和厚度方向尺寸相适应的网格并进行耦合求解，在保证计算精度的前提下使得计算速度满足工程的需要，并采用控制体积法解决了成形中的移动边界问题。对于内外对应表面存在差异的制品，可划分为两部分体积，并各自形成控制方程，通过在交接处进行插值对比保证这两部分的协调。

3. 数值计算与人工智能技术的结合

优选注塑成形工艺参数一直是广大模具设计人员关注的问题，传统的 CAE 软件虽然可以在计算机上仿真出指定工艺条件下的注塑成形情况，但无法自动对工艺参数进行优化。CAE 软件使用人员必须设置不同的工艺条件进行多次 CAE 分析，并结合实际经验在各方案之间进行比较，才能得出较满意的工艺方案。同时，在对零件进行 CAE 分析后，系统会产生有关该方案的大量信息（制品、工艺条件、分析结果等），其中分析结果往往以各种数据场的形式出现，要求用户必须具备分析和理解 CAE 分析结果的能力，所以传统的 CAE 软件是一种被动式的计算工具，无法提供给用户直观、有效的工程化结论，对软件使用者的要求过高，影响了 CAE 系统在更大范围内的应用和普及。针对以上不足，HSCAE 3D 软件在原有 CAE 系统准确的计算功能基础上，把知识工程技术引入系统的开发中，利用人工智能所具有的思维和推理能力，代替用户完成大量信息的分析和处理工作，直接提供具有指导意义的工艺结论和建议，有效解决了 CAE 系统的复杂性与用户使用要求的简单性之间的矛盾，缩短了 CAE 系统与用户之间的距离，将仿真软件由传统的"被动式"计算工具提升为"主动式"优化系统。HSCAE 3D 系统主要将人工智能技术应用于初始工艺方案设计、CAE 分析结果的解释和评价、分析方案的改进与优化 3 个方面。

在基于知识的仿真系统中主要采用的优化方法：

（1）基于实例推理的优化 主要应用于具有离散取值空间的成形工艺初始设计。制品形状和浇注系统结构采用编码方式，而尺寸信息采用特征参数描述。在对以往成功工艺设计的收集和抽象的基础上，建立以框架形式描述的实例库索引和检索机制。

（2）基于人工神经网络的优化 对工艺设计中如注射时间、注射温度这样具有连续取值空间的参数，采用基于人工神经网络的方法来优化。利用优化目标函数并在一定的优化策略下，得到优化系统确认的最优参数。

（3）基于规则推理的优化 主要用于对分析结果的解释和评价。本系统所建立的专家系统规则库是以注塑模领域的专家知识为基础的，涵盖了有关短射、流动平衡、熔体降解、温差控制、保压时间、许可剪切应力、剪切速率、锁模力等方面的知识，在对计算结果进行分析和提炼的基础上，驱动专家系统进行推理，对成形方案进行分析评价，并给出具体的优化改进建议。

4. 制品与流道系统的三维流动保压集成分析

流道系统一般采用圆柱体单元，而制品采用的是三角形单元，HSCAE 3D 系统采用半解析法解决混合单元的集成求解问题，这样，HSCAE 3D 系统不仅能分析一模一腔大型复杂的制品，而且能够分析一模多腔小型精密制品，大大拓宽了系统的使用范围。目前 HSCAE 3D 系统是世界上先进的能够分析一模多腔流动平衡问题的三维仿真软件。

5. 塑料制品熔合纹预测的高效算法

熔合纹对制品的强度、外观等有重要影响，准确预测熔合纹位置是仿真软件的难题。HSCAE 3D 系统通过节点特征模型方法大大提高了熔合纹预测的准确性和效率，其准确度达到国际同类产品的先进水平。并利用神经网络方法对熔合纹的影响程度作出定性评价，为用户对成形质量的评估提供了直接的判断依据。

五、模具先进制造关键技术的发展主要体现

模具制造关键技术迅速发展，已成为现代制造技术的重要组成部分。

现代模具制造技术正朝着加快信息驱动、提高制造柔性、敏捷化制造及系统化集成的方向发展。模具先进制造技术的发展主要体现在模具的 CAD/CAM 技术，模具的激光快速成型技术，模具的精密成形技术，模具的超精密加工技术，模具在设计中采用有限元法、边界元法进行流动、冷却、传热过程的动态模拟技术，模具的 CIMS 技术，已在开发的模具 DNM 技术以及数控技术等先进制造技术方面。

1. 高速铣削加工

普通铣削加工采用低的进给速度和大的切削参数，而高速铣削加工则采用高的进给速度和小的切削参数，高速铣削加工相对于普通铣削加工具有如下特点：①高效。高速铣削的主轴转速一般为 15000～40000r/min，最高可达 100000r/min。在切削钢时，其切削速度约为 400m/min，比传统的铣削加工高 5～10 倍；在加工模具型腔时与传统的加工方法（传统铣削、电火花成形加工等）相比其效率提高 4～5 倍。②高精度。高速铣削加工精度一般为 $10\mu m$，有的精度还要高。③高的表面质量。由于高速铣削时工件温升小（约为 3℃），故表面没有变质层及微裂纹，热变形也小。最好的表面粗糙度 R_a 小于 $1\mu m$，减少了后续磨削及抛光工作量。④可加工高硬材料。可铣削 50～54HRC 的钢材，铣削的最高硬度可达 60HRC。鉴于高速加工具备上述优点，所以高速加工在模具制造中正得到广泛应用，并逐步替代部分磨削加工和电加工。

高速铣削加工不但具有加工速度高以及良好的加工精度和表面质量，而且与传统的切削加工相比具有温升低（加工工件只升高3℃），热变形小，因而适合于温度和热变形敏感材料（如镁合金等）加工；还由于切削力小，可适用于薄壁及刚性差的零件加工；合理选用刀具和切削用量，可实现硬材料（HRC60）加工等一系列优点。一般高速铣削加工技术仍是当前的热门话题，它已向更高的敏捷化、智能化、集成化方向发展，成为第三代制模技术。

2. 电火花铣削加工

电火花铣削加工（又称为电火花创成加工）是电火花加工技术的重大发展，这是一种替代传统用成型电极加工模具型腔的新技术。像数控铣削加工一样，电火花铣削加工采用高速旋转的杆状电极对工件进行二维或三维轮廓加工，无需制造复杂、昂贵的成型电极。日本三菱公司最近推出的 EDSCAN8E 电火花创成加工机床，配置有电极损耗自动补偿系统、CAD/CAM 集成系统、在线自动测量系统和动态仿真系统，体现了当今电火花创成加工机床的水平。在电火花加工技术进步的同时，电火花加工的安全和防护技术越来越受到人们的重视，许多电加工机床都考虑了安全防护技术。欧盟已规定没有"CE"标志的机床不能进入欧盟市场，同时国际市场也越来越重视安全防护技术的要求。

目前，电火花加工机床的主要问题是辐射骚扰，因为它对安全、环保影响较大，在国际市场越来越重视"绿色"产品的情况下，作为模具加工的主导设备电火花加工机床的"绿色"产品技术，将是今后必须解决的难题。

3. 慢走丝线切割技术

目前，数控慢走丝线切割技术发展水平已相当高，功能相当完善，自动化程度已达到无人看管运行的程度。最大切割速度已达 $300mm^2/min$，加工精度可达到 $\pm 1.5\mu m$，加工表面粗糙度 $R_a 0.1 \sim 0.2\mu m$。直径 $0.03 \sim 0.1mm$ 细丝线切割技术的开发，可实现凹凸模的一次切割完成，并可进行 0.04mm 的窄槽及半径 0.02mm 内圆角的切割加工。锥度切割技术已能进行 30°以上锥度的精密加工。

4. 磨削及抛光加工技术

磨削及抛光加工由于精度高、表面质量好、表面粗糙度值低等特点，在精密模具加工中广泛应用。目前，精密模具制造广泛使用数控成形磨床、数控光学曲线磨床、数控连续轨迹坐标磨床及自动抛光机等先进设备和技术。

模具抛光技术是模具表面工程中的重要组成部分，是模具制造过程中后处理的重要工艺。目前，国内模具抛光至 $R_a 0.05\mu m$ 的抛光设备、磨具磨料及工艺，可以基本满足需要，而要抛至 $R_a 0.025\mu m$ 的镜面抛光设备、磨具磨料及工艺尚处摸索阶段。随着镜面注塑模具在生产中的大规模应用，模具抛光技术就成为模具生产的关键问题。由于国内抛光工艺技术及材料等方面还存在一定问题，所以如傻瓜相机镜头注塑模、CD、VCD 光盘及工具透明度要求高的注塑模仍有很大一部分依赖进口。罗百辉指出，模具表面抛光不单受抛光设备和工艺技术的影响，还受模具材料镜面度的影响，这一点还没有引起足够的重视，也就是说，抛光本身受模具材料的制约。例如，用 45# 碳素钢做注塑模时，抛光至 $R_a 0.2 \mu m$ 时，肉眼可见明显的缺陷，继续抛下去只能增加光亮度，而粗糙度已无望改善，故目前国内在镜面模具生产中往往采用进口模具材料，如瑞典的一胜百 136、日本大同的 PD555 等都能获得满意的镜面度。镜面模具材料不单是化学成分问题，更主要的是冶炼时要求采用真空脱气、氩气保护铸锭、垂直连铸连轧、柔锻等一系列先进工艺，使镜面模具钢具内部缺陷少、杂质粒度细、弥散程度高、金属晶粒度细、均匀度好等一系列优点，以达到抛光至镜面的模具钢的要求。

5. 数控测量

产品结构的复杂，必然导致模具零件形状的复杂。传统的几何检测手段已无法适应模具的生产。现代模具制造已广泛使用三坐标数控测量机进行模具零件的几何量的测量，模具加工过程的检测手段也取得了很大进展。三坐标数控测量机除了能高精度地测量复杂曲面的数据外，其良好的温度补偿装置、可靠的抗振保护能力、严密的除尘措施以及简便的操作步骤，使得现场自动化检测成为可能。

模具先进制造技术的应用改变了传统制模技术模具质量依赖于人为因素，不易控制的状况，使得模具质量依赖于物化因素，整体水平容易控制，模具再现能力强。

六、国内基于分层实体制造关键技术的注塑模具应用

1. 概述

20 世纪 80 年代末出现了一项高新制造技术——快速成型技术（rapid prototypin）。按照快速成型技术使用的材料及工艺特点，主要分为 LOM（laminated object manufacturing）分层实体制造工艺、SLA（stereolithography apparatus）立体光刻工艺、SLS（selective laser sintering）选择性烧结工艺、FDM（fused depostion modeling）熔融沉积制造工艺等几大类，在汽车、摩托车、家电、航空、医疗等行业获得了广泛的应用。

目前各种快速成型技术的应用都还存在一定的局限性，主要表现在直接制作的快速原型件与实际零件相比在材质、性能等方面还存在较大差异，往往不能用来进行装机实测各种与强度、性能有关的数据。在产品覆盖件制作方面，LOM 技术制作的纸质原型件虽然硬度很高但容易分层开裂，SLA 工艺制作的光敏树脂原型件脆性较大，SLS 工艺直接烧结塑料粉末制作的原型件性能较好但目前成本较高，FDM 工艺在原型件的制作成本、支撑等方面也还不尽如人意。另外，试制件在一定数量上的要求往往也难以满足。快速成型技术在模具方面的应用导致了快速模具技术（rapid tooling，简称 RT）的出现，并由快速成型技术的一个应用方向迅速发展成为一项相对独立的新兴技术。

2. 基于 LOM 技术的快速制模工艺

快速模具技术一般按其制造过程中是否需要 RP 原型过渡主要分为直接法和间接法两大类，如通过 RP 原型翻制的硅胶模、环氧树脂模、金属喷涂模等快速

制模工艺属于间接快速模具技术，而直接快速模具技术主要有 SLS 工艺、3DP（three dimensional printing，又称三维印刷成型技术）工艺、LENS（laser engineering net shaping，又称激光工程化净成型技术）工艺等多种直接快速金属模具技术，基于 LOM 技术的各种木模、消失模以及注塑纸基模具等也属于直接快速模具技术。

利用 LOM 技术制作的快速原型件，其强度类似硬木，可承受 200℃ 左右的高温，具有较好的机械强度和稳定性，经过适当的表面处理，如喷涂清漆、高分子材料或金属后，可作为各类间接快速制模工艺的母模，或直接制作用于注塑用的纸基模具，基于 LOM 技术的各类快速制模工艺在塑料覆盖件制作方面都得到了广泛的应用。

3. 基于 LOM 技术的间接快速制模工艺

在注塑用快速模具应用方面，其基本原理是首先利用 LOM 技术制作的纸质快速原型件，通过不同的模具翻制技术制作出硅胶模、环氧树脂模、金属喷涂模等快速模具，然后根据模具情况进行热注塑或反应式注塑，得到生产或试制用的塑料零件。由于翻制技术成熟、工艺简便、方法多样，可以根据产品质量、数量等具体要求选择合适的工艺，是目前常用的快速模具技术之一。

（1）硅胶模　硅胶模是最常见的快速模具，又称软模（soft tolling），是应用范围最广、技术最成熟的快速模具制作方法之一，一般用于试制用模具或制作其他模具的过渡模。硅胶模采用的硅橡胶材料主要分为室温硫化硅橡胶（简称 RTV 硅橡胶）和高温硫化硅橡胶（简称 HCV 硅橡胶）两种。前者一般在室温下固化，可承受 300℃ 左右的温度；后者的硫化温度一般在 170℃ 左右，具有更好的性能，工作温度可达 500℃ 以上。硅胶模的制作工艺一般为：以纸基原型件作为母模，在母模上预设分型面并制作分型背衬，喷涂脱模剂；按比例配制硅胶进行浇注；完全固化后再进行另一半的浇注；沿预定的分型面切开硅胶模；取出原型件，完成硅胶模制作。在没有真空设备的条件下应注意选择合适的硅橡胶材料以及采取合理的排气措施。硅胶模具有制作周期短、成本低、工艺简单、材料弹性好、易于脱模、复印性能好的特点。反应式低压注塑工艺操作简便，不需要真空设备，但排气条件较差，容易产生夹带气泡和充型不满的缺陷。硅胶模还存在精度不高、寿命短、不能用于热注塑工艺的不足之处，用作注塑模时寿命一般为 10～50 件。另外，便于脱模的特点有时会掩盖无脱模角或倒脱模的设计缺陷，影响产品设计质量的检验效果。

（2）铝填充环氧树脂模　铝填充环氧树脂模具的工艺过程与硅胶模类似，即首先以纸基原型件作为母模，在母模上预设分型面，喷涂脱模剂，浇注由精细研磨铝粉填充的双组分热固性环氧树脂，注意混合与固化过程均要在真空状态下进行，固化后再按上述过程完成另一半的浇注，修整后制成铝填充的环氧树脂模具。它主要用作热注塑模，寿命一般为 500～2000 件。但环氧树脂类模具普遍存在导热性较差的缺点，导致生产周期加长，生产效率与钢模相比还较低。

（3）金属喷涂模 金属喷涂模具主要包括金属冷喷镀模具和等离子喷镀模具。金属冷喷镀模具的制造工艺是：首先用喷枪在 RP 原型的表面上喷射雾化了的熔化金属，待液态金属固化后形成厚度约 2mm 的金属壳层，再经过添加背衬、埋入冷却管道、去除原型等处理后制成模具。喷涂表面的复制性能较好，尺寸精度较高。但与传统金属模具相比还不能使用较大的锁模力，另外导热性差也导致注塑成型周期延长，使用寿命一般为数千件。

等离子喷镀模具的制造工艺的基本原理就是电离气体产生的高温等离子弧熔化的粉末跟随高速火焰流喷射到需要喷镀的工件表面并结成壳层，经处理后制成模具。可以喷镀高熔点金属、非金属材料，具有表面硬度高、变形小、工艺稳定、使用寿命长的特点。

4. 基于 LOM 技术的直接快速制模工艺

LOM 技术在直接快速注塑模具方面的应用主要是反应式注塑模具，根据注塑条件的不同又可分为真空注塑和低压注塑两类，下面介绍的就是基于 LOM 技术的纸基反应式低压注塑模具工艺（以下简称纸基注塑模具）。

（1）纸基注塑模具设计 纸基注塑模具设计原理与步骤类似于钢模设计，但考虑到纸基件制作的特殊性以及注塑方式的差异，纸基注塑模具的设计又有其不同的特点。

① 尺寸补偿。纸基注塑模具属于直接制模，不存在硅胶模等间接制模工艺在翻制过程带来的累积误差，因此，影响最终注塑件尺寸精度的因素主要有三维CAD 模型转换 STL 文件时的转换精度损失、纸基模具制造误差、纸基模具装配误差、聚氨酯注塑材料收缩率等，在这里需要补偿的尺寸就是聚氨酯材料的收缩率，即在三维软件中对三维 CAD 模型进行尺寸补偿，这对于尺寸较大的零件来说是必须要考虑的。②脱模方向确定与分型面设计。一般来说，脱模方向在进行三维CAD 模型设计时就已经考虑好了，这里需要做的就是综合考虑模具设计、制造的各个环节，进一步确认原设计脱模方向的合理性，如存在问题则可对三维 CAD 模型进行修改，重新设计脱模方向或模型结构。分型面设计的基本原则与钢模类似，但同时还要考虑纸基件的特殊性以及反应式注塑工艺的具体特点，主要是分型面的设计要符合最大投影面原则，确保注塑件的尺寸精度与表面质量，尽量简化模具结构，便于模具的制造与安装，符合反应式低压注塑的工艺条件，考虑纸基件强度薄弱区域位置与成型方向等方面因素。脱模方向确定与分型面设计直接与模具结构、模具制造、注塑成型等各环节密切相关，是模具设计成功与否的重要环节之一。③脱模斜度检查与设计。由于纸基模具表面质量比钢模差，又没有硅橡胶模的弹性，因此，除一般的脱模斜度检查外，为了便于脱模，在满足工件尺寸公差要求，或不影响工件结构、功能的前提下，脱模斜度尽可能取大一些，或在模具结构上对不易脱模的部位加以重点考虑。④如果零件结构需要，还应像钢模一样设计抽芯、滑块、顶杆等结构，其设计是否合理对于注塑件能否顺利脱模至关重要，也是纸基注塑模具设计的技术关键之一。⑤流道、浇口、排气口设计，纸基模具的流道与浇

口，不必像钢模那样设计主流道、分流道、浇口、冷料穴等完整的浇注系统，而采用模具表面直接到注塑件的简易浇口设计，浇口位置选取时主要考虑一般应在最低点或相对低点以利于聚氨酯材料充满型腔及自然排气，尽量设置在不影响注塑件外观的部位，尽量设置在残留冷料少以及便于取出的位置。排气口一般应设计在相对高点及排气死角位置以保证聚氨酯材料充满型腔。⑥锁模、定位设计。锁模、定位设计主要是考虑反应式低压注塑过程是以手工操作为主，应在适当位置设计孔位，以便注塑时用螺栓紧固锁模并定位。

（2）纸基注塑模具制造　纸基模具的制造过程实际上就是纸基快速原型件的制作过程，即按照纸基快速原型件的制作方法来制造纸基注塑模具的动模、定模、抽芯、滑块、顶杆、嵌块等各个部件，分别处理、装配，制作出完整的纸基注塑模具。

首先将设计好的纸基模具各个部件的三维 CAD 模型按照有效用纸、强度优化、便于剥离等纸基件制作原则在三维设计软件中合理装配，一次或数次制作完成，将装配好的文件转换为快速成型机所能接受的 STL 文件并输入快速成型机进行纸基件的制作，然后将制作完成的纸基模具快速原型件进行废料剥离、零部件分离，反复多次涂漆、打磨，各部件修整、试装配，最终完成纸基模具各零部件快速原型件的制作。

（3）反应式低压注塑　首先将各个零部件在适当的表面喷涂脱模剂，然后按照设计好的孔位进行定位、锁模，模具装配完成后将反应式树脂与固化剂在常温常压下用电动低压注塑机注入纸基模具中，完成注塑件的浇注过程。待完全固化后，拆开模具，取出注塑零件。按需要进行修整、打磨、喷漆等处理以满足工艺要求。

由于反应式注塑材料与纸基件表面强化漆同为聚氨酯类材料，为防止两者之间发生反应而影响脱模，应采取有效的隔离措施或喷涂具有隔离作用的脱模剂。这一快速模具技术已在摩托车空滤盖及护板等塑料覆盖件的研制中得到应用，实践表明纸基注塑模具有制作周期短、精度高、使用寿命较硅胶模长（可达数十件至数百件）的特点，注塑工艺简便、注塑件质量良好，完全满足新产品研制与开发中小批量生产的要求。基于 LOM 技术的注塑模具无论是在新产品试制还是在中小批量生产方面都得到了广泛应用，其中直接制造反应式低压注塑模具的工艺方法具有模具制作速度快、成本低、工艺简便的特点，有着良好的应用前景。纸基注塑模具在模具设计思路、考虑要素以及模具结构等方面与钢模设计类似，纸基注塑模具的设计实际上已经完成了钢模设计的前期准备工作，稍加改变并完善模框等外围辅助结构设计就可投入模具生产，为并行工程的顺利实施提供了有力的保障。

七、新兴特殊注射成型关键技术对模具制造的发展要求

注射成型技术作为塑料加工成型方法中最重要的方法之一，已经得到相当广泛

的应用。据统计，注塑制品约占整个塑料制品的 20％～30％，而在工程塑料中有
80％以上的制品是采用注塑成型加工的。但随着塑料制品应用的日益广泛，不同的
领域对塑料制品的精度、功能成本等方面提出了很多更高的要求，因此在传统注塑
成型技术的基础上，又发展了许多特殊的新兴注塑成型关键技术，如低压注射成
型、熔芯射击成型、装配注射成型、磁场定向注射成型、单色多模注射成型、气体
辅助注射成型、薄壳注射成型技术等。因此必须改变注塑模具的设计和制造体系，
才能够满足成型要求。

另外，随着微机电系统的产业生命线的进展，微细型注塑模具设计与制造技术
的研究近年来得到了人们的重视，随着 MEMS 产业化的进程，微注塑成型技术有
着巨大的潜力和发展空间。微型注塑成型通常用于医疗、电信、计算机、电气等领
域，医疗和电子器械越来越小型化，因此对人们希望制件可以做得越来越小。微型
注塑成型有许多优点，如工模具的成本可以更低，而且原料的成本也大大地降低，
研究适合微型注塑模具和微注塑机的成型理论和制造方法，寻找和研制适合微型
塑料制件生产的塑料原料，以及开发相应的检测仪器设备，已经成为目前国内外的
研究热点。

总之，国内先进制造关键技术对注塑模具制造产生了重大的影响，反过来，注
塑成型关键新技术的产生与发展也对制造技术不断提出了新的要求。将信息技术与
现代管理技术应用于制造全过程，未来注塑模制造将是以计算机辅助技术为主导技
术，以信息流畅作为首要条件的有极强应变能力与竞争力的技术。

第五节　塑料注射成型模具与发展趋势

随着人类社会的进步和高新技术的不断发展，世界各国均不断投入重金研究和
开发新的模具设计与制造技术。这些新技术包括设计技术、材料选择和加工技术、
管理与维修技术等多种领域，属于系统工程技术。总的来说，主要围绕下列几个领
域进行。

一、提高大型、精密、复杂、长寿命模具的设计水平及比例

这是由于塑料模具成型的制品日渐大型化、复杂化和高精度要求以及因高生产
率要求而发展的一模多腔所致。

二、注塑模具 CAD 实用化与集成化

（1）注塑模具 CAD 的实用化　在塑料模具设计制造中全面推广应用 CAD/
CAM/CAE 技术（图 1-1）。目前，CAD/CAM 已发展成为一项比较成熟的共性技
术。近年来，模具 CAD/CAM 技术的硬件与软件价格已降低到中小企业普遍可以
接受的程度，为其进一步普及创造了良好的条件；基于网络的 CAD/CAM/CAE 一

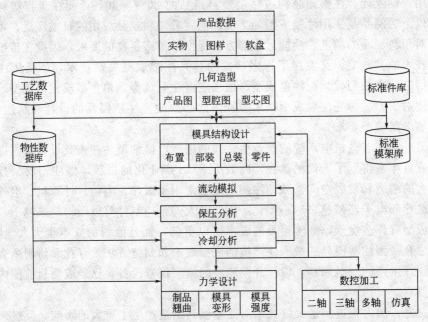

图 1-1   塑料注塑模具 CAD/CAE/CAM 集成系统框图

体化系统结构初见端倪，其将解决传统混合型 CAD/CAM 系统无法满足实际生产过程分工协作要求的问题；CAD/CAM 软件的智能化程度也将逐步提高；塑料制件及模具的 3D 设计与成型过程的 3D 分析将在我国塑料模具工业中发挥越来越重要的作用。

该系统由以下八个部分所组成：①复杂曲面几何造型图像软件；②轴数控加工编程软件；③注射级塑料物性数据库软件；④流动仿真模拟分析软件；⑤模温分析模拟软件；⑥模具应力应变计算分析软件；⑦CAD/CAM/CAE 集成系统软件；⑧注塑模具设计实用专家系统软件。

目前，除了国内公司外，还有美国 PSP 公司的 IMES 专家系统，能帮助模具设计人员用专家知识解决注塑模具的设计质量问题。德国 IKV 研究所的 CAD-MOULD 系统，可用于注塑模具的流动、冷却分析和力学性能校核。澳大利亚 MOLDFLOW 公司的注塑模具 CAE 软件 MF，具有流动模拟、冷却分析、翘曲分析和应力分析等功能。

（2）塑料模具 CAD/CAE/CAM 的集成化   机械技术与电子技术的密切结合，以更多地采用图形输出、数控数显、计算机程序控制的设计与加工一体化方法，实现高层次、多工位加工，使塑料模具在质量、效率上产生一个新的飞跃。

这种集成化的工作流程是集设计、分析与制造为一体。此外，激光造型与成型技术将在新产品的开发中显示出越来越重要的作用。另外，正在研究和应用模具的高速测量技术与逆向工程。采用三坐标测量仪或三坐标扫描仪实现逆向工程是塑料模具 CAD/CAM 的关键技术之一。研究和应用多样、调整、廉价的检测设备也是实现逆向工程的必要前提。

三、塑料模具专用钢材系列化

我国模具钢的产量早已位居世界的前列。近 20 年来模具钢的产量增长很快，领先于其他钢类，模具钢的产量占合金工具钢的 80% 左右。随着模具工作条件的日益苛刻，各国在原有的冷作模具钢、热作模具钢和塑料模具钢三大类的基础上，又相继发展了不少适应新的要求的新钢种。应用优质材料和先进的表面处理技术对于提高模具的寿命和质量显得十分必要。

我国模协多次组织了一批钢铁企业，专门研究和开发塑料模具专用钢材系列，成绩很大，但还需要继续扩大、推广和完善。现在，塑料模具用钢材已形成了较为完善的体系，大致可分为如下五种类型：①基本型，如 55 钢，使用硬度小于 20HRC，切削加工性能好。②预硬型，这类钢是在中、低碳钢中加入一些适量合金元素的低合金钢，淬透性高、工性能好，调质后的使用硬度应为 25～35HRC，属最大族系通用塑料模具钢。③时效硬化型，这类钢是在中、低碳中加入 Ni，Cr，Al，Cu，Ti 等合金元素的合金钢，其耐磨性和耐腐蚀性都优于预硬钢，经时效处理后，硬度可高达 40～50HRC。多用于较复杂、精密或大批量生产长的寿命塑料模具。④热处理硬化型，这类钢所制得的型腔能达到很高的镜面，并可进行表面的强化处理，用其制造的模具经淬火和回火处理后，使用硬度可达 50～60HRC。⑤马氏体时效钢和粉末冶金模具钢，其适用于要求高耐磨性、耐腐性、高韧性和镜面的塑料模，此类钢均是采用粉末冶金法制造的模具钢。

在冷作模具钢中，所发展的材料有：①高韧性、高耐磨性模具钢这些钢 C 含量低于传统的 Cr12 型模具钢，增加了 Mo、V 合金数量，其耐磨性优于 Cr12Mo1V1 钢，韧性和抗回火软化能力则高于 Cr12，如美国钒合金钢公司早期发表的 VascoDie（8Cr8M02V2Si）、日本大同特殊钢公司的 DC53（CrSM02VSi），我国自行开发的则有 7CrTM02V2Si（LD 钢）、9CrW3M02V2（GM 钢）等，分别用于冷挤压模具，冷冲模具及高强度螺栓的滚丝模具。②低合金空淬微变形钢。这类钢的特点是合金含量低（≤5%），淬透性、淬硬性好，$\phi 100mm$ 的工件可以空冷淬透、淬火变形小、工艺性好，主要用于制造精密复杂模具。如美国 ASTM 标准钢号 A4（Mn2CrMo）、A6（7Mn2CrMo）、日本大同特殊钢公司的 G04。我国自行研制的 Gr2Mn2SiWMoV 和 8Cr2MnMoWVS 等钢种也属于低合金空淬微变形钢，后一种钢号还兼备优良的切削性。③火焰淬火模具钢。这类钢的特点是淬火温度范围宽，淬透性好。由于火焰局部淬火的工艺简便、以缩短模具制造周期，降低制造费用等特点，已经广泛地用于制造剪切、下料、冲压、冷镦等冷作模具，特别是大型镶块模具，如东风汽车公司采用我国研制的 7CrSiMiMoV 火焰淬火钢制造汽车大型覆盖件镶块冲模刃口材料，取得了很好的使用效果。这类钢代表性的钢号有日本爱知公司的 SX5（Cr8MoV）、大同特殊钢公司的 G05，日本日立金属公司的 HM-Dl。④粉末冶金冷作模具钢。采用粉末冶金工艺生产的高碳高合金钢，由于钢液雾

25

化形成的微细钢粉凝固很快，可以完全避免一般工艺生产的高碳高合金冷作模具钢在浇注后缓慢凝固产生的粗大碳化物和偏析等缺陷。特点：磨削性好、韧性好、等向性好、热处理工艺性好。已发表的粉末冷冶金钢号有美国坩埚钢公司的CPM9V，CPM10V，日本日立金属的 HAP40 等。

四、推广应用新型注射成型技术

推广应用热流道技术、气（水）体辅助注射成型技术和高压注射成型技术，采用热流道技术的模具可提高制件的生产率和质量，并能大幅度节省原材料和能源，所以广泛应用这项技术是塑料模具的一大变革。制定热流道元器件的国家标准，积极生产价廉高质量的元器件，是发展热流道模具的关键。

气体辅助及目前正在开发研制的水辅助注射成型也可在保证产品质量的前提下，大幅度地降低成本，目前在汽车和家电行业中正逐步推广使用。气（水）体辅助注射成型比传统的普通注射工艺有更多的工艺参数需要确定和控制，而且常用于较复杂的大型制品，模具设计和控制的难度较大，因此，开发其成型流动分析软件，显得十分重要。为了确保塑料件的精度，继续研究开发高压注射成型工艺与模具也非常重要。

塑料注塑模具的设计和制造技术可以说是一项高分子材料加工成型的系统工程，要设计、制造出一套能成型出高质量、高效率而成本又适宜的塑料制品，其所涉及和应考虑的问题是多而复杂的。

五、高档模具标准件生产技术

模具标准件是模具的基础，广泛使用模具标准件不但能缩短模具生产周期和提高模具质量，而且还能降低模具生产成本及有利于模具维修。目前我国模具标准件生产落后于模具生产，一些高档模具标准件至今还是空白，只好大量进口。这里只选取对模具生产影响最大的两种模具标准件作为突破口先行突破，这就是寿命能达到 100 万次的模具用高压氮气缸和温控能达到±1℃的热流道及系统。

因此提高塑料模具标准化水平和标准件的使用率十分重要。

模具标准化程度及其标准零件的制造规模与范围，常可标志一个国家的工业化程度。使用标准模架及其标准零件，可节省金属材料 30%，降低成本 25%，对于模具工业的发展具有十分重要的战略意义。

我国塑料模具的标准化，在国家标准 GB 4169.1/11—84，GB/T 1255.1—90和 GB/T 1256.1—90 等三个文件的推动下，已取得了长足进步，并必将在未来的塑料模具的发展中，继续发挥越来越重要的作用。然而，与发达国家相比，我国模具标准件的水平和模具标准化的程度仍较低，与国外差距甚大，在一定程度上制约着我国模具工业的发展，为提高模具质量和降低模具制造成本，模具标准件的应用要大力推广。

　　此外，斜锲机构在冲压模中具有十分重要的作用，无油润滑推杆推管在精密塑料模具中也非常重要，也属于应予大力发展的高档模具标准件。这些产品生产技术的突破，将有助于提升我国大型精密模具的水平。关键技术主要有：活塞、活塞杆和缸体的精密加工技术；高可靠性密封及安全技术；热流道材料及精密温控技术；热流道喷嘴精密加工技术；塑料在模腔内流动的三维计算机模拟分析技术；新型高档斜锲的设计技术及无油润滑耐磨材料的研发与加工技术等。

第二章 ‹‹‹

注塑成型工艺与设备及其制品的设计

塑料是以高分子量合成树脂为主要成分，在一定条件下（如温度、压力等）可塑制成一定形状且在常温下保持形状不变的材料。

塑料按受热后表面的性能，可分为热固性塑料与热塑性塑料两大类。前者的特点是在一定温度下，经一定时间加热、加压或加入硬化剂后，发生化学反应而硬化。硬化后的塑料化学结构发生变化、质地坚硬、不溶于溶剂、加热也不再软化，如果温度过高则就分解。后者的特点为受热后发生物态变化，由固体软化或熔化成粘流体状态，但冷却后又可变硬而成固体，且过程可多次反复，塑料本身的分子结构则不发生变化。

塑料都以合成树脂为基本原料，并加入填料、增塑剂、染料、稳定剂等各种辅助料而组成。因此，不同品种牌号的塑料，由于选用树脂及辅助料的性能、成分、配比及塑料生产工艺不同，则其使用及工艺特性也各不相同。为此模具设计时必须了解所用塑料的工艺特性。

此外，要使塑料成为具有实用价值的材料，必须将其成型为制品。注射成型几乎占整个塑料制品成型的30%以上，因此，在全面介绍塑料注塑模具的设计之前，先概要地介绍其成型工艺过程、工艺条件、成型设备及其与模具的关系是很有必要的。

第一节 塑料注射成型工艺

注射成型是在高压状态下将已熔融的塑料熔体以高速注入到闭合的模具型腔内，经冷却（对于热塑性塑料）或加热（对于热固性塑料）定型后得到和模具型腔形状完全一致的塑料制品的一种成型方法。

注射成型必须满足三个必要条件：一是塑料必须以熔融的状态被注入到模具的模腔；二是注入的塑料熔体必须具有足够的压力和流动速度以完全充满模具模腔；三是需有符合制品形状和尺寸并满足成型工艺要求的模具。因此，要完成注射成型则必须具备塑料塑化、熔体注射和成型这三种基本功能及其调控机制。

一、注射成型过程

注射成型是根据金属压铸成型原理发展而来的，使用塑料材料的可挤压性及可模塑性特点。首先将固态（粉状或粒状）成型用塑料从注射机的料斗送入高温的料筒熔融塑化，使之成为黏流状态，然后在注射机的柱塞或螺杆的高压推动下，高速通过注射机的喷嘴，进入注塑模具的浇注系统，进入模腔，再经冷却成型，开启模具后便可从模腔中脱出具有一定形状和几何尺寸的塑件来，其工艺流程如图 2-1 所示。

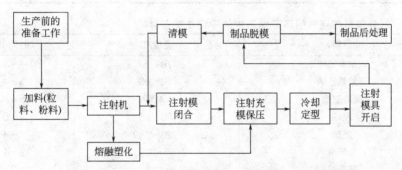

图 2-1　注射成型生产工艺流程图

为了使生产顺利进行，注射加工前的准备工作很重要。这些工作主要包括：对使用物料状态的预处理，对注射机的料筒进行清理，对使用的嵌件进行预热和模具的清理、选择脱模剂等一系列工作。

（1）原料的预处理　生产前对成型的原料要进行的预处理分以下两项内容。

① 分析检验物料的理化指标。根据成型时物料的工艺特性的要求，对物料检验含水量、外观色泽、有无杂质，并测试其热稳定性、流动性和收缩指标。对于需要色泽要求，必须按一定比例与色母料（或色粉料）配混均匀。

② 预热干燥。对于吸湿性强的塑料（如聚酰胺等）或含水量较大的塑料，应根据注射成型工艺允许的含水量要求进行预热干燥。目的是为了除去物料之中的过多的水分或挥发物，防止成型过程中的水解现象，预防成型后制品出现气泡或银纹等缺陷。

预热干燥的方式很多，普遍使用的是空气循环干燥箱及料斗式干燥箱两种方法。在循环干燥箱中，注意干燥盘上的物料厚度，一般以 15～20mm 左右为宜，最厚不超过 30mm；以利于空气的循环、流通，此方法干燥均匀，速度快。表 2-1

所列为部分塑料在成型生产之前允许的含水量，表 2-2 和表 2-3 分别列出了空气循环干燥箱及料斗干燥的工艺条件。

■ 表 2-1　部分塑料成型前允许的含水量

塑料	允许含水量/%	塑料	允许含水量/%
PA-6	0.10	聚碳酸酯	0.01~0.02
PA-66	0.10	聚苯醚	0.02
PA-9	0.05	聚砜	0.10
PA-11	0.10	ABS(电镀级)	0.05
PA-610	0.05	ABS(通用级)	0.05
PA-1010	0.05	纤维素塑料	0.10
聚甲基丙烯酸甲酯	0.05~0.10	聚苯乙烯	0.20~0.50
聚对苯二甲酸乙二醇酯	0.01	高冲击强度聚苯乙烯	0.10
聚对苯二甲酸丁二醇酯	0.01	聚乙烯	0.05
硬聚氯乙烯	0.08~0.10	聚丙烯	0.05
软聚氯乙烯	0.08~0.10	聚四氟乙烯	0.05

■ 表 2-2　部分塑料在空气循环干燥箱中的干燥工艺条件

塑料	温度/℃	时间/h
软聚氯乙烯	70~80	3~4
硬聚氯乙烯	70~80	3~4
聚碳酸酯	120	6~8
ABS	85~95	4~5
聚砜	120~140	8~4
聚苯醚	95~110	2~4
聚甲醛	110	2
聚对苯二甲酸乙二醇酯	130	8~4
聚对苯二甲酸丁二醇酯	110~120	8~4
聚甲基丙烯酸甲酯	90~95	6~8

■ 表 2-3　部分塑料在料斗中的干燥工艺条件

塑料	温度/℃	时间/h
聚乙烯	70~80	1
聚氯乙烯	65~75	1
聚苯乙烯	70~80	1
聚丙烯	70~80	1
高冲击强度聚苯乙烯	70~80	1
聚酰胺	90~100	2.5~3.5
聚碳酸酯	100~120	2~8
聚甲基丙烯酸甲酯	70~85	2
ABS	70~85	2
AS	70~85	2
纤维素塑料	70~90	2~3

（2）机筒的情况　生产中，塑料品种的更换、调换颜色或者发现成型过程中出现热分解或降解反应时，均应对注射机的机筒进行清洗。对柱塞式注射机采用拆卸清洗机筒的办法，对螺杆可以采用清洗材料如机筒清洗剂清洗，机筒清洗剂是一种粒状无色热塑性弹性体，100℃时具有橡胶特性，但不熔融或黏结，这种清洗剂主要适用于成型温度在 180～280℃的各种热塑性塑料及中小型注射机。

采用其他塑料材料清洗注射机（螺杆式机筒）应注意以下事项。

① 欲换的物料成型温度高于机筒内残留的物料的成型温度时，应将机筒和喷嘴的温度升高到欲换的物料的最低成型温度，然后加入欲换料，并连续对空注射，直到全部残料除尽为止。

② 欲换的物料成型温度低于机筒内残留的物料的成型温度时，应将机筒和喷嘴温度升高到欲换物料的最高成型温度，停止加温，使用欲换料连续对空注射，并同时降温（采用风冷或气冷式），直到全部残料除尽为止。

③ 两种物料成型温度相差不大时，不必调换温度，直接更换。

④ 残留在机筒的物料属于热敏性材料（如聚氯乙烯）时，预防其分解，应从流动性好、热稳定温度高的材料中选用过渡材料，还应考虑材料的相容性，如聚氯乙烯，最好采用 ABS 作为过渡材料。

（3）嵌件的预热　在注射制品中，部分塑件中含有金属嵌件，但金属嵌件与塑料两者的收缩率不同，同时，冷却过程中，热膨胀系数相差较大，容易使嵌件周围的塑料产生收缩、甚至裂纹。为了防止这一现象产生，最好的办法是成型前对嵌件预热，减小它在成型时与塑料熔体的温差，预防或抑制嵌件周围的塑料发生收缩应力或裂纹。

嵌件是否预热及预热的程度视塑料性质及嵌件的材料及制件中塑料与嵌件比例而定。对于分子链刚性大的塑料（如聚苯乙烯、聚苯醚、聚碳酸酯等），一般均需预热嵌件，这是因为它们本身就容易产生应力开裂；对于分子链柔顺性大的塑料，且嵌件较小，可以不预热。预热嵌件温度一般在 50～70℃，并在模具中装卸方便，对于铝铜嵌件可取高一点温度。

（4）模具的清理与脱模剂的选择　注射成型生产时，需要对模腔进行清理或喷洒脱模剂。一般的模具在封存时，在模腔上喷涂有表面保护剂（如防锈剂等），因而在开始注射成型时，首先将模具中防护层清洗干净。如果用原料进行注射脱除，将产生大量废品。一般选用干净的棉布擦拭，不应使用棉纱以防止损伤模具中高光泽层。为了使成型后的制品容易从模具内脱出，常选用脱模剂，如硬脂酸锌、液体石蜡（白油）、硅油等。一般硬脂酸锌不能用于聚酰胺塑料。使用脱模剂目的是使难脱模的部位，如成型的孔、凸模、深槽易脱模，应多使用，对于比较容易脱模部位少使用，使塑件在脱模中平衡取出，否则对于大型塑件，可能造成脱模不平衡，使塑件破裂，甚至出现某些部位粘模。在塑件具有熔接痕的部位尽量不使用脱模剂，否则会影响塑件熔接部位的强度，甚至在熔接部位产生明显的缺陷。

二、注射成型过程的要素及其相互关系

塑料制件的注射成型过程（图 2-2）可分为三个区段。在第一区段，塑料在旋转螺杆与料筒之间进行输送、压缩、熔融和塑化，并将塑化好的塑料熔体储存在料筒前端（螺杆头部与喷嘴之间），待注射成型之用。在第二区段，储存在料筒端部的塑料熔体由于受到螺杆（或柱塞）向前的推压作用，通过喷嘴、模具的主流道、分流道和浇口开始注入模腔。在第三区段，塑料熔体经浇口注射入模腔过程中的充模流动、相变及固化。这一区段的流变过程非常复杂，涉及三维流动、相迁移理论、不稳定传热等过程并交织在一起。

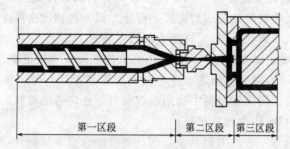

| 第一区段 | 第二区段 | 第三区段 |

图 2-2　注射成型过程塑料熔体流动的三个区段

整个注射成型过程由以下诸要素构成。

（1）注射压力　在注射成型过程中的注射压力是指注射机螺杆（或柱塞）头部所提供的最大压强。注射压力 p_0 也是模腔压力的源头，它可由每台注射机的油压表上读出的最大值 p_i 换算得到，即

$$p_0 = p_i \left(\frac{D}{D_s} \right)^2 = p_i \left(\frac{p_{max}}{p'} \right) \tag{2-1}$$

式中，p_0 为调用的最大注射压力，MPa；D 为注射液压缸的活塞直径，mm；D_s 为注射螺杆或柱塞的直径，mm；p_{max} 为注射机的最大注射压力，MPa；p' 为注射机液压泵的额定油压，MPa；p_i 为注射过程中油压表上的最大值（即表压），MPa。

（2）模腔压力　广义的模腔（又称型腔）压力是模内塑料熔体流经位置和时间的函数。模腔压力链的位置状态如图 2-3 所示。主流道末端 A 处具有最大的分型面上的压力 p_A；浇口 B 处具有塑件模腔最大的压力 p_B；A，B 两处常是压力的测定点。喷嘴的出口 Z 处的压力 p_Z 是模具浇注系统压力的源头。在双分型注塑模具的型腔板上，浇注系统较复杂且流程长，从 p_Z 至 p_B 有较大浇注系统压力降 Δp_C。C点为熔流的末端，若压力 p_C 过低，则会影响塑件的质量，甚至不能注满，故熔体末端的压力 $p_C \geq 10 \sim 25$MPa。塑件模腔的压力降从 p_Z 至 p_C 为 Δp_C。若型腔流程的截面较简单，可用流变学的压力降公式进行估算。

由图 2-3(a)、（b）可知，螺杆头处 p_0 至喷嘴 p_Z 间存在压力降 Δp_Z。喷嘴为

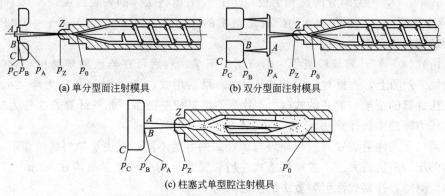

(a) 单分型面注射模具　　　(b) 双分型面注射模具

(c) 柱塞式单型腔注射模具

图 2-3　注射成型模腔压力链示意

圆柱孔道，其非牛顿流变学的压力降计算式为

$$\Delta p_Z = \left(\frac{4}{\pi}\right)^n \frac{2K'Q^n L_Z \times 10^4}{R_Z^{3n+1}} \tag{2-2}$$

式中，Δp_Z 为塑料熔体流经注射机喷嘴的压力降，Pa；n 为塑料熔体非牛顿指数（$n<1$），对于常用的一些塑料，其 n 值可从相关的资料查得；K' 为熔体剪切系数，N·s/cm^2；Q 为熔体流经喷嘴的体积流量，cm^3/s；L_Z 为喷嘴长度，cm；R_Z 为喷嘴半径，cm。

当已知某种成型塑料的成型温度（℃）、注射量（计量容积，cm^3）、注射时间（s）和经注射喷嘴的剪切速率（s^{-1}），以及喷嘴的内半径（cm）、长（cm）等时，则可利用式(2-2) 计算出该种熔体流过喷嘴时的压力降 Δp_Z。

由实验曲线（图 2-4）可知，螺杆式注射装置中的压力降为

$$\Delta p_e = p_0 - p_z = (2.0 \sim 2.5)\Delta p_Z \tag{2-3}$$

此式中的放大系数，指注射油缸活塞和螺杆等运动件的摩擦阻抗，以及螺杆头前剩余熔体段的压力降。通常螺杆式注射装置中的压力降 $\Delta p_e = 10 \sim 20$ MPa，但在注射高黏度的熔体，或是高阻抗的喷嘴，如阀式喷嘴时，Δp_e 会更大，需做计算预测或专门的测量。此外，在型腔压力估算时，所使用的注射压力 p_0 必须小于注射机的最大注射压力 $p_{\max}$，为注射车间现场留有充分调节注射压力的余地。

若将非牛顿的塑料熔体视为短时间处于恒温的状态，且在各流段中都处于恒剪切的速率，则可用牛顿流体的计算式计算压力降。对于圆管道有

$$\tau = K'\dot{\gamma}^n = K'\dot{\gamma}^{n-1}\dot{\gamma} = \eta_a\dot{\gamma} \tag{2-4}$$

且按定义

$$\dot{\gamma} = \frac{4Q}{\pi R^3} \tag{2-5a}$$

$$\tau = \frac{R\Delta p}{2L} \tag{2-5b}$$

$$\Delta p = \frac{2L\tau}{R} \tag{2-5c}$$

式中，L，R 为圆管的长和半径，cm；η_a 为塑料熔体的表观黏度，$N \cdot s/cm^2$；τ 为剪切应力，N/cm^2；Δp 为圆管道两端的压力降，N/cm^2（$1N/cm^2 = 10^4 Pa$）；$\dot{\gamma}$ 为熔体剪切速率，s^{-1}。

由式（2-5a）计算该段流程中的剪切速率 $\dot{\gamma}$，然后可在与该种塑料相对应的流动曲线 τ-$\dot{\gamma}$ 图上，查得对应的剪切应力 τ。最后用式（2-5c）计算得压力降 Δp。采用此法计算的结果与前述的式（2-2）计算的结果相差很小。此种计算方法称为塑料熔体压力降的工程计算法。

因柱塞式注射装置其塑化原理与螺杆式的有所不同，又由于粒料区的作用，装置内的压力阻抗较大。不过，柱塞式注射装置常见的公称注射量均在 $60cm^3$ 以下。经实验测得，柱塞式注射装置中的压力降为

$$\Delta p_e = p_0 - p_z = 30 + (0.1 \sim 0.2)p_0 (MPa) \tag{2-6}$$

式中，第一项 30MPa 压降是加热室和喷嘴的黏流区的压力损失；第二项是被压缩的粒料区的压力损失，它与柱塞压力 p_0 成正比。其折算系数与注射时的注射量有关，当注射量较大时取大值。

（3）成型周期　将模腔压力变化随注射时间作图，便可获得模腔压力的周期变化图。图 2-4 所示为对应于图 2-3（b）的模腔各位置压力随注射时间变化的一个典型示例。

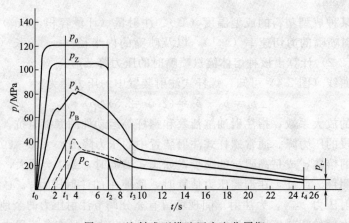

图 2-4　注射成型模腔压力变化周期

图中 $t_0 \sim t_1$ 称为注射时间，塑料熔体进入模腔，并达到最远处，而且压力得到急骤的升高。$t_1 \sim t_2$ 为保压时间，也称为压实补缩阶段，此时螺杆做少量的推进，以维持一定的压力。于时间 t_1 时模内的物料温度开始明显下降，于时间 t_2 时螺杆后撤。喷嘴口处的压力为 p_z 且下降最快。$t_2 \sim t_3$ 称倒流时间。时间 t_3 是注塑模具中内浇口的冻结时间。螺杆后撤时，内浇口尚未冻结，模腔内熔体形成倒流至浇道。$t_3 \sim t_4$ 是静态冷却时间，t_4 是模具打开时间，p_r 为该时间模腔内的残余压力。

（4）压力、温度图　在注射成型周期中，将模腔压力 p 随熔体温度 T 的变化规律绘制成图 2-5 所示的压力与温度变化关系曲线，称为压力温度图。该图上的曲

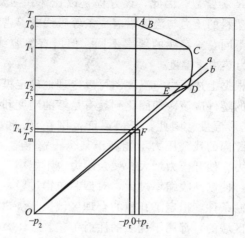

图 2-5 注射成型模腔压力、温度图

线 DE 为浇口尚未冻结但保压补料已结束，因此，存在倒流而使模腔压力急剧下降。于浇口冻结点 E 开始，模腔内的物料量不再改变。所以，模腔内压力与温度沿着直线 a 变化。倘若保压于 D 点结束时，浇口早已冻结封闭，则模腔内的压力与温度沿直线 b 变化。

浇口封闭后，型腔内的压力与温度的关系也可用修正的状态方程来描述。聚合物熔体的密度 ρ_m 是温度和压力的函数，其表达式为

$$(p_1 + p_2)(v_m - v_w) = R'T \tag{2-7a}$$

$$\rho_m = \frac{1}{v_m} = \frac{p_1 + p_2}{R'T + v_m(p_1 + p_2)} \tag{2-7b}$$

式中，p_1 为形腔壁受到的压力，N/cm^2；p_2 为熔体内压力，N/cm^2；v_m 为熔体比体积，cm^3/g；T 为熔体的热力学温度，K；v_w 为热力学温度为零时材料的比体积，cm^3/g；R' 为修正的摩尔气体常数，$N \cdot cm^3/(cm^2 \cdot g \cdot K)$。

若干聚合物的状态方程的参量见表 2-4。

■ 表 2-4 若干聚合物的状态方程的参量

聚合物名称	$p_2/(N/cm^2)$	$v_w/(cm^3/g)$	$R'/[N \cdot cm^3/(cm^2 \cdot g \cdot K)]$
聚苯乙烯	19010	0.882	8.16
通用聚苯乙烯	34840	0.807	18.90
聚甲基丙烯酸甲酯	22040	0.734	8.49
乙基纤维素	24510	0.720	14.05
醋酸丁酯纤维素	26080	0.688	15.62
低密度聚乙烯	33520	0.875	30.28
高密度聚乙烯	34770	0.956	27.10
聚丙烯	25300	0.922	22.90
聚甲醛	27550	0.633	10.60
聚酰胺 610	13510	0.860	18.50
聚酰胺 66	30450	0.914	7.38

式中，p_2、v_w、R' 为常数，因此，该方程是以比体积 v_w 为斜率的直线方程。浇口冻结后，模腔内塑料的压力与温度沿着一条等容线或等密度线变化。冻结点不同，型腔内的塑料量不同，等容线的斜率不同。但所有等容线都通过 p-T 图的原点，即 $p = -p_2$，T 为热力学温度。

（5）开模取件　根据上述压力与温度图可以合理地确定模具打开的温度和压力条件。首先，模腔内的塑件应该冷却固化到具有足够的刚度和硬度。开模时的温度 T_s 应低于塑料的热变形温度。因此，开模温度范围在 T_s 和模具工作温度 T_m 之间。其次，开模时模腔内的残余压力不能高于某个 $+p_r$ 值。太高会引起塑件与凹模表面间过大的黏附力，使开模力增大。残余压力也不能小于某个负压值 $-p_r$，否则易出现缩孔和凹陷，使制品收缩率过大，对型芯包得过紧，致使脱模困难。上述的两组温度与压力限制条件，拟定了开模的合理区域。凡浇口冻结后模腔内塑料冷却的等容线通过这一区域的，都属于优质的注射工艺。

三、聚合物在注射成型中的问题

1. 聚合物熔体的充模流动行为

（1）聚合物熔体的流动性质　在塑料加工过程中，聚合物熔体的流动性质，主要表现为其黏度的变化。因此，聚合物熔体的黏度及其变化是塑料加工过程中最为重要的变量，也是模具设计的主要依据。聚合物熔体的黏性流动行为，可用毛细管流变仪测量。在工业生产中大多使用具有多功能的布拉本德（Brabender）转矩流变仪和哈克·巴格勒（Haake Buchler）流变仪来测定。

聚合物液体的流动和变形都是在受力的情况下实现的。重要的应力有剪切、拉伸和压缩三种，其中，剪切应力对塑料的成型最为重要，因为成型时聚合物熔体或分散体在设备或模具中流动的压力降、所需功率以及制品的质量等都受其制约。

（2）注射时聚合物熔体的充模流动　充模，又称填充，是指聚合物熔体在注射压力作用下，通过流道和浇口之后，在低温模腔内流动和成型的过程。影响聚合物熔体充模流动的因素很多，它们不仅与各种注射成型工艺参数有关，而且还受模具结构的影响。在众多的影响因素中，充模运动是否平稳和连续，将直接影响到制品的取向、结晶等物理变化以及表面质量、形状、尺寸精度和力学性能等问题。因此，无论从生产角度，还是从理论研究等方面，都必须对充模运动进行探讨。关于浇口和模腔对充模运动的影响在第五章的浇口设计等章节将会进行探讨。

2. 聚合物的取向与结晶

（1）聚合物的取向　链状分子在充模的剪切流动过程中所伴随的必然现象是分子取向。温度较高的熔体进入模腔后，先与冷的模腔壁接触的熔体，其黏度迅速增加并凝固，形成不流动的凝固层，但与凝固层贴近的熔体由于凝固层的绝热作用，并非很快凝固，仍在向前流动，结果使处于两层边缘的分子链受到拉伸，链的长度沿流动方向排列起来，这就是分子取向。随着熔体的冷却，凝固层不断增厚，取向层也就不断向中心发展。一般而言，注射件贴近模腔壁的皮层无取向，靠近皮层的较外层取向程度最大，中心层取向最小，整个塑料件（简称塑件）浇口附近取向程度最大。

取向对塑料件带来的结果是使塑料件的力学性能和收缩率产生各向异性。取向过大的塑料件由于内应力较大，容易产生裂纹，形状和尺寸稳定性差。取向也会使塑料件在不同方向的热导率有所不同。对于光学塑料件，取向会使塑料件在不同方向的折射率不同。

影响取向因素有多种。其与塑料的种类及性能、对剪切速率的敏感性、塑件的壁厚等有关。除此之外，模具设计中的浇口位置、数量、截面大小等都对塑料件的取向方向、取向程度和各部分的取向分布情况有重大影响。因而对塑料件的力学性能和某些物理性能以及收缩率大小和均匀性都有重大影响，是模具设计中必须慎重考虑的重要问题之一。

（2）聚合物的结晶　结晶型塑料在注射成型中除分子链取向外，还存在分子链结晶的问题。当熔体在模腔中冷却到低于熔点时，分子链就开始结晶。聚合物的结晶是分子链在空间的有序排列。注射成型中分子链所能达到的结晶程度首先取决于材料的结晶能力。分子的有序排列需要一定的能量和时间，因此，温度环境对结晶有重大影响。任何结晶型塑料在熔点和玻璃化温度之间都有一个结晶速率最大的温度，如果模具温度控制在这一温度附近，无疑有利于取得结晶度最大的塑料件；模温偏低使熔体速冷就只能得到结晶度较小的塑料件。塑料中含有的某些添加剂，如色料和润滑剂等，会起成核剂的作用而增加结晶中心，使塑料件产生更细的晶粒并改变结晶速率，为塑料件脱模后的热处理创造了继续结晶的有利条件，使塑料件内的晶粒大小和结晶度改变。塑料的结晶会使塑料件体积缩小，收缩率增大，摩擦系数和透明性减小。

3. 塑件的内应力

塑料熔体被注入型腔，并在随后的压实和补缩过程中，在型腔内建立起压力（压应力）。补料结束后，腔内压力不再增加，会随熔体冷却而降低。成型时模具温度总是远低于熔体温度，与模壁接触的熔体会迅速冷却凝固，保留有较多的冻结应力，而中心层熔体由于冷却缓慢，有比较充分的时间使应力松弛，这样就产生了塑料件沿厚度方向不均匀的应力分布，这种应力称为温差应力。塑料件各部分的截面尺寸往往有所差异，对熔体的流动阻力不同，截面厚的部分熔体可以压得更密实。塑料件各部分离浇口距离不同，增密的程度也会有所差别，塑料件在浇口附近的材料密度一般总要大于远离浇口的区域。截面厚度不同，收缩率也会不同，塑料件截面尺寸不均和几何结构不均（如不对称）所造成的收缩不均和增密程度不同所引起的应力称为构件体积应力。因嵌件引起的应力，是指塑料件内如含有嵌件，嵌件阻碍着外周塑料的自由收缩也会引起应力。取向产生的应力是指塑料件内部因前面所讲的取向而产生的应力。

以上四种应力中，前三种应力对塑料件的性能都是有害的，应通过对塑料件和模具的合理设计及工艺参数的选定尽量减小。取向及取向应力对塑料件性能可能有害，亦可能有利。它可以使塑料件沿取向方向强度增大，但同时也会削弱垂直于取向方向的强度，严重时甚至引起开裂。设计者应善于利用取向的"利"而避免其"害"。

4. 塑件的尺寸和形状稳定性

这包括尺寸稳定性和形状稳定性。前者是指塑料件在工作过程中保持原尺寸精度的能力，后者是指塑料件保持固有形状、抵抗翘曲变形的能力。

为了使塑料件有比较稳定的尺寸，承载塑料件应选用蠕变很小的塑料，结晶型塑料成型时应在成型过程中创造使塑料充分结晶的条件，如在允许范围内尽可能提高模温和缓冷，以减少后收缩。吸水性强的塑料成型后，宜进行调湿处理使达到吸湿平衡，使其在后来的工作过程中，尺寸比较稳定。工作环境温度变化较大的塑料件宜尽可能选用线胀系数较小的塑料。任何情况下，成型后的热处理都有利于稳定塑料件尺寸。

塑料件翘曲变形的原因是各个部分或各个方向收缩不均，收缩不均就使尺寸变化不均，使塑料件改变其原有形状。实践证明，大面积、薄壁塑料件容易发生翘曲变形；壁厚差别大的塑料件也容易变形。塑料件翘曲变形的另一个原因常常是模具的温度分布过分不均，使塑料件各部分冷却速率差别过大，设计模具时应使冷却水道或加热元件合理分布，避免出现局部过冷或过热现象。

5. 塑件的熔接纹（痕）

塑料件上常带有各种孔，熔体充模时遇到成型孔的型芯就分两股绕道而行，在型芯的另一侧汇合形成接缝，这一接缝称为熔接纹（痕），会在塑件上形成薄弱环节而影响到其力学性能，特别是会使冲击强度有所降低。塑料件常由于尺寸大或形状较复杂，成型时采用两个或两个以上的浇口，从不同的浇口进入型腔的熔体在相汇合处也形成熔接纹。不同塑料的熔接纹对塑料件性能的影响程度也不同。结晶型塑料（如尼龙）的熔接纹对塑料件性能影响较小。无定形塑料（如聚苯乙烯）的熔接纹对塑料件影响较大。试验证明，可以通过调节注塑工艺参数改善熔接纹强度。提高熔体温度和模具温度、增加注射速度，都有利于改善熔接部位的强度，这种改善对黏度和温度敏感性塑料更为有效。

6. 塑件的外观质量和表面装饰

塑料件除了前面已提到的因应力释放引起裂纹、收缩不均引起翘曲变形、某些部位出现熔接纹等缺陷外，还会因模具设计或工艺控制不当而产生多种表面缺陷。常见的表面缺陷有表面银丝、气泡、暗纹、暗斑、表面凹陷、边角发黑、浇口附近泛白、皱纹和搓痕、光泽不良、表面料流纹或波纹、颜色不均、表面划伤和夹杂未熔化的塑料粒子等。

上述各种缺陷可通过调控工艺和模具设计来避免。

现今对塑料制品的表面装饰方法很多，用以遮蔽缺陷的装饰方法有溶剂增亮和涂料涂饰，或将模具型腔加工出各种花纹（皮革纹、木纹、缎纹等）成型带有相应花纹的塑料件，不仅遮蔽了缺陷，还增加了塑料件的美感。

7. 成型过程中聚合物的化学变化

聚合物在成型过程中发生的化学变化主要有交联和降解，它们也与结晶和取向一样，对制品的性能和质量有重要影响。其中，交联反应是热固性聚合物成型的重要工艺过程。如无交联反应，热固性聚合物也就无法由线型结构转变为体型结构，制品也无法固化成型。但在热塑性聚合物的成型中，一般都要避免不正常的交联反应，因交联之后其成型性能将会恶化。降解通常都是有害的，它会使制品的许多性能变差，也会使成型过程不易控制。然而，在必要的情况下，也可以有意识地利用降解来减小聚合物熔体的黏度，以改善其流动和成型性能。

8. 注射成型工艺参数的选择及调节

注射成型过程是由温度、压力、时间（成型周期）诸要素构成相互依存、相互影响的十分紧密的关系。而要正确地选择和调控好这些工艺参数，又应与所成型塑料种类和性能结合起来考虑。这些性能包括它们的相对分子量质量、熔点、分解温度、流动性、冷凝结晶性等。

第二节　塑料注射成型设备

一、塑料制品设备的选择

设备是整个塑料制品设计方案中一个至关重要的方面，因为塑料制品的质量不会比生产它的设备质量更好。虽然制品设计者不需要具备设计设备的能力，但是他们必须了解有关设备的基本知识以利于制品的设计和对工艺方法的选择。所用设备的成本、所设计制品（可以生产出来）的类型在工艺的选择中都是最主要的决定性因素。这两个因素是由工艺所需压力和设备构件的数量来决定的。为了达到讨论设备的目的，工艺已经依据开模和断面加工所需的压力进行划分，并分别讨论。

1. 基本设备的结构

一般而言，开模加工的设备成本要比同等复杂程度制品的闭模加工设备的成本低，因为前者的模具只需要有一半即可。然而，其他的成型过程都需要一个阳模和一个阴模（型芯和型腔）或者是两个阴模（用于中空制品的隔离式型腔）；但是，开模加工只需要一个阳模或一个阴模。图 2-6 表示了模具的结构，图 2-6(a) 中的阴模形成了制品的外表面部分，而图 2-6(b) 中的阳模形成了制品的内表面形状。

开模加工过程中的压力极小或不需要压力。通常而言，由于闭模加工需要一定的成型压力，因此其设备成本要高一些。设备中承受的压力越大，设备强度就应更大（设备也越昂贵），因为压力越高，就要求由强度更高的材料来制造所需结实模具，而这些高强材料的价格较高，且加工更难。不过，压力越大，越能成型更为精细的制品，而且能极大地缩短成型周期。因此，一个明显的道理就是随着设备成本的增加，单件制品的价格降低。

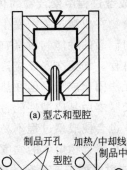

(a) 型芯和型腔

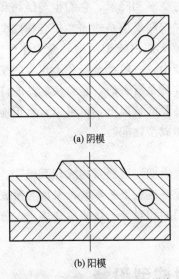

(a) 阴模

(b) 阳模

图 2-6　用于开模成型过程的设备

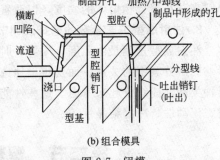

(b) 组合模具

图 2-7　闭模

　　闭模要么是由图 2-7(a) 中所示的型芯和型腔组成，要么是由如图 2-7(b) 所示的组合模具组成，这种模具用于中空成型（吹塑或旋转成型）。两个（或多个）模具的组成部分相接的地方称为分型线。为了防止塑料从模具中泄露出来，模具的两半必须完全匹配。如果分型线平直且处于一个平面上时，将模具的两半合上就相当容易。但是，一些设计要求特定形状的分型线。这就是所谓的凹凸分型线，要求在合模时格外小心。因此具有凹凸分型线的模具要比平直分型线的模具成本高些。

　　当半边模具与另半边模具合紧后，塑料熔体不能流过这个区域，因此必须在制品中进行开口。当开口位于与分型线平行的平面时，这种开口称为切断。它通常是切断了型腔的型芯，由于收缩导致了制品朝切断的另一侧偏向，因此开口最好开在模具型芯这一侧。对于形状奇怪或很大开口，凸起的部分通常在实心型芯处被切断，不过，从型芯销钉处开出如图 2-7(b) 所示的圆形孔，是非常经济的。

　　注意在上述图例中，制品的侧边有一开孔。开孔的型芯会妨碍到制品从模具中顶出的脱模操作。因此，型芯被安装在可移动的地方，这样便于每个成型周期完成后更换型心。这个过程对于高速生产而言，是非常浪费时间的，因此一些机械设备，如汽缸和凸轮，由两个模具的相对运动来制动，这样就可以提高生产速度。这些机理被称为滑动或侧动机理，而且这种机理也用于注射成型过程，来操作组合模具的两块分模。

　　在图 2-7(a) 开孔一侧对面的侧边有一个凹陷，这个凹陷并没有穿透整个制品。那个凹陷，被称作根切，同样也妨碍到制品从模具中顶出的脱模操作。不过，如果根切较窄，边缘处的半径足够大，而且原料足够柔软，一旦型腔被顶出后，根切可以从模具中剥去。如果根切太深而不能被剥去时，必须增加可去型的型芯嵌件或凹陷的型芯来顶出根切。如果根切太深的话，根切也可以置于模具中，不过需要添加组合模具、滑动片或可去型的型芯嵌件。可去型的型芯嵌件会延长成型时间；组合模具和滑动片会提高模具的成本；而凹陷的型芯虽然可行，但通常加工起来成本较高。

图 2-7(b) 同时还标示了一些被称为冷却/加热线的开孔。热塑性塑料都使用冷却模具来进行加工（有些要求使用加热的模具），这样能加速模塑件的成型。因此，模具中被开凿出一些冷却通道，以便让冷却水流过模具。这样做的目的就是确保模具表面保持相同的温度，这样模塑件就能够均匀冷却，从而避免了制品变形。这种想法实施起来非常困难，不过，通过模具的轮廓设计，实际效果能够在很大程度上接近于理想状态。通常利用精心制作的冷却系统来达到上述目的，不过这将大大增加模具的成本。通常，各种购单，它们的价格差异很大程度上是由于选用不同冷却系统而造成的。

热固性塑料并不需要冷却，因为它们在成型过程中就发生了交联。因此，热固性塑料都不经过冷却，冷却通道可用来加热如蒸汽或油类物质等介质。

2. 用于开模成型的设备

开模加工方法有热成型、层合和喷涂。由于开模成型只能够形成制品的一面，因此只需要对成型这面进行设计。用于开模成型过程的设备非常简单，热成型过程必须使用冷却系统，根切可以通过使用可去型或可断开的部件来成型，这些部件与制品相连接，而与模具相分离，在每次成型周期前，必须进行更换。在产量较高的场合，可以用弹簧或汽缸来启动这些部件。有时，当根切需要剥去时，也可用弹簧或机械设备来进行机械脱模。

通常，制品中的开孔都必须在二次加工过程中加工出来，因为在开模成型中无法封闭模具表面，从而在制品中开孔。对于层合、喷涂成型过程，较大开孔如窗户框架中心部分可以在模具中成型出来。需要切割形成的开孔需要额外的加工设备，不过这些设备的成本都较低。由于这些操作都是在模塑件成型后进行的二次加工过程，因此开孔将提高制品的成本。由于开模成型过程并不需要压力，因此它不能制取需要压力成型的精细结构。不过，有一种热成型的变种，即热压成型，可以通过特殊的加工设备成型出所需要的精细结构。

3. 低压或中压成型的设备

这一类加工过程涵盖了那些要求使用密闭、能够承受较高成型压力、并由硬化钢制造的模具来成型的加工过程。属于这一类的加工过程有浇铸、冷压成型、树脂传递模塑（RTM）、反应注射成型（RIM）、低压压缩成型（LPMC）、中空制品成型过程、旋转成型和吹塑成型。在这些加工过程中，成型压力越低，用来制造模具的技术就越多，大多数技术都采用柔软金属来加工模具或通过一定模型进行浇铸。柔软金属，如铝比硬化钢加工起来更快，成本更低。成本最低的设备是先通过建立制品模型，并按照这种模型进行浇铸而加工获得的，它们通常是以环氧树脂和玻璃纤维为原料来制造的。模型则是木制的，如果它们形状和尺寸合适，则可以采用计算机来驱动进行加工，这种技术称为立体石板印刷术。但是这种设备在有限的时间内就会磨损，之后又得按照模型重新浇铸一个模具。一个模具在磨损前所能够加工的制品数目可以从一打到几千件，这得取决于加工过程和设计的复杂程度。通常，制品的设计越复杂，模具承受的压力越大，则模具的寿命越短。复杂的设计就会有更多的精细结构。

这些结构非常容易损坏，而且承受的压力越大，则损坏的可能性越大。有些情况下，环氧树脂模具可以通过镍进行镀层以增加表面光洁度、延长模具的使用寿命。最常用的用于制造加工各种塑料的模具材料罗列在表 2-5 中。

■ 表 2-5　塑料加工的铸型（模具）材料

工艺	铸型材料
浇铸	环氧树脂、有机硅树脂
层合和喷涂	环氧树脂(有时是镀镍的)、铝、钢(偶尔采用)
冷压	环氧树脂、玻纤
RTM	环氧树脂、玻纤、铝
RIM	环氧树脂、玻纤、铝、钢、锌合金
压缩和传递	钢(SMC，BMC)、铝(LPMC)
转动成型	钢板、不锈钢、铝、铝铸件、经机械加工的金属、电铸镍和铜
结构发泡成型	预硬化钢材、铝和铍铜
热成型	铝(木材、环氧树脂或聚酯或原型)
吹塑法	铝、铍铜、锌合金、黄铜、不锈钢
挤出成型	钢
拉挤成型	钢
真空袋塑成型	环氧树脂、玻纤

大多数低压或中压成型设备所采用的原料都不能轻易地从型芯上通过机械除去。因此，开孔都是在二次加工过程中加工的，另外的解决方法就是通过手工拆除和更换型芯。这个过程比机械操作花费的时间要多。不过，由于这些加工过程都不是高速操作过程，因此额外增加一点时间并不成问题。

4. 高压成型设备

注塑成型和压缩成型过程都能产生出最高的成型压力，并且在大规模生产时需要最结实的钢制模具。不过，在低压或中压成型部分中讨论过的模具类型经常被用作试生产和短期使用的模具。需要指出的是采用这些能够产生较高成型压力的加工方法加工时，上面提到的方法都具有一定的局限性。那是因为工程师都已经习惯于将这些加工方法所能成型的精细部件和表面性能纳入他们的设计中，而没有考虑到这些用作试生产和短期使用的模具是不能多次承受成型制品所受压力这一点。到底一个模具能够承受多少次成型冲击，将取决于制品的设计。不过，有一点显而易见，那就是模具材料硬度越大，设备越能持续更长的时间，而不需要重大的维修或进行更换。必要时，需要使用由较硬材料，如钢，制成嵌入件。

用作试生产和短期使用的模具经常可以简化其他一些设备的设计过程，如手动型芯，手动顶出装置，和限定的或虚设的冷却系统，来节约生产成本。通常，成型周期主要由制品冷却的时间确定，制品必须冷却至具有足够硬度以便于脱模。因此，决定这些参数的模具构造，其差别将明显地影响制品的形状和强度。结果，如果需要生产精致原型的制品，则制造的单一型腔必须与模具具有完全一样的冷却系统、型芯脱除装置和顶出设施。这项工作通常应用于大型、昂贵多型腔模具的制造。

5. 型材成型设备

型材成型方法，即挤出成型和拉挤成型，由于在生产过程中会在模具后面产生背压，因此必须用钢制模具。不过，由于采用这两种加工成型的制品形状一般比较简单，因此这些加工方法的设备成本相对较低。

二、塑料注射成型机设备

注射成型机与注射成型模具有密不可分的关系。如在设计或订购模具之前不了解与之相匹配使用的注射成型机的基本情况，包括机型和规格及适应性、主要技术参数、模具的安装尺寸以及开模和顶出行程等，是很难开展工作的。

1. 注塑机的工作原理

与打针用的注射器相似，它是借助螺杆（或柱塞）的推力，将已塑化好的熔融状态（即黏流态）的塑料注射入闭合好的模腔内，经固化定型后取得制品的工艺过程。

一般螺杆式注塑机的成型工艺过程是：首先将粒状或粉状塑料加入机筒内，并通过螺杆的旋转和机筒外壁加热使塑料成为熔融状态，然后机器进行合模和注射座前移，接着向注射缸通入压力油，使螺杆向前推进，从而以很高的压力和较快的速度将熔料注入温度较低的闭合模具内，经过一定时间和压力保持（又称保压）、冷却，使其固化成型，便可开模取出制品。

注塑成型的基本要求是塑化、注射和成型。塑化是实现和保证成型制品质量的前提，而为满足成型的要求，注射必须保证有足够的压力和速度。同时，由于注射压力很高，相应地在模腔中产生很高的压力，因此必须有足够大的合模力。由此可见，注射装置和合模装置是注塑机的关键部件。

2. 塑料注射成型机的结构功能及其组成

（1）主要功能。注射成型的基本过程是塑化、注射和定型。因此，注射成型机必须具备以下的基本功能：对所加工的塑料物料能实现塑化、计量并把熔融物料注入模具模腔的功能；对成型模具能实现启闭和锁紧的功能；对成型过程中所需的能量能实现转换、传递和控制的功能；对成型过程及工艺条件可进行设定与调整的功能。

（2）主要组成。针对以上的基本功能，塑料注射成型机主要是由塑化注射系统、合模系统、液压传动系统和电气控制系统等部分所组成，如图 2-8 所示。

（3）注塑成型是一个循环的过程，每一周期主要包括：定量加料—熔融塑化—施压注射—充模冷却—启模取件。取出塑件后又再闭模，进行下一个循环。

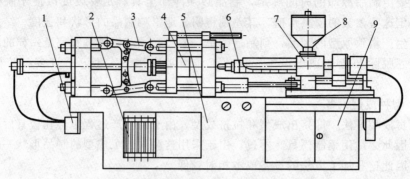

图 2-8　塑料注射成型机的组成结构示意

1—液压系统；2—冷却系统；3—锁模装置；4—模具；5—电气控制系统；

6—加热装置；7—注射装置；8—料斗；9—电气控制系统

3. 塑料注射成型机的类型

塑料注射成型机如果按机器的用途分类，则可分为热塑性通用型注射成型机、热固性塑料注射成型机、排气式注射成型机、注射吹塑成型机发泡注射成型机、多组分注射成型机、鞋用注射成型机等。目前世界上许多国家都有自己的注射成型机的标准，但尚无统一的国际标准。对于我国，近年来还出现了许多新型注射成型机如全电动注射成型机、气体辅助注射成型机、水（液）辅助注射成型机、BMC注射成型机和电磁动态注射成型机等。其中最常用、最主要的是热塑性通用型注射成型机，其主要类型如表 2-6 所列。

■ 表 2-6　塑料注射成型机的类型

类型		特点	适用场合
按塑化方式分	柱塞式	起塑化作用的部件为柱塞和机筒，注射过程由柱塞完成。机筒中的塑料熔体之间存在着较大的温差，熔体温度分布很不均匀。但能提供较高的注射压力	一般只用于注射量不大，制品要求不高的场合
	往复螺杆式	起塑化作用的部件为螺杆和机筒，进入机筒中的塑料不仅受到机筒外部加热器的加热，而且还受螺杆转动时所提供的剪切热和摩擦热的作用而软化并熔融，注射过程亦由螺杆完成	是应用最广，适用性最强的类型
按合模装置分类	机械式	是指从机构的动作到合模力的产生和保持均由机械传动来完成，这种装置又称全机械式合模装置。可避免漏油并具有节能、低噪声、清洁、操作维修方便等优点	目前只有中小型机型
	液压式	合模和锁模动作及合模力的产生与维持均由液压传动系统来实现	是目前常见的通用热塑性注射成型机
	液压-机械式	通常是以合模油缸推动曲肘连杆机构产生移模动作，再通过曲肘连杆机构的运动、合模力的放大和机构的自锁特性、曲肘连杆机构的弹性变形来实现模板的平稳快速移动和对模具实现锁紧的	是目前常见的通用热塑性注射成型机

类型		特点		适用场合
按注射与合模装置的相对位置的排列方式分类	卧式成型机	注射螺杆的轴线和合模机构的模板运动轴线呈一线的水平排列		应用广泛,对大、中、小型机种都适用
	立式成型机	注射螺杆的轴线与合模机构的模板运动轴线呈一线的垂直排列,由于制品顶出后不易自动落下,必须用人工或机械手将制品取出,不易实现全自动化操作。由于机身较高,机器的稳定性差,加料较困难,维修不便		只适用于小型机,而大、中型机不宜采用此结构形式
	角式成型机	注射螺杆的轴线与合模机构模板的运动轴线相互成垂直排列(即"L"形或倒"L")		特别适用于开设侧浇口非对称几何形状的模具或成型中心不允许留有浇口痕迹的制品
	多工位注射成型机	注射装置或合模装置具有两个以上的工作位置,也可把注射装置和合模装置进行多种多样的排列		特别适合于冷却定型时间长,或因安放嵌件而需要较长辅助时间的塑料制品的生产
按机器注射量的大小分类		锁模力/kN	理论注射容量/cm³	
	超小型	< 100	< 16	
	小型	160～200	16～630	
	中型	2000～4000	800～3150	
	大型	5000～12500	4000～10000	
	超大型	> 16000	> 16000	

用于加工热塑性塑料的单螺杆注射成型机,其型号表示可参见 JB/T 7267—2004 标准。该标准的主要内容还包括:适用范围、规范性引用文件、型号、基本参数、要求、试验方法、检验规则、标志、包装、运输、储存等。

4. 塑料注射成型机的主要技术参数

(1)注射装置的性能参数 包括:注射行程(cm)、理论注射容积(cm³)或注射量(一次注射 PS 的最大质量)(g)或最大容积(cm³)、注射压力(MPa)、注射速度(mm/s)、注射时间(s)、注射速率(g/s,cm³/s)、螺杆转速范围(r/min)、塑化能力(kg/h)、螺杆扭矩(N·m)、螺杆驱动功率(kW)、喷嘴接触力(即注射座推力)(kN)、喷嘴伸出量(前模板及模具安装面的长度)(mm)、料筒加热功率(料筒和喷嘴总加热功率)(kW)。

此外,还有料筒和喷嘴加热方式和加热分段、螺杆驱动方式、螺杆头和喷嘴的结构、喷嘴孔径和球面半径等。

(2)合模装置的技术参数 包括:锁模力(kN)、成型面积(cm²)、开模力(kN)、开模行程(mm)、开模(合模)速度(m/s)、模板尺寸(mm)、模具最大尺寸(mm)、模具最大(最小)厚度(mm)、模板最大(最小)开距(mm)、最小间距(mm)、拉杆间距(mm)、顶出行程(mm)、顶出力(kN)。

(3)整机性能参数 包括:泵用电机的额定功率(kW)、单耗(kW/h)、空循环周期或空循环次数(次/h)、料斗容量(m³)、油箱容量(m³)、整机体积

（m³，外形长×宽×高）。

此外，模具温度控制装置，也称模具恒温器，是精密注射不可少的附属装置。它通过插入模具的热电偶，进行模具温度的检测，对进入模具的冷却水按设定的水温要求，进行加热或冷却，且可保证水的压力和流量。对动模和定模有两套模温控制系统的控温装置尤其适用。

三、塑料注射成型机与模具的关系

1. 塑料注射成型机（主要）工艺参数的校核

在模具设计前，应对注射机的注射量、注射压力和锁模力等工艺参数进行校核。

（1）型腔数量的决定　当塑件设计完成之后就进入了模具设计，首先必须考虑采用单型腔模还是多型腔模，并决定型腔数量的多少。考虑的因素主要有：现有注射机的规格、所要求的塑件质量、塑件成本及交货期。起决定作用的因素很多，既有技术方面的因素，也有生产管理方面的因素。一般来说，从经济的角度出发，订货量大时可选用大型机、多型腔模具；对于小型制品型腔数与定货量间的关系可按经验图 2-9 决定。但该图并不是对各种情况都适用，还要仔细考虑工厂现有的注射机的规格和对塑件尺寸精度和重复性精度的要求。当尺寸精度和重复性精度要求很高时应尽量减少型腔的数目，在满足其他各项要求的前提下尽量采用单型腔模具，型腔数可以从以下几方面进行计算：

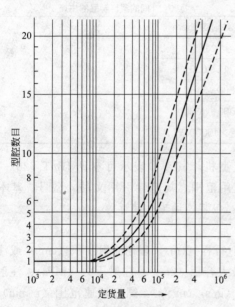

图 2-9　模具型腔数目与
定货量的相互关系

① 由交货期计算型腔数。当某产品采用一副模具生产时可按下式确定型腔数，即

$$n = 1.05 \frac{N t_c}{3600 t_h (t_0 - t_m)} \tag{2-8}$$

式中，1.05 为故障系数，以 5% 计；N 为一副模具定货量，件；t_0 为从订货到交货时间，月；t_c 为成型周期，s；t_m 为模具制造时间，月；t_h 为所在厂的每月工作时间，h/月。

由于制造模具所需时间 t_m 也是型腔数目的函数，故需迭代求解。

② 根据注射机最大注射质量求型腔数。注射机的最大注射质量按国际惯例是指注射在常温下密度为 $\rho = 1.05 \mathrm{g/cm^3}$ 的普通聚苯乙烯的对空注射量 m_{s0}（g），在

注入模具时由于流动阻力增加，沿螺杆的返流量加大了。再考虑安全系数，实际注射量 m'（g）取为机器最大注射能力的 85%

$$m' = 85\% m_{s0} \tag{2-9}$$

注射聚苯乙烯时模具型腔数最多为

$$n = \frac{m'}{q} \tag{2-10}$$

式中，q 为一个塑件的质量和它均分到的浇注系统质量之和。

当 n 不到 1 时则应改用较大的机器。

对于其他非聚苯乙烯塑料，其最大注射量

$$m_0 = m_{s0} \frac{\rho}{\rho_s} \tag{2-11}$$

式中，ρ 为常温下某塑料的密度，g/cm^3；ρ_s 为常温下聚苯乙烯的密度，g/cm^3。

按理式(2-11) 中密度之比应为相同温度下该塑料熔体与聚苯乙烯熔体密度之比，对于非结晶塑料可认为从常温状态到熔融状态，其密度变化倍率与聚苯乙烯的变化倍率相差不多，因此，用常温下密度之比代入计算，故式适用于各种非结晶型塑料。而结晶型塑料由于从固态到熔态密度的变化较聚苯乙烯变化更大，因此，结晶型塑料还要乘以一校正系数，即

$$m_0 = 0.9 m_{s0} \frac{\rho}{\rho_s} \tag{2-12}$$

同理，$m' = 85\% m_{s0}$，然后再按式(2-10) 计算和校核型腔数。

国产注射机常用理论注射容积 V_c 表示机器的最大注射能力，该体积是指在最大注射行程时注射螺杆所能注射的最大体积，它与聚苯乙烯表示的最大注射量 m_{s0} 的关系是

$$m_{s0} = V_c \alpha \rho_s \tag{2-13}$$

式中，α 为注射系数，考虑了注射时物料沿螺杆返流、漏料的因素和聚苯乙烯塑料从熔融态转变为常温固态体积收缩等因素，注射系数 α 一般在 $0.8 \sim 0.9$ 范围内变化。

当注射其他任何塑料品种时，该种塑料的实际注射质量 m_0（g）与理论注射容积积 V_c 间关系为

$$m_0 = V_c \alpha \rho \tag{2-14}$$

式中，m_0、α、ρ 为某塑料的最大注射质量、注射系数、常温下的密度。塑料从熔融态到固态的体积收缩系数因塑料品种的不同而不同，对结晶型塑料约为 0.85，非结晶型塑料为 0.93。注射系数 α 考虑了螺杆的返流、漏料，因此还要取得小些。结晶型塑料取 $\alpha = 0.7 \sim 0.8$，非结晶型塑料（含聚苯乙烯）取 $\alpha = 0.8 \sim 0.90$。

③ 根据塑化能力求型腔数。模具的注射容量还必须与注射机的塑化能力相匹配，故型腔数应根据塑化能力来决定，即

$$n = \frac{G t_c}{3.6 q} = \frac{100 G}{6 q x} \tag{2-15}$$

式中，G 为塑化能力，kg/h；x 为每分钟的注射次数，$x=60/t$。

④ 由锁模力和模板尺寸确定型腔数。注射机的锁模力也限制了所设计模具的型腔数目。此外制品型腔位置还应布置在模板拉杆之间的有效范围内，这也限制了型腔的数目。②、③、④项是根据设备的技术参数决定的型腔数，当按各种参数算出的型腔数不相等时，应取计算中的较小者。

（2）注射压力的校核　注射压力的校核是校验注射机的最大注射压力能不能满足该制品成型的需要。制品成型所需的压力是由注射机类型、喷嘴形式、塑料流动性、浇注系统和型腔的流动阻力等因素决定的。例如，螺杆式注射机，其注射压力传递比柱塞式注射机好，因此注射压力可取小一些，流动性差的塑料或细薄的长流程塑件注射压力应取得大一些。可参考各种塑料的注射成型工艺确定该塑件的注射压力，再与注射机额定的压力相比较。

（3）锁模力的校核　根据锁模力的大小可以计算模具的型腔数，反之当型腔数决定后也可校核锁模力是否足够。

当高压的塑料熔体充满模具型腔时，会在型腔内产生一个很大的力，力图使模具沿分型面涨开，其值等于塑件和流道系统在分型面上的总投影面积（图 2-10）乘以型腔内塑料压力。对于三板式模具或热流道模具，由于流道系统与型腔不在一个分型面上，则不应计入流道面积。作用在这个面积上的总力应小于注射机的额定锁模力 F，否则在注射时会因模锁不紧而产生溢边跑料的现象。型腔内塑料熔体的压力为

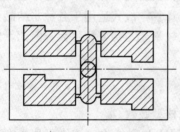

图 2-10　制品与浇注系统在
分型面上投影面积

$$p＝kp_0 \tag{2-16}$$

式中，p 为模具型腔及流道内塑料熔体的平均压力，MPa；p_0 为注射机料筒内螺杆或柱塞施于塑料熔体的压力，MPa；k 为损耗系数。其随塑料的品种、注射机的形式、喷嘴的阻力、模具流道的阻力的不同而不同，其值在 $1/3 \sim 2/3$ 范围内选取。螺杆式注射机的 k 值较柱塞式的为大，直通喷嘴的比弹簧喷嘴的 k 大。

由于影响型腔压力 p 与损耗系数 k 的因素较复杂，因此，在采用通用塑料成型中小型制品的时候，模腔内的塑料压力常取 20～40MPa。在做较详细计算时，应根据具体情况由经验决定。流程愈长、壁愈薄的塑件则需要较大的注射压力，亦即需要更大的锁模力。采用螺杆式注射机成型聚烯烃及聚苯乙烯制品时，单位型腔投影面积所需的锁模压力 p 如表 2-7 所列。

p 决定后，按下式校核注射机额定锁模力，即

$$F＝10^{-1}pA \tag{2-17}$$

式中，F 为注射机的额定锁模力，kN；A 为制件加上浇注系统在分型面上的总投影面积，cm^2。

■ 表 2-7 螺杆式注射机成型聚烯烃及聚苯乙烯制品时单位型腔投影面积所需锁模力

单位：MPa

制品平均厚度 /mm	流程与壁厚之比				
	200 : 1	150 : 1	125 : 1	100 : 1	50 : 1
1.02	—	706	633	506	316
1.52	844	598	422	316	211
2.03	633	422	316	267	176
2.54	492	316	246	211	176
3.05	352	281	218	211	176
3.6	316	246	218	211	176

反之也应该校核对模具施加锁模力是否过大，如果模具和机器模板接触面积过小，例如，把一副小模具安装在一台大机器上，在高压下合模则可能使模具陷入模板，使模板遭受破坏或模具屈服变形碎裂，或在循环压力下疲劳断裂。应对模板和模具的接触应力进行强度校核。对于铸钢模板，安全许用压应力 $[\sigma]$ 取 55MPa

根据同样的原理，可对模具分型面处的接触压力和推出板四周模具支架与模板的接触压力进行校核，该面积可能是模具内最小的接触面积。对于低碳钢的支架或动模底板，其许用应力 $[\sigma]$ 可取为 100MPa，设支架与动模底板单边接触面积为 A_{s1}，则两支承块接触 $2A_{s1}$，若动模底板还有其他支柱，其接触面积为 A_{s2}，则应有

$$(2A_{s1} + A_{s2})[\sigma] \geqslant F \tag{2-18}$$

2. 开模行程及顶出行程的校核

注射机的开模行程是有限制的，取出制件所需要的开模距离必须小于注射机的最大开模距离。开模距离可分成下面两类情况校核。

（1）注射机最大开模行程与模厚无关时的校核　这主要是指肘杆式（单曲肘或双曲肘）锁模机构，其最大开模行程不受模厚影响，系由曲肘连杆机构的最大行程决定。对于单分型面注射模（图 2-11），开模行程可按下式校核，即

$$S \geqslant H_1 + H_2 + 5 \sim 10 (\min) \tag{2-19}$$

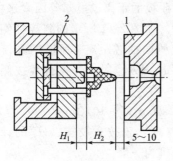

图 2-11　注射机开模行程不受模厚影响
时单分型面模具开模行程校核
1—定模；2—动模

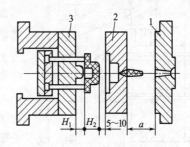

图 2-12　注射机开模行程不受模厚影响时
双分型面模具开模行程校核
1—定模；2—型腔板；3—动模

49

式中，H_1 为塑件脱模（推出距离）距离（mm）；H_2 为塑件高度，包括浇注系统在内（mm）；S 为注射机最大开模（移动模板行程）行程（mm），可查阅注射机技术规范。

三板式双分型面注塑模具（带针点浇口的注塑模具）见图 2-12。开模距离还需要增加定模板与浇口板的分离距离 α，此距离应足以取出浇注系统的凝料。这时，有

$$S \geqslant H_1 + H_2 + \alpha + 5 \sim 10 \text{(mm)} \tag{2-20}$$

（2）注射机最大开模行程与模厚有关时的校核　这主要是指全液压式锁模机构（常见有增压式、充液式、二次动作闸阀式等）和机械锁模的角式注射机的锁模机构，它采用丝杆完成锁模，其最大开模行程等于注射机移动模板和固定板之间的最大开距 S_k 减模厚 H_m。对于单分型面注塑模具，如图 2-13 所示，可按下式校核，即

$$S_k \geqslant H_1 + H_2 + 5 \sim 10 \text{(mm)} \tag{2-21}$$

式中，S_k 为注射机模板间的最大开距（mm）。

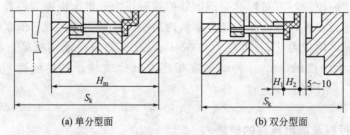

(a) 单分型面　　　　　　　　(b) 双分型面

图 2-13　注射机开模行程与模具厚度有关时，开模行程的校核

对于双分型面注塑模具，按下式校核，即

$$S_k \geqslant H_m + H_1 + H_2 + 5 \sim 10 \text{(mm)} \tag{2-22}$$

（3）侧向分型抽芯开模行程的校核　有的模具侧向分型或侧向抽芯的动作是利用注射机的开模动作，通过斜导柱（或齿轮齿条）等机构来完成的。这时所需开模

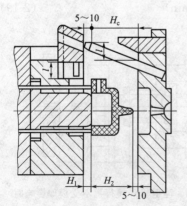

图 2-14　完成侧向抽芯
所需的开模行程

行程还必须根据侧向分型抽芯的要求，再综合考虑制件的高度、脱模的距离、模厚等因素来决定，使两者均能满足。如图 2-14 所示的斜导柱侧向抽芯机构，为完成侧向抽芯距离 l 所需的开模行程为 H_c，当 $H_c > H_1 + H_2$ 时，开模行程按侧向抽芯要求决定，即

$$S \geqslant H_c + (5 \sim 10) \text{(mm)} \tag{2-23}$$

当 $H_c \leqslant H_1 + H_2$ 时，仍按式校核。H_c 的计算详见侧向分型抽芯机构一节。

生产带螺纹制件的模具，是通过专门的机构将开模运动转变为旋转运动来旋出螺纹型芯或螺纹型环的，因此，校核时还应考虑旋出螺纹型芯

或型环需要多大的开模距离。例如，为使螺纹型芯旋转一圈需要的开模行程为 S，型芯需旋转 n 圈方与制件相分离，则旋出型芯所需的开模距离为 nS，同时，还应考虑脱出制件所需的开模距离等来校核注射机的开模行程是否足够。

注射机推出装置的最大推出距离各不相同，设计的模具应与之相适应。注射成型机的推出机构大致可分为以下三类：①中心推杆机械推出；②两侧双推杆机械推出；③中心推杆液压推出与两侧双推杆机械推出联合作用。

有的模具在模具推板上安装一伸出的推出螺栓，或称尾杆。推出时该尾杆推在机器的推出板上，这在欧美较为常用。设计模具时，应注意机器推杆直径和双推杆的中心距离。

（4）顶出装置的校核　各种型号注射机的顶出装置、顶出形式和最大顶出行程各不相同，模具的脱模机构应与之相适应。脱模行程应小于注射机的顶出行程。

3. 模具与注射机装模部位相关尺寸的校核

（1）主流道始端与注射机喷嘴的配合　注射机喷嘴头的球面半径与其相接触的模具主流道始端的球面半径必须吻合，一般前者稍小于后者（0.5～2mm）。角式注射机喷嘴多为平面，模具与其接触处也应做成平面。

为了使模具主流道的中心线与注射机喷嘴的中心线同轴，注射机固定模板上设有定位孔，模具定模板上设计有凸出的与主流道同心的定位圈，定位孔与定位圈之间取较松的动配合。

（2）模具的吊装空间　各种规格的注射机对安装模具的最大厚度和最小厚度均有限制，模具总厚度应在最大模厚与最小模厚之间。同时应考虑模具的外形尺寸不能太大，以能顺利地从上面吊入或从侧面移入注射机四根拉杆（有的小型注射机只有两根拉杆）之间为度，如图 2-15(a) 所示。有的注射机四根拉杆中有一根在装模时可移去，则可装入外形尺寸较大的模具，如图 2-15(b) 所示。

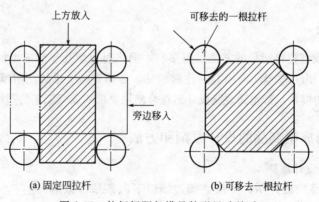

(a) 固定四拉杆　　　　　　　　(b) 可移去一根拉杆

图 2-15　拉杆间距与模具外形尺寸关系

（3）模具的固定　注射机的动、定模板上有许多一定间距的螺孔，用来固装模具的动模和定模。设计模具时，动、定模的安装和固定必须与这些螺孔位置与孔径相适应。一般有两种装夹方法。一种是用螺栓穿过这些孔，再用压板压紧模板，这种方法对孔距要求灵活，因此其广泛用于中小型模具。另一种是直接用螺钉紧固，模板上所钻孔的尺寸和位置，必须与注射机模板上的螺纹孔相吻合，这对较重的大型模具可紧固得可靠、安全。其结构排列示意图如图 2-16 所示。

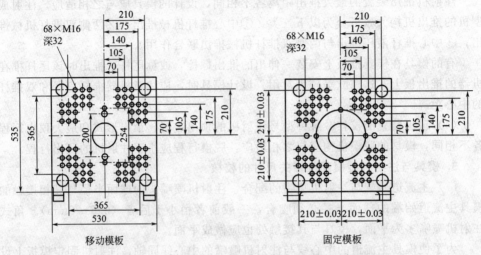

移动模板　　　　　　　　　　　　　　　固定模板

图 2-16　动、定模板上的固定模具螺钉孔排列结构示意图
全液压卧式注射成型机，理论注射量为 1132cm³，锁模力为 55kN

国产的塑料注射成型机的技术参数可参看 JB/T 7267—2004 标准及各设备生产商所提供的数据。

第三节　注射成型制品的设计原则和方法

一、概述

在现代，成型塑料制品的方法虽有多种，但注射成型几乎能成型所有形状的塑料件。然而要生产出高质量、高效益的注射制品，必须有高质量的注塑模具，而要设计、制造出高质量的模具，首先又要能设计出符合使用要求和成型工艺的塑料制品。

二、注射成型制品的设计原则和方法

1. 制品的设计原则

在塑料制品的设计中，一般必须遵循以下四条基本原则：

（1）塑料制品在使用期限中应能保证其功能和性能。因此，在对塑料制品失效分析的基础上，还要对其进行理论设计计算和校核，以及实验测试。

（2）在保证塑料制品的使用功能和性能的前提下选择所用材料，同时还必须考虑加工的可行和材料成本的大小。

（3）大多数塑料件经加热成型后固化定型，因此，必须考虑聚合物的流变过程和形态变化对塑件的影响。

（4）由于多数塑料制品是作为各种装置和设备中的组成元件，因此，其设计应统一在整机产品之中。故应在保证整机质量的前提下，尽量降低塑料制品的成本。

此外，还应尽可能地将所设计的塑料制品标准化、系列化。因为其标准化、系列化的程度也反映了塑料工业发展的水平。

2. 制品的设计过程

塑料制品的设计者不但要具有机械设计者所具有的制图、公差配合与技术测量、工程力学和机械设计等方面的知识和技能，更需要具有塑料加工工程方面的塑料制品、塑料材料及配方、塑料加工、塑料成型模具和成型机械方面的知识。它们是相辅相成的。

在每一项塑料制品的生产过程中，制品的设计起着龙头的作用。塑料制品的设计一般可分成三个阶段。

（1）拟定制品的设计方案　在接受和明确设计任务后，需全面收集各种有关资料和技术数据。在对上述资料进行综合和分析后，可分以下的几个步骤进行：①确定制品的功能和性能；②选择合适的塑料原材料；③确定制品的成型加工方法；④对塑料制品进行失效分析。

拟定方案时，还要遵循对多个方案进行分析比较和逐步优化的常规方法。

（2）制品的结构设计　塑料制品的结构基本上包括了功能结构、工艺结构和造型结构三方面。

3. 注射成型制品材料的选择

选择注射成型制品的材料，不仅应能在一定的期限内保证其使用功能和性能，还要考虑到加工成型、成本和供应方面的问题。

注射塑料制品在生产和使用中出现的缺陷和疵病可归纳为两个主要原因：第一是塑料制品设计不当，这包括制品的结构设计不合理、材料选择不当。其原因是对制品的使用要求、制品的结构工艺性要求不明，以及对塑料材料性能和特点掌握欠缺。第二是在注射工艺方法、工艺参数的选择上，在模具的设计上不当。因此，制品的设计者在设计之前必须详细地了解有关塑料材料的性能、物理力学状态和在注射成型过程中的特性，才能设计、制造出满足使用的要求的制品。

三、注射成型制品的设计及结构工艺性

注塑产品的形状结构、尺寸大小、表面性能、精度及塑料的物理、力学性能等与要求的设备、模具、工艺方法的匹配性，简称制件的工艺性，也就是人们常说的可加工性。如果在一般的设备、普通的模具（指加工简单，成本低）、使用较宽松的工艺条件，可以加工出符合要求的制品，可以认为该制品的工艺性比较好；反之，便称工艺性较差。

制品的工艺性，可以依据塑件的选材、塑件的结构和塑件的可加工性进行判

别。如果制品的工艺性较好，那么在生产过程中，不会产生较多的缺陷。制品的工艺性的好坏，一般与设计者的经验关系较大，但是还是有一定规律可循的。

塑料注射成型制品主要是根据使用要求进行设计的。为获得适用的塑料制品，必须考虑如下几个因素。

（1）塑件的选材　塑件的成型加工条件最主要受塑料选材的加工条件限制。也就是说，在设计塑件时，应多考虑材料的加工性能及在加工温度下的流动性、密度等变化。这也是设计塑件结构的条件。

（2）塑件的结构　塑件的物理、力学性能与塑件的结构关系密切，同时在很大程度上影响塑件的成型和尺寸精度。塑件设计时依靠塑件的结构设计充分发挥塑料材料的性能优点。依靠结构特点补偿材料的缺点，依靠材料的优势，补偿结构上的缺陷。

（3）可加工性　塑料的结构设计，一般追求外观美，然而可加工性缺陷不能忽视。塑件的可加工性，指模具的制作不能过于复杂：如果模具的结构复杂系数较高时，必然使模具特难加工；同时加工的工艺性也很复杂，工艺控制较难，难于加工。

对于塑件的设计，在原则上主要依据加工的工艺性考虑。提高塑件的设计能力，除掌握了一般的原则外，还需要积累大量的经验。对于一般塑件设计，应满足如下几个原则。

① 制品的使用性能（如几何尺寸和精度、物理、力学性能等）达到要求的前提下，应选用成型性能较好的材料；

② 设计制品的几何尺寸（外形结构等）多考虑加工的简单化；

③ 设计制品的形状，应多考虑使用模具的结构特征；

④ 设计制品时，多考虑塑料材料在加工时的流动特征，减少因结构特征而造成制品的取向等缺陷；

⑤ 制品成型时辅助工作量应减小。制品成型时辅助工作指在加工后机加工处理及后处理情况等。这样，可以实现注塑件加工的高效化。

• 第四节　注塑制品的设计 •

塑料制品设计的主要内容包括其形状、尺寸及精度、表面质量、壁厚、脱模斜度，以及制品上的加强筋、支承面、孔、圆角、螺纹、铰链和嵌件等。在设计中还会涉及与成型模具之间的关系，应一并进行综合考虑。

一、注射制品的精度

塑料注射制品的外形尺寸主要受塑料品种的流动性和注射机的规格（包括注射量、合模力、成型面积和动、定模座尺寸等）的限制。在一定的设备和工艺条件下，流动性好的塑料可以成型较大尺寸的制品。在满足制品的使用要求前提下，一般应尽量将制品的结构设计得紧凑些，使其外形能显得小巧玲珑。

注射件的设计图用公差标明尺寸和形状位置精度。这既关系到塑料制品装配时的互换性和使用功能，也关系到模塑工程的经济性。

1. 影响注射成型制品尺寸精度的因素

塑件的精度比金属零件的低，这是由塑料材料的性能和加工工艺特征所决定的。影响塑料件尺寸精度的因素有几方面，而主要的是材料的收缩及模具的制造误差。

（1）成型材料的因素　如注射的是热塑性塑料，则其是在高温、高压和熔融的状态下充模流动的，常见的各种熔体的温度为 $170\sim300℃$，然后其又被冷却固化，通常的脱模温度是在 $20\sim100℃$。塑料材料有比金属大 $2\sim10$ 倍的线膨胀系数。不同的塑料有不同的成型收缩率。无定形和热固性塑料的成型收缩率较小，在 1％ 以下。结晶型塑料的成型收缩率在 1％ 以上。表 2-8 列出了常用注射塑料的成型收缩率。用无机填料充填和用玻璃纤维增强的塑料有较低的成型收缩率。成型收缩率愈大，其收缩率的波动范围也愈大。

■ 表 2-8　常用注射塑料的成型收缩率

塑料	成型收缩率	塑料	成型收缩率
注射用酚醛塑料	0.008～0.011	聚甲醛	0.020～0.025
聚苯乙烯	0.002～0.006	玻纤增强聚甲醛	0.013～0.018
高抗冲聚苯乙烯	0.002～0.006	高密度聚乙烯	0.020～0.050
ABS	0.003～0.008	低密度聚乙烯	0.015～0.050
AS	0.002～0.007	聚酰胺 6	0.007～0.014
聚甲基丙烯酸甲酯	0.002～0.008	玻纤增强聚酰胺 6	0.004～0.008
聚碳酸酯	0.005～0.007	聚酰胺 66	0.015～0.022
玻纤增强聚碳酸酯	0.001～0.003	玻纤增强聚酰胺 66	0.007～0.010
硬聚氯乙烯	0.002～0.005	聚酰胺 610	0.010～0.020
醋酸纤维素	0.003～0.008	玻纤增强聚酰胺 610	0.003～0.014
聚苯醚	0.007～0.010	聚酰胺 1010	0.010～0.025
经苯乙烯改性的聚苯醚	0.005～0.007	玻纤增强聚酰胺 1010	0.003～0.014
聚砜	0.005～0.007	对苯二甲酸乙二醇酯	0.012～0.020
聚丙烯	0.010～0.025	玻纤增强对苯二甲酸乙二醇酯	0.003～0.006
玻纤增强聚丙烯	0.004～0.008	对苯二甲酸丁二醇酯	0.014～0.027
碳酸钙填充聚丙烯	0.005～0.015	玻纤增强对苯二甲酸丁二醇酯	0.004～0.013

（2）模具的因素　对于小尺寸的塑件，模具的制造误差只占塑件公差的 1/3。模具型腔与型芯的磨损，包括型腔表面的修磨和抛光，所造成的这些成型零件误差则占塑件公差的 1/6。单个型腔模塑的成型制品精度较高。模具的型腔数目每增加一个，就要降低塑件 5％ 的精度。由模具上运动的零件所成型的塑件尺寸，其精度较低。当模具上的浇注系统和冷却系统设计不当时，成型塑件的收缩会不均匀。而脱模系统的作用力不当，则会使被顶出塑件变形。这些都会影响到塑件的精度。

（3）塑件结构的因素　塑件的壁厚、几何形状也会影响成型时的收缩。如塑件的壁厚均匀一致，形体又对称，可使塑件的收缩均衡。提高塑件的刚性，如加强筋的合理设置，金属嵌件的采用等，都能减小塑件的翘曲变形，也有利于提高塑件的精度。

（4）工艺的因素　注射周期各阶段的温度、压力和时间都会影响塑件的收缩、取向和残余应力。符合塑件精度要求的最佳工艺是存在的，而保证塑件精度更重要的是工艺参数的稳定性。成型条件的波动所造成的误差占塑件公差的 1/3。

塑料在成型过程产生的实际收缩率是设计模具型腔的一个重要依据，同时也是塑件尺寸精度的一个重要参数。影响塑件收缩率的因素很多，除上述因素外还有制件的结构及几何形状、成型方法、设备的水平、金属嵌件的数量等。收缩率越小越有利于提高制品的尺寸精度，防止制品的变形。

（5）成型后的测量及存放条件　测量误差主要由测量工具、测量方法、测量时的温度及测量时的条件不稳定造成。制件成型后如果存放不当，也可以使塑件产生弯曲、扭曲等变形现象，存放和使用时的温度和湿度对塑件精度也有影响。

（6）使用　塑料材料对时间、温度、湿度和环境条件的敏感性，在注射制品成型后更加严重。原因在于塑件的尺寸和形位精度的稳定性差。各种塑料品种的尺寸稳定性有差异，这些可通过对塑料的增强改性后而获得改善。对塑件采用时效、退火和调湿等方法，亦可稳定制品在使用中的精度。

2. 塑件的尺寸精度

塑件的尺寸精度是决定成型制品质量的首要标准。然而，在满足塑件的使用要求的前提下，设计时总是尽量将其尺寸精度放得低一些，以便降低模具的加工难度和制造成本。

我国统一的塑件尺寸公差标准已经制定，现已实施，其命名为"工程塑料模塑塑料件尺寸公差"（GB/T 14486—1993）。标准规定了热固性和热塑性工程塑料模塑塑料件的尺寸公差。它适用于注射、压制、压铸（传递）和浇铸成型的工程塑料模塑成型制件。不适用于挤出成型、吹塑成型、烧结和泡沫制品。

（1）常用模塑料公差等级的划分　本标准制定公差等级的原则是根据塑料的收缩特性值来划分的。收缩特性值与模塑件的收缩率、收缩方向有关。标准中对上述术语做了如下的规定：

① 模塑收缩率 VS。是在常温下，模塑件与所用模具相应尺寸的差，同模具相应尺寸之比，以百分数表示，即

$$VS = \left(1 - \frac{L_F}{L_W}\right) \times 100 \tag{2-24}$$

式中，L_F 为模塑成型后在标准环境下放置 24h 后的塑料件尺寸，mm；L_W 为模具的相应尺寸，mm。

② 收缩特性值 S。表征模塑材料收缩特性的值，以下式用百分数表示，即

$$\overline{S} = |VS_r| + |VS_\tau| - |VS_\tau| \tag{2-25}$$

式中，VS_r 为径向收缩率，指料流方向的模塑收缩率（%）；VS_τ 为切向收缩率，指垂直于料流方向的模塑收缩率（%）。

根据这一规定及各种模塑料的收缩特性值，将模塑料的公差等级划分成四大类，见表 2-9。如某种塑料其收缩特性值是在 0～1%（如 PMMA，PC 等），则归为第一类，可选择 MT2，MT3，MT5 的公差等级；如果是在 1%～2%，则归为第二类，可选择 MT3，MT4，MT6 的公差等级；依此类推。一般来说，推荐使用"一般精度"，要求较高者可选用"高精度"。未注公差尺寸则采用比它的"一般精度"低两

个公差系列的尺寸公差。MT1级一般不采用，谨供设计精密塑料件时参考。

■ 表 2-9　按收缩特性值选用的公差等级

收缩特性值 S̄/%	公差等级		
	标注公差尺寸		未注公差尺寸
	高精度	一般精度	
>0~1	MT2	MT3	MT5
>1~2	MT3	MT4	MT6
>2~3	MT4	MT5	MT7
>3	MT5	MT6	MT7

常用模塑料其模塑件的公差等级分类和选用如表 2-10 所列。

■ 表 2-10　常用模塑件公差等级的分类和选用（GB/T 14486—1993）

材料类别	材料名称		收缩特性值/%	公差等级		
	代号	模塑件材料		注有公差		未注公差尺寸
				高精度	一般精度	
一	ABS AS EP UF/MF PC PA PPO PPS PS PSU RPVC PMMA PDAP PETP PBTP PF	丙烯腈-丁二烯-苯乙烯 丙烯腈-苯乙烯 环氧树脂 脲醛/三聚氰胺/甲醛塑料(无机物填充) 聚碳酸酯 纤维填充尼龙 聚苯醚 聚苯硫醚 聚苯乙烯 聚砜 硬聚氯乙烯 聚甲基丙烯酸甲酯(有机玻璃) 聚邻苯二甲酸二烯丙酯 聚对苯二甲酸乙二醇酯(玻纤填充) 聚对苯二甲酸丁二醇酯(玻纤填充) 无机填充物酚醛塑料	0~1	MT2	MT3	MT5
二	CA UF/MF PA PBTP PETP PF POM PP	醋酸纤维素 脲醛/三聚氰胺/甲醛塑料(有机物填充) 聚酰胺(无填料) 聚对苯二甲酸丁二醇酯 聚对苯二甲酸乙二醇酯 酚醛塑料(有机物填充) 聚甲醛(尺寸＜150mm) 聚丙烯(无机物填充)	1~2	MT3	MT4	MT6
三	POM、PP	聚甲醛(尺寸≥150mm) 聚丙烯	2~3	MT4	MT5	MT7
四	PE、SPVC	聚乙烯 软聚氯乙烯	3~4	MT5	MT6	MT7

（2）塑料模塑件尺寸公差　国家标准的公差值是按公差等级、尺寸分段列成公差表，如表 2-11 所列。其是将塑件尺寸从 0~500mm 分为 25 个尺寸段，这有利于与模具设计和制造所使用的国家标准 GB/T 1800—1998 配合使用。该表所列公差值，根据塑件使用要求可将公差分配成各种极限偏差。在一般情况下，孔采用单向正偏差，轴采用单向负偏差，长度、孔间距采用双向等值偏差。

■ 表2-11 模塑件尺寸公差表

基本尺寸

标注公差的尺寸公差值

公差等级	种类	大于0到3	3~6	6~10	10~14	14~18	18~24	24~30	30~40	40~50	50~65	65~80	80~100	100~120	120~140	140~160	160~180	180~200	200~225	225~250	250~280	280~315	315~355	355~400	400~450	450~500
MT1	A	0.07	0.08	0.09	0.10	0.11	0.12	0.14	0.16	0.18	0.20	0.23	0.26	0.29	0.32	0.36	0.4	0.44	0.48	0.53	0.56	0.60	0.64	0.70	0.78	0.86
MT1	B	0.14	0.16	0.18	0.20	0.21	0.22	0.24	0.26	0.28	0.30	0.33	0.36	0.39	0.42	0.46	0.50	0.54	0.58	0.62	0.66	0.70	0.74	0.80	0.88	0.96
MT2	A	0.10	0.12	0.14	0.16	0.18	0.20	0.22	0.24	0.26	0.30	0.34	0.38	0.42	0.46	0.50	0.54	0.60	0.66	0.72	0.76	0.84	0.92	1.00	1.10	1.20
MT2	B	0.20	0.22	0.24	0.26	0.28	0.30	0.32	0.34	0.36	0.40	0.44	0.48	0.52	0.56	0.60	0.64	0.70	0.76	0.82	0.86	0.94	1.02	1.10	1.20	1.30
MT3	A	0.12	0.14	0.16	0.18	0.20	0.24	0.28	0.32	0.36	0.40	0.46	0.52	0.58	0.64	0.70	0.78	0.86	0.92	1.00	1.10	1.20	1.30	1.44	1.60	1.74
MT3	B	0.32	0.34	0.36	0.38	0.40	0.44	0.48	0.52	0.56	0.60	0.66	0.72	0.78	0.84	0.90	0.98	1.06	1.12	1.20	1.30	1.40	1.50	1.64	1.80	1.94
MT4	A	0.16	0.18	0.20	0.24	0.28	0.32	0.36	0.42	0.48	0.56	0.64	0.72	0.82	0.92	1.02	1.12	1.24	1.36	1.48	1.62	1.80	2.00	2.20	2.40	2.60
MT4	B	0.36	0.38	0.40	0.44	0.48	0.52	0.56	0.62	0.68	0.76	0.84	0.92	1.02	1.12	1.22	1.32	1.44	1.56	1.68	1.82	2.00	2.20	2.40	2.60	2.80
MT5	A	0.20	0.24	0.28	0.32	0.38	0.44	0.50	0.56	0.64	0.74	0.86	1.00	1.14	1.28	1.44	1.60	1.76	1.92	2.10	2.30	2.50	2.80	3.10	3.50	3.90
MT5	B	0.40	0.44	0.48	0.52	0.58	0.64	0.70	0.76	0.84	0.94	1.06	1.20	1.34	1.48	1.64	1.80	1.96	2.12	2.30	2.50	2.70	3.00	3.30	3.70	4.10
MT6	A	0.26	0.32	0.38	0.44	0.52	0.60	0.70	0.80	0.94	1.10	1.28	1.48	1.72	2.00	2.20	2.40	2.60	2.90	3.20	3.50	3.80	4.30	4.70	5.30	6.00
MT6	B	0.46	0.52	0.58	0.64	0.72	0.80	0.90	1.00	1.14	1.30	1.48	1.68	1.92	2.20	2.40	2.60	2.80	3.10	3.40	3.70	4.00	4.50	4.90	5.50	6.20
MT7	A	0.38	0.48	0.58	0.68	0.78	0.88	0.98	1.14	1.32	1.54	1.80	2.10	2.40	2.70	3.00	3.30	3.70	4.10	4.50	4.90	5.40	6.00	6.70	7.40	8.20
MT7	B	0.58	0.68	0.78	0.88	0.98	1.08	1.20	1.34	1.52	1.74	2.00	2.30	2.60	2.90	3.20	3.50	3.90	4.30	4.70	5.10	5.60	6.20	6.90	7.60	8.40

未标注公差的尺寸公差值

公差等级	种类	大于0到3	3~6	6~10	10~14	14~18	18~24	24~30	30~40	40~50	50~65	65~80	80~100	100~120	120~140	140~160	160~180	180~200	200~225	225~250	250~280	280~315	315~355	355~400	400~450	450~500
MT5	A	±0.10	±0.12	±0.14	±0.16	±0.19	±0.22	±0.25	±0.28	±0.32	±0.37	±0.43	±0.50	±0.57	±0.64	±0.72	±0.80	±0.88	±0.96	±1.05	±1.15	±1.25	±1.40	±1.55	±1.75	±1.95
MT5	B	±0.20	±0.22	±0.24	±0.26	±0.29	±0.32	±0.35	±0.38	±0.42	±0.47	±0.53	±0.60	±0.67	±0.74	±0.82	±0.90	±0.98	±1.06	±1.15	±1.25	±1.35	±1.50	±1.65	±1.85	±2.05
MT6	A	±0.13	±0.16	±0.19	±0.23	±0.26	±0.29	±0.34	±0.39	±0.44	±0.53	±0.64	±0.74	±0.86	±1.00	±1.10	±1.20	±1.30	±1.45	±1.60	±1.75	±2.05	±2.25	±2.45	±2.75	±3.10
MT6	B	±0.23	±0.26	±0.29	±0.33	±0.36	±0.39	±0.44	±0.49	±0.54	±0.63	±0.74	±0.84	±0.96	±1.10	±1.20	±1.30	±1.40	±1.55	±1.70	±1.85	±2.15	±2.35	±2.55	±2.85	±3.20
MT7	A	±0.19	±0.24	±0.29	±0.34	±0.37	±0.44	±0.50	±0.57	±0.66	±0.77	±0.90	±1.05	±1.20	±1.35	±1.50	±1.65	±1.85	±2.05	±2.25	±2.45	±2.70	±3.00	±3.35	±3.70	±4.10
MT7	B	±0.29	±0.34	±0.39	±0.44	±0.49	±0.54	±0.60	±0.67	±0.76	±0.87	±1.00	±1.15	±1.30	±1.45	±1.60	±1.75	±1.95	±2.15	±2.35	±2.55	±2.80	±3.10	±3.45	±3.80	±4.20

注：A为不受模具活动部分影响的尺寸公差值；B为受模具活动部分影响的尺寸公差值。

此标准对成型模塑尺寸分成两类，即不受模具活动部分影响的尺寸 a，如图 2-17(a) 所示，和受模具活动部分影响的尺寸 b，如图 2-17(b) 所示。前者是指在同一动模或定模的零件中成型的尺寸；而后者是指可活动的模具零件共同作用所构成的尺寸，例如，壁厚和底厚尺寸，受动模零件、定模零件和滑块共同影响的尺寸。

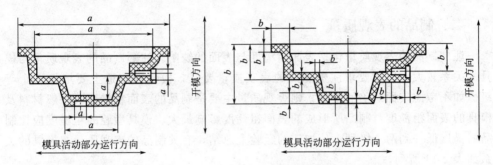

(a) 不受模具活动部分影响的尺寸a (b) 受模具活动部分影响的尺寸b

图 2-17   受与不受模具活动部分影响的尺寸

此标准又规定脱模斜度不包括在公差范围之内。如有特殊要求，应在图纸上标明基本尺寸所在位置。脱模斜度的大小必须在图纸上标出。

当塑件尺寸大于 500mm 时，其公差值 Δ 可由表 2-12 中提供的相应计算公式求得，并将其计算出的公差值按如下原则进行圆整。

■ 表 2-12   公差值 Δ 的计算公式   单位：mm

公差等级	计算式
MT1	$0.0037 + 0.001325L_s + 0.0453L_s^{0.1} + 0.001125L_s^{1/3}$
MT2	$0.0053 + 0.001925L_s + 0.0641L_s^{0.1} + 0.00125L_s^{1/3}$
MT3	$0.0020 + 0.002940L_s + 0.0885L_s^{0.1} + 0.0180L_s^{1/3}$
MT4	$0.0246 + 0.004764L_s + 0.0726L_s^{0.1} + 0.0288L_s^{1/3}$
MT5	$0.0674 + 0.00710L_s + 0.0735L_s^{0.1} + 0.0450L_s^{1/3}$
MT6	$0.0039 + 0.01066L_s + 0.1197L_s^{0.1} + 0.0720L_s^{1/3}$
MT7	$0.0055 + 0.01496L_s + 0.1693L_s^{0.1} + 0.0720L_s^{1/3}$

注：L_s 为塑件的公差尺寸，mm。

计算公差值 $\Delta > 2.00$mm 时，均按 0.1mm 的整倍数进行圆整。

计算公差值 $\Delta \geqslant 2.00$mm 时，均按 0.02mm 的整倍数进行圆整。

当计算值 Δ 为模具活动部分尺寸公差时，则需增加附加值。其增加原则为：MT1 级、MT2 级取附加值 0.10mm；MT3～MT7 级取附加值 0.20mm。

（3）塑件精度与注塑模具设计制造精度的对应关系   在制定模塑件尺寸公差国家标准的过程中，详细讨论了模具制造精度对塑件精度的影响，认为模具制造允许误差和塑件尺寸公差之间具有对应关系，如表 2-13 所列。

■ **表 2-13 塑件及其模具精度之间的对应关系**

塑件精度等级	MT1	MT2	MT3	MT4	MT5	MT6	MT7
(模具设计制造精度)GB 1800	IT7	IT8	IT9	IT10	IT11	IT12	IT12

二、制品的表观质量

注塑制品的表观质量包括表面粗糙度与表面的缺陷。注塑制品的表观质量与模具的关系较大，因而要求注塑制品的表观质量要好，模具的制造上要增加一个等级。如不考虑表面缺陷的影响，则表观质量主要是制品的表面粗糙度。一般材料及模具的表面粗糙度对制品所形成的表面粗糙度影响最大。模具型腔的粗糙度应比制品粗糙度低一到两个级别。从加工的经验上总结，有关制品的表观质量与模具的关系如表 2-14 所列。

■ **表 2-14 制品表观缺陷与设计模具时应注意的事项**

表观缺陷	设计时注意事项
1. 缺料(注射量不足)	①加大喷嘴孔、流道、浇口的尺寸；②浇口的位置应恰当合理；③增加浇口的数量；④加大冷料穴；⑤扩大排气槽
2. 溢料、飞边	①模板需准确对合；②提高模板平行度、去除模板平面毛刺，保证分型面紧密贴合；③提高模板刚度；④排气槽尺寸和位置恰当合理
3. 凹陷、气孔	①加大喷嘴孔、流道、浇口的截面尺寸；②浇注系统应使塑料熔体的充模流动保持平衡；③浇口应开设在制品的厚壁部位；④模腔各处的截面厚度应尽量保持均匀；⑤排气槽尺寸和位置恰当合理
4. 熔接痕	①加大喷嘴孔、流道、浇口的截面尺寸；②在熔接痕发生部位、模具应具有良好的排气功能；③浇口应尽量接近熔接痕部位，必要时可设置辅助浇口；④动、定模需准确对合，成型零部件的定位应准确，不得发生偏移；⑤浇注系统应使塑料熔体的充模流动保持平衡；⑥制品壁厚不宜太小
5. 降解脆化	①加大分流道、浇口截面尺寸；②注意制品壁厚不宜太小；③制品应带有加强筋，轮廓过渡处应为圆角
6. 物料变色	①应有恰当合理的排气结构；②加大喷嘴孔、流道、浇口的截面尺寸
7. 银纹、斑纹	①加大流道、浇口截面尺寸；②加大冷料穴；③应具有良好的排气功能；④减小模腔表壁粗糙度；⑤制品厚度不宜太小
8. 浇口处发浑	①加大分流道、浇口截面尺寸；②加大冷料穴；③选择合理的浇口类型；④改变浇口位置；⑤改善排气功能
9. 翘曲与收缩	①改变浇口尺寸；②改变浇口位置或增加辅助浇口；③保持顶出力平衡；④增大顶出面积；⑤制品强度和刚度不宜太小；⑥制品需要加强筋、轮廓过渡处应有圆角
10. 尺寸不稳定	①提高模腔尺寸精度；②顶出力应均匀稳定；③浇口、流道的位置和尺寸应恰当合理；④浇注系统应使塑料熔体的充模流动保持平衡

表观缺陷	设计时注意事项
11. 制品黏模	①减小模腔表壁粗糙度;②去除模腔表壁皱纹;③制品表面运动需与注射方向保持一致;④增加模具整体刚度、减小模腔弹性变形面积;⑤选择恰当合理的顶出位置;⑥增大顶出面积;⑦改变浇口位置，减小模具压力;⑧减小浇口截面尺寸，增设辅助浇口
12. 塑料黏附流道	①主流道衬套应与喷嘴具有良好的配合;②确保喷嘴孔小于主流道入口处的直径;③适当增大主流道的锥度、并调整其直度;④抛光研磨流道表壁;⑤加大流道凝料的脱模

塑料注射成型制品主要是根据使用要求进行设计的。为获得适用的塑料制品，必须考虑如下几个因素。

（1）在保证制品使用要求（如几何尺寸和精度、物理、机械性能等）的前提下，应尽量用价格低廉和成型性能较好的塑料，同时还应力求使制品形状、结构简单，壁厚均匀;

（2）设计制品形状和结构时，应尽量使其成型工艺性好、模具结构简单;

（3）制品形状应有利于模具分型、排气、补缩和冷却;

（4）应注意成型时的取向问题，除非有特殊要求，应尽量避免制品出现明显的各向异性;

（5）制品成型前后的辅助工作量应尽量少，技术要求和尺寸精度应尽量放低，成型后最好不需再进行机械加工。

塑料制品设计的主要内容包括其形状、尺寸及精度、表面质量、壁厚、脱模斜度，以及制品上的加强筋、支承面、孔、圆角、螺纹、铰链和嵌件等。在设计中还会涉及与成型模具之间的关系，应一并进行综合考虑。

三、塑件的壁厚

塑料制品的壁厚及其均匀性对塑件质量的影响很大。壁厚过小，成型时熔体的流动阻力大，使大型复杂的制品难以充满型腔。而壁厚过大，不仅会使原材料消耗增大，生产成本提高，对于热固性塑料的注射成型来说则会增加其固化的时间，甚至易造成固化不完全;对热塑性塑料来说则会增加其冷却时间，使成型周期延长。据推算，制品的壁厚每增加1倍，其冷却时间将增加4倍。另外，制品还易于产生凹陷、缩孔、翘曲等缺陷。

设计塑料制品时，壁厚首先要满足使用性能的要求（如强度、刚度、质量和尺寸稳定性等），此外，还应满足成型方面的要求（如能充满型腔，脱模时能经受住冲击和震动，装配时能承受紧固力等）。常用的热固性和热塑性塑料制品的壁厚范围见表2-15和表2-16。塑料制品规定有最小壁厚值，它随塑料材料的牌号和制品的大小不同而异。

■ 表 2-15　热固性塑料制品的壁厚范围

塑性材料	塑件外形高度尺寸/mm		
	< 50	50～100	> 100
粉状填料的酚醛塑料	0.7～2	2.0～3	5.0～6.5
纤维状填料的酚醛塑料	1.5～2	2.5～3.5	6.0～8.0
氨基塑料	1.0	1.3～2	3.0～4
聚酯玻纤填料的塑料	1.0～2	2.4～3.2	>4.8
聚酯无机物填料的酚醛塑料	1.0～2	3.2～4.8	>4.8

■ 表 2-16　热塑性塑料制品的最小壁厚及常用壁厚范围

塑件材料	最小壁厚/mm	小型塑件推荐壁厚/mm	中型塑件推荐壁厚/mm	大型塑件推荐壁厚/mm	塑件材料	最小壁厚/mm	小型塑件推荐壁厚/mm	中型塑件推荐壁厚/mm	大型塑件推荐壁厚/mm
尼龙	0.45	0.76	1.5	2.4～3.2	聚碳酸酯	0.95	1.80	2.3	3～4.5
聚乙烯	0.6	1.25	1.6	2.4～3.2	聚苯醚	1.2	1.75	2.5	3.5～6.4
聚苯乙烯	0.75	1.25	1.6	3.2～5.4	醋酸纤维素	0.7	1.25	1.9	3.2～4.8
改性聚苯乙烯	0.75	1.25	1.6	3.2～5.4	乙基纤维素	0.9	1.25	1.6	2.4～3.2
有机玻璃(372#)	0.8	1.50	2.2	4～6.5	丙烯酸类	0.7	0.9	2.4	3.0～6.0
硬聚氯乙烯	1.2	1.60	1.8	3.2～5.8	聚甲醛	0.8	1.40	1.6	3.2～5.4
聚丙烯	0.85	1.45	1.75	2.4～3.2	聚砜	0.95	1.80	2.3	3～4.5
氯化聚醚	0.9	1.35	1.8	2.5～3.4					

　　塑料制品的壁厚应尽量均匀，否则会因冷却或固化速度不同而产生附加内应力。热塑性塑料会在壁厚处产生缩孔；热固性塑料会产生翘曲变形。如图 2-18 所示，图中的 1 都是不良的设计，它们的壁厚过大或壁厚不均，而图中的 2 为改进后的设计。当然任何制品要达到壁厚完全一致是不可能的。

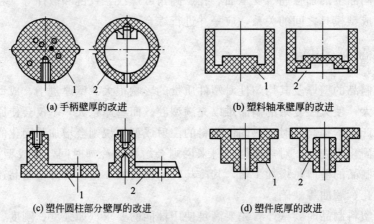

(a) 手柄壁厚的改进　　　　　　　(b) 塑料轴承壁厚的改进

(c) 塑件圆柱部分壁厚的改进　　　　(d) 塑件底厚的改进

图 2-18　塑料件壁厚的改进
1—不良的设计；2—改进后的设计

　　对于大型和中型的塑件，壁厚要多次校核并慎重确定。塑料件设计的计算机软件、塑料熔体充模流动和冷却固化软件都是很好的辅助工具。通常，用流程比校核塑件壁厚是必要的。

流程比（flow length ratio，FLR）的校核式为

$$FLR = \sum_{i=1}^{n} \frac{L_i}{t_i} \leqslant FLR_{max} \tag{2-26}$$

式中，L_i 为各段流程长度；t_i 为流程各段厚度；FLR_{max} 为最大流程比。部分模塑料的流程比可由表 2-17 查得。

■ 表 2-17 　一些塑料熔体的最大流程比

塑　　料	熔融温度 /℃	模具温度 /℃	FLR_{max}	塑　　料	熔融温度 /℃	模具温度 /℃	FLR_{max}
ABS	218~260	38~77	160	低密度聚乙烯	98~115	15~60	300
聚甲醛	182~200	77~93	250	聚丙烯	168~175	15~60	350
丙烯酸类	190~243	49~88	130	改性聚苯醚	203~310	93~121	200
聚酰胺 6	232~288	77~93	300	聚苯乙烯	232~274	27~60	250
聚酰胺 11	191~194	77~93	300	聚氨酯	170~204	27~66	200
聚对苯二甲酸丁二醇酯	221~260	66~93	300	聚氯乙烯	196~204	21~38	100
聚碳酸酯	277~321	77~99	110	聚酰酯亚胺	350~415	65~175	200
液晶+ 30%GF	310~340	66~93	300				

如图 2-19 所示的流程比应包括浇注系统的流程，该示例的流程比为

$$FLR = \frac{L_1}{t_1} + \frac{L_2}{t_2} + \frac{L_3}{t_3} + 2\frac{L_4}{t_4} + \frac{L_5}{t_5} \tag{2-27}$$

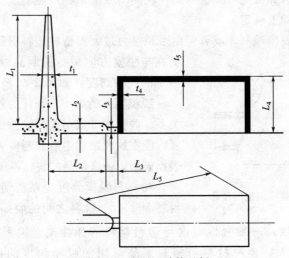

图 2-19 　流程比计算示例

显然，流程比与浇口数目和位置有关。流程比最大值使用阿基米德螺旋线型腔试射的结果。试射压力为 80~90MPa，螺旋槽的间隙为 2.5nim。由表 2-17 可知，高黏度的物料如 PC/PSU 等其 FLR_{max} 在 100~130，中等黏度的物料如 ABS 和

POM 等在 $160 \sim 250$；而低黏度的物料如 PE 和 PA 等，则在 300 左右。下面流程比的关系式说明了 FLR 与注射工艺参数的函数关系，即

$$FLR = A + Bw + Cx + Dy + Ez \tag{2-28}$$

式中，A、B、C、D、E 为与物料有关的实验常数；w 为熔体温度；x 为模具温度；y 为注射速率；z 为注射的型腔压力。

如果塑件的壁厚有变化，对于热塑性塑料要限制在 $1:2$ 之内，而且要有平滑过渡，不能有突变。在模具型腔中，壁厚所对应的大间隙应置于流程的上游，这样才有利于注射保压的压力传递。

四、脱模斜度

注塑制品的内表面与外表面，沿模腔脱模的方向应设计一定高度的脱模斜度。注塑制品在冷却的过程中会产生一定量的收缩，注塑制品便紧紧地包住凸模（型芯）或型腔中其他凸起的部位。随着塑件从成型模具中脱模运动时，要克服开模力和脱模力。开模是指塑件外形从型腔中脱出。脱模是指塑件的内孔表面从模具的型芯上脱出。模内塑件有冷却收缩过程，成型塑件的孔壁对型芯有径向的包紧力。在脱模温度下，塑件从型芯上推顶脱下时的摩擦阻力很大。孔底封闭的塑件，脱模时还有真空吸力存在。脱模力比开模力大得多。过大的脱模顶出力会使塑件变形、发白、起皱和表面擦伤。脱模斜度是决定脱模力大小的众多因素之一。脱模力不但与塑料材料性能、塑件几何形体和尺寸、塑件和金属成型零件的表面性能等有关，还与注射工艺的压力和温度有关。因此，脱模斜度应该在对注射成型时的脱模力进行分析和估算的基础上确定。

因此，为了脱模顺利，或者避免因脱模力过大而造成塑料制品的表面损伤，因而在与脱模方向平行的制品内、外表面应设有一定的脱模斜度，如图 2-20 所示。

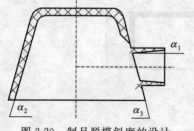

图 2-20 制品脱模斜度的设计

脱模斜度的大小与制件的外形尺寸及壁厚有关系。脱模斜度偏小很可能造成脱模困难，严重者可能在脱模过程中造成制件表面损伤或者制件表面破裂。通常制品的脱模斜度取 $0.5° \sim 1.0°$。

同样与脱模斜度关系密切的是所选用的塑料材料，由于材料之间的收缩率不一致，可选用不同的脱模斜度，一般脱模斜度与塑料材料的弹性模量关系密切。刚硬的塑料，收缩包紧力大。各种材料与塑料制品常用的脱模斜度的推荐值如表 2-18 所列。

一般沿着脱模抽拔运动方向扩张的脱模斜度，如图 2-20 所示。如果脱模斜度出现负值，就是有破坏性的强制脱模。塑件在克服脱模摩擦运动方向上应有斜度。

■ 表 2-18　塑料制品常用的脱模斜度

制品材料		聚酰胺 (通用)	聚酰胺 (增强型)	聚乙烯	聚甲基丙 烯酸甲酯	聚苯乙烯	聚碳酸酯	ABS
脱模 斜度	凹模(型腔)	20′~40′	20′~50′	20′~45′	35′~1°30′	35′~1°30′	35′~1°	40′~1°20′
	凸模(型芯)	25′~40′	20′~40′	25′~45′	30′~1°	30′~1°	30′~50′	35′~1°

热塑性的注塑件,对于型芯的脱模斜度最小为 30′;对于型腔的塑件外表面可以为 20′ 或更小。但对玻璃纤维增强的塑料,对型芯的脱模斜度要考虑在 1°30′ 以上。热固性塑料的注塑件,对型芯的脱模斜度最小为 20′。如果塑件的内外表面的脱模斜度相同,则注塑件的壁厚就均匀一致。

另外,在确定脱模斜度的过程中,要考虑三方面的关系。

(1) 在必须保证塑件尺寸精度时,脱模斜度造成的制品尺寸误差必须限制在该尺寸精度的公差之内。

(2) 为避免或减小脱模力过大而损伤塑件,对于收缩较大、形状复杂、对型芯包紧面积较大的塑件,应该考虑用较大的脱模斜度。

(3) 开模后,为使塑件能留在动模一侧的型芯上,可以考虑在塑件的内表面取较小的脱模斜度。

此外,有花纹的侧表面需用特大的脱模斜度,常见有 4°~5° 的。每 0.025mm 花纹深度要取 1° 以上脱模斜度。壳类塑件上有成排的网格式孔板时,要取 4°~8° 以上的型孔斜度。孔越多越密,斜度应越大。

对有脱模斜度的表面,应该明确尺寸基准。如图 2-21 上的 d 和 D 所示。对于孔类的内形尺寸 d,应保证其小端尺寸达到公差要求。对于轴类的外形尺寸 D,应保证大端尺寸符合公差要求。这样才能保证塑件装配的互换性。在此情况下,斜度 α 可不包括在制品尺寸公差内。

如图 2-21 所示,用角度和线性尺寸标注法,塑件图上要夸大斜度。而用比例标注法时,塑件图上用 "<" 表示脱模斜度方向,

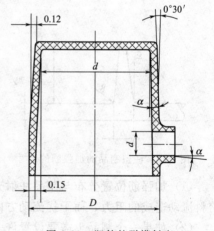

图 2-21　塑件的脱模斜度

<1∶50 (折合斜度 1.15°),<1∶100 (0.57°),不必在视图上给出斜度。在技术条件栏说明脱模斜度,也是常用的表达方法。

五、加强筋及其他防止变形的结构设计

在确保制品的强度要求下,一般制品的壁厚必须达到一定的尺寸,但壁厚特别厚时,容易产生许多注塑缺陷,如翘曲变形、冷却时间过长、应力较大、缩孔、缩

坑等。为了减少壁厚、提高制件的强度及刚性，恰当地设置一些加强筋。如果加强筋的尺寸与位置设置的特别恰当时，可以有效地改善塑料熔体的流动性，避免气泡、缩坑和凹陷等成型缺陷，如图 2-22 所示。

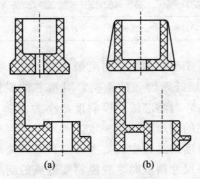

图 2-22　制品的加强筋

一般制品的加强筋尺寸如图 2-23 所示，其高度 $h \leqslant 3t$，脱模斜度 $\sigma = 2° \sim 5°$，筋的顶部为圆角，筋的底部采用圆角过渡，R 不应小于 $0.25t$，筋的宽度 b 不应大于制品的壁厚，通常取壁厚的 $0.5 \sim 0.8$ 倍左右。

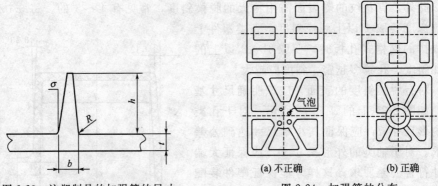

图 2-23　注塑制品的加强筋的尺寸　　　图 2-24　加强筋的分布

（1）加强筋位置分布与制品注射充模时的熔料流动方向应一致，以免加强筋对熔料流动造成的阻力，而干扰流动方向则造成熔接痕或使熔接部位改变。

（2）如果一个制品上需要设置许多加强筋，应注意加强筋的分布、大小应视制品的情况确定，以防止因收缩不均而引起制品的翘曲。加强筋的分布应趋向平衡，可以防止因熔体运动局部集中而产生缩孔或气泡，如图 2-24 所示。

（3）对于大型制品，把加强筋设置在大块平面的中央是不恰当的。这样对熔体的流动影响较大，应选择偏离中心的部位。若中央部位非设置不可时，应在其对应的外表面上加设棱，以便遮掩可能产生的熔接痕和凹坑，见图 2-25。

为防止制品翘曲变形，除设置加强筋外，还可改变制品结构。如将图 2-26 所示的容器的底部设计成球面或拱曲面，这既提高了制品的刚性，又增加了美观感。

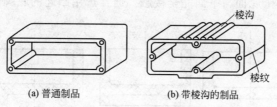

(a) 普通制品　　　　(b) 带棱沟的制品

图 2-25　大型制品上的加强筋

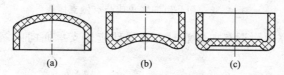

(a)　　　　　　(b)　　　　　　(c)

图 2-26　容器底部的增强

再如，对于薄壁容器的边缘，可按图 2-27 所示的设计来增加刚度和减小变形。图 2-28 是改变制品侧壁的形状，以预防侧壁的翘曲。图 2-29 是针对矩形薄壁容器采用软塑料（如聚乙烯）成型，侧壁容易出现内凹变形，如果事先把制品的侧壁设计成稍微向外凸，使该壁变形后正好平直，则甚为理想，但很困难。因此，在不影响制品使用的情况下，可将其各边均设计成外凸的弧形，使变形不易看出。

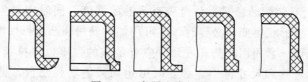

图 2-27　容器边缘的增强

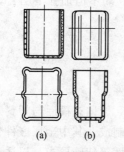

(a)　　　　(b)

图 2-28　容器侧壁的增强

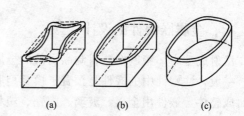

(a)　　　　(b)　　　　(c)

图 2-29　防止矩形薄壁容器内凹的方法
（a）容器侧壁内凹；（b），（c）预防措施

六、支撑面和凸台

（1）支撑面设计　注塑制品设计支承面的目的是保持稳定性。

① 对于面积较大的注塑制品，稍许翘曲变形，都会引起底面不平。因此，设

计支撑面以避免整个底面与平面完全接触。通常选用凸起的底脚，如图 2-30 所示。

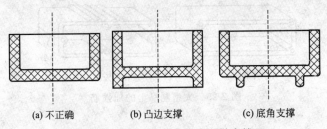

(a) 不正确　　　(b) 凸边支撑　　　(c) 底角支撑

图 2-30　用凸出的底角或凸点做支撑面

② 当制品支撑面附近有加强筋时，筋顶部应比支承面向内缩进 0.5mm 以上，如图 2-31 所示。

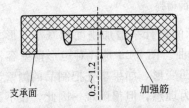

图 2-31　加强筋与支撑面

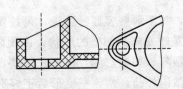

图 2-32　紧固用的制品凸台

③ 当制品上有装配凸台时，凸台应有足够的强度，同时应避免因凸台尺寸过小而在其周围发生形状突变，必要时，也可用加强筋增强凸台，如图 2-32 所示。

（2）凸台设计　紧固用的凸耳或台阶应有足够的强度以支撑紧固时的作用力，应避免凸台突然过渡和尺寸过小。必要时可用加强筋增强凸台，见图 2-33，塑件壁上的柱状凸台，一般用来与其他零件装配连接，它要承受较大的紧固力，容易开裂。因此有如图 2-34、图 2-35 和图 2-36 的结构和尺寸。筋不但加强了凸台，而且改善了对凸台的流动充模。

七、金属嵌镶件的设计

注射成型中，镶嵌在塑料制品内部的金属件称为嵌件。

一般，注塑件中的嵌件是预置于模具型腔中的零件，熔体充模后与塑料连接固化而成整体。嵌件用金属、玻璃、陶瓷、塑料和木材等制成，其中金属嵌件使用最多。有时为了满足塑料的强度、硬度以及抗磨性、导电性等特殊要求，以适应不同场合使用，或者为了弥补因塑料制品结构工艺性不足而带来缺陷，以及为了解决特种技术要求的工艺问题，往往采用嵌件来达到上述目的。采用嵌件，还能提高塑料的尺寸稳定性和制品精度，降低材料的损耗。

模具中安放嵌件，费工又费时；较大的嵌件还需预热；很难用机械手操作；嵌件错放、定位不准甚至失落，会使塑件报废并损坏模具。嵌件与塑件的连接强度是此类制品的弱点，并将影响到长期使用的蠕变和老化性能。

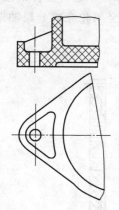

图 2-33 紧固用的制品凸台

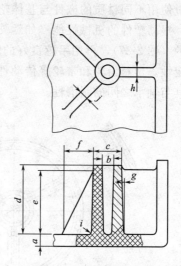

图 2-34 凸台的结构尺寸

a—塑件壁厚；b—装配孔孔径。$c=2.5a$；$d=3a$；
$e=0.9d$；$f=(0.3\sim1)\,e$；$g=0.5°$；
$h=0.6a$；$i=0.25a$；$j=0.6a$

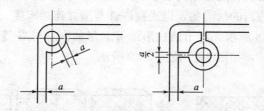

图 2-35 圆角上的凸台结构

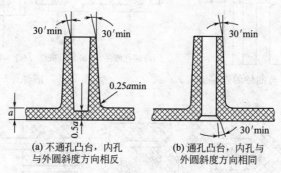

(a) 不通孔凸台，内孔
与外圆斜度方向相反

(b) 通孔凸台，内孔与
外圆斜度方向相同

图 2-36 通孔与不通孔的凸台结构

1. 嵌件的作用

塑料与金属相比，它的机械性能如强度、刚度、稳定性和耐磨性等较差。有时
需具有一些特殊的功能，如导电、传热、高度绝缘、透明、双色标记和修饰等，这

只有通过使用不同材质的嵌件与基体塑料组合在一起来实现。

（1）提高塑件的机械性能　如驾驶汽车的方向盘和手柄一类的塑件，是用金属做骨架的（图 2-37），再用手感良好的塑料注射成型，保证了这些塑件的强刚度和尺寸稳定性。塑料齿轮和带轮等传动件的中央孔，常用金属轮壳或金属轴做嵌件，能保证其与轴承之间的耐磨性。

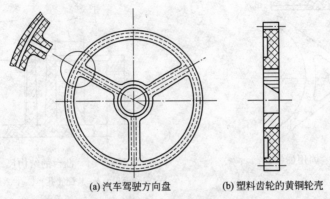

(a) 汽车驾驶方向盘　　　(b) 塑料齿轮的黄铜轮壳

图 2-37　塑料方向盘和齿轮上的嵌件

（2）起连接作用　合理的嵌件形状，保证嵌件与塑料的紧密结合，因为嵌件的形状和表面应设计适当的伏陷物，以提高嵌件与塑件连接牢度。板片形嵌件与制件的连接方式如图 2-38 所示。对于圆柱形或管套形的嵌件可在其表面设计沟槽、滚花和加工成其他形状，如图 2-39 及图 2-40 所示。

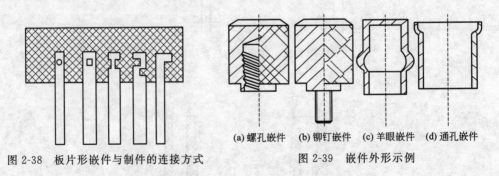

图 2-38　板片形嵌件与制件的连接方式

(a) 螺孔嵌件　(b) 铆钉嵌件　(c) 羊眼嵌件　(d) 通孔嵌件

图 2-39　嵌件外形示例

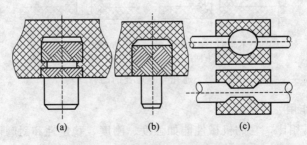

(a)　　　　　(b)　　　　　(c)

图 2-40　小型圆柱嵌件与制品的连接

　　但是带嵌件的制品在加工时，应密切注意嵌件在模具中的固定及防止熔料冲击变形等其他可变因素。

　　① 圆柱表面滚花交叉滚轧的麻粒状花纹的连接效果比直纹滚花好。直纹滚花在轴线方向易于松动，见图 2-41(a)。

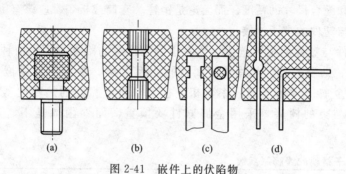

图 2-41　嵌件上的伏陷物

　　② 开槽可在圆柱表面开圆环槽，但周向易松动。如图 2-41(b) 所示，嵌件以圆环槽和直纹滚花组合，就有较好效果。

　　③ 切口和冲孔对于片条嵌件，可冲压切口或孔做伏陷物，如图 2-41(c) 所示。

　　④ 压扁和弯折对于细的圆条嵌件，可局部压扁，也可弯折，如图 2-41(d) 所示。将六角棒料切割后做成嵌件，由于尖角作用和柱面的光滑，抗扭和抗拉都很差。

　　(3) 起导电作用　电子电气装备上大量使用的接插件，现都用塑料做绝缘基体，用铜合金、银等作为导电嵌件，贯穿塑件又相互绝缘，如图 2-42 所示的焊片、插头和插座。不过，多孔多排的插座或插头常采用装配式嵌件。经弯曲成型的导电铜片富有弹性，可卡夹在塑料件的凹槽孔中。

　　常用的嵌件有圆柱形、管套形、板片形、针形、角形和环形等。圆柱形嵌件可用作螺杆、轴销和接线柱等，管状可做螺母孔、轴套；板、片状可做导电

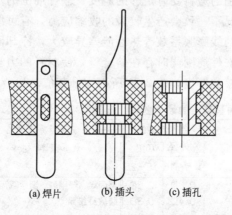

(a) 焊片　　　(b) 插头　　　(c) 插孔

图 2-42　电气接插件

71

片等。

2. 嵌件的制造

金属嵌件是大批量生产的有一定精度的机械零件。要求结构简单且对称；便于用高效的压力加工生产；尽量利用冷拉和冷轧的型材，减少和避免金属切削加工；要保证定位和配合尺寸的精度。而无论是销柱、套筒或板条都应该有倒角并去净毛刺，以保证与塑件的牢固连接。

对于嵌件与塑件的材料选用，要考虑到在注射的冷却过程中两种材料不同的线膨胀系数，见表2-19。热固性塑料线膨胀系数小，易于与金属嵌件紧固。热塑性塑料与金属嵌件的线膨胀系数相差很大。对于脆性的热塑性塑料，如聚苯乙烯、丙烯酸类的树脂，采用金属嵌件要慎重。而聚丙烯是不宜用黄铜做嵌件的。

■ 表 2-19 若干材料的线膨胀系数　　　　　　　　　　　　　单位：$\times 10^{-5}\text{℃}^{-1}$

材　　料	线膨胀系数	材　　料	线膨胀系数
酚醛塑料	2.50~6	钢	1.13~1.18
酚醛玻纤模压塑料	0.40~0.66	铜	1.71~1.75
氨基塑料	2.50~5.50	黄铜	1.75~1.88
聚苯乙烯	6~10	青铜	1.79
聚碳酸酯	4~7	银	1.98
ABS	8~12	铝	2.40
聚乙烯	13~25	刚玉陶瓷	0.35~0.40
聚酰胺 66	8~10	高频陶瓷	0.50~0.55
聚酰胺 66+30%玻纤	2.30~4.00	石英玻璃	0.55

3. 嵌件与塑件的设计

对于带有嵌件的制品，一般都要先设计嵌件，然后设计制品项。另外，在两者的设计过程中，必须考虑到它们之间持久的连接牢度和注射过程的可行性。设计嵌件应注意以下几点。

（1）金属嵌件周围的塑料要有足够的厚度。嵌件周围的塑料层不能太薄，否则塑料与嵌件的收缩状况不一致会产生较大的收缩应力，有可能导致嵌件附近开裂。

由于金属与塑料的线膨胀系数等热性能差异较大，冷却固化后嵌件周围的塑料有较大的残余应力。嵌件周围同时存在熔合缝，使材料的力学性能降低。故金属嵌件周围的塑料要有足够的厚度，表2-20所列为推荐值。

■ 表 2-20 金属嵌件周围塑料层的最小壁厚（推荐值）

塑料材料	金属嵌件的外径 D/mm		塑料材料	金属嵌件的外径 D/mm	
	1.5~16	15~25		1.5~16	15~25
酚醛塑料	0.8D	0.5D	聚丙烯、聚甲醛、聚甲基丙烯酸甲酯	0.5D	0.3D
聚酰胺66、聚乙烯	0.4D	0.3D	醋酸纤维素	0.9D	0.8D
聚酰胺6	0.5D	0.4D	ABS	1.0D	0.8D

（2）设计塑件需要可拆卸连接时，直接在塑件上模塑螺纹是很困难的，而且塑料螺牙的强度较差。金属螺母和螺钉嵌件，对需多处紧固的箱与盖很适用，见图2-43。

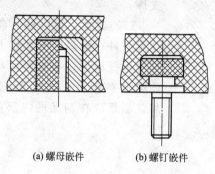

(a) 螺母嵌件　　　　(b) 螺钉嵌件

图 2-43　螺母和螺钉连接的嵌件

此外，可用金属薄片和铆钉之类易变形的零件，插入塑件上预留的孔槽中弯折或扩口后起连接作用。

（3）嵌件的定位。在模具内必须可靠定位，在动模的合模运动中不致松动。在高压熔体冲压下不偏移、不漏料。如图2-44上的螺钉嵌件，模具上的圆柱孔与螺杆嵌件上轴段有H9/f9配合定位尺寸。图（a）所示方式，螺杆嵌件的轴线方向定位差，熔料有溢入螺纹牙的可能。图（c）上轴线方向有凸肩定位，熔料不会溢入螺牙。如图2-45(a)所示螺母嵌件为不通孔。嵌件插入模具上定位芯棒。如嵌件为图（b）所示通孔螺母，这就要用可拆卸的螺钉芯棒。在模外旋入螺母嵌件，然后一起定位到模具上。

（4）合适的嵌件高度。为了防止柱状嵌件被高压熔体压歪，嵌件高度 h 不宜超

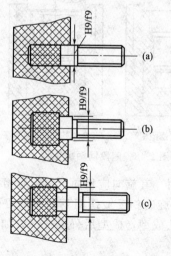

图 2-44　圆柱螺钉嵌件在模内的定位方式

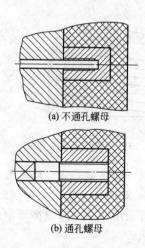

(a) 不通孔螺母

(b) 通孔螺母

图 2-45　螺母套嵌件在模内的定位方法

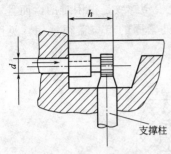

图 2-46　对嵌件的支撑

过定位直径 d 的 2 倍。必要时给以支撑，如图 2-46所示。对面积较大的片状嵌件，对全埋在塑件中的嵌件如汽车方向盘，都用模具上的芯柱支撑。

（5）其他。带嵌件的制品在加工时，应密切注意嵌件在模具中的固定及防止熔料冲击变形等其他可变因素；一般嵌件材料的热膨胀系数应与塑料材料相近；嵌件不应设计夹角；多嵌件制品，尽量应在制品的内部放置均匀，分解、平衡所产生的应力。

八、螺纹的设计

制品上的螺纹可以在模塑时直接成型，也可以用后加工的方法用机械切削，在经常装拆和受力较大的地方则应采用金属的螺纹嵌件。

一般，塑料螺纹成型时，可采用如下几种方法：

（1）在模具中设计螺纹型芯或型环，分别成型内、外螺纹。为保证制品顺利脱模，模具中应设脱螺纹机构，可提高机械化程度和制品质量，但模具成本较高，适于大批量的生产。

（2）外螺纹采用侧向分型结构成型，这种模具效率较高，但螺纹精度低且在模具分型处会产生飞边。

（3）对带有内螺纹的软性塑料制品，可将牙形设计成圆形或梯形，牙高也尽量取小一些，成型后强制脱模，简化模具结构，见图 2-47。

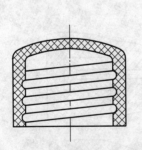

图 2-47　可强制脱模的圆牙螺纹

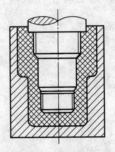 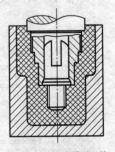

(a) 旋向、螺距相等　　(b) 旋向不同或螺距不等

图 2-48　两段同轴螺纹

当同一螺纹型芯或型环上有前后两段螺纹时，其旋向应相同，螺距应相等，见图 2-48(a)，否则无法脱模。当制品上必须采用旋向相反或螺距不同的两段同轴螺纹时，可采用两段型芯或型环组合在一起的方法成型，成型后分段拧下，如图2-48(b) 所示。

塑料螺纹的强度比金属螺纹的强度低许多，成型时螺距容易变化，因此塑料制品螺纹成型孔的直径一般有要求，大多数制品上的螺纹应选用螺牙尺寸较大者，螺纹直径较小时不宜采用细牙螺纹。表 2-21 列出了塑料螺纹的选取方法，可供参考。

■ 表 2-21　塑料螺纹的选用

螺纹直径/mm	螺 纹 种 类				
	公制标准螺纹	1 级细牙螺纹	2 级细牙螺纹	3 级细牙螺纹	4 级细牙螺纹
≤8	+	-	-	-	-
>8～6	+	-	-	-	-
>6～10	+	+	-	-	-
>10～18	+	+	+	-	-
>18～30	+	+	+	+	-
>30～50	+	+	+	+	-

注："＋"号表示可用，"－"号表示不宜使用。

设计时，需注意内、外螺纹的公差等级分别不要高于 IT7 和 IT8，否则会使模具中的螺纹型芯和型环加工困难。如果制品上的螺纹长度不太长（0.5～2d），设计模具上的金属螺纹时，可不考虑塑料螺纹螺距的收缩量。但若制品螺纹长度较大时，螺距收缩必须考虑。

为了增加塑料螺纹的强度，防止最外圈螺纹崩裂或变形，其始端和末端都应按图 2-49 的结构进行设计。其中，始端和末端都不应突然开始和结束，而应留有一定的过渡长度 l，其数值按表 2-22 选取。

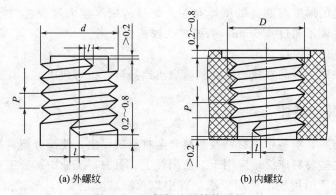

(a) 外螺纹　　　　　　　(b) 内螺纹

图 2-49　塑料螺纹的结构形状

■ 表 2-22　塑料螺纹始末端的过渡长度

螺纹直径/mm	螺距 P/mm		
	<0.5	>0.5	>1.0
	始末端过渡长度/mm		
≤10	1	2	3
>10～20	2	2	4
>20～31	2	4	6
>34～52	3	6	8
>52	3	8	10

九、铰链的设计

① 铰链厚度与制品厚度有关，制品壁厚大时，铰链厚度也可大些；反之，铰链厚度必须较薄。但是铰链厚度一般不超过 0.5mm，否则会失去效用。

② 铰链弯折处厚度必须均匀一致。

③ 成型时，塑料熔体必须从制品的一边通过铰链流向另一边，脱模后立即折弯数次。

对于聚丙烯和聚乙烯等成型的带盖容器，可以将其盖子与容器通过铰链连接，在加工时注射成为一个整体。图 2-50 所示为这类铰链的常见形式。

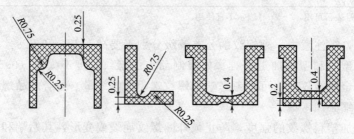

图 2-50　常见的铰链形式

设计和成型铰链时应注意以下事项：

（1）铰链的厚度与制品的壁厚有关。制品的壁厚越大则铰链的厚度越大，通常，铰链的厚度不超过 0.5mm，否则失去铰链的作用。

（2）铰链的壁厚应均匀一致。

（3）带铰链的制品在成型后，脱模取出制品最好折弯数次。

十、齿轮的设计

塑料新材料、塑料增强材料及塑料合金材料的诞生，使部分塑料材料具有高的力学强度，这些材料广泛地应用于工业配件上。目前，工业中部分工程塑料已达到一般精度和强度的齿轮的使用要求，其中以聚酰胺（尼龙）、聚碳酸酯、聚甲醛、聚砜及增强材料、合金材料经注射成型的齿轮应用较广。为了保证注射齿轮具有较好的成型性，必须对模具轮廓尺寸（图 2-51）做如下规定。

（1）轮缘厚度 t 大于或等于齿高 h 的 3 倍。

（2）轮辐宽度 b_1 应等于或小于齿宽 b。

（3）轮毂宽度 b_2 应等于或大于齿宽 b，并与轴孔直径相当。

（4）轮毂外径 d 一般应取为轴孔直径的 1.0～3.0 倍。

在设计齿轮时，为了减少应力集中，在设计截面尺寸时，尽量不设计尖角，一般采用过渡圆角。使用的塑料轴与塑料齿轮不宜选用过盈配合，而选用过渡配合，如图 2-52 所示。对于薄型齿轮，厚度不均会引起翘曲、歪斜，而此时应采用辐板

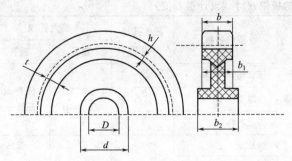

图 2-51　注射塑料齿轮

结构，如图 2-53 所示。

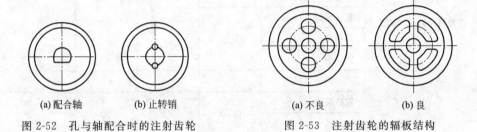

(a) 配合轴	(b) 止转销

图 2-52　孔与轴配合时的注射齿轮

(a) 不良	(b) 良

图 2-53　注射齿轮的辐板结构

十一、孔的设计

塑料制品上常见的孔有通孔、盲孔、形状复杂的孔等。

注射件上模塑成型的孔，目的是为了装入其他零件，有些还有配合精度的要求，有的孔是起修饰作用的，或者为了省些物料，也有是为专门散热通风等功能的。

孔的位置不应在塑料制品的最薄弱的位置上，也不能因孔的设置而降低塑件强度。在孔之间或孔与孔壁之间应留足够的距离，孔的直径和孔与边壁最小距离之间的关系如表 2-23 所列。

■ **表 2-23　孔与边壁最小距离**

孔径/mm	孔与边壁最小距离/mm	孔径/mm	孔与边壁最小距离/mm
20	1.6	56	3.2
32	2.4	127	4.8

一般，成型孔的直径和深度，对应模具上是型芯的直径和高度。模塑孔有盲孔和通孔的区别。盲孔对应模具上的型芯是悬臂梁；通孔的型芯可设计成简支梁。在注射时在几百个大气压的熔体单向压迫下，越细长的悬臂支承的型芯越容易弯曲变形；型芯的位置更易偏移。此外，由表 2-24 所推荐的最小直径、最大长径比来限制孔的设计。

■ 表 2-24　成型孔的极限尺寸（设计推荐值）

| 成型方法 | 塑料名称 | 最小孔径 d/mm | 最大孔深 | | 孔边最小厚度 |
			盲孔	通孔	
热固性塑料压制与压铸	压塑粉	3	压制 2d 压铸 4d	压制 4d 压铸 8d	1d
	纤维塑料	3.5			
	碎布塑料	4			
热塑性塑料注射成型	聚酰胺	0.20	4d	10d	2d
	聚乙烯				2.5d
	软聚氯乙烯				
	聚甲基丙烯酸甲酯 硬聚氯乙烯	0.25	3d	8d	2.5d
	氯化聚醚	0.30			2d
	聚甲醛				
	聚苯醚				
	抗冲聚苯乙烯				
	聚碳酸酯	0.35	2d	5d	2.5d
	聚砜				2d

由于型芯对充模熔体有分离作用，在孔的下游一侧有熔合缝。脆性塑料和玻纤充填塑料的熔合缝区域的力学性能很差。因此在两孔之间、孔与边壁之间的尺寸有所限制。表 2-25 是有关这方面的最小尺寸的推荐值。在设计模塑孔时还需注意三方面：①对于装配紧固用的连接孔，应设置凸台，有时还附设凸台的加强筋。②对于矩形孔，塑料熔体流经型芯侧背时，易形成可见的流动痕迹。应采用加大圆角等方法来避免。③塑件上的日、坡形孔、阶梯孔和三通等形状复杂的孔，设计成双向拼合的型芯组合为好。

■ 表 2-25　两成型孔之间和孔与边缘之间的极限尺寸

D/mm	A/mm	B/mm
1.5	3.5	2.3
2.0	4.5	3.0
3.0	6.0	4.0
4.0	7.5	4.5
5.0	9.5	5.5
6.0	11.0	6.0
8.0	15.0	8.0
10.0	19.0	9.0

一般来讲，孔是使用型芯来成型的，由于型芯对熔体有分流的作用，所以孔在成型时容易在孔的周围产生熔接痕，导致孔的强度降低，故在设计孔时应注意以下

事项。

（1）孔间距和孔到制品边壁的距离，一般都应大于孔径。孔间距最好大于孔径的 2 倍以上，孔到制品边壁的距离最好大于孔径 3 倍以上，当孔径大于 10mm 时，最少也得与孔径相近。

（2）孔的四边应增加壁厚（凸台），以保证制品强度与刚性，如图 2-54 所示。

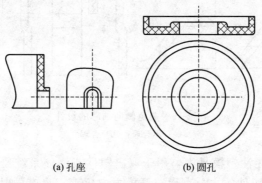

(a) 孔座　　　　　　　　(b) 圆孔

图 2-54　孔边的加厚

孔的成型方法与其他形状尺寸大小有关，对于较浅的孔用一端固定的型芯成型，而对于较深的通孔，可以采用对接方式，对接也可成型偏心孔、不同孔径孔。盲孔只能通过一端固定成型，如图 2-55 所示。

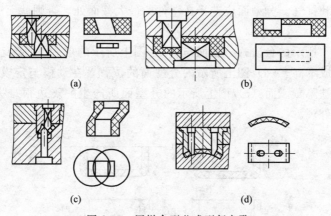

(a)　　　　　　　　(b)

(c)　　　　　　　　(d)

图 2-55　用拼合型芯成型复杂孔

对于侧凹或侧孔，应尽量改变孔的形式以转化为非侧凹结构，以便不设置侧向抽芯来成型。如图 2-56，改进侧孔的形状。

十二、塑件与注塑模具的关系

注射成型制品设计除了上述精度、壁厚、脱模斜度、加强筋和嵌件外，还有一些与注塑模具有关的技术问题，也必须认真考虑。

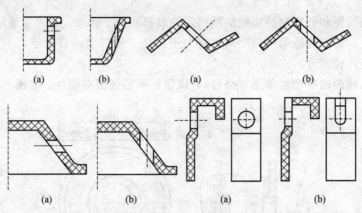

图 2-56　避免侧向抽芯的设计

(a) 不合理；(b) 合理

（1）分型面　在注塑模具中，用于取出塑件或浇注系统凝料的面，通称为分型面。常见的取出塑件的主分型面与开模方向垂直。也有同时采用与开模方向一致的侧向分型面。分型面大都是平面，也有倾斜面、曲面或台阶面。不仅是注塑模具的设计者要选择、确定塑件的分型面，塑件的设计者也应该预测塑料模具的分型面，以保证塑件注射成型的可行性，并有利于模具结构的简化。分型面为简单的平面时，可降低模具成本。分型面应能减少飞边或有利于去除飞边；有利于注射压力的传递和排气。分型面应选择在塑件的最大截面处，否则就无法脱模和加工型腔。

图 2-57(a) 所示的台阶式分型面与 (b) 图上所示的单一平面分型相比，模具制造和维修的成本高。(d) 图上所示的分型面的位置，在动模与定模稍有错位时，分型面上飞边被隐藏。而 (c) 图上所示的分型面所产生的飞边很难去除，影响了圆弧凸边条的外观。

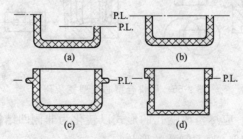

图 2-57　分型面的选择

P. L.—分型面的位置

塑件上与主分型面垂直的侧孔、侧槽和侧向凸起，如图 2-58(a) 所示，将在注射具上设计侧向分型或抽芯机构来成型。需要有侧滑块、斜导柱和锁紧楔等零件。模具结构复杂、成本高，而且注射周期也有延长。因此，在达到塑件使用要求的前提下，应尽量避免设计侧向孔、槽和凸起。也可以适当改变塑件的结构来简化模具，如图 2-58(b) 所示。

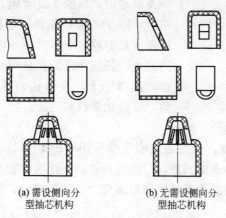

(a) 需设侧向分　　　　　(b) 无需设侧向分
型抽芯机构　　　　　　型抽芯机构

图 2-58　简化模具结构的塑件设计

（2）圆角　要严格要求制品的外轮廓过渡处及壁厚的过渡处，成直角时，一般都采用圆角连接。塑件上的角落，即内外表面的转折处，加强筋的根部等处都应设计成圆角。

由于制品尖角处易产生应力集中现象，在受力或受冲击振动时会发生破裂现象；甚至在开模的过程中，由于模内应力集中而开裂。一般地，即使增设 0.5mm 的圆角就能使塑件的强度增加，如图 2-59 所示。

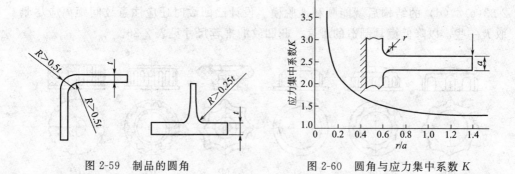

图 2-59　制品的圆角　　　　　图 2-60　圆角与应力集中系数 K

塑件的圆角半径一般不小于 0.5mm。对于脆性的聚苯乙烯、聚甲基丙烯酸甲酯等，圆角半径不小于 $1.0\sim1.5$mm。塑件对缺口和尖角较为敏感，尤其是在动载荷作用下。转角区域的应力集中系数如图 2-60 所示。

圆角半径 r 与悬臂梁厚度 a 之比为 $0.25\sim0.75$ 时，转角处的最大应力是根部平均应力的 $2\sim1.5$ 倍，因此圆角 r 应在 $0.25a$ 以上。过大的圆角（$r>0.75a$），并无意义。采用图 2-61 的保持背后一致的内外圆角，是一种最佳的设计。内外圆角半径必须是 $r=1/2a$，$R=3/2a$。

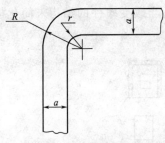

图 2-61　内外圆角的转折

塑件上采用圆角不仅降低了应力集中系数，提高了抗冲击抗疲劳能力，而且改善了塑料熔体的流动充模性能，减少了流动阻力，降低了局部的残余应力，防止开裂和翘曲，也使塑件外形流畅美观。成型模具型腔也有了对应的圆角，提高了成型零件的强度。还需注意，在分型面上，在顶杆和推板的运动配合面上，在镶块的接缝处，通常不设置圆角，以防止漏料和飞边。

（3）表面修饰和标记

① 塑件的表面修饰。塑件的表面质量可用 GB/T 14234—93 塑件表面的粗糙度来评估。但是塑件的表面质量，与塑料材料的光泽程度和透明性有关。塑件表面宏观不平度很差，较低的表面硬度和形体尺寸的不稳定性，使塑件表面的微观不平度很难测量和评估。

提高塑件表面质量的有效途径之一，是提高模具型腔表面的质量。可按我国《塑料模具型面类型和粗糙度》标准的要求选择和决定。

注射成型的塑件表面粗糙度总比模腔表面的差些，而且与注射工艺有关。近年来，表面带有装饰图案花纹的塑件得到广泛应用。表面修饰可提高塑件外观质量和附加值。

② 塑件上的凸凹纹和标记。为了便于把持或装饰，旋钮、手柄和瓶盖等塑料制品上经常要带有一些凸纹或凹纹，见图 2-62。设计凸凹纹时，应尽量使其方向与脱模方向一致，图 2-63（a），（b）所示的凸凹纹方向使脱模比较困难，改为图 2-63（c），（d）的结构后就能顺利地脱模。设计凸凹纹时还应注意纹间距离应尽量取大一些，以降低模具制造的难度。凸凹纹的推荐尺寸见表 2-26。

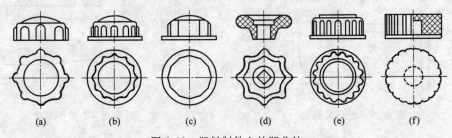

图 2-62　塑料制件上的凹凸纹

塑件表面上的标记、文字和符号也可以模塑成型。如图 2-64 所示，塑件表面上的标记有三种类型。表面上凹入的标记，在成型模具上要加工成凸形标记，较为困难。塑件表面上凸形的标记在模具上则加工成凹形，都比较方便。但凸形的塑料标记容易损坏。如图中的（c）所示，在塑件的表平面下，用凸形标记。此有标记的部位用镶块零件拼装。这是最常用的设置标记的方法。注意坑中的凸形标记，要比塑件表面低 0.2mm 左右。

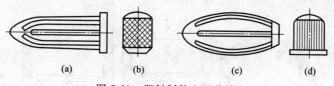

图 2-63 塑料制件上凹凸纹

（a），（b）不易脱模；（c），（d）容易脱模。

■ 表 2-26 凹凸纹的尺寸

单位：mm

细花纹				粗花纹			
制品直径 d	≤18	>18~50	>50~80	>80~120	≤18	>18~50	>50~80	>80~120
齿距 t	1.2~1.5	1.5~2.5	2.5~3.5	3.5~4.5	4R	4R	4R	4R
半径 R	0.2~0.3	0.3~0.5	0.5~0.7	0.7~1.0	0.3~1	0.5~4	1~5	2~6
齿高 h	≈0.86t				0.86R			

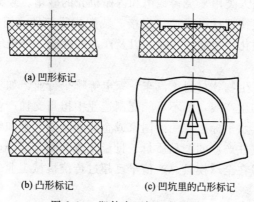

(a) 凹形标记

(b) 凸形标记

(c) 凹坑里的凸形标记

图 2-64 塑件表面标记的设计

为保证塑料标记自身的强度，标记宽度不小于 0.3mm。标记之间的间隔要大于 0.4mm。标记的深度或高度在 0.2~0.5mm，不要超过 0.8mm。标记本身有 80 以上的脱模斜度。

（4）增强结构 除设置加强筋可以提高制品的强度与刚度外，还可以在制品上设置增强结构。如图 2-65 所示，将容器的底设计成外拱的曲面、内拱曲面和凸台状，提高制品的强度与刚度，而且增加美观。如图 2-66 所示，通过加厚容器的边缘来防止翘曲。

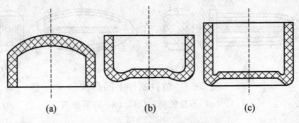

图 2-65　容器底部的增强

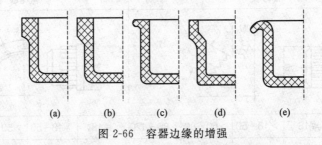

图 2-66　容器边缘的增强

第五节　注塑模具设计制造过程中的若干问题

　　模具已不仅仅是人类用来浇铸钱币和内栅机壳的砂箱。今天它凝聚了各类高技术，能快速精密的直接把材料成型、焊接、装配成零部件、组件或产品，其效率、精度、流线、超微型化、节能、环保，以及产品的性能、外观等，都是传统工艺所无与伦比的。

　　目前无论电子、生物、材料、汽车、家电等哪个行业，如不装备由计算机、模具和加工中心砌成的生产线，都不可能在制造业中担当支柱产业。模具是现代制造技术的重要装备，其水平标志着一个国家或企业的制造水平和生产能力。今后一段时期内，我国五大支柱产业的产品质量、批量化成本和包括产业更新在内的技术进步的关键是模具。现在全球模具总产值早已超过传统机械工业——机床与工具类产值的总和。

一、模具的模块化设计

　　缩短设计周期并提高设计质量是缩短整个模具开发周期的关键之一。模块化设计就是利用产品零部件在结构及功能上的相似性，而实现产品的标准化与组合化。大量实践表明，模块化设计能有效减少产品设计时间并提高设计质量。因此本文探索在模具设计中运用模块化设计方法。

　　模具模块化设计的实施。

　　（1）建立模块库　模块库的建立有三个步骤：模块划分、构造特征模型和用户自定义特征的生成。标准零件是模块的特例，存在于模块库中。标准零件的定义只需进行后两步骤。模块划分是模块化设计的第一步。模块划分是否合理，直接影响模块化系统的功能、性能和成本。每一类产品的模块划分都必须经过技术调研并反复论证才能得出划分结果。对于模具而言，功能模块与结构模块是互相包容的。结构模块的在局部范围内可有较大的结构变化，因而它可以包含功能模块；而功能模块的局部结构可能较固定，因而它可以包含结构模块。模块设计完成后，在 Pro/E 的零件/装配（Part/Assembly）空间中手工建构所需模块的特征模型，运用 Pro/E 的用户自定义特征功能，定义模块的两项可变参数：可变尺寸与装配关系，形成用户自定义特征（user-defined features，UDFs）。生成用户自定义特征文件（以 gph 为后缀的文件）后按分组技术取名存储，即完成模块库的建立。

（2）模块库管理系统开发　一般系统通过两次推理，结构选择推理与模块的自动建模，实现模块的确定。第一次推理得到模块的大致结构，第二次推理最终确定模块的所有参数。通过这种途径实现模块"可塑性"目标。在结构选择推理中，系统接受用户输入的模块名称、功能参数和结构参数，进行推理，在模块库中求得适用模块的名称。

如果不满意该结果，用户可指定模块名称，在这一步所得到的模块仍是不确定的，它缺少尺寸参数、精度、材料特征及装配关系的定义。在自动建模推理中，系统利用输入的尺寸参数、精度特征、材料特征与装配关系定义，驱动用户自定义特征模型，动态地、自动地将模块特征模型构造出来并自动装配。自动建模函数运用 C 语言与 Pro/E 的二次开发工具 Pro/TOOLKIT 开发而成。通过模块的调用可迅速完成模具设计。应用此系统后模具设计周期明显缩短。由于在模块设计时认真考虑了模块的质量，因而对模具的质量起基础保证作用。模块库中存放的是相互独立的 UDFs 文件，因此本系统具有可扩充性。

二、模具制造过程中的缺陷及防止措施

（1）锻造加工　高碳、高合金钢，例如 Cr12MoV、W18Cr4V 等，广泛用于制造模具。但这类钢不同程度地存在成分偏析、碳化物粗大不均匀、组织不均匀等缺陷。选用高碳、高合金钢制造模具，必须采用合理的锻造工艺来成形模块毛坯，这样一方面可使钢材达到模块毛坯的尺寸和规格，一方面可改善钢的组织和性能。另外高碳、高合金的模具钢导热性较差，加热速度不能太快，且加热要均匀，在锻造温度范围内，应采用合理的锻造比。

（2）切削加工　模具的切削加工应严格保证尺寸过渡处的圆角半径，圆弧与直线相接处应光滑。如果模具的切削加工质量较差，就可能在以下 3 个方面造成模具损：①由于切削加工不恰当，造成的尖锐转角或圆角半径过小，会导致模具在工作时产生严重的应力集中。②切削加工后的表面太粗糙，就有可能存在刀痕、裂口、切口等缺陷，它们既是应力集中点，又是裂纹、疲劳裂纹或热疲劳裂纹的萌生地。③切削加工没能完全、均匀地切除模具毛坯在轧制或锻造时产生的脱碳层，就可能

在模具热处理时产生不均匀的硬化层，导致耐磨性下降。

(3) 磨削加工 模具在淬火、回火后一般要进行磨削加工，以降低表面粗糙度值。由于磨削速度过大、砂轮粒度过细或冷却条件较差等因素的影响，引起模具表层局部过热，造成局部显微组织变化，或引起表面软化，硬度降低，或产生较高的残余拉应力等现象，都会降低模具的使用寿命选择适当的磨削工艺参数减少局部发热，磨削后在可能的条件下进行去应力处理，就可有效地防止磨削裂纹的产生。防止磨削过热和磨削裂纹的措施较多，例如：采用切削力强的粗颗粒砂轮或黏结性较差的砂轮，减少模具的磨削进给量；选用合适的冷却剂；磨削加工后 $250\sim300℃$ 的回火消除磨削应力等。

(4) 电火花加工 应用电火花工艺加工模具时，放电区的电流密度很大，产生大量的热，模具被加工区域的温度高达 $1000℃$ 左右，由于温度高，热影响区的金相组织必将发生变化，模具表层由于高温而发生熔化，然后急冷，很快凝固，形成再凝固层。在显微镜下可看到，再凝固层呈白亮色，内部有较多显微裂纹。为了延长模具寿命可以采用以下措施：调整电火花加工参数用电解法或机械研磨法研磨电火花加工后的表面，除去异常层中的白亮层，尤其是要除去显微裂纹，在电火花加工后安排一次低温回火，使异常层稳定化，阻止显微裂纹扩展。

根据上文中所述方法可缩短开发周期和有效地防止模具制造缺陷，提高模具制造质量、降低生产成本。

第三章 ◀◀◀

注塑模具的结构形式与制造材料选择

　　塑料注射（塑）模具主要是热塑性塑料件产品生产中应用最为普遍的一种成型模具，塑料注射成型模具对应的加工设备是塑料注塑模具对应的加工设备是塑料注射成型机，塑料首先在注射机底加热料筒内受热熔融，然后在注射机的螺杆或柱塞推动下，经注射机喷嘴和模具的浇注系统进入模具型腔，塑料冷却硬化成型，脱模得到制品。其结构通常由成型部件、浇注系统、导向部件、推出机构、调温系统、排气系统、支撑部件等部分组成。

　　虽然注射成型模具种类繁多，但是塑件不同则其模具的结构也就不同，就是同一塑件也可用多种结构的模具来成型。模具结构的差异会使模具在制造成本、周期、塑件的质量、效率、材料的利用率等带来差异，因此，要求模具的设计者应从中选择最佳的设计方案，以获得最佳的结果和效益。

　　制造材料通常采用塑料模具钢模块，常用的材质主要为碳素结构钢、碳素工具钢、合金工具钢，高速钢等。注射成型加工方式通常只适用于热塑料品的制品生产，用注射成型工艺生产的塑料制品十分广泛，从生活日用品到各类复杂的机械、电器、交通工具零件等都是用注塑模具成型的，它是塑料制品生产中应用最广的一种加工方法。

　　所以制造模具零部件的材料直接影响其使用寿命、加工成本及制品的质量。因此，在选择材料时应根据模具的工作条件，并从技术和经济两方面加以综合考虑。

● 第一节　注塑模具的结构形式 ●

一、注塑模具的工作原理与分类

1. 注塑模具的工作原理与模具的组成

注塑模具的结构，与塑料品种、制品的结构形状、尺寸精度、生产批量及注射工艺条件和注射机的种类等许多因素有关，因此，其结构可以千变万化，种类十分繁多。通过对各类注塑模具的结构归纳总结，发现结构上的差异不改变工作原理与基本结构组成方面的共同点及普遍规律。简单的单分型面模具（又称为两板模具）如图 3-1 所示。

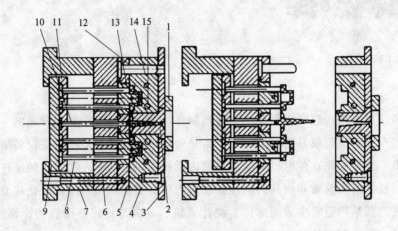

图 3-1　普通单分型面模具

1—定位环；2—主流道衬套；3—定模底板；4—定模板；5—动模板；6—动模垫板；7—底角；8—顶出杆；
9—顶出底板；10—拉料杆；11—顶出板；12—导柱；13—凸模；14—凹模；15—冷却水道

任何模具都由动模部分与定模部分组成的。定模部分（零件 1～零件 4 及零件 14）安装固定在注射面的固定模板（定模板）上，在注射成型中始终保持静止状态；而动模部分（零件 5～零件 13 及零件 15）则安装固定在注射面的移动模板（动模板）上。在注射加工过程中可随注射机的合模系统运动。一般的加工过程是注射机的合模系统移动动模，使之与定模闭合，组成了模具的浇注系统，同时使零件 13 与零件 14 形成闭合的型腔。同时模腔在合模系统的锁模力作用下锁紧。这时注射机的注射系统，使喷嘴与模具的浇口对准，将高温熔融的塑料，使用较高的注射压力注入浇口，熔体沿注塑模具的浇注系统快速进入到模腔。待熔体在模腔保压、补缩、冷却定型后，合模系统开始启模，带动动模部分与定模部分从分型面分离。当动模启到位时，开动动模板的顶出部分工作，使模具的零件 8、零件 9、零件 10、零件 11 工作，顶出制件，从模具的凸模脱出制品。这一单行程就完成了一次注射成型。

2. 注射成型模具的分类

注塑模具的分类方法很多。按使用注射机类型分有立式注塑机用模具、卧式注塑机用模具、直角式注塑机用模具；按照注塑模具结构特点分为单腔注塑模具、多模腔注塑模具、绝热流道注塑模具、热流道注塑模具、热固性塑料注射模具、低发泡注射模具和精密注塑模具等。

（1）按使用的注射机种类划分

① 立式注塑模具。立式注塑机的特点是注射量偏小，因而这类模具均为小型模具，这类模具做带嵌件的产品时优势明显。

② 卧式注塑模具。适用于卧式注塑机使用的模具。这类模具比较普遍，而且使用量较大。图 3-1 是典型结构。

③ 直角式注塑模具。图 3-2 所示为直角式注塑模具，从图中可以看出该模具与立式及卧式模具的最大的区别在于塑料熔体进入的方位及方向有区别，直角式注塑模具，仅仅适应于直角式注塑机。

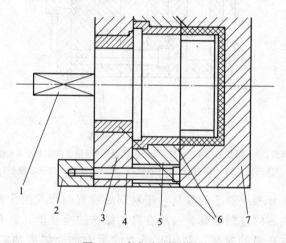

图 3-2 直角式注塑模具

1—螺纹型芯；2—模角；3—动模垫板；4—定距螺钉；5—动模板；6—衬套；7—定模板

（2）按结构特点分类 注塑机是影响注塑模具结构的一个原因，另外塑件的结构特点是决定注塑模具的最大原因，下面介绍几种依据模具的结构特点分类的模具结构型式。

① 单分型面注塑模具。此类模具又称为标准模具、两板式模具。凡构成塑件与浇注系统凝料分别由同一分型面取出的注塑模具，称为单分型面注塑模具，也叫两板式注塑模具。

在注塑模具中有一个分型面的注塑模具叫做单分型面注塑模，开模后，制品连同浇口和流道的凝料一起滞流在动模一侧，再依靠顶出机构，取出制品。卧式和立式注射机用单分型面注塑模具，主流道设在定模边，分流道设在分型面上，开模后

89

塑件连同流道凝料一起，留在动模边，由设在动模边的推出装置将其推出模外。单分型面的注塑模非常常见。

② 双分型面注塑模具。整个模具中除动模部分与定模部分之间的一个分型面之外，另外还设置了一个辅助动模的分型面。一般这类模具，从两个分型面中取出制品及浇道的冷凝料，也叫三板式注塑模具。与单分型面模具相比，只增加了一个移动的中间板（又叫浇口板），常用于针点式浇口的单腔或多腔模具，如图 3-3 所示。

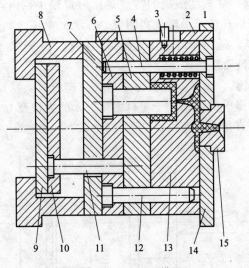

图 3-3　双分型面模具

1—定距拉板；2—弹簧；3—限位钉；4—导柱；5—脱模板；6—型芯固定板；7—动模垫板；8—底角；
9—顶出底板；10—顶出板；11—顶出杆；12—导柱；13—型腔板；14—定模板；15—主流道衬套

（3）带有侧向分型或轴芯的模具　塑料制品带有侧凹或侧孔时，需要使用带有侧向分型或侧向轴芯的注塑模具。一般在自动操作的模具里，设有斜导柱或斜滑块等侧抽芯机构。在开模的时候，利用开模力或顶出推动斜侧抽芯，使其与塑件分离。也有在模具上设置液压或气压缸带动侧抽芯机构，横向分型抽芯注塑模具又可分为：

① 横向抽芯注塑模具。侧型芯多用于在塑件上成型侧孔和槽，有时也用于成型外螺纹，但会在塑件上留有痕迹。图 3-4 是一种利用斜导柱驱动的横向抽芯注塑模具示意图。

② 斜楔（斜滑块）注塑模具。图 3-5 是一种用斜滑块成型侧凹的注塑模具。

③ 收缩型芯注塑模具。使用这种模具能够精确地成型带有径向内凹的塑件，这种型芯在模具闭合时打开而在开模时收缩，因而有时也叫胀缩型芯。胀缩型芯有两个主要零件：一个在模具打开时分段向内收拢的衬套和一个带锥形头部的芯杆。在模具闭合时芯杆推动衬套胀开，而在开模时，芯杆退出，衬套收拢。

（4）带有自动卸螺纹机构的注塑模具　有一些模具在生产带螺纹的制品时可实

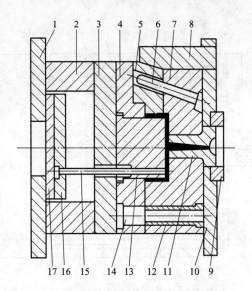

图 3-4 利用斜导柱驱动的横向抽芯注塑模具

1—动模座板；2—垫块；3—支承板；4—型芯固定板；5—斜滑块；6—斜导柱；7—定模板；

8—锁紧楔；9—定位圈；10—定模座板；11—浇口套；12—导套；13—型芯；

14—导柱；15—推杆；16—推杆固定板；17—推板

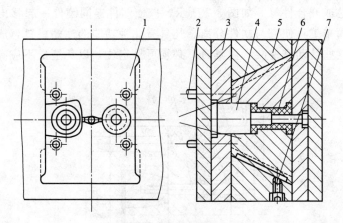

图 3-5 斜滑块模具

1—斜滑块；2—顶杆；3—型芯固定板；4—型芯；5—模框；6—塑件；7—限位螺钉

现自动退螺纹，这在制品中是内螺纹，使用螺纹芯成型，借助模具自身的开模动作，通过齿轮齿条或蜗轮蜗杆机构获取；或者专门设置原动机构（如电机、油马达）及其传动装置，驱动螺纹型芯或型环转动，迫使螺纹塑件脱出。具有此种功能的注塑模具，称为自动卸螺纹注塑模具。如图 3-6 所示，为借助于开合模的往复运动，所构成的一种自动卸螺纹注塑模具。当塑件批量较小时，可采用活动的螺纹型芯和型环，以构成在模外卸螺纹的注塑模具。

（5）活动镶件注塑模具 由于塑件的特殊要求，需要在注塑模具内设置活动镶

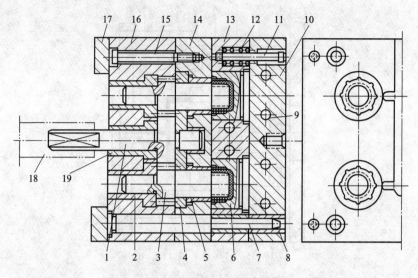

图 3-6　螺纹成型注塑模具

1—转动轴；2,5,19—轴套；3—转动型芯；4,14—垫板；6—型腔；7,8—导柱导套；

9—冷却水孔；10—固定板；11—拉杆螺钉；12—弹簧；13—型腔板；

15—螺钉；16—支承块；17—垫块；18—主传动轴

件或侧向型芯或开合件等，如图 3-7 所示，以使塑件连同镶件一起移出模外，然后通过人工或简单工具使它与塑件分离。凡具有此种功能的注塑模具，成为活动镶件注塑模具。这些活动镶件装入模具时，必须可靠定位，以免造成不应有的事故。

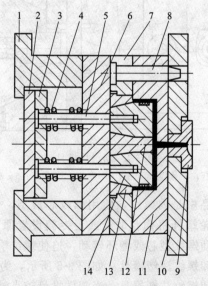

图 3-7　活动镶件注塑模具

1—模脚；2—推板；3—推杆固定板；4—弹簧；5—推杆；6—支承板；7—型芯板；8—导柱；

9—浇口套；10—定模座板；11—定模板；12—型芯定位块；13—型芯镶块；14—活动型芯

（6）带有活动成型零部件的注塑模具　对于这类塑件，结构要求复杂，但为了不提高模具的加工费用，对制品局部或内、外侧表面带有凸台、凹槽可设置活动的螺纹芯或侧面型芯或哈夫块，开模时，这些部件不能简单地沿开模方向与塑件分离，必须连同塑件一起移出模外，然后采用手工的方式使它与塑件分离，这些活动镶件在模具上安装时，必须设置可靠的定位装置。

（7）无流道系统冷凝料的注塑模具　此类模具又被称为无流道注塑模具。在一般的塑料注塑模具中，浇注系统可能是模塑中最厚最大的部分，这意味着定型和固化的速率受到浇注系统的制约，而在成型后浇注系统凝料还必须重新回收、加工成粒料或者成为废料而造成浪费。为避免存在上述的问题和减少浪费（包括时间、能源、材料等的浪费），如果能使模具浇注系统在生产过程中不会定型和固化，特别是对于热塑性塑料来说，就是使其浇注系统中的熔料一直保持熔融。这样就可以实现上述的目的，不但在每个成型周期中无流道冷凝料，而且可以缩短成型周期，提高效率和效益。因此，此类模具又被称为无流道冷凝料注塑模具。按结构和原理，此类模具又可分成以下几种。

1）绝热流道注塑模具。如图 3-8 所示。绝热流道注塑模具通过将流道直径扩大，并在操作上稍做改动，普通的三板式模具就能够改造成在成型中无流道冷凝料的模具。与普通的三板式模具相比，流道的直径可能增加 3～4 倍，能达到 19mm以上；中间浮动板在成型时和固定模板连接在一起。

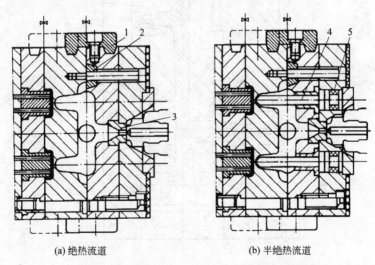

(a) 绝热流道　　　　　　　　　　(b) 半绝热流道

图 3-8　主流道型多型腔绝热流道结构示意图

1—锁紧块；2—挡圈；3—主流道衬套；4—鱼雷式加热棒；5—弹簧

绝热流道又可分为全绝热和半绝热两种。

① 全绝热流道注塑模具。对于全绝热流道来说，当注射开始时，浇注系统内没有塑料，熔料正常地经过流道进入模腔成型。和流道表面接触的塑料迅速冷却而固化，形成一层绝热薄膜，由于塑料有良好的隔热性能，中心部分的热量不易扩散

出去而保持较高的温度。如果流道直径比塑件的壁厚大得多，而且成型速度又较快，那么就可能在下一次成型开始前其流道中心部分的物料仍保持在高温的熔融状态，因此，不必取出浇注系统的塑料就可以使下一次的注射充模继续进行，其结构原理如图 3-8(a) 所示。

② 半绝热流道的注塑模。其结构特点与图 3-8(a) 所示的大同小异，不同的是为防止浇口凝固而将流道或喷嘴加热，如图 3-8(b) 所示。从图中可以看到，其在浇口衬套的周围装有一加热棒 4，可更好地防止浇口的冻结。有时也可加大分流道的直径，在其中插入电加热棒加热。为减少分流道的热损失，应在模具上设置较多的空气隔热间隙，以减少接触传热。为了同一目的，在料套的周围还设置了环形的空隙。

2）热流道注塑模具（图 3-9）。这种模具的整个浇注系统都使用加热器加热而保持在某一较恒定的温度下。一般都设有热流道板，温度能够精确地控制。模具被加热的部分与其他部分进行绝热或者隔热，以防止热流道的热散失以及将热传给型腔和型芯。尽管这种热流道模具有许多优点，但和普通的浇注系统模具相比，模具的结构相对比较复杂，温度控制成本较为昂贵，安装和操作难度大，颜色、材料更换困难。虽然已能采用先进的计算机控制温度技术，但是在一般情况下热流道模的设计、加工和使用仍比普通浇注系统的困难得多。

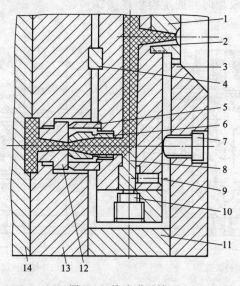

图 3-9　热流道系统

1—浇口套；2—流道板（集流板）；3—定模座板（固定板）；4—垫块；5—垫块或垫环；6—二次浇口套；
7—支承钉；8—堵头；9—销钉；10—堵头螺塞；11—支块；12—浇口套；13—型腔；14—动模

3）温流道注塑模具。热固性塑料交联固化后不能再生，因此它的无流道凝料注塑模具就具有更大的实用价值。将热流道原理用于热固性塑料注射成型的工艺装置称为温流道注塑模具。温流道热源来自于热水或热油循环控温系统，温度通常保持在 90～110℃。

① 单型腔温流道注塑模具。基本有两种结构形式，如图 3-10 所示。图中（a）为由专用温流道喷嘴代替注射机喷嘴，并延伸到注塑模具中的形式，称为温流道延伸式喷嘴。图中（b）所示称为隔套式温流道喷嘴。

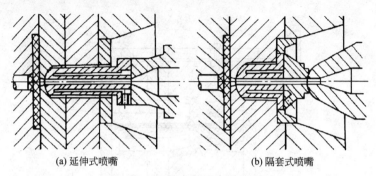

(a) 延伸式喷嘴　　　　　　　　(b) 隔套式喷嘴

图 3-10　单型腔温流道注塑模具

② 多型腔温流道注射成型模具。如图 3-11 所示，型腔部分为高温区，温度大多在 145～180℃。熔料注入型腔后，在受热承压条件下交联固化。与流道低温区之间的绝热是温度精确控制的关键。浇注系统通道应采用圆截面，直径通常为 6～8mm 型腔与流道表面均需镀铬处理。喷嘴孔径一般不小于 4mm，并带有 30′～1°的锥角。分型面上应开设排气槽。在流道板上有分型面，并备有启闭锁扣。

（8）定模设置顶出脱模机构的注塑模具　一般注塑模，设计顶出脱模在动模一

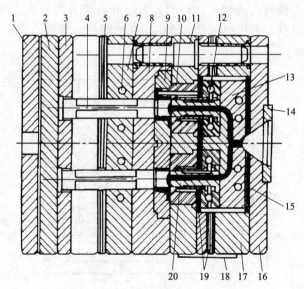

图 3-11　多型腔温流道注塑模具

1—动模座板；2—推板；3—推杆固定板；4—推杆；5,15,19—绝热板；6—加热棒；7—动模垫板；
8—动模板；9—凹模镶块；10—型芯；11—定模板；12—水管；13—流道板；14—定位圈；
16—定模座板；17—垫块；18—启闭锁扣；20—喷嘴

边，但由于某些制品的结构特点，不得不将制品留在定模一侧，在这种情况下，在定模一侧也需设置顶出脱模机构。凡定模一边具有推出功能的注塑模具，称为定模推出注塑模具。一般这种机构有弹簧式顶出机构．或者采用侧面拉杆式，如图 3-12 所示。

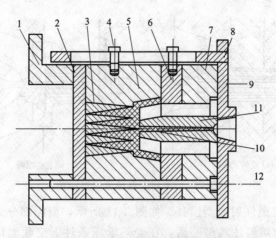

图 3-12　定模一侧设置顶出的模具

1—模角；2—动模底板；3—成型镶板；4—螺钉；5—动模；6—脱模板；7—定模板；8—拉板；
9—定模底板；10—塑件；11—型芯；12—导柱

（9）直角式注塑模具　直角式注塑模具仅适用于角式注射机。与其他注塑模具截然不同的是该类模具在成型时进料的方向与开合模方向垂直。图 3-13 所示是典型的直角式注塑模具，开模时，带有流道凝料的塑件包紧在凸模 8 上与动模部分一

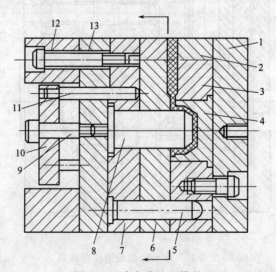

图 3-13　直角式注塑模具

1—定模座板；2—浇道镶块；3—定模板；4—凹模；5—导柱；6—推件板；7—动模板；8—凸模；
9—限位螺钉；10—推板；11—推杆；12—垫块；13—支承板

起向左移动，经过一定距离后，推出机构开始工作，以推杆 11 推动推件板 6 将塑件从凸模 8 上脱下。

（10）嵌件模具　许多塑件含有两种不同的甚至更多种的材料，而这些材料是在模塑过程中结合在一起的。有时称这种塑件是组合塑件，即在某材料上覆盖或者充填模塑物，塑件某一部分不是在注射过程中生产出来的，这就是嵌件，包括内嵌件和外嵌件。

① 内嵌件模具。通常嵌件是手工放入模具的，然后模具关闭，在嵌件周围注射覆盖上一层塑料。带嵌件的注塑模具都比较复杂，而嵌件有时并非必要或者不必在模塑时放入，因此在模具设计前应该充分考虑各方面问题，以确定是否用带嵌件的模具。

② 外嵌件模具。将塑料注入一相对较大的其他材料的零件内部的方法，叫外嵌件，相应的模具就叫外嵌件模具。嵌件的安置可以通过凸起销、孔等实现，而其尺寸可以超过模具的范围。如果这种嵌件材料是柔软的，那么还可以用卷筒等将其滚送入模具，而其输出就是连续的条料，带有规则塑料"凸起"等，这条形塑件可在模塑后剪裁。

为避免应力集中，外嵌件和塑料接触的侧峰应该钝圆。若在一外嵌件同时注入几腔时，使用的浇注系统应该避免变形，同时应注意塑料的收缩率，如果塑件大，就有可能使它们结合不牢固。

（11）叠式结构的注塑模具　又称为多层注塑模具，用于大批量生产像磁带盒一类小而浅盘状塑件的注塑模具，可设计成具有两层及以上的型腔结构。凡具有多层型腔结构的注塑模具，称为叠式结构注塑模具。冷流道叠式结构注塑模具如图 3-14 所示，由定模型腔板、动模型腔板和流道中间板三部分组成，而推出装置必须在动定模两边分别设置。

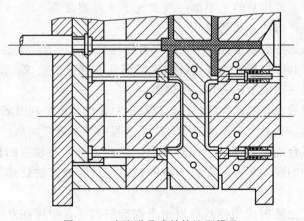

图 3-14　冷流道叠式结构注塑模具

（12）一模多个不同制品的模具　此类模具是属于一模多腔且同时成型多个不同的塑件，或某一产品的所有塑件，或是其中的一部分，故这种形式的模具又被称为"家族模具"。

这种模具有很多优点，但在生产中用相同浇注系统来成型不同尺寸的塑件却不是很可取的，因为模腔充填时间不同，先充填完的模腔中会造成过填充，或者是封闭压力太小，从而使塑件性能不符合生产和最终使用要求。但是，由此类模具能够使最后组装成件的各塑件在模塑中始终保持在一起，特别是其颜色可以保持一致，所以在许多场合还是很有用处的，只要采用正确的方法使各模腔同时充填完毕，则这种成型就不失为一种好的方法。

3. 其他注射成型模具

随着塑料工业的迅速发展，塑料制品用途的进一步扩大，许多新的成型工艺、成型设备出现了，当然也要有更多更先进的注射成型模具为其服务。例如，热固性塑料注塑模具、泡沫塑料注塑模具、反应注塑模具、多色（共）注塑模具、气（水）辅助注塑模具、注射（拉伸）吹塑模具和注射-压缩成型模具等都是在此发展趋势下涌现出来的。本节将对它们做简要的介绍。

（1）热固性塑料注射成型模具　热固性塑料注塑模具的基本结构与热塑性塑料的注塑模具的结构及设计原理基本相似。由于在固化时发生物理与化学变化的差异，热固性塑料的注塑模具具有自己的特点。

一般可供注射成型加工的热固性塑料有酚醛塑料、氨基塑料、不饱和聚酯，DAP 塑料、环氧树脂、有机硅、聚酰亚胺和聚丁二烯等。它们都是塑料工业的重要材料，曾长期采用传统的压缩成型和压铸成型方法进行生产，手工操作繁重，成型周期又长。用先进的注射成型方法可成倍地提高生产效率。今后，大部分热固性塑料制品都可用注射成型方法生产。

另外，热固性模具的加热也是热固性模具的关键点。虽然模具的上下部使用的加热装置很平衡，但由于自然对流作用使模具的上半部受热多而下半部有热损，在加工的实践中也发现模具的上半部一般要比下半部温度高 30%～70%，这种情况在工艺控制上应严加注意和利用。

热固性塑料的注射成型过程中，不仅有物理变化，还有化学变化，而且是不可逆的。因此，对其原材料、成型设备和成型模具有特殊的要求。图 3-15 为用于石棉填充酚醛塑料注射成型的模具的结构图。

从图中可以看出，热固性塑料注塑模具的总体结构特征和组成与热塑性塑料的没有多大的区别。其最大的不同点是在成型过程中模具需要加热，因而在安装模具时模具与成型机台的模板间需要隔热措施。除此之外，对模温的控制、型腔的排气、有相对滑动的成型零件的配合间隙的确定、型腔表面的处理等要求更高更加严格。

（2）结构发泡注射成型模具　发泡率在 5 倍以下，密度在 $0.2～1.0 g/cm^3$ 的塑料称为低发泡或结构发泡塑料。在某些种类的塑料中加入一定量的发泡剂，通过注射成型获取内部低发泡，表面不发泡的塑料制品的工艺方法称为低发泡注射成型。

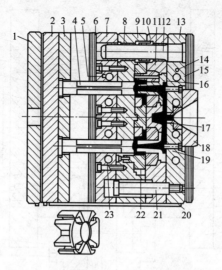

图 3-15 石棉纤维填充酚醛塑料注塑模具

1—动模座板；2—推板；3—推杆固定板；4—推杆；5—热电偶；6—隔热层；7—动模垫板；

8—导套；9—动模板；10—中间板；11—凸模；12—导柱；13—定模座板；14—热电偶；

15—绝热层；16—流道浇口套；17—主流道杯；18—定位圈；19—拉料杆；

20—拉板；21—带肩定距螺钉；22—凹模；23—加热器

　　一般具有整体壳层及多孔芯层的泡沫塑料，由于它有较高的比强度和比刚性，通常可作为结构材料使用，故称为结构泡沫塑料。正是由于结构泡沫塑料的这种优异性能，使得它在电子电器、工业配件、汽车零件、仪器仪表、声频信号、精细家具及环卫产品等诸方面已获得广泛应用。

　　结构泡沫塑件的注射成型可采用低压、夹芯注射和高压三种方法。

　　其成型原理是：在注射成型过程中，含有发泡剂或携带有气体的聚合物熔体，在压力作用下注入模具型腔。由于模腔内压力极低，在此含于熔体内的气体迅速膨胀形成泡孔，随着熔体在模内冷却，泡孔滞留并稳定于材料中，成为所需结构泡沫塑件，其成型工作过程见图 3-16。结构泡沫注塑模具结构如图 3-17 所示。

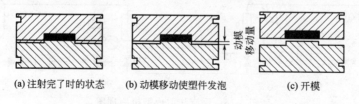

(a) 注射完了时的状态　　(b) 动模移动使塑件发泡　　(c) 开模

图 3-16 二次开模低发泡注射成型模具工作过程图

　　（3）反应注射成型及其模具　反应注射成型（RIN，reaction injection moulding）是一种利用化学反应来成型塑料制品的新工艺法。它的主要原理是将两种能够发生化学反应的液态塑料组分进行混合以后注入模，然后两种组分在模腔内通

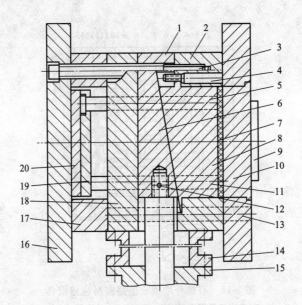

图 3-17　平板塑件低发泡模具

1—支块；2—动模；3—螺钉；4—限位钉；5—顶出杆；6—斜块；7—制件；8—型芯；
9—定位圈；10—定模；11—回程杆；12—销钉；13—导柱；14—油缸座；15—油缸；
16—模底板；17—支板；18—动模垫板；19—顶杆压板；20—顶出底板

过化学反应固化成型为具有一定形状及尺寸的塑料制品。这种方法使用较多的是成型聚氨酯弹性制品。

①　反应注射成型工作过程。图 3-18 所示为反应注射成型机的工作原理图。成型时，将原液装入两个原料罐 1 内，由两个变量泵 7 组成的液压循环系统经过测量头 12 和混合头 13 进行循环，通过操作混合头，使其按比例进行定量的高压混合，混合后的液体注入模具内，然后固化成型成为最终制品。高压混合头通常带有清理杆，该清理杆在混合过程完成后将物料彻底推出混合室，以免混合后的物料滞留在混合室内聚合、固化，造成堵塞。

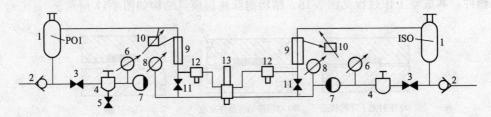

图 3-18　反应注射成型机原理图

1—原料罐；2—单向阀；3—球阀；4—过滤器；5—网；6—吸入压力表；7—变量泵；
8—注入压力表；9—热交换器；10—温度表；11—分配表；12—测量头；13—混合头

此法在注射过程中有化学反应，利用树脂和固化剂分别进入混合器，混合均匀后在反应未结束之前通过高速注射进入模腔，并在模腔中固化定型。此法常用于加工热固性树脂制品及泡沫制品。此法一般使用低黏度的液状树脂，反应后会产生气体，必须从模中排出，否则容易产生气泡，制品收缩率也较大。

② 模具的结构特点。如前所述，由于反应注射成型与众不同，故模具结构的设计也有其特殊性。

一是在分型面的选择时应尽可能使型腔处于分型面的一侧，物料的注入点（浇口）应在分型面或最好在型腔最低点，以利于有序地驱赶模腔内的空气。分型面还决定着混合头、主流道、分流道、浇口和排气隙的位置。而排气隙设计时，通常将其设在模腔最高点或注料最末端，以利于排气。排气隙宽度至少为 7mm，视塑件壁厚可增大些。二是在注料系统的设计时，主流道的位置应能使反应混合物从塑件横截面的最低点进入模腔。在主流道前方不得有凸起和截面变化，以免影响混合物畅流。图 3-19 为具有最佳分型面的结构设计。

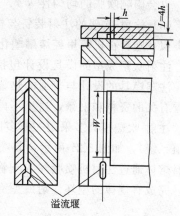

溢流堰

图 3-19　具有最佳分型面的设计

4. 注射-吹塑成型模具

（1）热坯法　成型时，由注射装置将熔融的物料在高压下注入注塑模具内，成型型坯，开模后，型坯留在芯棒上，并保持一定的温度，再通过机械传动装置将其传入吹塑（工位）的模具进行吹塑。吹塑模具合模后利用芯棒内的通道引入 0.2～1.0MPa 的压缩空气将型坯吹胀，并经迅速冷却后定型、脱模而得到制品。热坯法注射吹塑中空成型的工作过程如图 3-20 所示。

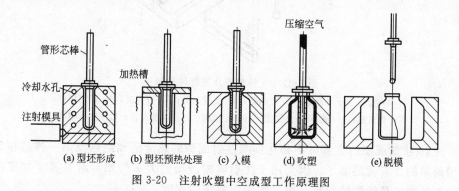

压缩空气

管形芯棒

加热槽

冷却水孔

注射模具

（a）型坯形成　（b）型坯预热处理　（c）入模　（d）吹塑　（e）脱模

图 3-20　注射吹塑中空成型工作原理图

（2）冷坯法　是将经注射得到的型坯经过重新加热使其到达适合吹塑成型的温度，再将其转移到吹塑工位进行吹塑。这样，就把加工型坯和吹胀制品的工序完全分开。在某些情况下可直接购入冷型坯进行专业化的生产，这既能控制质量又能提高生产效率。

冷坯法的问题是：型坯在转运时可能会受到外界的侵蚀或污染；同时因要增加

设备和型坯要重新加热使投资增大，需时耗能大等。另外，型坯内外存在一定的温差，也会影响吹胀的均匀性等。

（3）注射-吹塑的注射装备与模具　注射-吹塑的注射装备与普通注射机的结构相类似，塑料在机筒里经熔融塑化，并在一定的压力下注入型坯模，成型型坯。

注射吹塑成型的模具设计包括两部分，即用于成型型坯的注塑模具和吹塑模具。注塑模具的设计与普通的热塑性塑料注塑模具的设计基本相同，而吹塑模具可参看有关的资料和书籍，这里不再赘述。

注射-吹塑模具多采用一模多腔的形式，在注射装置中配有一套支管装置（热流道系统），如图3-21所示，其喷嘴与模具的型腔相对应。与热流道的作用一样，塑料熔体通过注射机喷嘴注入支管装置的流道内，再由支管流道分配至数个充模喷嘴，完成有规律的型坯注射成型。

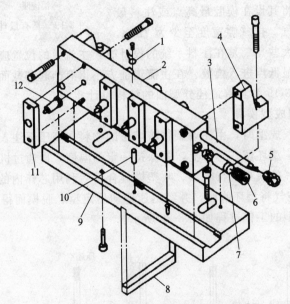

图 3-21　支管装置及其部件分解图

1—热电偶；2—支管体；3—加热器；4—支管夹具；5—开口套；6—固定螺钉；
7—流道塞；8—键；9—支管座；10—定位销；11—喷嘴夹板；12—充模喷嘴

注射-吹塑成型的支管可不必达到与注射成型的热流道和绝热流道一样的精致，采用简单的支管就足够了，因为用于注射吹塑成型的大多数塑料都是易于加工的，但如果是加工热敏性的塑料，则必须采用特殊的支管。

一般流道组件安装在型坯模座上，由支管、浇口套和喷嘴组成。图3-22则是常用的模具芯棒结构形式。

（4）注射-拉伸吹塑模具　此成型模具又可分为（一步法的）注射-拉伸吹塑和（二步法的）注射-拉伸吹塑。前者是从型坯的成型到吹制成成品"一步到位"，后者是将型坯的成型与吹制分开。

有关这方面的详细情况可参看有关吹塑成型的文献资料，这里不做赘述。

图 3-23 为一步法注射-拉伸吹塑的操作工序。

5. 气体辅助注射成型及其模具

（1）气辅注射成型　气辅注射成型是使用惰性气体辅助注射成型的一种注射成型技术，它从 20 世纪 80 年代开始实际使用，使传统的注射成型工艺发生了根本的变革，特别适用于大型塑件的注射成型加工。目前几乎所有的热塑性塑料（适用于注射成型）和部分热固性塑料都可以采用气辅注射成型。

气辅注射成型技术 GAIM（gas-assisted injection molding）在欧、美、日及我国的香港、台湾等地已被广泛应用。GAIM 已经成为工业发达国家及地区生产超大型、超壁厚及超薄壁塑料件的必不可少的生产方法。我国虽然对 GAIM 技术的应用较晚，但一些大型的塑料加工企业已经使用多年，并且获得了大量的经验资料。如在加工过程的参数的控制，制品及模具的设计原则等，但从原理上的研究文献较少。

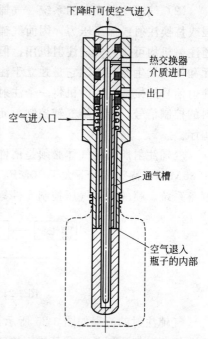

图 3-22　模具芯棒结构简图

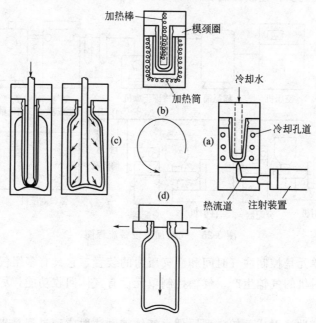

图 3-23　一步法注射-拉伸吹塑的操作工序

（a）型坯注射成型；（b）型坯再加热及温度调节；（c）型坯轴向拉伸及径向吹胀；（d）定型开模

（2）气辅注射成型的系统　气辅注射成型采用惰性气体作为辅助注射成型用增强或替换注射或保压压力，因而气辅注射成型所需的设备主要是注射机。一般的普通注射机均可作为气辅注射机用；但还需气体注射装置。气辅设备包括气辅控制单元和氮气发生器装置。它是独立于注射机外的另一套装置，与注射机的唯一接口是注射信号连接线。注射机将一个注射信号（使用注气开始的时间控制器或者螺杆给料的控制信号）传递给气辅控制单元，便开始一个注气过程，随后便开始注气工艺程序。

气辅注射所用的气体必须是惰性气体（通常使用氮气），气体最高控制压力大于 35MPa，特殊情况下大于 70MPa，氮气纯度＞98％。氮气注射装置由气体压力制备系统、喷气嘴和气压控制元件等组成，如图 3-24 所示。

图 3-24　普通气体注射装置

气辅注射的流程如图 3-25 所示，它由多种工业器件组成。储气部分一般使用工业气瓶。气压制备部分可使用柱塞式气缸升压，使用比例调节阀调控，使用气体换向阀实现充气与放气等交换动作。要求整个气体压力制备过程是独立过程，与注射循环过程相匹配，应当与注射过程中计量过程同时发生，控制部分应与注射过程相连接，可实现同步、连续控制。

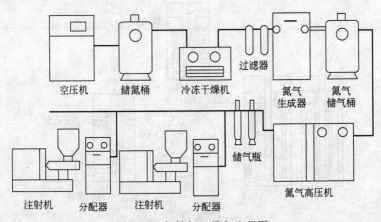

图 3-25　气辅加工设备流程图

气体控制单元是控制注气时间和注气压力的装置，它具有多组气路设计，可同时控制多台注射机的气辅生产，气辅控制单元设有气体回收功能，尽可能降低气体的耗用量。

（3）气体辅助注射成型的成型原理　气体辅助注射成型过程是先向模腔中注入经准确计量的塑料熔体，如图 3-26(a) 所示，然后再通过特殊的喷嘴向熔体中注入压缩气体，气体在熔体内沿阻力最小的方向前进，推动熔体充满型腔并对熔体进行保压，如图 3-26(b) 所示。待塑料熔体冷却凝固后排去熔体内的气体，开模推出制品。

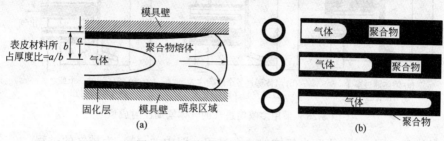

图 3-26 气体辅助注射成型的原理

（4）注气的方式及调控

气体辅助注射成型时注进气体的方式有两种，这两种方法的主要区别在于其气体注入位置的不同，即气体的注入既可以通过塑料注射机的喷嘴来实现，也可以直接通过注气嘴注进模腔。由注射机的喷嘴进气的方式要求所有的进气道都从喷嘴处开始。而采取气体直接注入到模腔中的方式时，气体通道可以独立地设置在浇口的位置，对于这种方式，注射之前物料可以实现正常的填充。

a. 通过塑料注射机的喷嘴进气。图 3-27 所示为通过塑料注射机的喷嘴（单个）进气的结构。

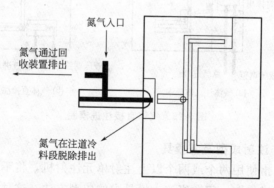

图 3-27 通过注射机喷嘴注进气体的结构方式

由于会受到流动平衡和填充方式的制约，单个喷嘴的气体辅助注射成型方式对于在一个成型周期内成型多个形状不同、质量不同的制品是非常困难的。多喷嘴气体辅助注射方式则可以解决这个问题，它允许向多个模腔中充入不同体积的物料和不同压力的气体。

图 3-28 所示是采用多喷嘴进气的方式，其除可用于成型大的制品，还可以缩短气体的流动距离，降低气体的注入压力和模腔所受的压力。多个喷嘴进气的方式也常用于同一模具上有多个模腔的场合。如图中的（a）所示为采用多喷嘴时熔体

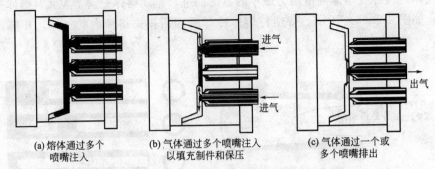

图 3-28　采用多喷嘴进气的气体辅助注射成型

的注射过程，图中的（b）为气体的注入过程，图中的（c）为排气的过程。

　　b. 直接注入模腔。直接注入模腔又可分为从分流道进入和直接进入制品两种，如图 3-29 所示。

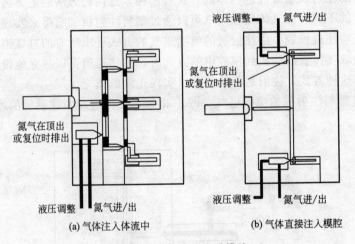

图 3-29　气体直接注进模腔

6. 多色（共）注射成型及其模具

　　共注射成型是指使用两个或两个以上注射单元注射机，将不同的品种或不同的色泽的塑料，同时或采取一定顺序注入模具内的成型方法。这种方法多用于生产多彩或多种塑料的复合制品。最有典型代表的是双色注射或双层注射。双层注射中包括夹芯层发泡注射，其设备如图 3-30 所示。

　　（1）双色注射法

　　① 混色注射成型。采用双色注射时，也可以使用由两个机筒共用一个喷嘴的注射系统。通过液压装置来调整两个螺杆（或柱塞）对模具的注射顺序和注射量，以便成型出混色的塑料制品。如图 3-31 所示。

　　② 双色注射成型。双色注射成型的原理如图 3-32 所示。成型时，两个注射系统和两副模具共用一个合模系统。模具固定在回转板 6 上，当其中一个注射系统 4

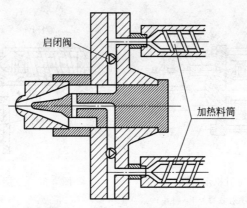

图 3-30 双色注射成型示意图

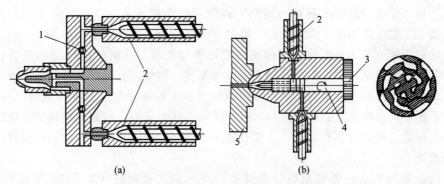

(a)　　　　　　　　　　(b)

图 3-31 双色（混色）注射头结构原理图
1—启闭阀；2—加热料筒；3—齿轮；4—回转轴；5—模具

向模内注入一定量的 A 种塑料之后（未充满型腔），回转板动作，将此模具送至另一个注射系统 2 的工作位置，该系统立即向模内注入 B 种塑料，直至充满整个型腔，然后制品经过保压和冷却定型后脱模。这种方法可以得到明显分色的混合塑料制品。

（2）双层注射成型。双层注射原理如图 3-33 所示。图示注射系统由两个螺杆组成，但装有交叉喷嘴。模具为普通结构。注射时先由一个螺杆将第一种塑料注入型腔。当此种塑料与型腔壁接触的部分开始固化，而内部仍处于熔融状态时，另一个螺杆将第二种塑料注入型腔，第二种塑料不断地将前一种塑料沿着型腔表壁推压，而自己去占据性强的中间部位。当制品成型后，第一种塑料将成为制品的外壳，而第二种塑料则成为制品的内层。

7. 注射压缩成型及其模具

注射压缩成型（injection compression mouldingicm）是传统注塑成型的一种高级形式。它能增加注塑零件的流注长度壁厚的比例，采用更小的锁模力和注射压力，减少材料内应力，以及提高加工生产率。

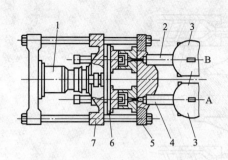
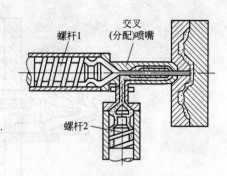

图 3-32 双色注射机示意图

图 3-33 双层注射成型原理图

1—合模油缸；2,4—注射装置；3—料斗；

5—前固定模板；6—模具回转板；7—活动模板

注射压缩成型适用于各种热塑性工程塑胶制作的产品，如：大尺寸的曲面零件，薄壁、微型化零件、光学镜片，以及有良好抗袭击特性要求的零件。

注射压缩成型的主要特点与传统注塑过程相比较，注射压缩成型的显著特点是，其模具型腔空间可以按照不同要求自动调整。例如，它可以在材料未注入型腔前，使模具导向部分有所封闭，而型腔空间则扩大到零件完工壁厚的两倍。另外，还可根据不同的操作方式，在材料注射期间或在注射完毕之后相应控制型腔空间的大小，使之与注射过程相配合，让聚合物保持适当的受压状态，并达到补偿材料收缩的效果。

随着添加有各种增强材料（如玻璃纤维）的工程塑料（如 BMC 等模塑料）的大量应用，在注射成型的充模过程中如何克服玻璃纤维的破坏和取向，克服熔接线和减少流道的废料，以保证其制品强度并降低成本，是一个很现实和突出的问题。为此，人们开发了"注射-压缩成型"的工艺和与之相应的模具设计。

（1）注射-压缩成型模具的工作过程 注射-压缩成型实际上是一种综合注射和压制两种成型工艺优点的生产技术。其成型过程如图 3-34 所示。成型时先将物料注入到需要进行压缩而预留有压缩量的闭合模腔中，待模腔充满后，再相当于用压制的方法，在高压下合紧模具进行压缩，使物料在高压下加热、固化和定型。采用此法可兼有压制和注射两种成型工艺的优点，可克服由于纤维的取向和由于熔接线等带来的制品强度下降等问题。其适用于热固性、热塑性物料的注射成型。如对一般的注射机和模具进行改造，也可实现注射-压缩成型。由于注射充模阶段是在分型面不合拢的条件下进行的，故可采用很低的注射压力，从而能大幅度减小物料对机筒、螺杆和塑化系统的磨损。另外，由于是在分型面不合拢的条件下进行充模，因此对充模时的排气很有利，可以简化模具的排气结构。

（2）注射压缩成型模具 图 3-35 为注射-压缩成型模具的结构图。

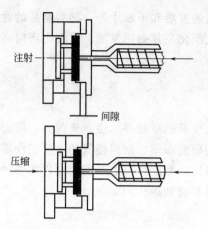

图 3-34　注射-压缩成型的原理示意图

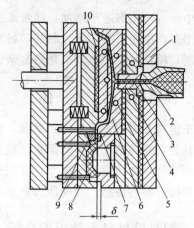

图 3-35　注射-压缩成型模具的结构图

1—定模固定板；2—喷嘴；3—主流道；4—主流道进衬套；
5—冷却水道；6—分流道；7—助流道；8—模腔（制件）；
9—流道切断器；10—冷、热模绝热层；δ—压缩间隙

二、塑料注塑模具的技术要求

由于注塑模具的重要性，我国对其技术条件已经制定了国家标准——GB/T 12554—90。该标准除引用 GB196 等多个通用或相关的标准外，还规定了塑料注射成型模具的零件、总装技术要求，验收规则和标记，包装，运输，储存，而且标明标准适用于热塑性塑料和热固性塑料注塑模具。

三、注塑模具的结构组成

使用注塑模具，通过注塑成型，产生塑料制品。因而塑料注塑模具是在成型中赋予制件形状、尺寸、性能的部件。模具的结构虽然由于塑料品种和性能，塑料制品的形状及结构，以及注射机的类型等不同千变万化，但基本结构是一致的，模具主要由浇注系统、成型塑件的零部件、模架构成的结构配件 3 大部分组成。其中浇注系统和成型塑件的零部件是与塑料直接接触的部位并随塑料品种和制品的结构形式变化，虽然有变化，但其功能变化不大。

注塑模具详细结构组成有 6 部分，其中还包含有排气系统及温度调控系统，要完全掌握注塑模具的设计，应参考一些关于注塑模具设计的专业书。本书以后几章将分浇注系统、成型部件、基本结构零部件、顶出脱模机构、侧分型及抽芯机构、排气结构模式及温度调节系统分别介绍基本结构形式。

第二节　注塑模具对材料的选择

随着制造业快速发展，塑料模具是塑料成型加工中不可缺少的工具，在总的模

具产量中所占的比例逐年增加，随着高性能塑料的发展和不断生产，塑料制品的种类日益增多，用途不断扩大，制品向精密化、大型化、复杂化发展。成型生产向高速化发展，模具的工作条件也越趋复杂。

一、注塑模具的工作条件

由于塑料及塑料成型工业的发展，对塑料的模具的质量要求也越来越高，因而塑料模具的失效问题及其影响因素已成为重要的研究课题。塑料模具的主要工作零件是成型零件，如凸模、凹模等，它们构成塑料模的型腔，以成型塑料制件的各种表面并直接与塑料接触，经受压力、温度、摩擦和腐蚀等作用。

二、塑料模材料失效原因分析

一般模具制造中包括模具设计、选用材料、热处理、机械加工、调试与安装等过程。根据调查表明：模具失效的因素中，模具所使用的材料与热处理是影响使用寿命的主要因素。从全面质量管理的角度出发，不能把影响模具使用寿命的诸因素作为多项式之和来衡量，而应该是多因素的乘积，这样，模具材料与热处理的优劣在整个模具制造过程中就显得特别重要。从模具失效的普遍现象分析，塑料模具在服役过程中，可产生磨损失效、局部性变形失效和断裂失效。塑料模具的重要失效形式可分为磨损失效、局部塑性变形失效和断裂失效。

（1）型腔表面的磨损和腐蚀　塑料熔体以一定的压力在模腔内流动，凝固的塑件从模具中脱出，都对模具成型表面造成摩擦，引起磨损。造成塑料模具磨损失效的根本原因就是模具与物料间的摩擦。但磨损的具体形式和磨损过程则与许多因素有关，如模具在工作过程中的压力、温度、物料变形速度和润滑状况等。当塑料模具使用的材料与热处理不合理时，塑料模具的型腔表面硬度低，耐磨性差，其表现为：型腔面因磨损及变形引起的尺寸超差；粗糙度值因拉毛而变高，表面质量恶化。尤其是当使用固态物料进入塑模型腔时，它会加剧型腔面的磨损。加之塑料加工时含有氯、氟等成分受热分解出腐蚀性气体 HCl、HF，使塑料模具型腔面产生腐蚀磨损，导致失效。如果在磨损的同时又有磨损损伤，使型腔表面的镀层或其他防护层遭到破坏，则将促进腐蚀过程。两种损伤交叉作用，加速了腐蚀-磨损失效。

（2）塑性变形失效　塑料模型腔表面受压、受热可引起塑性变形失效，尤其是当小模具在大吨位设备上工作时，更容易产生超负荷塑性变形。塑料模具所采用的材料强度与韧性不足，变形抗力低；塑性变形失效另一原因，主要是模具型腔表面的硬化层过薄，变形抗力不足或工作温度高于回火温度而发生相变软化，而使模具早期失效。

（3）断裂失效　断裂的主要原因是由于结构、温差而产生的结构应力、热应力或因回火不足，在使用温度下，使残余奥氏体转变成马氏体，引起局部体积膨胀，在模具内部产生的组织应力所致。

（4）热疲劳失效 注塑模具在工作过程中，一般都要长期受热，温度经常呈现周期性的变化，很容易使模具材料产生热疲劳，导致成型零部件表面的龟裂，从而无法保证塑料制品的成型质量并使模具报废，这种现象叫做热疲劳失效。热疲劳失效也是一种正常的失效形式，多发于成型压力较大、成型温度较高、模具温度明显呈周期性变化的场合。为防止热疲劳失效效应提早发生，可选择热疲劳性能较好的模具材料制造成型零部件。

三、注塑模具对材料的要求

从技术的角度出发，按模具的工作条件，对模具材料使用性能和加工性能提出要求。

1. 模具材料的使用性能

注塑模具对材料使用性能的要求，与模具零部件的功能和种类有关，具体分述如下。

（1）成型零部件 通常，成型零部件都在一定的温度和压力下工作，并直接与塑料接触，它们对模具材料的使用性能要求主要包括以下几点。

① 应有良好的力学性能。成型零部件对材料力学性能的要求包括强度、刚度、韧性、硬度和耐磨性等。如果成型零部件选用力学性能优良的材料，那么模腔的形状和尺寸精度在成型过程中就能得到保证，从而可以避免或延缓发生各种失效。其中，对模腔中比较细小的型芯或成型镶块，应特别注意其强度和韧性。另外，在成型增强塑料时，应选择耐磨性优良的材料，必要时还要进行表面的强化处理。

② 应有良好的耐磨耐蚀性。成型聚氯乙烯、氟塑料以及一些阻燃型或难燃型塑料时，其容易分解出一些腐蚀性气体，危害成型零部件的表面，并加剧磨损。为保证模具的使用寿命，除了对成型零部件的表面进行镀铬等防腐处理外，还可选用不锈钢或新型的耐蚀钢。

③ 应有良好的耐热和耐热疲劳的性能。塑料制品在成型时，一般都必须经过高温流动充模和冷却固化后脱模两个阶段，成型零部件除长期受热外，工作温度还会呈现周期性的变化，因此，成型零部件应有良好的耐热性和耐热疲劳性，尤其是对成型温度要求较高的工程塑料（如聚碳酸酯、聚苯醚等）时，更应注意。

④ 具有较小的热膨胀系数。任何模具材料都具有热膨胀性能，如果模具材料的热膨胀系数比较大，则在常温下加工出来的模腔在工作过程中将会发生一定程度的尺寸和形状变化。虽然这种热膨胀的影响远不及塑料本身的热膨胀，但是对于精度要求较高的塑料制品来说，则仍是一种不可忽略的问题。另外，模腔中经常还会设置一些活动型芯和活动成型镶块，为防止溢料，其运动间隙一般都很小，如果不注意材料的热膨胀性能，就有可能出现热咬合的现象，最终导致活动型芯或活动成型镶块的运动发生故障。因此，设计成型零部件时，应尽量选用热膨胀系数比较小的模具材料。

（2）导向零部件 导向零部件包括导柱、导套和锥面定位机构等。它们在开闭模过程中承受摩擦磨损，以及成型时产生的侧向压力。因此，设计导向零部件时，应注意模具材料的强度、韧性及耐磨性。

（3）脱模和侧向抽芯机构中的零部件　在脱模机构及侧向抽芯机构中，许多零部件都具有运动的形态并传递脱模力或顶出力，因此，要求使用的材料必须具有良好的机械性能，如强度、刚度、硬度和耐磨性等。另外，在这两种机构中，还有一些与塑料直接接触的零部件（如侧向型芯、顶杆端面及脱模板工作部位），它们受热后均会膨胀，亦有可能发生类似于活动型芯或镶块热咬合的现象，因此，还需注意其热膨胀系数和耐热性等问题。

（4）支撑零部件　支撑零部件包括模具中的各固定板、垫板、垫块和模座等，是模具中的受力件，模具的整体强度和刚度均需由它们保证。因此，设计这类零件时，要求选用的材料必须具有足够的强度和刚度。

2. 模具材料的加工性能

塑料模的工作条件与冷冲模不同，一般须在 150～200℃ 下进行工作，除了受到一定压力作用外，还要承受温度影响。同一种模具会有多种失效形式，即使在同一个模具上也可能出现多种损伤。从塑料模的失效形式可知，合理的选用塑料模具材料和热处理是十分重要的，因为它们直接关系到模具的使用寿命。所以，选材时除了要满足前述使用性能要求外，还应符合加工性能与用钢的要求。

（1）有良好的切削加工性能　大多数塑料成型模具，除电火花加工还需进行一定的切削加工和钳工修配。为延长切削刀具的使用寿命，在切削过程中加工硬化小。为避免模具变形而影响精度，希望加工残余应力能控制在最小限度。因为切削加工是制造各类塑料模具的主要手段，所选材料具有良好的切削加工性能是保证模具加工质量的基础。为保证模具的零部件，尤其是成型零部件具有较好的切削加工性能，通常要求模具材料在切削加工时的硬度不超过 28～32HRC。这样，既可保证所加工出的模具零件具有较低的表面粗糙度，又能使切削刀具具有较长的寿命。

（2）有较好的塑性加工性能　对型腔尺寸不是太大的多腔模具，可以采用塑性加工方法成型其型腔。在这种情况下，应注意选用塑性加工性能较好的模具材料。如果采用冷挤压法，则要求挤压前模具材料的硬度低于 135HB，延伸率大于 35；如果采用超塑性挤压法，则要求超塑性挤压前其晶粒尺寸为 $10\mu m$ 左右，而显微组织最好为两相。

（3）有良好的热处理性能　在模具失效事故中，因热处理造成的事故一般是 52.3%，以致热处理在整个模具制造过程中占有重要的地位，热处理工艺的好坏对模具质量有较大的影响。一般要求热处理变形小，淬火温度范围宽，过热敏感性小，特别是要有较大的淬硬性和淬透性等。因为模具零件对热处理性能的要求包括淬透性、淬硬性良好及热处理变形小等。这些性能对模具零件（尤其是成型零部件）的机械性能和模塑制品的成型质量均有重要影响，有时还能影响到模具加工方法的选择。例如，模具材料的淬透性不好时，虽经热处理，但并不能真正起到强化的作用，而使强度和刚度得不到有效的保证，在成型压力作用下容易发生弹性变形，使成型的制品无法达到预定的质量要求。又如，碳素工具钢因其淬透性差，所以，选用此类材料时应注意不能采用电火花线切割作为成型零部件的主要加工手段，否则加工精度达不到要求，甚至在加工中会产生开裂。再如，当模具材料的淬硬性不好时，其零件的硬度无法保证，成型过程中易发生磨损而过早失效。另外，如果成型零部件所用材料热处理变形较大，热处理后，不仅精加工工作量大，而且还难于保证尺寸和形状精度。

（4）有良好的表面处理性能 随着高速成型机械的出现，塑料制品运行速度加快。由于成型温度在 200～350℃ 之间，如果塑料流动性不好，成形速度又快，会使模具部分成型表面温度在极短时间内超过 400℃。为保证模具在使用时的精度及变形微小，模具钢应有较高的耐热性能。因为对模具的成型零部件进行表面处理，如镀铬、渗碳、渗氮、碳氮共渗等，是为了提高其耐磨性，从而提高其使用寿命。但是，各种材料对表面处理工艺的适应性又存在差异，因此，如果准备对零件进行表面处理，选用的材料与表面处理所用介质应具有良好的化学亲和性，以达到表面强化处理的目的。

（5）有良好的表面雕刻和抛光性能 型腔表面光滑，成型面要求抛光成镜面，表面粗糙度低于 $R_a0.4\mu m$，以保证塑料压制件的外观并便于脱模。由于制品的使用要求，或为了掩盖制品表面某些无法避免的成型缺陷，型腔表面有时需要雕刻各种花纹、图案、文字标记等。此时应选用表面雕刻性能良好的材料。表面雕刻性能通常指雕刻加工方便容易，雕刻后不发生变形和裂纹。

抛光的目的是为了降低制品的表面粗糙度或保证制品的光学性能。某些表面质量要求很高或具有光学性能的塑料制品，常要求模具进行镜面抛光（$R_a \leqslant 0.1\mu m$），此时所选材料的抛光性能应优良，最好选用镜面钢。

（6）足够耐磨性 随着塑料制品用途的扩大，在塑料中往往需添加玻璃纤维之类的无机材料以增强塑性，由于添加物的加入，使塑料的流动性大大降低，导致模具的磨损，故要求其具有良好的耐磨性。

（7）良好的热稳定性 塑料注射模的零件形状往往比较复杂，淬火后难以加工，因此应尽量选用具有良好的热稳定性的材料，当模具成型加工经热处理后因线膨胀系数小，热处理变形小，温度差异引起的尺寸变化率小，金相组织和模具尺寸稳定，可减少或不再进行加工，即可保证模具尺寸精度和表面粗糙度要求。

（8）耐腐蚀性 在成形过程中可能放出腐蚀气受热分解出具有腐蚀性的气体，如 HCl、HF 等腐蚀模具，有时在空气流道口处使模具锈蚀而损坏，故要求模具钢有良好的耐蚀性。

此外，还要求所选材料的内部无气孔和夹杂其他非金属物质，还要易于焊接修补等。综上所述，对塑料模具所选材料的性能要求是多方面的，通常要使所选的某种材料能同时满足这些要求是很难的。因此在选材时，要综合地考虑塑料制品的生产批量、成型质量要求、模具材料的价格及市场的供应等情况，以及模具加工条件等因素，尽量使所选材料既满足模具的使用要求，而加工难度又不会过大、制造成本也不会过高。

3. 塑料模具常用材料及标准

50多年来，世界塑料工业发展比较迅速，许多发达国家塑料模具的产值已居模具总产值的第一位。据统计，我国塑料模具用钢已占全部模具用钢的1/2以上。

过去，一般塑料模具用正火的45钢或40Cr钢经调质处理后制造，因而模具硬度低，耐磨性和表面粗糙度差，加工出来的塑料产品外观质量差，而且模具使用寿命低，而精密塑料模具及硬度高的塑料模具采用CrWMn，Cr12MoV等合金钢制造，不仅机械加工性能差，而且难于加工复杂的型腔，更无法解决一些复杂的模具的热处理变形问题。直到目前为止，有些关键部件的塑料模具材料还常常依赖进口的专用塑料模具钢。有鉴于此，国内对专用塑料模具用钢进行了研制，并获得了一定的进展。

我国已有自己的专用塑料模具钢系列，目前已纳入国家标准的有2种，即3Cr2Mo和3Cr2MnNIMo钢，已纳入行业标准的有20多种（表3-1），在生产中已推广应用了10多种新型的塑料模具钢，初步形成了我国塑料模具用钢的材料体系。

■ **表 3-1 现行（塑料）模具用钢标准及牌号**

标　准	类别	钢　　号
JB/T 6057—1992（塑料模具成型部分用钢及其热处理条件）	渗碳钢	20、20Cr
	淬硬型	45、40Cr、T10A、CrWMn、9SiCr、9Mn2V
	预硬型	5CrNiMnVSCa、3Cr2NiMnMo、8Cr2MnWMoVS
	耐蚀型	2Cr13、4Cr13、1Cr18Ni9、3Cr17Mo
YB/T 094—1997（塑料模具用扁钢）	非合金钢	SM45、SM50、SM55
	合金钢	SM1CrNi3、SM3Cr2Mo、SM3Cr2NiMo、SM4Cr5MoSiV、SM2CrNi3AlS、SM4Cr5MoSiV1、SM2Cr13、SM3Cr17Mo、SM3Cr13
YB/T 107—1997（塑料模具用热轧厚钢板）	—	SM45、SM48、SM50、SM53、SM55、SM3Cr2Mo、SM3Cr2NiMo
YB/T 129—1997（塑料模具钢模块技术条件）	—	SM45、SM50、SM55、SM3CrMo、SM3Cr2NiMo
—	常用钢	12CrNi3A、T8A、5CrW2Si、Cr12MoV、5Cr2MnMo、5CrNiMo
	新型用钢	3Cr3Mo3VNb、4Cr2MnNiMo、Y55CrNiMnMoV、Y20CrNi3AlMnMo、25CrNi3MoAl、10Ni3MnCuAl、06Ni6CrMoVTiAl、0Cr1Ni4CuNb、18Ni（250）、18Ni（300）等
GB/T 1299—2000	—	3Cr2Mo、3Cr2MnNiMo

塑料模具用钢，粗略归纳一下，大概有50余种，模具的设计、制造工程技术人员可根据本身的生产条件和模具的工作环境，并结合模具材料的基本性能和相关因素，选择经济合理、技术先进的塑料模具材料。

中国YB标准塑料模具用扁钢（YB/T 094—1997）和热轧厚钢板（YB/T 107—1997）中的钢号与化学成分、塑料模具用钢的交货硬度与淬火硬度、有特殊要求的模具用扁钢的力学性能、塑料模具用热轧厚钢板的交货硬度与力学性能等可参见有关的标准和资料。

（1）**碳素结构钢**　碳素结构钢价格低廉，切削加工性能良好，但含碳量低时强度差，而含碳量高时淬透性差、热处理变形大，且其抛光性能不太好。常用的碳素结构钢有 15 钢、20 钢、40 钢、45 钢，50 钢等。其中，15 钢、20 钢经渗碳淬火，可制造导柱、导套及其他一些耐磨零件；45 钢则广泛用于包括注塑模具成型零部件在内的各种模具零件。

（2）**合金结构钢**　合金结构钢使用性能比碳素结构钢好，两者用途相近。常用于制造模具的合金结构钢有 40Cr，20CrMoTi，12CrMo，38CrMoAlA 等，其中 38CrMoAlA 的渗氮性能极佳，经渗氮后表面的硬度高、耐磨性好，能有效防止模腔中运动的零件在高温下发生热咬合，可用于注塑模具的型腔、型芯、活动型芯、活动成型镶块等。

（3）**碳素工具钢**　碳素工具钢的强度、硬度和耐磨性都比结构钢好，供应价格中等，但其韧性较差、淬透性不良、热处理变形大。碳素工具钢包括 T8，T8A，T10，T10A，T12，T12A 等，都可在塑料制品尺寸不太大、形状不复杂，但生产批量较大的场合下用做模具的成型零部件。另外，也可在大型和复杂模具中做局部成型镶块以及导柱、导套等。

（4）**合金工具钢**　合金工具钢广泛用做模具材料，其许多性能优于结构钢、碳素工具钢，但供应价格较贵，常用来制造形状复杂、精度要求高、制品生产批量大的模具成型零部件，特别是在成型热固性塑料或增强塑料的模具中应用最多。常用的有 CrWMn，GCr15，Cr12MoV，5CrNiMo，5CrMnMo，3Cr2W8V，4Cr5MoSiV，4Cr5MoSiVA 等。

（5）**不锈钢**　可用做模具零件的不锈钢包括 4Cr13，9Cr18，Cr14Mo，1Cr17Ni2 等，它们能在一定的温度和腐蚀条件下长期工作，所以用于成型易于挥发腐蚀性气体的塑料（包括添加有机发泡剂的低发泡塑料及反应注射成型）时，可使用不锈钢制造主流道衬套、流道板、型腔和型芯等。应注意的是，不锈钢的价格比一般钢材的贵得多，而且切削加工性能差。

除上述钢材外，有色金属（锌基合金、铝合金等）和环氧树脂等也可用做模具材料（主要用来制造成型零部件），一般只适用于小批量制品生产或制品的试制，而且不允许工作温度过高。表 3-2 列出各种常用的模具材料的适用范围和热处理性能，供设计参考。

4. 注塑模具新材料及其应用

一般塑料模具常采用正火态的 45 钢或 40Cr 钢经调质制造。硬度要求较高的塑料模具采用 CrWMn 或 Cr12MoV 等钢制造。对工作温度较高的塑料模具，可以选用韧性高的热作模具钢。由于大型、精密、复杂塑料制品的注射成型对模具用材提出了更高的要求，如淬火微变形性能、良好的镜面抛光性能、较小的热膨胀系数、较高的热稳定性，以及良好的耐磨、耐蚀性能等。目前，为适应注射成型技术发展的需要，各国都在开发和推出许多新的钢种可以满足塑料型腔对尺寸精度和表面质量的更高要求，新近又研制一系列新型模具钢，下面对一些新钢种做简要的介绍。

■ 表 3-2　常用模具材料的适用范围与热处理方法

模具零件	使用要求	模具材料	热处理	说　明	
导柱导套	表面耐磨、有韧性、抗弯曲、不易折断	20、20Mn2B	渗碳淬火	≥55HRC	
		T8A、T10A	表面淬火	≥55HRC	
		45	调质、表面淬火、低温回火	≤55HRC	
		黄铜 H62、青铜合金	用于导套	≤55HRC	
成型零部件	强度高、耐磨性好、热处理变形小，有时还要求耐腐蚀	9Mn2V、9CrSi/CrWMn、9CrWMn、CrW/GCr15	淬火、低温回火	≥55HRC	用于制品批量大、强度、耐磨性要求高的模具
		Cr12MoV、4CrMnSiV、Cr6WV、4Cr5MoSiV1	淬火、中温回火	≥55HRC	同上，但热处理变形小、抛光性能较好
		5CrMnMo、5CrNiMo、3Cr2W8V	淬火、中温回火	≥46HRC	用于成型温度高、成型压力大的模具
		T8、T8A、T10、T10A、T12、T12A	淬火、低温回火	≥55HRC	用于制品形状简单、尺寸不大的模具
		38CrMoAlA	调质、氮化	≥55HRC	用于耐磨性要求高并能防止咬合的活动成型零件
		45、50、55、40Cr、42CrMo、35CrMo、40MnB、40MnVB、 33CrNi3MoA、37CrNi3A、30CrNi3A	调质、淬火（或表面淬火）	≥55HRC	用于批量生产制品的热塑性塑料成型模具
		10、15、20、12CrNi2、12CrNi3、12CrNi4、20Cr、20CrMnTi、20CrNi4	渗碳淬火	≥55HRC	容易切屑加工或采用塑性加工方法制作小型模具的成型零部件
		铍铜			导热性能优良、耐磨性好、可铸造成型
		锌基合金、铝合金			用于制品试制或中小批量生产中的模具成型零部件,可铸造成型
		球墨铸铁	正火或退火	正火≥55HRC 退火≥55HRC	用于大型模具
主流道衬套	耐磨性	45 钢、50 钢、55 钢以及可用于成型零部件的其他模具材料	表面淬火	≥55HRC	
顶杆、拉料杆等	一定的强度和耐磨性	T8、T8A、T10、T10A	淬火、低温回火	≥55HRC	
		45 钢、50 钢、55 钢	淬火	≥55HRC	
各种模板、推板、固定板、模座等	一定的强度和刚度	45 钢、50 钢、40Cr、40MnB、40MnVB、45Mn2	调质		用于大型模具
		结构钢 A3～A6			仅用于模座
		球墨铸铁			
		HT20～40			

（1）渗碳型塑料模具钢　渗碳型塑料模具钢主要用于冷挤压成型型腔复杂的塑料模具，这类钢的含碳量较低，常加元素 Cr，同时加入适量 Ni、Mo 和 V，作用是提高淬透性和渗碳能力，为了便于冷挤压成形，这类钢在退火状态须有高的塑性和低的变形抗力，退火硬度≤100HBS。在冷挤压成形后进行渗碳和淬火回火处理，表面硬度可达 58～62HRC。此类钢国外有专用钢种，如瑞典的 8416、美国的 P2 和 P4 等。国内常采用 12CrNi3A 和 12Cr2Ni4A 钢、20Cr2Ni4A，耐磨性好，无塌陷及表面剥落现象，模具寿命提高。钢中元素 Cr，Ni、Mo、V 增加渗碳层的硬度和耐磨性及心部的强韧性。

（2）预硬型塑料模具钢　这类钢的含碳量为 0.3%～0.55%，常用合金元素有 Cr、Ni、Mn、V 等。为了改善其切削性，加入 S、Ca 等元素，通过近年来研制、引进又发展了几种典型塑料模具钢 Y55CrNiMn-MoVS（SMI）是我国研制的含 S 系易切削塑料模具钢，其特点是预硬态交货硬度为 35～40HRC，有较好的切削加工性，加工后不再热处理，可直接使用。加入 Ni 固溶强化并增加韧性，加入 Mn 与 S 形成易切削相 MnS；加入 Cr、Mo、V，增加钢的淬透性。8Cr2S 钢就是属于易切削精密模具用钢。

一般上述这类模具钢，它在钢厂经锻造和特殊的热处理后，以硬度为 35～40HRC 的模块供应市场，用户可将模块直接加工成模具零件，而不必热处理，从而避免了模具零件在热处理过程中可能发生的变形，以保证它们具有较高的形状、尺寸精度。预硬钢虽有一定的硬度，但仍保持有较好的切削性能，而且还具有良好的镜面抛光性能和雕刻性能，特别适宜于在制品批量大的热塑性塑料注塑模具中制造硬度要求低于 40HRC 的各种成型零部件，并允许其具有较复杂的几何形状和较高的尺寸精度，一些国外生产的预硬钢还可用于增强塑料和热固性塑料的成型模具。国产的 5NiSCa、日本的 SCM445（改进）、S55C（改进）和美国的改性 H13 等都属于预硬钢。

（3）新型的淬火、回火钢　预硬钢虽有许多优点，但当它们用做成型增强塑料或热固性塑料的注塑模具（或压模）的成型零部件时，由于硬度偏低，而表现出耐磨性较差等问题。为此，国外开发出一些新型的淬火、回火钢，这种钢除了切削性能、镜面抛光性能、表面雕刻性能以及硬度、韧性和耐磨性均优于普通中、高碳结构钢和工具钢之外，更重要的是其热处理变形极小，因此，它们除了可用于增强塑料和热固性塑料的成型模具之外，还可在精密注塑模具中做成型零部件。其代表品种有日立金属公司的 HPM31，大同公司的 PD613，以及 H13+S 和 P20+S 等。

（4）时效硬化型塑料模具钢　近年来开发了低钴、无钴、低镍的马氏体时效钢，类似于热作模具钢，其性能比普通热作模具钢的优良，使用寿命也较长。马氏体时效钢的供货状态为固溶态，硬度约为 28～32HRC，具有良好的切削性能。加工后，经（480～520）℃×3h 人工时效，硬度约为 40HRC。一般而言，其时效变形小于等于-0.05%，再加上其热膨胀系数比较小，所以其可用来制造精密塑料模具。

此外。马氏体时效钢还具有较高的强韧性、良好的耐磨性、极佳的镜面抛光性能．还可用来制造大批量生产的热塑性、热固性和增强塑料的成型模具，或者用来制造生产光学塑料制品的模具。国产的 18Ni（250），18Ni（300），18Ni（350），日本的 MASIC，YAG、美国的 18N AR300 等均属于马氏体时效钢。

（5）析出硬化钢　析出硬化钢也属于时效硬化钢，但其合金元素的含量少于马氏体时效钢，价格相对比较便宜，主要适于在中小型、精密、复杂而且大批量生产的热塑性或热固性塑料制品的模具，或用于生产光学塑料制品的模具。析出硬化钢也以固溶态供货，硬度约为 30HRC，加工后，经（500～550）℃×（6～10）h 人工时效，可获得 40～48HRC 的硬度。国产的 PMS 和日本的 NSM，N5M 等均属于析出硬化钢。还有 MASI 是一种典型的马氏体时效钢。经 815℃ 固溶处理后，硬度为 28～32HRC，以进行机械加工，再经 480℃ 时效，时效时析出 Ni3Mo、Ni3Ti 等金属间化合物，使硬度达到 48～52HRC。钢的强韧性高、时效时尺寸变化小、焊补性能好，但钢的价格昂贵、在国内不太受欢迎。

（6）耐蚀塑料模具钢　以聚氯乙烯（PVC）及 ABS 加抗燃树脂为原料的塑料制品，在成形过程中分解产生腐蚀性气体，会腐蚀模具。因此，要求塑料模具钢具有很好的耐蚀性能。国外常用耐蚀塑模钢有马氏体不锈钢和析出硬化型不锈钢两类。国外的有如瑞典 ASSAB 公司的 STVAX（4Cr13）和 A SSAB～8407 等。

另外，国内外均对一些普通不锈钢进行了改进，并推出了一些新型耐蚀钢，如国产的 PCR、日本大同公司的 NAK101 等。这些新型耐蚀钢均具有很高的耐腐蚀性能，而且强度高，切削、抛光性能与热处理性能均比普通不锈钢有很大的改善，可用来制造耐蚀性要求较高的模具零件。表 3-3 列出了一些新型塑料模具钢的热处理规范和适用范围。

■ 表 3-3　部分新型注塑模具钢的热处理及其应用

钢种	国别	牌号	热处理	应　用
预硬钢	中国	5NiSCa(PCY)	预硬，不用热处理	用于成型热塑性塑料的长寿命模具
	日本	SCM445(改进)		
		SKD61(改进)		同 5NiSCa，以及高韧性、精密模具
		NAK55		同 5NiSCa，以及高镜面、精密模具
新型淬火回火钢	日本	SKD11(改进)	1020～1030℃ 淬火、空冷，200～500℃ 回火	同 5NiSCa，以及高硬度、高镜面模具
	美国	H13+S	995℃ 淬火，540～650℃ 回火	
		P20+5	845～857℃ 淬火，565～620℃ 回火	
马氏体时效钢	中国	18Ni(300)	切削加工后（470～520）℃×3h 左右时效处理，空冷	同 5NiSCa，以及高硬度、高韧性、精密模具
	日本	MASIC		
		YAG		
	美国	18MAR300		

续表

钢种	国别	牌号	热处理	应　用
析出硬化钢	中国	PMS	切削加工后(500～550)℃×(6～10)h 左右时效处理,空冷	用于成型中小型、精密、复杂的热塑性塑料的长寿命模具,以及透明塑料制品模具
	日本	NSM		
		N5M		
耐腐蚀钢	中国	PCR,PP		用于各种具有较高耐腐蚀要求的模具零件
	日本	NAK101	预硬,不用热处理	
		STAVAX	调质	

(7) 其他制模材料　塑料制品的成型方法是多种多样的,而各种加工方法所采用的模具材料也是千差万别的。通常压制成型、挤出成型、注射成型模具都使用45 钢、50 钢,55 钢等优质碳素结构钢或碳素工具钢等。但近年来也有使用锌合金、铍铜合金的。而吹塑成型法、真空成型法等,因其成型压力低,可以选用石膏、木材、铸铁、铝合金、黄铜、锌合金、环氧树脂、低熔点合金等作为制模材料。

1) 铸造铝合金。用来制作铸件的铝合金称为铸造铝合金。铸造铝合金要求有良好的铸造性能,以保证铸件有清晰的轮廓。

按照主要合金元素的不同,铸造铝合金可分为 Al-Si 系、Al-Cu 系、Al-Mg系、Al-Zn 系等四类,最常用的是 Al-Si 合金。实验证明,在 Al-Si 系合金中随着共晶体数量的增加(当含 Si 等于 11.7％时为 100％的共晶体),不但合金的铸造性能越来越好,而且合金的物理力学性能也越来越好,所以,以 Al-Si 系为基础的合金是最重要的铸造铝合金。

① Al-Si 系铸造铝合金(硅铝明)

a. 简单硅铝明。含 10％～13％Si,不含其他合金元素。这种合金铸造后几乎全部得到共晶体组织,所以它除有优越的铸造性能外,尚有焊接性能好、密度小、抗蚀性和耐热性也相当好等优点。其缺点是:铸件的致密度较小,强度不够高,不能进行淬火时效强化,因而这种合金仅适于制造形状复杂但对强度要求不高的铸件。简单硅铝明的典型牌号为 ZL102,强度为 143～153MPa。

b. 特殊硅铝明。除 Si 外尚含有其他合金元素的称为特殊硅铝明。减少 Si 含量,加入其他合金元素如 Cu,Mg,主要目的是为了使合金能进行固溶时效强化以提高硅铝明的强度。例如,ZL101 中含 Si 较多(6％～8％的 Si),但有少量 Mg,因而除变质处理外,还可进行淬火及人工时效处理,所以这种合金的强度可达192～222MPa。在 ZL107 中,Si 含量为 6.5％～7.5％,加入少量的 Cu,经淬火和自然时效后,合金的强度极限可提高到 241～271MPa,可用于强度和硬度要求较高的零件。ZL107 的缺点是抗蚀性较低。

向 Al-Si 系合金中同时加入 Cu 与 Mg 可以得到 Al-Si-Cu-Mg 系铸铝合金,特殊硅铝明中的 ZL110,ZL105,ZL108,ZL109 等合金都属于这一类。这些元素的共同作用使合金在淬火时效后获得很高的强度及硬度。这类合金应用很广，常用来制造形状复杂、性能要求较高及在较高温度下工作的零件和重载荷的大铸件。其中ZL108 和 ZL109 等是我国常用的铸铝活塞的材料，ZL109 由于还含有少量镍，因而高温下强度更高，可制作负荷更大的活塞。用它们制造的活塞的共同特点是：质量小，抗蚀性好，线膨胀系数较小，强度、硬度较高，较耐磨以及耐热性和铸造性能也比较好。

② Al-Cu 系铸造铝合金。密度大，耐腐蚀和铸造性能都不如优质硅铝明，但耐热性好。这类合金常用的牌号为 ZL201，它在室温下强度、塑性都比较好，可制作 300℃以下工作的零件，如内燃机的汽缸盖、活塞等。

③ 30Al-Mg 系铸造铝合金。属于这一类的合金有 ZL301、ZL302 两种，其中应用最广泛的是 ZL301。这类合金的优点是：密度小（为 2.55g/cm³，比铝还轻），耐腐蚀性和物理力学性能较好（$\sigma_b=280$MPa，$\delta=9\%$）。缺点是铸造性能不及 Al-Si 系合金，而且铸造工艺复杂。这类合金常用于制造承受冲击载荷而形状不复杂的铸件。

④ Al-Zn 系铸造铝合金。常用牌号为 ZL401，其主要化学成分为：9%～13%的 Zn，5%～7%的 Si，这类合金铸造性能很好，容易充满铸型。铸件具有较高的强度，此外，由于锌的价格便宜而具经济性。其缺点是抗腐蚀性较差，热裂倾向大，需变质处理和压力铸造。ZL401 常用于制作汽车、拖拉机的发动机零件。

2）锌基合金。模具制造方法有许多种，如铸造、切削加工、电火花加工、线切割加工、超塑等温挤压、冷挤压等。锌合金也分为铸造锌合金和超塑性锌基合金，前者用铸造方法制作模具，后者用超塑等温挤压加工模具的型腔。

① 铸造模具用锌合金。锌合金是一种简便和价廉的材料，适用于制造小批量生产用的模具，用铸造法可制造多种模具，可以成倍地降低成本和缩短模具制造周期（有时可达十几倍）。

a. 锌合金模具的特点。熔化温度低（380℃），所用的设备简单，技术要求低；锌合金的强度与软钢相似，适于做小批量生产用的小型冲裁模具；用于拉深模具时，由于具有自润滑性和耐热性，故可避免划伤工件，还可提高拉深变形程度；可用加工的凸、凹模直接铸造出相应的凹、凸模；可在塑料模具上直接铸出冷却水道系统，所以传热性较好；切削加工性比铝合金好；能用氢弧焊对模具进行焊接、堆焊、修补等；旧模具可以重新熔化，反复使用，所以模具材料费低。

锌合金在美国称为"卡克锌合金"，在英国称为 KAYAM，德国牌号为 Z430旧本市场现在出售商品名称为 ZAS 和 MAK3。

这种锌合金是以高纯度（含锌 99.9%以上）为主要成分，含有 4% Al，3% Cu，部分国家有关锌合金的性能如表 3-4 所列。

由表 3-4 可知，锌合金的性能与软钢相似，但熔点低，因此可用简便的砂型、金属模型、石膏模型等进行铸造。当然与钢铁相比其寿命要短些，因此，使用时必须认真地分析模具的性质、用途、生产批量等条件，然后再决定取舍。只有使用场合适当才能降低模具成本和节省工时。锌合金常用于制作各类试制产品模具，如冲裁模具、拉深模具、弯曲模具、压印模具、塑料模具、橡胶模具、皮革制品用模具、纸品用模具和其他工卡模具等。

■ 表 3-4　部分国家锌合金的性能

性　　能	ZAS（日）	KIKS-ITERA（美）	KAYAM1（英）	KAYAM2（英）	Z430（德）
密度/（g/cm³）	6.7	6.7	6.7	6.6	6.7
熔点/℃	380	380	380	358	390
收缩率/%	1.1～1.2	0.7～1.2	1.1	1.1	1.1
热膨胀系数/℃⁻¹	26×10^{-6}	27×10^{-6}	28×10^{-6}	—	27×10^{-4}
抗拉强度/MPa	265	265	235	145	220～240
延伸率/%（标距 500mm）	1.2～2	3	1.25	极小	约为 1
布氏硬度（HBS）	120	100	109		
抗压强度/MPa	550～600	450～520	790	685	600～700
抗剪强度/MPa	240	245	—		300

b. 模具用锌合金的一般性质。锌合金含少量杂质（$\omega(Pb) \leqslant 0.003\%$，$\omega(Sn) \leqslant 0.001\%$，$\omega(Cd) \leqslant 0.003\%$，$\omega(Fe) \leqslant 0.02\%$），如果杂质含量增加，将对锌合金物理力学性能产生很坏的影响，因此，熔化时务必小心，不得混进杂质。表 3-5 列出锌合金性能与铸铁和铸造铝合金的性能比较，由表可知，锌合金抗拉强度比铸铁好，有良好的冲击性能，但硬度低。

■ 表 3-5　几种材料的物理力学性能比较

材料种类（均为砂型制造）	抗拉强度/MPa	冲击值/J	布氏硬度（HBS）	凝固收缩值/（mm/m）
ZAS 合金	265	5.5	120	4.59
铸铁	125～350	1.4 以下	132～270	3.28～6.16
铝合金	140～200	0.55～5.5	40～70	5.12

实验证明，锌合金铸件在 200～250℃ 以下水冷时，硬度将增长 10%～15%，这对提高模具寿命甚为有利。另外，由于这种合金熔点低，所以，用做塑料模具或橡胶模具时，因成型温度高会引起合金的性能变化。在 150～170℃ 以下工作，其性能大体上与常温性能相同，高于此温度时必须采用水冷模具。

c. 锌合金的加工性能。锌合金的车、铣加工性能与黄铜相似，加工工时仅为加工钢铁的 1/2。如果采用高速钢或硬质合金刀具高速切削则效率更高。

锌合金模具精加工前应先用铣削或锉刀进行粗加工，用软质碳化硅砂轮磨削，最后用砂纸抛光，即可获得像光亮电镀一样的光泽表面。另外，这种合金也可以进行电镀后用于塑料成型模具，这种工艺国内已有使用，模具电镀硬度为 800～1000HV，镀层的硬度比原基体提高 4～7 倍，模具寿命大为延长。

② 超塑性材料—锌铝合金模具。最近几年来，已经研究出利用超塑性金属做模具材料。超塑性金属是指在某种特定条件下，能使延伸率变得异常大而变形阻力变得很小，并在特定温度下很容易加工的一种特殊金属。锌铝共析合金（Zn-22%

Al）和锌铝共晶合金（Zn-5％Al）是典型的超塑性合金，Zn-22％ Al 的延伸率达 1000％以上，Zn-5％ Al 的延伸率可达 2000％以上，而变形阻力仅是常温时的 1/10，它们的常温性能也较好，在国外已被广泛用做模具材料，国内也在推广使用。

锌基超塑合金国内已有 7 种牌号，关于它们的性能和塑料模具型腔加工的有关问题在《金属超塑性及超塑成型》一书中有专门的介绍。

锌铝合金适用于制作简单成型模具、熔模铸型等，也可用于制作小批量生产用的冲裁模具。

3）铍铜合金。铍铜合金是一种由 0.5％～3％铍和一些钴而组成的合金，经过热处理后可得高强度、高硬度（高于中碳钢）、高弹性、良好的导电性、耐疲劳、耐磨的优良性能。近年来利用该种合金的这种特性，主要用于制作塑料模具（日本用得较多）。

这种模具的特点是：导热性好，可缩短成型时间；通过热处理后强度均匀；耐腐蚀；铸造性能好，可铸成形状复杂的模具。其缺点是：材料价格高；模型要求高；需用特殊的铸造技术等。故适用于制作批量大、切削加工困难、形状复杂成型件的精密模具。模型设计时要考虑脱模斜度、收缩量、加工余量等因素。

铍铜合金的收缩率视模具的形状而定，模具为凹型的场合是 0.3％～0.4％，模具为凸型的场合是 0.6％～1.0％，因此，母模（模型）的设计尺寸可参考下面的简单关系式计算，即

$$母模尺寸＝制作尺寸[1＋（塑料收缩率＋铍铜收缩率）]$$

模型宜选用耐热模具钢，热处理硬度为 45～50HRC，铸造模具精度决定于模型加工精度。不过，由于铍铜合金中含有有害元素 Be，现已被无铍的铜合金替代，如 Cu-Ni-Si 系，铜合金 HR750 等，但铜合金的电蚀加工较困难。所以一般用在对成型模次要求不高而型腔较复杂的模具上。

4）环氧树脂。利用环氧树脂制作模具的型腔和型芯，可缩短模具生产周期，降低模具成本，它适用于对强度要求不高，而需要减轻质量的小批量用生产模具。制造环氧树脂注塑模具所用材料除钢材外还包括：环氧树脂、填料、硬化剂、促进剂、封闭剂、脱模剂、制造过程中的过渡模材料、特级石膏粉。

现将各种材料简单介绍如下：

① 环氧树脂。注塑模具所用环氧树脂在浇注后必须有足够的机械强度、良好的耐热性和导热性，同时还有良好的工艺性能。目前广泛使用的有双酚 A 类环氧树脂和脂环族环氧树脂。

双酚 A 类环氧树脂的特点在于黏结力高，化学稳定性好，收缩率低，力学和电气性能良好。环氧树脂 634，6101 就属于这类树脂。

脂环族环氧树脂黏度低，工艺性能好，分子结构紧密，固化后硬度大，耐热性和耐紫外光老化等特性好。环氧树脂 6207 就属于这一类。

② 填料。填料可降低成本，减少环氧树脂用量，降低线膨胀系数和收缩性，

增加导热性能，提高机械强度。常用填料有铝粉、氧化铝、石英粉、碳化硅、钢丝绒、玻璃纤维等。

③ 硬化剂。硬化剂促进环氧树脂的固化反应。常用硬化剂有乙二胺、间苯二胺、顺丁烯二酸酐、邻苯二甲酸酐等。

④ 封闭剂。封闭剂的主要作用是防止环氧树脂液在浇注过程中渗入石膏模微孔内。涂在石膏模（过渡模）上的封闭剂为聚乙烯醇。聚乙烯醇是白色无味粉末，能溶解于水中。

⑤ 脱模剂。常用的脱模剂有硅油、二硫化钼。硅油是一种含硅的合成材料，通常所说的硅油是二甲基硅油，是无色透明的油状物。二硫化钼是蓝灰色的固体粉末，有金属光泽，对酸的抗腐蚀性较强，作为脱模剂用的二硫化钼粒度越细越好。

5）低熔点合金。利用低熔点合金浇铸吹塑模具的型腔不仅可以缩短模具的制造周期和节约大量钢材，同时还节省劳力，很适合做新产品试制模具。

低熔点合金的种类较多，目前使用的较简单的一种是 58％Bi 和 42％Sn 的铋锡合金。

熔化与浇铸工序过程如下：

将掺和好的镕锡合金料置于熔锅内，然后加热至 140℃左右（温度测量可采用热电偶或普通温度计），熔化均匀后即可铸型，铸型后再冷却约半小时左右即可，最后修正铸件浇铸时留下的残痕，以达到要求。

采用低熔点合金的模具，模温不宜过高，模温过高塑件易黏附于型腔上。

当注射件内成型芯弯度较大，而不能采用钢芯来制造时（弯度较大的塑件，用普通钢材制造型芯则无法拔出），可采用低熔点合金来制造，其制造程序如下：

将合金元素按比例配合好，倒入熔融容器内加热熔化，然后试温（利用普通温度计即可），浇铸合金型芯（浇铸合金型芯用的模具加热至 60℃左右），定型后取出合金型芯。

上述低压浇铸的型芯置于注塑模具内，即可注射。当注射成型后，塑件随同型芯一起取出，再用蒸汽加热法（或其他加热法）使塑件中的合金型芯熔化流出，即可获得塑件。

5. 塑料注塑模具的标准模架

注塑模具的结构虽然大有差异，但其共性甚多，因此，使用标准模架具有省工、省时和降低成本的重大意义。我国于 1990 年颁布、实施了 GB/T 12556.1—1990《塑料注射模中小型模架》和 GB/T 12555.1—1990《大型模架》两项国家标准。

模架组成零件的名称及位置如图 3-36 所示。

（1）中、小型模架　标准 GB/T 12556.1—1990 规定，模架周界尺寸范围为小于等于 560mm×900mm，且模架结构形式为品种型号，即基本型 A1，A2，A3，A4 四个品种和派生型分为 P1～P9 九个品种，如图 3-37 和图 3-38 所示。

基本型组合是以直浇口（包括潜伏浇口）为主。

A1 型：由推制件的推杆、定模（2 个模板）、动模（1 个模板）组成。

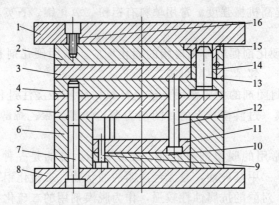

图 3-36　模架组成零件的名称及位置

1—定模座板；2—定模板；3—推件板；4—动模板；5—支承板；6—垫块；7,9,16—内六角螺钉；

8—动模座板；10—推板；11—推杆固定板；12—复位杆；13—有头导柱；

14—直导套；15—有头导套

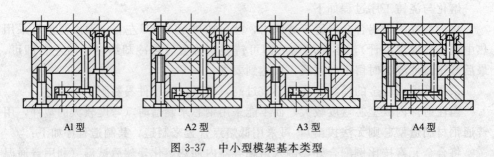

A1 型　　　　　A2 型　　　　　A3 型　　　　　A4 型

图 3-37　中小型模架基本类型

A2 型：由推制件的推杆、定模动模（均由 2 个模板）组成。

A3 型：由推制件的推板、定模、动模模板组成（同 A1 型），中间增加推件板。

A4 型：由推制件的推板、定模、动模模板组成（同 A2 型），中间增加推件板。

该标准还规定，以定模、动模座板有肩和无肩划分，又增加了 13 个品种，共计 26 个模架品种与规格。中小型模架全部采用国家标准 GB/T 4169.1/11—1984《塑料注射模零件》组合而成。以模板每一宽度尺寸为系列主参数，各配以 1 组尺寸要素，组成 62 个尺寸系列。模架动模座结构以 V 表示，分为 V1 型，V2 型和 V3 型，详见图 3-39。按同品种、同系列所选用的模板厚度 A，B 和垫板高度 C 组成为每一系列的规格可供设计者任意组合和选用。

（2）大型模架　标准 GB/T 12555.1—1990 规定，周界尺寸范围为（630mm×630mm）～（1250mm×2000mm），主要适用于大型热塑性塑料注塑模具。模架品种有 A 型，B 型组成的基本型，和由 P1-P4 组成的派生型，共 6 个品种，如图 3-40 和图 3-41 所示。大型模架组成零件，除全部采纳国家标准 GB 469.1/11—84《塑

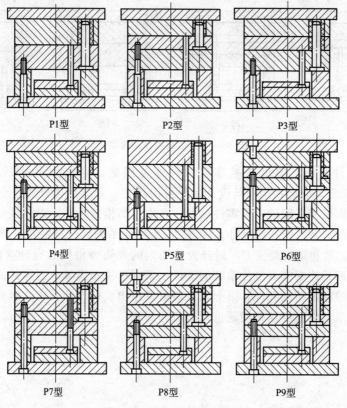

P1型　　　　　P2型　　　　　P3型

P4型　　　　　P5型　　　　　P6型

P7型　　　　　P8型　　　　　P9型

图 3-38　派生型中小型模架

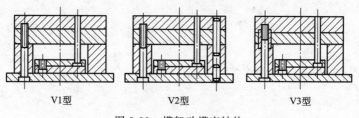

V1型　　　　　V2型　　　　　V3型

图 3-39　模架动模座结构

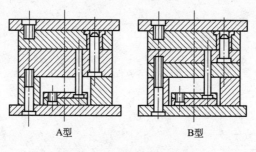

A型　　　　　B型

图 3-40　大型模架基本类型

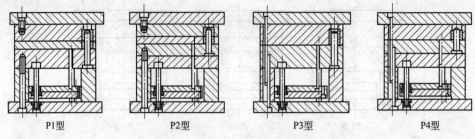

P1型　　　　　P2型　　　　　P3型　　　　　P4型

图 3-41　派生型大型模架类型

料注射模零件》外，超出该标准零件尺寸范围的，则按照尺寸系列国家标准 GB2822 的规定，结合我国模具设计实际采用尺寸，并参照国外先进企业标准，建立了和大型模架相匹配的专用零件标准。和中小型模架一样，以模板每一宽度尺寸为系列主参数，并各配 1 组尺寸，形成 24 个尺寸系列。按同品种、同系列采用的模板厚度 A，B 和垫板高度 C，划分为一系列的规格数供模具设计与制造者选用。本书下述第四章注塑模具浇注系统的设计、第五章注塑模具成型零件的设计、第六章注塑模具的基本结构部件、第七章注塑模具顶出机构设计、第八章侧向分型与抽芯结构等几章节将围绕这些问题进行交流和讨论。

第四章

<<<

注塑模具浇注系统的设计

第一节　概　述

　　注塑制品质量在很大程度上取决于模具设计，而浇注系统设计又是模具设计的重要组成部分。浇注系统是指模具中从注射机喷嘴起，到型腔入口为止的塑料熔体的流动通道，其作用可使来自注射机喷嘴的塑料熔体平稳而顺利地充模、压实和保压。浇注系统设计的好坏对制品性能、外观和成型难易程度影响颇大。

　　因此，充分了解浇注系统设计对制品质量的影响，以及对浇注系统进行优化设计均具有重要的应用价值。良好的浇注系统不但可以保证获得外观清晰、内在质量优良的注塑产品，而且还可根据优化的设计提高模具生产效率，减少不必要的材料、资源浪费，并可减少操作技术人员的劳动量和劳动强度，从而从根本上降低生产成本，提高生产效益。

　　当采用专用的 CAE 软件进行浇注系统的设计时，是由设计者采用人机对话的形式进行的，因此，只有在设计人员对浇注系统具有一定的理论知识和较为丰富的实践经验的前提下，才能用好各种设计的软件，并发挥出应有的效益。也就是说，在进行浇注系统的设计时，无论是用人工还是用计算机辅助设计，都必须对浇注系统有深入的了解和认识。因此，模具的浇注系统的设计是注塑模具设计中最重要的问题之一。

第二节　浇注系统的设计

　　浇注系统的设计目标是形成良好的充型模式、减少或避免气体卷入、减少动能及热量损失、生产质量合格的压铸件；由于压铸件结构差别，工艺因素较多，浇注系统并无精确的设计规则或计算公式；进行此设计，经验是最重要的；因为浇注系统的作用是将塑料熔体顺利地充满到模腔深处，以获得外形轮廓清晰，内在质量优良的塑料制件。因此，要求充模过程快而有序，压力损失小、热量散失少、排气条件好，浇注系统凝料易于与制品分离或切除。

一、浇注系统的组成与作用

1. 浇注系统的组成

浇注系统是指塑料熔体从注射机的喷嘴出来后，到达制品模腔之前在模具中流经的通道，因而也是注塑模具的重要组成部分。

一般多型腔模具的浇注系统由主流道、分流道、浇口、冷料井等部分所组成，图 4-1、图 4-2 分别为用于卧式和立式塑料注射成型机模具上的浇注系统。对于单型腔模具有时可省去分流道和冷料井，简单的只有一个圆锥形主流道直接和塑件相连，这段流道又叫下流道浇口。

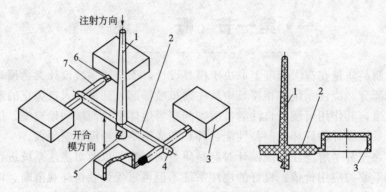

图 4-1　安装在卧式注射机上模具的浇注系统

1—主流道；2,7—分流道；3—塑件；4,5—冷料井；6—浇口

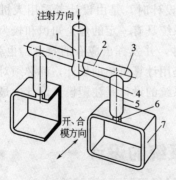

图 4-2　安装在角式注射机上的模具浇注系统

1—主流道；2,5—分流道；
3,4—冷料井；6—浇口；7—塑件

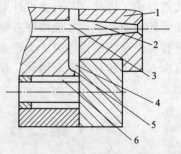

图 4-3　普通主流道的形式

1—主流道衬套；2—主流道；3—冷料管；
4—分流道；5—浇口；6—模腔

普通主流道的形式，一般由主流道、分流道、浇口及冷料穴组成，如图 4-3 所示。

（1）主流道 从注射机喷嘴与模具接触处起到分流道为止的一段料流通道，负责将塑料熔体从喷嘴引入模具。

（2）分流道 主流道与浇口之间的料流通道，是塑料熔体由主流道流入模腔的过渡段，在多腔模中还起着将熔体向各个模腔分配的作用。

（3）浇口 连接分流道与模腔，中间一段截面积非常小长度又短的通道，其主要作用有如下 3 点。

① 较小的截面，促进从此流过的塑料熔体剪切、摩擦，可给予从分流道流经的受阻力而使压力和温度有所下降的塑料熔体产生加速度和较大剪切热，使熔体在充模时具有较快的流动速度和较好的流动性。

② 在模塑的冷却阶段，由于浇口的截面积小，长度短，可以快速凝结，防止因保压压力不足而引起倒流现象。

③ 浇口截面及长度皆小，因而经冷却后，容易修饰，容易与制品分离，也容易与料把（流道形成的）分离。

（4）冷料穴 冷料穴一般开设在主流道末端位置，当分流道较长时，其末端也可以开设冷料穴。冷料穴主要收集每次注射成型时，流动熔体前锋的冷料头，避免这些冷料进入模腔，影响制品的质量，或防止冷料头堵塞浇口，造成注射失败。

2. 浇注系统的作用

浇注系统的作用有以下 4 点：

（1）将塑料熔体从注射机的喷嘴引入到模腔。

（2）传递注射机对熔体所作用的注射压力、保压压力等。

（3）传递注射机对塑料熔体施加的注射速度。

（4）快速冷凝，切断模腔与注射机的压力差。

所以，注塑模具的浇注系统设计的合理，熔融塑料就能够顺利地充模；反之，浇注系统设计不合理，很可能会出现塑件充模不满、外观缺陷、尺寸精度差等缺陷。

二、浇注系统的设计原则

一般浇注系统色设计根据以下几个原则：

（1）浇注系统与塑件一起在分型面上，应有压降、流量和温度分布的均衡布置；

（2）尽量缩短流程，以降低压力损失，缩短充模时间；

（3）选择浇口位置时应避免产生湍流和涡流及喷射和蛇形流动，并有利于排气和补缩；

（4）避免高压熔体对型芯和嵌件产生冲击，防止变形和位移；

（5）浇注系统凝料脱出方便可靠，易与塑料件分离、切除整修容易，且外观无损伤；

  (6) 熔合缝位置需合理安排，必要时配以冷料井或溢料槽；

  (7) 尽量减少浇注系统的用料量；

  (8) 浇注系统应达到所需精度和粗糙度，其中浇口需有 IT8 级以上精度。

三、浇注系统的平衡性与阻力

1. 浇注系统的平衡性

  采用多腔注塑模具进行生产时，如果流经浇注系统而到各模腔的塑料熔体能同时间、同压力、同温度，即浇注系统对熔体料流分流很均匀，则称该浇注系统为平衡系统。很显然，在同模多腔生产相同制品的情况下，要达到浇注系统的平衡，必须达到如下条件：①通往各模腔的分流道的截面形状、截面尺寸及长度必须相等；②通往各型腔的浇口的截面形状、截面积及长度必须相等。如果不满足这个条件，那么可以通过调整浇口的截面积来实现熔体通往各型腔的流量相等。

  浇注系统的平衡与否，与模腔及分流道的排布方式直接有关。如图 4-4 所示，若要求塑料熔体在浇注系统中流程尽可能短，则各型腔和分流道最好采用图（a）所示的直线排布。此时如果各段分流道的截面积及形状对应相等时，则熔体到达距离流道最远的模腔的时间是到距离主流道最近模腔的时间的 10 倍左右。但是，在浇注的过程中，熔体到达最近的模腔时，由于浇口小截面的阻力，造成熔体最先还是流向距离最远的模腔，当分流道的熔体压力达到一定值开始充模。由于距离主流道近的模腔还有小部分料流入并冷却，此时已有阻力，所以最先充模的模腔还是距离主流道最远的模腔。如果要缩短各模腔充模的时间差，便采用图（b）所示布排，可缩短 3 倍左右，但分流道的长度增加了。如果采取平衡浇注系统的分流道，便可以采用图（c），(d) 的布排，其中（c）布排比（d）布排的流道要短。

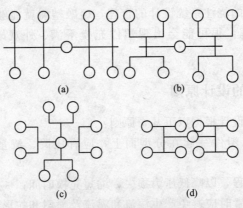

图 4-4 浇注系统的布排形式

  由上述可知，在多模腔注射模中，采用非平衡式浇注系统，可以缩短熔体在浇注系统中的流程，并减少注射压力的损失及熔体充模时间。但在非平衡排布情况下，若通往各模腔的分流道及浇口的截面积及尺寸相同时，熔体首先充满离主浇道最远的模腔。由于充模的偏差，一些制品离浇道较近的制品，可能存在浇纹、熔接痕明显及缺料等缺陷，而且尺寸精度及力学性能难以保证。因此，对于成型质量要求高的制品或者精密注射成型时，浇注系统最好采用平衡式布排。

为了使塑料在非平衡布排的浇注系统中同时到达各模腔。需要调整分流道的截面积及各分流道的长度；但同时浇口的截面积及长度对流动也有影响，这种趋向性平衡法的调整具有一定的主观性，需要试模来修复浇口的形状。需要指出的是，对于非平衡式的浇注系统，即使通过修模使熔体同时到达各模腔，但不能保证各模腔的熔体压力一致，同时不能保证各个浇口同时冻结。所以，补缩的量不一致，效果不尽相同。因此，在每个模腔尺寸完全一致的情况下，也不能确保每个产品的尺寸及性能一致。

判断一个浇注系统是否平衡，可采用一个称为 BGV（balanced gate value）的浇口平衡值来进行预算。如果各个浇口计算出的 BGV 值相等，则可以判断该浇注系统基本上是平衡的；反之，浇注系统是不平衡的。一般为了达到平衡，可以对浇道的截面尺寸与长度进行修复与调整。BGV 的计算方法如下。

对于相同制品采用同模腔成型时

$$BGV = \frac{A_0}{\sqrt{L_R \times L_o}} \qquad (4\text{-}1)$$

式中，A_0 为浇口的截面积；L_R 为到达模腔的流道长度；L_o 为浇口的长度。

采用多腔方式生产不同制品，不同模腔容纳的塑料熔体的质量或体积与这些模腔浇口对应的 BGV 值成正比，即

$$\frac{m_a}{m_b} = \frac{BGV_a}{BGV_b} = \frac{A_a \times \sqrt{L_{Rb}} \times L_{0b}}{A_{0b} \times \sqrt{L_{Ra}} \times L_{0a}} \qquad (4\text{-}2)$$

式中，m_a、m_b 分别为 a，b 模腔容纳的塑料质量（或体积）A_{0a}，A_{0b} 分别为 a、b 模腔的浇口的截面积；L_{Ra}、L_{Rb} 分别为 a、b 模腔的流道长度；L_{0a}、L_{0b} 分别为 a、b 模腔浇口长度。

分析上式可知，当系统的流道排布及流道的截面积和长度确定以后，欲改变 BGV 值使系统达到平衡，可以通过改变浇口的长度及截面积。对于改变浇口长度的方法不可取，一般采用改变浇口的截面积的方法；对于加深浇口深度的方法不适宜，一般采用加宽浇口宽度的方法；对于使用平衡原则排布的平衡浇注系统，修模可调整加工误差及某些工艺原因而引起的不平衡；而对于不平衡排布的浇注系统，依靠修模是很难达到平衡的。

2. 浇注系统中的流动阻力

（1）塑料熔体通过流道时的阻力。模具中浇注系统的流道会对塑料熔体产生一个阻力. 这个阻力使塑料熔体的压力降低，通过对压力降研究发现：塑料熔体流经浇注系统时的压力降与料流的通道长度成正比，为了减小压力降，应尽量缩短流道的长度。塑料熔体流经浇注系统的压力降和体积流量均与系统中料流通道的截面、

尺寸有关。随着流道截面尺寸的增大，压力峰减小，体积流量增大。压力降与塑料熔体的牛顿勃度成正比（牛顿流体）或随熔体流动系数 K 减少而增大（假塑性液体），其中 K 与熔体的表观黏度 η_a 有关，η_a 越大，K 越小。因而要减小流道阻力，在于增大流道截面积，减少流道长度。

（2）塑料熔体流经浇口时的流动阻力及小浇口优点。浇口是流道与型腔的接口，也是浇注系统最后和最关键的一部分。大多数浇口是浇注系统中截面积最小的部位，（除主流道浇口外）浇口的截面积只有分流道截面积的 10％ 左右。因浇口对塑料熔体流动阻力最大，对于服从牛顿流体规律的塑料熔体来说，其黏度与切变速率无关，加大浇口截面积可以减小熔体的流动阻力，并能明显提高熔体流速；而对非牛顿型的塑料熔体来说，由于其表观黏度与切变速率有关，一方面，浇口截面积增大可以减小熔体的流动阻力，使流速增大；但另一方面，浇口截面增大，熔体的流动阻力减小，浇口前后两端的压力差随着减小，因此熔体通过浇口时的切变速率减小，其表观黏度增大，反而会使流速下降。只有对于非牛顿型或表观黏度与切变速率无关的塑料熔体，才能通过增大浇口截面积来减小流动阻力和改善流动情况，而对绝大多数不服从牛顿流体流动规律的塑料熔体，不能简单地采用增大浇口截面积的方法来改善充模流动情况。

一般来讲，采用小浇口进行注射成型时，具有以下优点。

① 小浇口前后两端存在较大的压力差，能有效地增大熔体的切变速率并产生较大的剪切热，从而导致熔体的表观黏度下降，流动性增强，有利于充模。小浇口的这种特点对于薄壁制品或带有精细花纹的制品，诸如聚乙烯、聚丙烯、聚苯乙烯等黏度对切变速率比较敏感的塑料成型都有好处。

② 在注射成型过程中，保压补缩一直延续到浇口熔体冻结为止，否则模腔中的熔体会出现倒流现象。如果浇口大，则保压补缩的时间长，而小浇口会缩短保压补缩时间。

③ 由于小浇口容积小，冻结快，在某些产品不须完全固化时，可以缩短成型周期。

④ 小浇口对熔体流动阻力较大，因此依靠截面尺寸、调节非平衡浇注系统趋向平衡。

⑤ 小浇口便于修饰。

但值得注意的是，小浇口虽然具有许多优点，但过小的浇口会造成过大的流动阻力，须提供较大的注射压力及注射速度。同时，并不是所有塑料都适应小浇口注射成型。

（3）流动比与流动面积比。流动比，指塑料熔体在模具中进行最长距离流动时，其各段料流通道及各段模腔之长度与其对应截面高度（或称截面厚度）比值的总和，即

$$\nu = \sum_{i=1}^{n} \frac{L_i}{t_i} \tag{4-3}$$

式中，ν 为流动比；L_i 为模具中各段料流通道以及各段模腔的长度；t_i 为模具中料流通道及各段模腔的截面高度。

流动面积比，指注射成型时的浇注系统中料流通道截面高度与制品表面积的比值，即

$$\Psi = \frac{t}{A_b} \tag{4-4}$$

式中，Ψ 为流动面积比；t 为浇注系统中料流通道截面的高度；A_b 为制品的表面积。

流动比与塑料熔体的性质、温度、注射压力、流道长度、浇口种类和制品的结构尺寸因素有关，需大量试验才能确定。流动面积比也同样作为判断表面积特别大的塑料制品能否成型的依据，但与流动比相比，应用较少，而流动比积累的资料较多。图 4-5 所示为流动比计算图解。

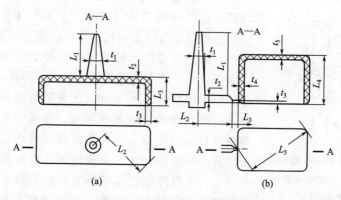

图 4-5　流动比计算图解

图 4-5(a) 流动比为

$$\nu = \frac{L_1}{t_1} + \frac{L_2 + L_3}{t_2} \tag{4-5}$$

图 4-5(b) 流动比为

$$\nu = \frac{L_1}{t_1} + \frac{L_2}{t_2} + \frac{L_3}{t_3} + \frac{2L_4}{t_4} + \frac{L_5}{t_5} \tag{4-6}$$

四、流道系统的设计

流道系统的设计包括主流道、分流道和冷料井及其结构的设计。

1. 主流道的设计

主流道是与喷嘴连接，将塑料熔体输送到分流道（对于直接浇口是模腔）。它的几何形状与尺寸如图 4-6 所示。

如直接式浇口主流道呈截锥体，见图 4-7 主流道入口直径 d，应大于注射机喷嘴直径 1mm 左右，这样便于两者能同轴对准，也使得主流道凝料能顺利脱出。

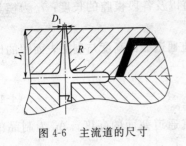

图 4-6　主流道的尺寸

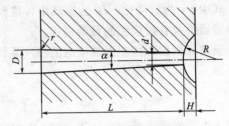

图 4-7　主流道的参数

$d=$ 喷嘴孔径 $+1$ mm；$R=$ 喷嘴球面半径 $+(2\sim3)$ mm；

$\alpha=2°\sim4°$；$r=D/8$；$H=(1/3\sim2/5)R$

主流道入口的凹坑球面半径应该大于注射机喷嘴球头半径约 2～3mm。反之，两者不能很好贴合，会让塑料熔体反喷，出现溢边致使脱模困难。

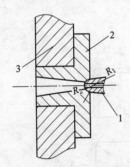

图 4-8　主流道进口端与喷嘴头部的配合尺寸示意图
1—注射机喷嘴；2—主流道衬套；3—定模底板

一般主流道端口（进料口）应做成凹下的球面，与注射机的喷嘴口相切并对应。如图 4-8 所示，其中主流道进口的直径 D，比注射机的喷嘴口直径大 0.8～1mm；而主流道凹下的球面半径要比喷嘴的球面半径大 1～2mm，凹下深度约 3～5mm，另外，上述图 4-8 锥孔壁粗糙度 $R_a\leqslant0.8\mu m$。主流道的锥角 $\alpha=2°\sim4°$。过大的锥角会产生湍流或涡流，卷入空气。过小的锥角使凝料脱模困难，还会使充模时流动阻力大，比表面增大，热量损耗大。主流道的比表面积为主流道的长度 L，一般按模板厚度确定，但为减小充模时压力降和减少物料损耗，以短为好。小模具控制在 50mm 之内。在出现过长主流道时，可将主流道衬套挖出深

凹坑，让喷嘴伸入模具。也有在主流道的上游设置加热喷嘴。主流道的出口端应该有较大圆角 $r\approx1/8D$，在熔料流量较大，黏度较高时，大端直径 D 设计得大些，可用经验公式求出

$$S=\frac{4(D+d)}{(D^2+d^2)} \tag{4-7}$$

$$D=\sqrt{\frac{4V}{\pi K}} \tag{4-8}$$

式中，V 为流经主流道的熔体体积，cm^3；K 为因熔体材料而异的常数，PS 类 $K=2.5$，PE、PP 的 $K=4$，PA 的 $K=5$，PC 的 $K=1.5$，POM 的 $K=2.1$，CA 的 $K=2.25$。

小型模具可将主流道衬套和定位环制成一体，见图 4-9(a)。主流道衬套里侧端面承受熔体高压，入口端面受喷嘴的冲撞和挤压，因此，需要有足够硬度和可靠紧固。如图 4-9(b) 所示，衬套用 T8 或 T10 经淬火硬度为 50～55HRC。衬套里端面与熔体的接触面积尽可能小，并由定位环压紧。定位环外圆与注射机定模板上的定

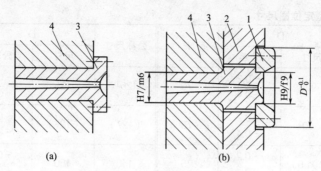

图 4-9 主流道衬套与定位环

1—定位环；2—定模垫板；3—主流道衬套；4—定模板

位孔呈动配合。

主流道因与注射机喷嘴接触，并且反复碰撞，容易损坏，为了便于维修及更换，因而做成衬套形式，如图 4-10 所示。

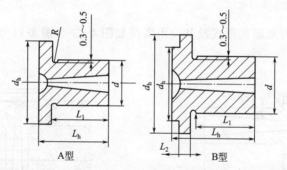

图 4-10 主流道常见形式

标准定位圈及其应用实例如图 4-11 和图 4-12 所示，而其尺寸如表 4-1 所列。

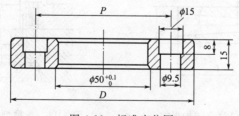

图 4-11 标准定位圈

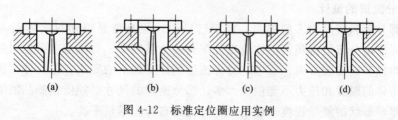

图 4-12 标准定位圈应用实例

■ 表 4-1   标准型定位圈尺寸

公称尺寸	D		P	公称尺寸	D		P
	尺寸	公差			尺寸	公差	
90	90	− 0.2 − 0.4	70	125[①]	125	− 0.2 − 0.4	90
100	100	− 0.2 − 0.4	75	（127）	（127）	− 0.2 − 0.4	90
（101.6）	（101.6）	− 0.2 − 0.4	75	150	150	− 0.2 − 0.4	120
110[①]	110	− 0.2 − 0.4	75	（152.4）	（152.4）	− 0.2 − 0.4	120
120	120	− 0.2 − 0.4	90	175[①]	175	− 0.2 − 0.4	120

① 非标准尺寸。

注： 括号内尺寸应避免采用。

标准型浇口衬套结构形式及其应用实例如图 4-13 和图 4-14 所示，而其尺寸如表 4-2 所列。

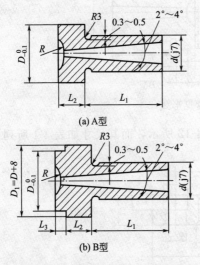

(a) A型

(b) B型

图 4-13   标准型浇口衬套结构形式

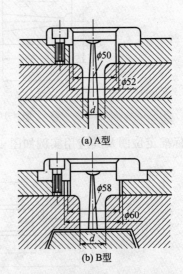

(a) A型

(b) B型

图 4-14   标准型浇口衬套应用实例

2. 分流道的设计

大部分塑料模具为多腔模具，前面已经论述主流道是将塑料熔体引入模具之中，这时需由分流道将塑料熔体负责分配到各个模腔中。分流道主要作用是将高温的塑料熔体转向模腔方向，所以，对分流道同样有如下的要求：①熔体在流过分流道后，熔体的温度和压力不能损失太多；②分流道的尺寸必须依据制品的结构及体积、壁厚、形状的复杂程度来确定；③分流道布排应尽量平衡。

■ 表 4-2　A 型与 B 型浇口衬套尺寸　　　　　　　　　　　　　　　　　单位：mm

A 型			B 型		
d		与 d 配合的模板孔的极限偏差（H7）	d		与 d 配合的模板孔的极限偏差（H7）
基本尺寸	极限偏差（j7）		基本尺寸	极限偏差（j7）	
20	+ 0.013 - 0.008	+ 0.021 0	16	+ 0.012 - 0.006	+ 0.018 0
25	+ 0.013 - 0.008	+ 0.021 0	20	+ 0.013 - 0.008	+ 0.021 0
30	+ 0.013 - 0.008	+ 0.021 0	25	+ 0.013 - 0.008	+ 0.021 0
35	+ 0.015 - 0.010	+ 0.025 0	30	+ 0.013 - 0.008	+ 0.021 0
40	+ 0.015 - 0.010	+ 0.025 0	35	+ 0.015 - 0.010	+ 0.025 0

（1）分流道的截面形状　一般的分流道的种类及截面形状如图 4-15 所示。从压力传递的角度考虑，应要求有较大的流道截面积；而从减少散热考虑则应有较小的比表面 S（即分流道的表面积与体积之比。对单位长度的分流道来说，其表面积即为周长）。因此，圆形截面分流道的比表面 $S = 4/d$；半圆形截面的 $S = 4.63/d$；对于矩形截面，若 $t = \pi d/8$，则 $S = 5.02d$；若正方形截面的边长为 d，则其 $S = 4/d$。其中，圆形截面最理想，使用越来越多。方形截面由于脱模困难，多不采用。梯形截面的比表面 S 虽然大些，但因加工和脱模方便，应用广泛。以其 $t/d = 2/3 \sim 4/5$，梯形侧边的斜度 $5° \sim 15°$ 为宜。U 形截面与梯形的类似，使用也较多（见表 4-3）。分流道在设计时，主要考虑热量损失与流道阻力，因而原则上分流道可以做得截面积大一些，但这样会浪费材料，同时延长模塑周期。分流道的表面应光滑，粗糙度不大于 R_a 1.25～2.5μm 即可。同样对于分流道较长的模具，可以在分流道末端考虑增加冷料穴。

■ 表 4-3　梯形和 U 形分流道截面尺寸　　　　　　　　　　　　　　　　　单位：mm

主流道直径		5	6	7	8	9	10	11	12
梯形	h	3.5	4	5	5.5	6	7	8	9
	b_1	5	6	7	8	9	10	11	12
U 形	h	5	6	7	8	9	10	11	12
	k	2.5	3	3.5	4	4.5	5	5.5	6

（2）截面尺寸　分流道截面尺寸可由以下的经验公式做初步的估算。但计算结果需按现有的刀具尺寸来圆整，并校核熔料的剪切速率在 $5 \times 10^2 \sim 5 \times 10^3 \, s^{-1}$ 的范围内方为合理。

$$d = 0.27 \sqrt{m} \sqrt[4]{L} \tag{4-9}$$

式中，d 为圆形截面分流道直径，或各种截面分流道的当量直径，mm；m 为

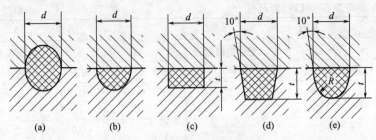

图 4-15　各种分流道的截面

流经的塑料质量，g；L 为该分流道的长度，mm。

式(4-9) 适用于壁厚在 3mm 以下，小于 200g 的塑件。对于高黏度的物料，如硬 PVC 和丙烯酸塑料，应将其直径适当扩大 25%。一般分流道的直径在 3～10mm，对于高黏度的物料，其直径可达 13～16mm。

分流道的表面粗糙度常取 $R_a > 0.63～1.6\mu m$，以增大外层的流动阻力，避免熔体流动表面的滑移，使中心层具有较高的剪切速率。

3. 冷料井及拉料杆设计

冷料井有两种形式，一种是纯为容纳或储存冷料之用；另一种则兼有拉或顶出凝料的功用。

(1) 冷料井　根据需要，不但在主流道的末端，也可在各分流道的转向位置，甚至在型腔的末端设置冷料井。冷料井应设置在熔料流动方向的转折位置（图 4-16）并迎着上游的熔流。其长度通常为浇道直径 d 的 1.5～2 倍。

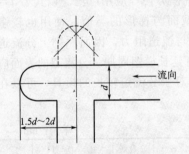

图 4-16　设置冷料井的方法

(2) 拉料杆的冷料井

① 顶出杆成型的"拉顶"冷料井。如图 4-17 所示，三种顶出杆的杆脚是固定在顶出板中的。开模时将主流道凝料从定模边的型腔中拉出。在其后的脱模过程中，再将凝料从动模中顶出。图 (a) 为 Z 形头顶出杆，其虽有可靠的"拉顶"动作，但单方向性的 Z 形面需手工定向取出凝料。需特别注意的是，在受到型芯或螺纹芯杆的限制时，会无法取出凝料。图 (b) 和 (c) 为两种倒锥和圆环形槽冷料井，在实现先拉后顶的动作后，凝料处于自由的状态，但其尺寸的设计需凭经验。如果物料的塑性差而沟槽又过深，则脱模顶出时会发生剪切分离。一般取单向的沟槽深为 0.5～1mm。对韧性物料如 ABS、POM 和 PE，可取较大值。但对脆性的料如 PC、PMMA 和 PP 等，应取较小的值，且沟槽部位的表面粗糙度应达 $R_a > 0.8～3.2\mu m$。

② 拉料杆成型的"拉料"冷料井。此拉料杆的杆脚是固定在动模中的。开模时将主流道凝料从定模中拉出，其后由推杆板将它从拉杆的成型头中推出，如图 4-18 所示。拉料头的结构有多种形式，如球形、菌形头等。另一类是利用塑料冷

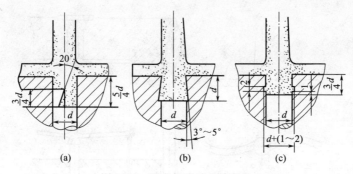

图 4-17　顶出杆成型的冷料井

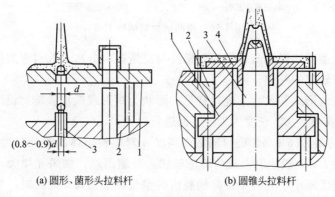

(a) 圆形、菌形头拉料杆　　　　　(b) 圆锥头拉料杆

图 4-18　拉料杆成型的冷料井

1—推件板；2—动模板；3—拉料杆；4—金属嵌件

却收缩时所形成的对拉料头的包紧力，达到拉料的目的，如圆锥头等。此类形式常用在单腔成型齿轮等带中心孔的盘类塑件上，能使中心孔与外圆获得较好的同心度。如成型较大的塑件时，也可在锥顶处挖出球坑作为冷料井。

　　③凹坑拉料冷料井。当冷凝料处在与开模方向成一定倾角的凹坑时，可产生所需的拉力，此力可用以拉出主流道凝料或拉断点浇口。图 4-19 所示有两种使用状态，图（a）是在主流道终端的动模上开有锥形凹坑冷料井，此形式必须与 S 形的挠性分流道相匹配，以便冷凝料头能从盲孔中顺利拔出；图（b）所示是在定模板的分流道末端开有斜孔冷料井，开模时可先拉断点浇口，然后再在拉出主流道凝料的同时将分流道与冷凝料头一起拉出，最后将凝料从动模中顶出，并自动坠落。

　　4. 浇口的设计

　　浇口是模具浇注系统中与型腔相连的部分，也是浇注系统流道的最后部分，熔融塑料通过浇口进入型腔。浇口的形状和尺寸对熔融塑料的充填性能及塑件的质量都有影响；因而浇口的类型与尺寸、浇口的位置与数量等便成为浇注系统设计中的关键。

　　在设计浇口时应考虑下面几点：①使熔融塑料充分充模，并在型腔充满后封闭

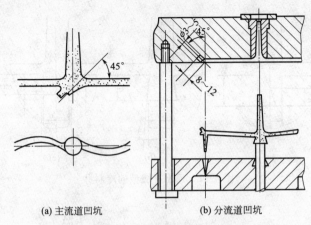

(a) 主流道凹坑　　　　　　　　(b) 分流道凹坑

图 4-19　用凹坑拉料的冷料井

型腔，以防止型腔塑料倒流；②易于塑件与浇道凝料分离；③对多腔模具易于控制充模；④具有较好的补缩作用。

（1）浇口的形式和尺寸　浇口常见的形状为矩形或圆形狭缝；设浇口的截面宽度为 b、截面高度为 h、长度为 L。下面进行讨论。

① 浇口的截面高度 h。浇口的截面高度 h 对塑料熔体的流动阻力（或压力降）和流速影响较大；h 较小时，浇口冷冻较快，补缩困难；如果 h 增大，虽然熔体进入模腔的线速度减小，有利于排除模腔内的空气。然而，h 太大时，将大幅度降低充模的线速度，造成充模时间过长，浇口冻结慢甚至因模腔压力过早的下降，致使制品内形成气泡。对于 h 的选择应依据制品的几何形状、壁厚和塑料材料的性能确定。

② 浇口的截面宽度。相对而言，浇口的截面宽度 b 对塑料熔体的流动阻力和流速的影响不及 h 大，但对于熔体进入模腔时的流态却很重要，而塑料熔体在模腔中的流态对制品各部位的表观质量影响较大；因此，浇口截面宽度 b 在不产生旋流及喷射的情况下，应选择窄一点较好。对于小制品，b 可取为 $3\sim10h$；对于大型制品的特殊扇形浇口，可使 $b>10h$。

③ 浇口的长度。浇口的长度尽量短，对减少塑料熔体的流动阻力和增大流速均有利，通常浇口长度 L 可取 $0.7\sim2\mathrm{mm}$。

另外，浇口在与模腔及分流道连接的部位可用过渡圆弧的光滑连接。

1）直接式浇口。又被称为主流道型浇口或中心浇口。直接式浇口有许多优点，如注射时以等流程充模，浇注系统的流程短，因此，压力损失和热量散失小，且有利于补缩和排气。因此，塑件的外表无可见的熔合缝，塑件的质量好，而且浇注系统的凝料少。所以它常被用来注射大型、厚壁、长流程的制品及一些高黏度的塑料。

直接式浇口如图 4-20 所示。直接式浇口与塑件连接处的直径约为塑件厚度的 2

倍或略大些。此处的直径若不够大，会使熔体流过时摩擦剧增而产生暗斑和暗纹；如直径太大，则会使冷却时间过长，流道凝料多，易产生缩孔。其特点是塑料熔体直接从主流道流入模腔如图 4-21，因而流动阻力小，料流速度快，补缩好。但缺点是会在塑件上留下较大的痕迹且切除困难。亦可将直接式浇口设置在塑件的里侧，如图（b）所示。但这又会使塑件留在定模边，需设置倒装的脱模机构才能将其脱出。另外，流道尺寸大，冻结速度慢；注射压力直接作用在制件上，易在边料处产生较大的残余应力，并由此导致制品翘曲变形，尤其使用聚乙烯、聚丙烯等塑料时，更应注意这个问题。直浇口同样适用于大型厚壁、长流道的制品以及一些黏度较高的塑料，如聚碳酸酯等。

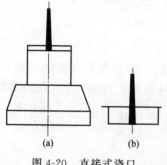

图 4-20 直接式浇口

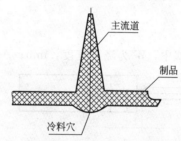

图 4-21 直浇口的常见形式

2）侧浇口。侧浇口也称为边缘浇口，开设在型腔的侧面，如图 4-22 所示。一般与分流道连接。适应于所有塑料，同时又是多腔模具的一般选择方式，如图 4-23 所示。

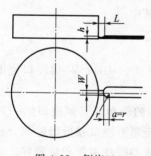

图 4-22 侧浇口

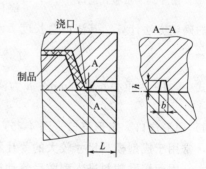

图 4-23 侧浇口示意图

由于它开设在主分型面上，因而截面形状易于加工和调整修正。侧浇口常用于多型腔的模具上，并可设计成两板模。它也适用于各种物料的成型，且凝料易于切除并对塑件的外观质量影响甚小。

在侧浇口的三个尺寸中，以深度 h 最为重要。h 制约着料流所能流过的时间和补缩的作用。浇口的宽度 W 的大小则制约着熔体的充模流量。而浇口的长度 L，只要结构强度允许，以短为好，一般选用 $L=0.5\sim1.5\mathrm{mm}$。

侧浇口的深度可用以下经验公式计算，即

$$h = nt \tag{4-10}$$

式中，h 为侧浇口的深度，mm，中小型塑件常取 $h = 0.5 \sim 2mm$，大约为制品最大壁厚的 $1/3 \sim 2/3$；t 为塑件的壁厚，mm；n 为塑料材料系数，见表 4-4。

■ 表 4-4　塑料材料系数 n

材料分类	材料名称	材料系数 n	材料分类	材料名称	材料系数 n
Ⅰ	PE、PS	0.6	Ⅲ	CA、PMMA、PA	0.8
Ⅱ	POM、PC、PP	0.7	Ⅳ	PVC	0.9

侧浇口宽度的经验公式为

$$W = \frac{n\sqrt{A}}{30} \tag{4-11}$$

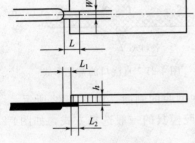

图 4-24　重叠式浇口

式中，W 为浇口宽度，mm；A 为型腔表面积，即塑件外表面的面积，mm^2；n 为塑料材料系数，见表 4-4，最后需用流经侧浇口熔体的剪切速率 $\dot{\gamma} = \frac{6Q}{Wh^2} \geqslant 10^4 s^{-1}$ 校核。

3）重叠式浇口。侧浇口开设在塑件端面的边缘，如图 4-24 所示。它可避免熔体在大型腔中产生喷射的现象。尤其适用于低黏度的物料，在充模时使熔体能有序地注进。

浇口的深度 h、宽度 W 及长度 L_1，可按前侧浇口的确定方法计算。其浇口总长度 $L = L_1 + L_2$，其中

$$L_2 = h + \frac{W}{2} \tag{4-12}$$

式中，L_2 为重叠长度，mm；h 为浇口深度，见式(4-10)；W 为浇口宽度，见式(4-11)。

4）扇形浇口。扇形浇口（图 4-25）开设在塑件的侧面，是侧浇口的一种变异形式，常用于成型模具尺寸较大的薄片状制品。由于扇形浇口靠近形腔部分密度尺寸较大，因而熔融塑料进入型腔后流动比较均匀，成型塑件表面质量较好。其缺点是塑件与浇口分离后，塑件上留有较宽的浇口痕迹，需要修整。

使用扇形浇口时，必须注意浇口的截面积不得大于分流道的截面积。

另外，有一种侧浇口的改进型，如图 4-26 所示。扇形浇口从流道起向型腔扩展呈扇形，深度逐步由深至浅。浇口的截面积 S 应视为常数。塑料熔体可在较大的范围内注入，所以这种浇口适用于大面积的薄壁塑件。由于扇形浇口是呈扩展形，故使塑件上的流痕很小，取向变形也小。成型着色的塑件时，能获得色泽一致。除黏度较高的物料外均适用于一般的塑料。

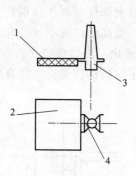

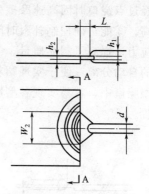

图 4-25 扇形浇口（一）

图 4-26 扇形浇口（二）

1—分型面；2—制品；3—主流道；4—扇形浇口

浇口长度较长，可取 $L=0.7\sim2.0$mm 或更大一些。浇口的面积 S 应按式 (4-10) 和式 (4-11) 进行计算，然后再根据流道直径 d 和最大宽度 W_2 求出它们对应的深度 h_1 和 h_2，即

$$S=hW,\quad h_1=\frac{S}{d},\quad h_2=\frac{S}{W_2} \tag{4-13}$$

式中，S 为浇口的平均截面积，mm^2；h，W 为由式 (4-10) 和式 (4-11) 计算的平均深度和宽度，mm；h_1，h_2 为浇口始端和型腔端的深度，mm；d 为流道的直径，即浇口的始端宽，mm；W_2 为浇口型腔端的宽度，常取 40mm 左右。

为补偿扇形扩展时两侧流程增大所造成的压力损失，浇口深度 h 从中心线起向两侧逐步加深至 h'。

5）薄片式浇口。薄片式浇口（图 4-27 所示）又称平缝型浇口。可视为宽度尺寸稍大的矩形浇口，这种浇口适合于大型、薄壁上容易发生翘曲变形的塑件。薄片浇口的最大宽度可与塑件的宽度相等。一般而言，它是由扇形浇口演变而来，充模流动更为均衡。对有透明度和平直度要求、表面不允许有流痕的片状塑料件尤为适宜。

平缝形浇口宽度等于或略大于型腔宽度，见图 4-28。流道也随之加长，因而切割困难，耗料较多。浇口长度 $L\geq1.3$mm，以便于割除。浇口深度 h，即使对于低黏度熔体也不能小于 0.25mm，其深度经验公式为

$$h=0.7nt \tag{4-14}$$

式中，h，n 和 t 的含义和单位同前。

6）点浇口。点浇口全称针点式浇口，是最常用的一种浇口形式，它适合于双分型面多腔结构以及壳类或盒类塑料。对于大型塑料，使用多个点浇口可保证型腔充分充模，并减小内应力，防止塑件发生翘曲变形。点浇口具有如下的许多优点：

① 可大大提高塑料熔体剪切速率，表观黏度降低明显，致使充模容易。这对 PE，PP，PS 和 ABS 等对剪切速率敏感，即非牛顿指数愈小的熔体更加有效。

143

②熔体经过点浇口时因高速摩擦生热，熔体温度升高，黏度再次下降，致使流动性再次提高。③能正确控制补料时间，无倒流之虑；有利降低塑料件特别是浇口附近的残余应力，提高了制品质量。④能缩短成型周期，提高生产效率。⑤有利于浇口与制品的自动分离，便于实现塑料件生产过程的自动化。浇口痕迹小，容易修整。⑥在多型腔模中，容易实现各型腔均衡进料，改善了塑料件质量。能较自由地选择浇口位置。

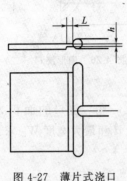

图 4-27　薄片式浇口

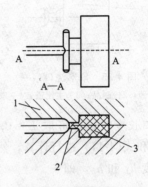

图 4-28　平缝型浇口
1—定模板；2—浇口；3—制品

　　点浇口易于与塑件分离，浇口疤痕很小，不需修整，特别适应于自动化生产，特别适应于聚乙烯、聚丙烯、聚苯乙烯，ABS 等多种塑料。点浇口的缺点是模具结构复杂，一般为三板式结构。需要较大注射压力。

　　点浇口按使用位置关系可分成两种。一种是与主流道直接接通，整个点浇口如图 4-29(a) 所示，就成了棱形浇口或称橄榄形浇口。由于熔体由注射机喷嘴很快就进入型腔，只能用于对温度稳定的物料，如 PE 和 PS 等。使用较多的是经分流道的多点进料的点浇口，如图 4-29(b) 所示。

　　点浇口的圆柱孔长 $L = 0.5 \sim 0.75$mm。其直径 d 常见为 $0.5 \sim 1.8$mm。它可由

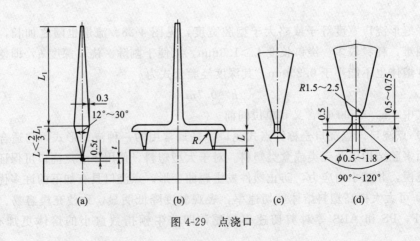

图 4-29　点浇口

以下经验公式估算，并使熔体流经剪切速率控制在 $\dot{\gamma}=\dfrac{32Q}{\pi d^3}\geqslant 10^5\,\mathrm{s}^{-1}$ 为好。

$$d=nc\sqrt[4]{A} \tag{4-15}$$

式中，d 为点浇口直径，mm；A 为型腔的表面积，即塑件外表面面积，mm^2；n 为塑料材料系数，见表 4-4；c 为塑件壁厚的函数值，见表 4-5。

■ 表 4-5　点浇口计算系数

塑料件壁厚 t/mm	0.75	1.0	1.25	1.5	1.75	2	2.25	2.5
c	0.178	0.20	0.230	0.242	0.272	0.294	0.309	0.326

点浇口的引导圆锥孔有两种形式。图 4-29（c）是直锥孔，它的阻力小，适合于含玻璃纤维的塑料熔体。图 4-29（d）是带球形底的锥孔。它可延长浇口冻结时间，有利于补缩；点浇口引导部分长度一般为 15～25mm，有锥角 12°～30°，与分流道间用圆弧相连，在点浇口与塑件表面连接处带有 90°～120°锥度，高 0.5mm 的倒锥，使点浇口在拉断时不损伤塑件。点浇口附近充模剪切速率高，固化残余应力大。为防止薄壁塑料件的开裂，可将浇口对面的壁厚适当地局部增加，见图 4-29（a）。

点浇口亦有如下的缺点：必须采用双分型面的模具结构；不适合高黏度和对剪切速率不敏感的塑料熔体；不适合厚壁塑料件成型；要求采用较高的注射压力。

7）潜伏式浇口。潜伏式浇口（图 4-30）不同前述浇口，前面介绍的浇口位置都在分型面上，而潜伏式浇口则是分流道开设在分型面上；浇口潜入模板或顶杆中，与型腔相连，通常潜伏式浇口的位置可设在制品的表面、侧面、背面、端面等处，并可钻进动模或顶杆中，这种浇口在制品上不留修复点。

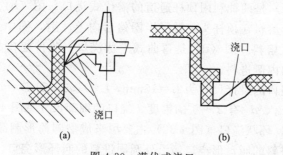

图 4-30　潜伏式浇口

另外，一般此类浇口也称隧道浇口或剪切型浇口。它是点浇口在特殊场合下的一种应用形式，故具备点浇口的一切优点，因而已获广泛的应用。潜伏式浇口潜入分型面一侧沿斜向进入型腔。因此在开模时，不仅能自动地剪断浇口，而且其位置可设在制品的侧面、端面和背面等各隐蔽处，使制品的外表面不留浇口的痕迹。采用了潜伏式的浇口后，还可将三板式的模具简化成两板式。此浇口的尺寸可按点浇口的经验公式（4-15）计算。

潜伏式浇口有如图 4-31 所示的不同形式。图（a）为带有引导锥的潜伏浇口。浇口的方向角 α 越大，越容易拔出浇口凝料，故 α 可设置到 $60°$；对于硬质脆性的材料，α 可取小值，而引导锥角 β 对硬质脆性塑料反而应取大些。较粗大的引导锥体可使芯部保持高温，在开模时还具有较好的弹性，并承受较大的弯曲力。

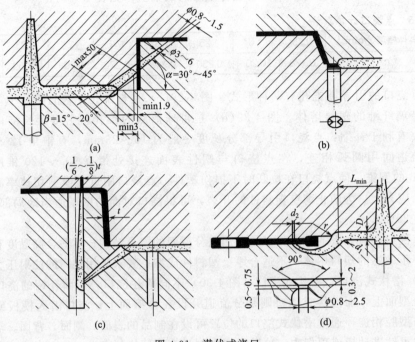

图 4-31　潜伏式浇口

图（b）和（c）是两种利用顶杆通道的潜伏式浇口。图（b）为熔体从塑料件外侧的顶杆注入，熔料在顶杆头上转了半圈然后向上注射，图中（c）是从塑件的里侧的顶杆上注入熔料。图（d）是弯曲式潜伏浇口，此种浇口的加工费用较高，它可在扁平塑件的内侧进料。

弯曲式潜伏浇口的设计尺寸为 $L=15\text{mm}$，$L/D \geqslant 5$，而 $D=4\sim 6\text{mm}$。$d_1 \leqslant D$，$r=2.5d_1\sim 3d_1$，d_1、d_2 有 $3°\sim 5°$ 的锥度。浇口的细部尺寸见图 4-31（d）。

8）环形浇口。环状浇口（图 4-32）主要用来成型圆筒形制品是带孔制品、或是沿塑件内圆周进料的叫盘形浇口，沿外圆周进料的叫环形浇口。其特点是充模时进料均匀。各处料基本一致，模腔空气排出方便同时避免在制品上产生熔接痕。图 4-32（a）为成型一般制品，图（b）为成型齿轮一类制品。

圆环形浇口如图 4-33（a），（b）所示。这样可使进料均匀，在整个圆周上取得大致相同的流速，也易于顺序地排气，亦无熔接缝。

浇口的尺寸可以矩形浇口看待，其典型厚度为 $0.25\sim 1.6\text{mm}$。浇口台阶长约为 $0.75\sim 1\text{mm}$。当塑件的内孔质量要求很高时，浇口与制件可采取搭接的形式，浇口从端面切除，搭接的长度至少应等于或大于浇口的厚度，如图 4-33（b）所示。

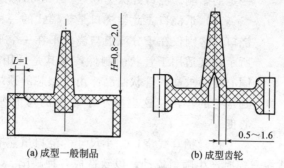

(a) 成型一般制品　　　　(b) 成型齿轮

图 4-32　环形浇口

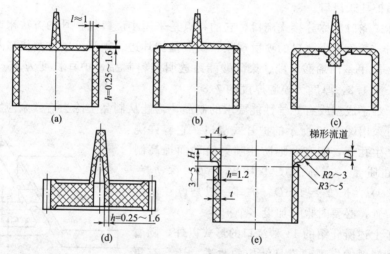

图 4-33　圆环形浇口

图 4-33(d) 所示为圆环形浇口的另一形式，用来成型中间有通孔的制件。锥形型芯起着分流的作用。图 4-33(e) 所示则为侧向进料的环形浇口，其主型芯的两端均可固定，物料在圆环形的流道内沿周向均匀分配，而实际上在圆环的入口区域的流速总会大一些。随着圆环断面尺寸的加大，流速的不均匀性将得到改善。此外，其亦不能完全避免熔接痕。圆环形浇口的凝料去除比较困难，常需采用车削的办法去除。

9）轮辐浇口。轮辐式的浇口（图 4-34）近似于环状浇口，也是侧进料浇口形式的引用，由于浇口的数量增多，造成制件上具有多处熔接痕，对制品的强度有影响。它的适用范围类似于圆环形浇口，但是它把整个圆周进料改成几小段圆弧进料，因此，不但去除浇口凝料方便且可省料，还由于型芯上部得到定位而增加了稳定性。缺点是制件上带有好几条拼合缝，对制件的强度有

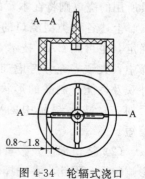

图 4-34　轮辐式浇口

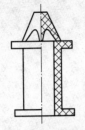

图 4-35　爪形浇口

一定的影响。浇口处深为 0.8～1.8mm，宽为 1.6～6.4mm。

10）爪浇口。此类浇口是轮辐式的一种变异，其与轮辐浇口的区别仅在于分流道与浇口不在一个平面内，如图 4-35 所示。其适用于管状的制件，尤其是适用于制件内孔较小、同心度要求高的管状制品。由于型芯的顶端伸入定模内而起到定位的作用，这也减小了型芯的弯曲变形，保证了其同心度。

11）护耳式浇口。小尺寸的浇口虽然有一系列优点，但却容易使塑料熔体在充模时产生喷射流动，以致造成各种缺陷。小浇口附近在成型时易产生较大的内应力，同时导致塑件强度降低，为了克服这些缺陷，对于上述产品可采用护耳式浇口。

护耳式浇口又称分接式浇口，它的特点是采用小浇口加护耳的方法来改变塑料熔体流向，避免了小浇口的喷射现象。缺点是护耳边缘须清除，这类浇口常用于大型 ABS、聚甲基丙烯酸甲酯、聚碳酸酯系透明塑料制品，护耳长度为 15～20mm，宽度为长度 1/2，厚度为模腔厚度的 7/8。

对于难于成型或有光学性能要求的制品，为能从制品上除去有残余应力聚集的部分，可采用图 4-36 所示的护耳式浇口。它容许浇口附近产生孔缩，能有效地防止喷射流动而提高制品的内在质量。护耳的尺寸为 $W_t = D$，深 $h_t = (0.8 \sim 0.9)t$，长 $L_t = 1.5D$。护耳一般是设在塑件较厚的位置，必要时也可加设多个护耳。

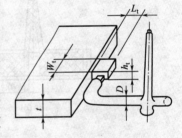

图 4-36　护耳式浇口

除了上述所介绍的 11 种浇口的形式以外，随着各种新型塑料的出现和模具结构的改进，还会有更多的新型浇口问世。如用于侧向分型抽芯的侧隙浇口；多个浇口并联的多重浇口（此浇口能较好地成型具有多处细小轮廓的塑件）；多个浇口串联而成的多级浇口和在浇口中设置有阻流销的阻尼浇口（以上两者都适合于硬 PVC）。阻尼浇口是利用阻尼而使熔料升温，以提高物料的流动性，但注射压力的消耗较大。至于众多形式的无流道凝料模具所用的浇口则将在本章的下节中介绍。

上述各种类型浇口的选择，是个综合性的技术和经济问题，现今大多凭经验确定，也可用 CAD 技术，以各种方案比较分析的方法来确定。在浇口形式的选择中，大致需充分考虑如下几个方面的问题：型腔数；塑料种类及性能；制品的外观及性能；制品的形状及尺寸；制品的形状、位置和尺寸的精度要求；制品的后加工；减小制品中的残余应力；模具的结构；浇口凝料消耗；成型周期的缩短。

（2）浇口部位及数量的选择　浇口在制件上开设的位置与数目，对制品的质量影响很大。因此，在选择浇口的位置与数目时，应对塑料熔体在流道和型腔中的流动状况、填充顺序、排气、补缩等做全面考虑，以获得尽可能高的制品质量。

1）避免制件上产生缺陷。如果浇口的尺寸比较小，同时正对着一个宽度和厚度都比较大的型腔，则高速流动的塑料熔体通过浇口时，由于受到很高的剪切应力，将产生喷射和蠕动（蛇形流）等熔体破裂现象。有时塑料熔体会直接从型腔的一端喷射到另一端，造成折叠，使制件上产生波纹、接缝等；或在高的剪切速率下，喷出高度的细丝化或断裂物，很快冷却变硬而难于与后来进入型腔的熔体良好地熔合，造成制件的缺陷或表面瑕疵（图 4-37）。喷射还会使型腔中的空气难以按顺序排除，从而在制品中形成空气泡，甚至焦痕。

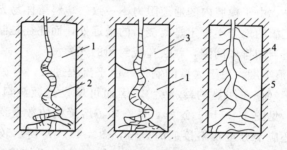

图 4-37　喷射造成制品的缺陷

1—未充模部分；2—喷射流；3—充填部分；4—料充填完；5—喷射造成制品的缺陷

克服的办法：一是将小浇口改为大浇口，这可大大地降低熔体的流速，避免产生喷射；二是采用冲击型的浇口，即将浇口开设在正对着型腔壁或型芯，使高速的熔料流冲击在型腔壁或型芯上，从而降低其流速并改变方向，以达到均匀地填充模腔，并使熔体避免出现破裂的现象。图 4-38（a），（c），（e）为非冲击型浇口，图 4-38 中的（b），（d），（f）为冲击型的浇口。

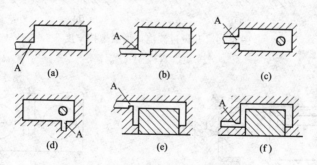

图 4-38　非冲击型浇口与冲击型浇口

A—浇口

后者浇口的位置选择较好，因而对提高塑件的质量、避免在制品上产生缺陷有利。

2）有利于流动、排气和补缩。当制件的壁厚相差较大时，应在避免喷射的前提下，把浇口开在接近截面最厚处，以利于熔体的流动、排气和补缩，同时也可降低浇口区域的取向程度和内应力。如果浇口是开设在截面最薄处，则当料流进入型腔后，不但阻力大，而且很容易冷却，还会影响到物料的流动距离。当制件上设有加强筋时，可以利用加强筋作为改善熔体流动的通道（沿加强筋的方向流动）。同时，浇口的位置应有利于模腔内气体的排出。如果模腔内的气体不能按顺序排出，则会使制品产生气泡、疏松、充模不满和熔结不牢，或者在注射时，由于气体被压缩所产生的高温，致使制件表面烧焦、炭化。因此，在远离浇口的部位、型腔被最后充满处应设有排气槽，或利用推出杆、活动型芯的间隙来排气。大型的模具还需开设专用的排气隙。

值得注意的是，由于模腔内的通道阻力不一致，塑料熔体易先充满阻力小的空间，所以，最后充满的地方不一定是离浇口的最远处，而往往是制件的最薄处。这些地方如果没有适当的排气间隙，就会造成封闭的气囊。

3）增加熔接痕牢度。对于大型的制件，由于流程过长，易造成熔接处的温度过低，使熔接不牢（存在明显的冷接缝），因而可增设过渡浇口，见图 4-39（b），或采用多点浇口，见图 4-40（b）。这样，虽增多了熔接痕的数量，但却使熔接牢度提高了。此外，还应十分重视熔接痕的方位，图 4-41（b）所示较为合理，其熔接痕短．且避免了与孔连成一线的不良分布。为了减少制件上熔接痕的数量，在熔体流程不太长时，如无特殊需要，最好不要开设一个以上的浇口。但对大型的板壳制件，也应兼顾内应力与翘曲变形问题。

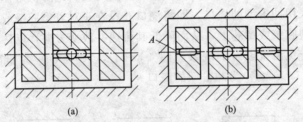

(a) (b)

图 4-39 开设过渡浇口增加熔接牢度

A—过渡浇口

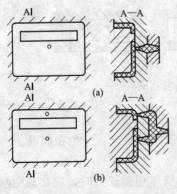

图 4-40 采用多针点浇口增加熔接牢度

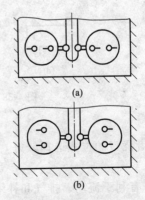

图 4-41 注意熔接痕在制件上的方位

直浇口、侧浇口和圆环形浇口无熔接痕，而轮辐式浇口则有熔接痕。

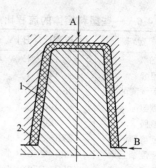

图 4-42　制品中塑料的取向
方位对应力开裂的影响
1—制件；2—金属嵌件

4）取向方位对塑件性能的影响。一般来说，应尽量减少塑件在流动方向上的取向作用，但要完全避免则是不可能的，对一个制品来说垂直和平行于流动方向的强度、应力开裂倾向等都会有所差别。图 4-42 所示为一带有金属嵌件的聚苯乙烯制品，由于塑料的收缩而使金属嵌件周围的塑料层受到很大的周向应力。当浇口开设在位置 A 时，取向与周向应力方向垂直，此制品使用一段时间后即开裂；当浇口开设在位置 B 时，取向沿周向应力方向，则可大大减少其出现应力开裂的现象，制品的性能获得提高。

流动距离越长，由冻结层与中心流动层之间的流动和补缩所引起的内应力越大；反之，流动距离越短，从浇口到制件流动末端的流动时间越短，充模时冻结层的厚度减薄，内应力越低，翘曲变形亦因之大为减少。

产生这种变形的原因，是塑料熔体在平行与垂直于流动方向上的收缩值不同所致。

5）浇口数目与变形。对于大型圆盘形制件与箱形壳体制件，常使用多点浇口。试验表明，由于浇口位置与数目不同，制件的翘曲变形程度也不尽一致，圆度与平面度也将发生变化。有人对含有 30％玻纤的增强 PBT 所制的圆盘形制件所做的试验表明，由于其垂直于流动方向的收缩率约为流动方向的 2 倍，因而观察到随着浇口数目及其分布的不同。其变形的程度也不同。实践还显示，如使用三只点浇口，并将它们分别设置在以成型中心为重心的等边三角形的各个顶点处，且使各浇口达到充分的平衡，则可获得最好的效果。

6）浇口的位置（流动距离比）。在确定了浇口的类型后，要仔细地确定浇口在型腔中的位置。此时应将充模的流程比、浇口的数目等一起进行综合的考虑，并对流程比等进行校核。浇口位置不当或数目不足会造成充模流程过长，使料流前锋的压力不足和温度过低，从而使塑件的密度降低，收缩率偏大，甚至出现模腔充不满等现象。因此，在设计时需对熔体的流程进行校核。

浇注系统和型腔的流程比 B 的校核式为

$$B = \sum_{i=1}^{n} \frac{L_i}{t_i} \leqslant [B] \tag{4-16}$$

式中，L 为流道的各段长度，mm；t 为流程的各段厚度，mm；$[B]$ 为允许的流程比，部分塑料的流程比可由表 4-6 查出。

流动距离比随塑料熔体性质、温度和注射压力而变化。表 4-6 所列是由试验得出的大致范围，可作为选择浇口数目时参考。

■ 表 4-6　一些塑料熔体的流程比

塑料	流程比［B］	备　　注
ABS	175：1	
聚甲醛	140：1	1. 工艺条件
聚丙烯酸酯类	(130～150)：1	(1)用阿基米德螺旋线型腔注射模实测；
聚碳酸酯	150：1	(2)B＝流程/螺槽深(2.5mm)；
聚酰胺	100：1	(3)注射压力 80～90MPa
低密度聚乙烯	(275～300)：1	2. 使用条件
高密度聚乙烯	(225～250)：1	(1)注射压力大于 90MPa；
聚丙烯	(250～275)：1	(2)当流程中的厚度小于 2.5mm 时，区表值的下限为 0.7～0.8
聚苯乙烯	(200～250)：1	

① 物理模型校核。上述流程比计算法没有考虑型腔的宽度 W。下面为普遍适用的物理定律，也可进行流程比的校核。物理流程比为

$$b = \frac{L}{t_H^2} = \frac{p}{32\varphi v \eta_a} \tag{4-17}$$

式中，b 为物理流程比，cm；L 为流道的长度，cm；p 在流道的宽度大于厚度时取 1.5；v 为熔料前峰流速，最佳值为 30cm/s；φ 为最大注射压力，常用 120×10^6 MPa；η_a 为表观黏度，对无定形聚合物 $\eta_a = 250 \sim 270$ Pa·s，对结晶型聚合物 $\eta_a = 170$ Pa·s；t_H 为当量厚度。

$$t_H = \frac{2Wt}{W + t} \tag{4-18}$$

式中，W 为流道宽度，cm；t 为流道厚度，cm。

将以上最佳数据代入式(4-16) 化简可得

对无定形聚合物，有

$$[b] = \frac{L}{t_H^2} = 320 \text{cm}^{-1} \tag{4-19}$$

对结晶型聚合物，有

$$[b] = \frac{L}{t_H^2} = 500 \text{cm}^{-1} \tag{4-20}$$

故物理流程比，可按下式校核：

$$b = \sum_{i=1}^{n} \frac{L_i}{t_{Hi}^2} \leqslant [b] \tag{4-21}$$

式中，L_i 为流程各段长度，cm；t_{Hi} 为流程各段当量厚度，cm，由式(4-18)确定。

当出现流程比过长难以充满型腔时，一般改善措施有：改变浇口的位置；增加浇口的数目；改善浇注系统甚至是塑料件的设计。

② 熔流等时线校核。为了预测熔合缝在塑料件的位置与走向，以及料流的终止位置，可进行熔流前沿等时线校核。此种方法可理解为多次注不满的注射制品，如图 4-43、图 4-44 所示。

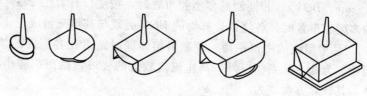

图 4-43　中心浇口矩形盒的充模过程

图 4-44　侧浇口矩形盒的充模过程

具体步骤如下：

先将塑料件的几个面展开到一个平面上；将料流从浇口开始，以同心圆扩展，每段流程和压力降所对应的时间间隔为 Δt；由于可能的壁厚变化，对流程修正值为

$$L_n = L_m \left(\frac{t_n}{t_m} \right) \tag{4-22}$$

式中，t_n，t_m 为对应于 n 和 m 段的厚度，cm；L_n，L_m 为对应壁厚的流程长度，cm。

图 4-45(a)，(b) 分别表示为具有中心直浇口和侧浇口的矩形盒，分别具有不同熔流前沿线分布。图上双点划线为所得熔合缝位置，表明中心直浇口使流程短。料流末端在分型面上，排气容易。侧浇口充模的流程长，熔体温降大，熔合缝强度差，且排气困难。

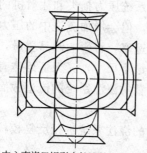
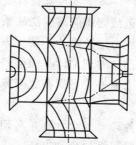

(a) 中心直浇口矩形盒熔流前沿等时线图　(b) 侧浇口矩形盒熔流前沿等时线图

图 4-45　具有中心直浇口和侧浇口的矩形盒熔流前沿的等时线

7）防止型芯变形。如有长径比较大的筒形制件，应避免偏心进料，以防止型芯歪斜导致制件壁厚相差太大。采用双侧对称进料，可有效防止型芯歪斜、变形。

8）浇口平衡。在一模多腔的非平衡布置时，需进行浇口的平衡计算（balanced gate value，BGV）。相同制品多型腔布置时，按浇口计算的 BGV 必须相等；不同制品的多型腔布置时，各浇口计算得的 BGV 必须与其填充量成正比。

① 相同制品多型腔的浇口平衡。使塑料熔体同时结束在各型腔的填充，是至关重要的问题。为此，除点浇口外，离主流道较近的浇口，截面积应小些；反之，浇口要大些。其计算方程式为

$$BGV = \frac{S_g}{\sqrt{L_r L_g}} \tag{4-23}$$

式中，BGV 为浇口平衡值；S_g 为浇口截面积，mm^2；L_g 为浇口的长度，mm；L_r 为浇口至主流道间的分流道长度，mm。

浇口平衡计算是使所有浇口的 BGV 相等。计算中通常使浇口的截面积与对应流道截面积之比，即 $S_g/S_r = 0.07 \sim 0.09$。对于矩形浇口，若浇口长度 L_g 不变，改变浇口的宽度 W 与深度 h，使 $W/h \approx 3 \sim 5$ 为好。

② 多型腔相异制品的浇口平衡。多型腔且填充质量不同时，BGV 与填充量成正比，即

$$\frac{m_a}{m_b} = \frac{\dfrac{S_{ga}}{\sqrt{L_{ra} L_{ga}}}}{\dfrac{S_{gb}}{\sqrt{L_{rb} L_{gb}}}} = \frac{S_{ga} L_{gb} \sqrt{L_{rb}}}{S_{gb} L_{ga} \sqrt{L_{ra}}} \tag{4-24}$$

式中，m_a，m_b 为 a，b 型腔的填充量，g；S_{ga}，S_{gb} 为 a，b 型腔的浇口截面积，mm^2；L_{ra}，L_{rb} 为 a，b 型腔的流道长度，mm；L_{ga}，L_{gb} 为 a，b 型腔的浇口长度，mm。

一般矩形侧浇口，其宽与深之比，仍取 $W/h = 3.5$ 为宜；浇口的截面积与流道的截面积之比，取 $S_g/S_r = 0.07 \sim 0.09$ 为好。

5. 平衡布置的（冷）流道尺寸计算

注塑模具浇注系统的尺寸设计受到浇注系统压力损失和注射机的注射能力的制约。较小的流道截面积能减少浇注系统用料，但会增加流道中的压力损失。注射到型腔的熔料因压力过低而达不到所需的充模速率，将影响制品质量，甚至使型腔不能充满。流道尺寸的理论计算能得到流道的最小尺寸，又保证熔体有适当的流动速率和恰当的压力损失。平衡布置与非平衡布置的浇注系统的流道截面尺寸计算的基本原理相同。

（1）计算原理 整个计算是对初步设计的浇注系统进行反复校核的过程。在此过程中必须遵循以下原则和方法。

1）适当的剪切速率。根据热塑性塑料熔体流变性能和大量的注射充模计算，主流道和分流道的剪切速率 $\dot{\gamma} = 5 \times 10^2 \sim 5 \times 10^3 s^{-1}$，浇口的剪切速率 $\dot{\gamma} = 5 \times 10^4 \sim 5 \times 10^5 s^{-1}$。且在此场合，塑料熔体可视为等温流动。最后用表 4-7 校核计算拟定 t 对于现行注射机是否可行。该表所列是对于公称注射量注射机所用的最短注射时间。

■ 表 4-7 注射机公称注射量与注射时间的关系

公称注射量/cm³	注射时间 t/s	公称注射量/cm³	注射时间 t/s
30	0.86	4000	5.0
60	1.0	6000	5.7
125	1.6	8000	6.4
250	2.0	12000	8.0
350	2.2	6000	9.0
500	2.5	24000	10.0
1000	3.1	32000	10.7
2000	4.0	48000	12.6
3000	4.6	64000	12.8

图 4-46 是常用的 $\dot{\gamma}$-Q-R_0 关系图。曲线 Q 为塑料熔体流过各段流道或浇口的体积流率（cm³/s）。可由适当的 $\dot{\gamma}$ 与 Q 求得 R_n，也可由 Q 和 R_n 查得实际的 $\dot{\gamma}$。

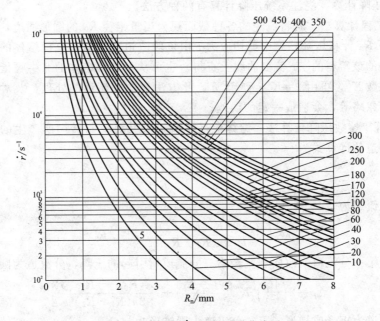

图 4-46 常用的 $\dot{\gamma}$-Q-R_0 关系曲线图

2）流道截面当量计算。浇注系统的流道截面形状是多种多样的，可近似地简化成圆截面。主流道是圆锥形浇道，可用长度中间的圆截面直径作为当量圆管道近似地计算。

梯形、半圆形和 U 形等分流道，所替代的圆形流道的当量半径为

$$R_0 = \sqrt[3]{\frac{2A^2}{\pi L}} \qquad\qquad (4\text{-}25)$$

式中，R_0 为假想的圆形流道的当量半径，cm；A 为实际流道的截面面积，cm²；L 为实际流道截面的周边长度，cm。

3）恰当的压力降。整个浇注系统恰当的压力降 $[\Delta p_\mathrm{r}]$ 应为

$$[\Delta p_\mathrm{r}] = p_0 - \Delta p_\mathrm{e} - \Delta p_\mathrm{c} \tag{4-26}$$

式中，p_0 为调用的注射压力；Δp_e 为注射压力在注射装置中的损耗压降。

为保证塑料件型腔内的熔料有足够的压力以成型合格制品，型腔压力 Δp_c 参考表 4-8 确定。

■ **表 4-8 常选用的平均型腔压力 Δp_c**

材料及要求	平均模腔压力/MPa
易于成型的 PE、PP、PS 等厚壁塑料件	25
薄壁普通塑料件	30
ABS、PMMA、POM 等中等黏度且有精度要求的塑件	35
高黏度 PC、PSU 或制品有高精度要求的	40
高黏度的物料、流程比大、形状复杂并有高精度要求的	45

4）压降计算。浇注系统压降计算有两种方法。

① 工程计算法。若将流经的各种截面视为当量半径 R_0 的圆形通道，则用前述 $\Delta p = 2L\tau/R_0$ 计算压降。式中剪切应力 τ 由该段流道或浇口的充模熔体的 γ 值，直接从相关的该塑料的 γ-τ 流变曲线上查得。也可从 γ 查得熔体的非牛顿指数 n 和剪切黏度系数 K'，再由 $\tau = K' \cdot \gamma^n$ 计算。此方法对非圆流道的处理，及对流道改向和分支的忽略等，会造成一定的误差。

② 幂律参数压降计算法。熔体流经主流道及其分支与转向所产生的压降，圆筒形主流道的计算式为

$$\Delta p = \left(\frac{4Q}{\pi}\right)^n \frac{2K'(L+L_\mathrm{s})}{R^{3n+1}} \tag{4-27}$$

圆锥形主流道为

$$\Delta p = \left(\frac{4Q}{\pi}\right)^n \frac{2K'(L+L_\mathrm{s})}{3n(R_1-R_2)}(R_2^{-3n}-R_1^{-3n}) \tag{4-28}$$

熔体流经第一分流道及改向和流经第二分流道所引起的压降，分流道为圆形截面为

$$\Delta p = 2\left(\frac{4Q}{\pi}\right)^n K'\left[\frac{(L+L_\mathrm{s})}{R^{3n+1}} + \frac{L_2(R_2^{-3n}-R_1^{-3n})}{3n(R_1-R_2)}\right] \tag{4-29}$$

第一分流道为矩形或梯形，第二分流道为圆锥形为

$$\Delta p = 2Q^n\left[\frac{6^n K''(L+L_\mathrm{s})}{W^n h^{2n+1}} + \frac{\left(\frac{4}{\pi}\right)^n K' L_2(R_2^{-3n}-R_1^{-3n})}{3n(R_1-R_2)}\right] \tag{4-30}$$

熔体流经浇口的压力损失，根据浇口的不同类型，主流道型直浇口为

$$\Delta p = \left(\frac{4Q}{\pi}\right)^n \frac{2K'L}{3n(R_1-R_2)}(R_2^{-3n}-R_1^{-3n}) \tag{4-31}$$

点浇口为

$$\Delta p = \left(\frac{4Q}{\pi}\right)^n \frac{2K'L}{R^{3n-1}} \tag{4-32}$$

矩形截面浇口为

$$\Delta p = \frac{2(6Q)^n K'' L}{W^n h^{2n-1}} \tag{4-33}$$

式中，Δp 为各计算段的压力降，N/cm^2；K'（K''）为熔体剪切黏度系数（$N \cdot s/cm^2$）（可查看相关的资料）；n 为塑料熔体非牛顿指数（可查看相关的资料）；Q 为流经计算段的体积流量，cm^3/s；L 为计算段的流道长度，cm；L_1 为第一分流道长度，cm；L_2 为第二分流道长度，cm；L_s 为流道分支及改向的当量长度，cm，见表 4-9；R 为流道半径，cm；R_1 为流道大端半径，cm；R_2 为流道小端半径，cm；W 为矩形流道或浇口宽度，cm；h 为矩形流道或浇口深度，cm。

■ 表4-9 流道分支及改向的当量长度 L_s

当量长	两分支 + 90°改向	90°改向	双分支 < 45°	四分支 - 90°改向
L_s	$6R_n$	$4R_n$	$2R_n$	$10R_n$

注：R_n 为流道当量半径。

5）流道尺寸初步拟定。在模具结构初步设计后，流道布置及其各段长度也就大致确定，进一步拟定流道及浇口的截面尺寸，对于平衡布置浇注系统的推算方法有两种：

① 根据流经的充模熔体质量 m 和流道长度 L。由前经验公式（4-9）计算确定流道的当量直径。通常由下游向上游逐段推算。

② 若 Q_u 为上游流道流量，Q 为下游 n 个支流流道流率，每分支流道具有相同的体积流率，即 $Q_u = nQ_i$，则有

$$R_u = \sqrt[3]{n} R_i \tag{4-34}$$

式中，R_u 为上游流道的当量半径，cm；R_i 为下游流道的当量半径，cm；n 为下游流道的分叉数。如上游流道分成两个支道，则有 $R_u = \sqrt[3]{n} R_i = 1.26 R_i$ 的关系。

（2）设计步骤及实例　注塑模具浇注系统的工程设计方法，关系到塑料件质量和经济效益，因而模具设计师和注射生产工艺师必须掌握。其设计计算的步骤如下：

1）首先确定型腔数目、浇口位置，再确定浇道截面形状及浇口形式。两个型腔间的距离尽可能近些，并尽可能将其设计成平衡布置的浇注系统。用 2^n 的型腔数，即 2，4，8，32，…为佳。在初步拟定了流道的长度和截面尺寸之后，用如图4-47所示的树干、树枝和树叉式的线图表达，以便于下一步的计算。

2）求出各型腔和各段流道的体积，然后计算各段流道注射充模中流过的熔体体积。经计算确定注射充模时间后，即可求得各段流道充模时的熔体体积流率与剪切速率。

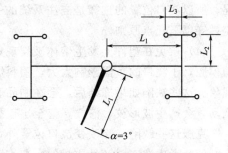

图 4-47　型腔体积为 $15cm^3$ 的 8 型腔平衡布置浇注系统线图

3）由各段流道和浇口的剪切速率，在相关的流动曲线上或查表得 K' 和 n 后获得剪切应力，然后计算各段流道及浇口的熔体充模时的压力降。也可用 γ-Q-R_0 线图，确定各段流道和浇口的剪切速率和截面尺寸，查由与之相关资料得到 K' 后，用幂律参数求压力降。

4）经反复计算，修正流道尺寸，在充模时间和剪切速率适宜的条件下，使各型腔的压力达到预定要求。

6. 塑料品种对浇口的适应性

通常，浇口的形式不仅对塑料熔体的流动性、充模特性和成型质量有很大影响，而且熔体通过浇口时的摩擦以及通过浇口后所产生的取向和结晶应力，还直接影响塑料制品的物理力学性能。浇口对制品的这些影响，常常表现在浇口附近的翘曲或龟裂。一般，这种现象会发生在制品在使用一段时间后，就是说这些缺陷具有一定的时效性。因而，在某些严格要求质量的制品，在生产时应进行必要的测试，包括浸渍、应力测试、密度测试以预测变形的时效程度，通过长期的实践经验总结发现塑料品种对浇口的适应性，如表 4-10 所列。浇口的形式还与成型工艺关系密切，在具体的实践中具体对待。

■ **表 4-10　部分塑料适应的浇口形式**

塑　料	直浇口	侧浇口	限制侧浇口	护耳式	薄片式	环状浇口	圆盘浇口	点浇口	潜伏式
硬聚氯乙烯	○	○	○	○					
聚乙烯	○	○						○	
聚丙烯	○	○						○	
聚碳酸酯	○	○						○	
聚苯乙烯	○	○					○	○	
聚酰胺	○	○						○	
聚甲醛	○	○		○	○	○		○	○
丙烯腈-聚乙烯	○	○		○				○	
ABS	○	○		○	○	○		○	
聚丙烯酸酯	○	○		○				○	○

注：○表示适合。

7. 浇口位置的选择

浇口位置的选择非常重要，它影响着塑件的质量，影响着塑料熔体的流动情况，所以浇口位置的选择是浇注系统的一个关键因素，因而要合理选择浇口位置，应遵守以下几点原则。

（1）避免在塑件上发生熔体破裂现象。截面较小的浇口，若是宽度及深度较大的模腔，小浇口的负面影响太大，塑料熔体通过时易发生喷射流动，发生熔体破裂现象。这些缺陷如果冻结后，会在制品表面上形成瑕疵等缺陷。同时，熔体的快速流动，会产生波形纹、滞气，甚至出现裂痕。

克服这些缺陷，除改变浇口位置外，便是增大浇口截面积。

（2）考虑取向对产品质量的影响。制品在充模及补缩的过程中不可避免地产生一定程度的流动取向组织，这会导致制品在垂直于取向方向上强度降低，并容易产生开裂，这时，根据制品的流动方向与受力方向的关系，重新确定浇口的位置，使取向减轻或改变。

（3）有利于流动、排气、补缩。为了使充模合理，应将浇口开设在制品壁层较厚的部位，同时将排气孔开在离浇口较近的位置，使排气顺畅。浇口开在制品最厚处的优点在于利于补缩，克服体积收缩而形成的缩孔。

（4）增强熔接痕强度。熔接痕是塑料熔体在模腔中汇合时产生的接缝，其强度直接关系到使用性能。浇口的位置和数量对其影响最大，浇口位置的改变，熔接处的部位便发生变化。浇口数量增多，熔接的部位数量增多，因而浇口位置的选择应利于熔接强度的增加。

8. 冷料穴

冷料穴的作用是收集塑料熔体的前锋冷料，避免它们流入模腔后在制品上形成冷疤，降低熔接强度。冷料穴一般是设计在主流道的末端或分流道的末端。其常见形式如图 4-48 所示。

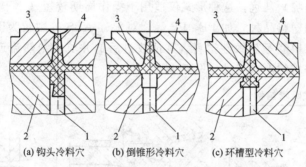

(a) 钩头冷料穴　　(b) 倒锥形冷料穴　　(c) 环槽型冷料穴

图 4-48　常用的拉料杆或顶杆的冷料穴
1—拉料杆或顶杆；2—动模；3—冷料穴；4—定模

第三节　无流道冷凝料的浇注系统设计

无流道冷凝料的浇注系统与普通浇注系统相比具有许多优点。例如，避免了普通浇注系统的回料问题，在一定程度上克服了塑件因补料不足而产生的凹陷和缩孔，省略了修剪浇口、回收浇口冷凝料等工序，也缩短了成型周期和脱模周期，容易实现自动化操作。其缺点是模具的结构复杂、维修困难，对模具的设计、制造和使用等技术都要求较高。

一、热流道浇注系统的分类

热流道的主要特征，是其在整个成型过程中都能使熔体保持在熔融、可成型的状态。因而，如按流道的加热方法或是供料的方式来分，则可将其分为绝热流道、热流道等方式。而绝热流道又可分为井坑式喷嘴绝热流道、多型腔绝热流道；而热

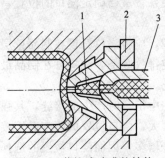

图 4-49　井坑式喷嘴的结构

1—储料井坑；2—定位环；3—喷嘴

流道则又可分为延伸式喷嘴热流道、流道板热流道、阀式浇口热流道等形式。

1. 绝热流道

绝热流道系统是将流道设计得相当粗大，以致流道中心部位的塑料在连续注射时来不及凝固而始终保持熔融状态，从而让塑料熔体能通过它顺利地进入型腔。可分为单型腔的井坑式喷嘴和多型腔的绝热流道模具两类。

（1）井坑式喷嘴绝热流道　又名井坑式喷嘴、绝热主流道，它是最简单的绝热式流道，适用于单腔模。井坑式喷嘴的一般形式如图 4-49 所示。它在注射机喷嘴和模具的入口之间装设主流道蓄料井坑。由于井坑内的物料层较厚，而且被喷嘴和每次通过的塑料不断地加热，所以其中心部分的物料能保持流动的状态，允许物料通过。由于浇口离热源（喷嘴）甚远，这种形式仅适用于操作周期较短（小于 20s）的制品和加工温度甚宽的塑料品种，如 PE，PP 等，对 PS，ABS 等则较为困难且不适用于硬聚氯乙烯、聚甲醛等热敏性塑料。其他改进后的井坑式绝热流道喷嘴如表 4-11 所列，而蓄料井坑的形状与尺寸见表 4-12。

■ 表 4-11　井坑式喷嘴结构

简图		
	1—密封圈；2—喷嘴加热器；3—冷却水槽	
说明 井坑式喷嘴的改进形式。成型周期较长时，为防止浇口和喷嘴中的物料凝固，在开模初期，利用弹簧把浇口切断	井坑式喷嘴的改进形式。蓄料井要求较长时，把喷嘴设计成前端突出于蓄料井的中央	井坑式喷嘴的改进形式。为保证蓄料井中心的物料不冷却，应增大喷嘴前端的传热面积

表 4-12　蓄料井的形状和尺寸

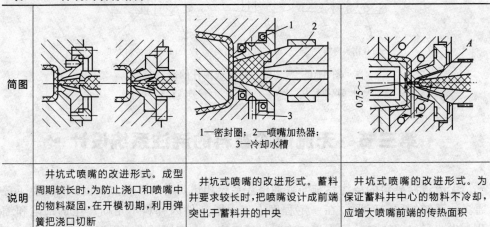

简图	尺　寸			
	塑件质量/g	3～6	>6～15	>15～40	>40～150
	成型周期/s	7.5～6	10～9	15～12	20～30
	D/mm	0.8～1.0	1.0～1.2	1.2～1	1.5～2.5
	R/mm	3.5	4		5.5
	a/mm	0.5	0.6	0.7	0.8

（2）多腔模绝热流道　绝热流道有全绝热和半绝热两种。

① 全绝热流道。如表 4-13（a）所列。其结构特点是为了保证对内部的塑料熔体起到绝热的作用，主流道直径和分流道直径都造得很粗大，截面呈圆柱形，常用的分流道直径为 15～32mm，成型周期越长，直径就越大，最大可达 75mm。工作时，是利用塑料的绝热性能防止熔体凝固，流道外层的塑料熔体接触模具后冷却，形成半熔融状态的固化层（约 2～4mm）对中心部分的熔体起到隔热（绝热）的作用，使内层的塑料保持熔融的状态，此结构形式适用于多腔模的连续注射成型。

■ 表 4-13　常见的绝热流道

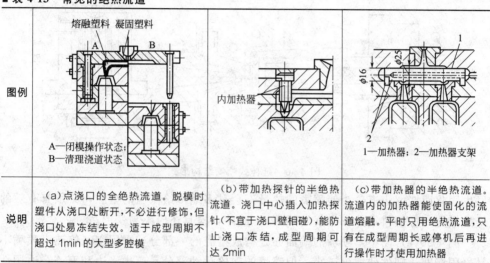

图例	A—闭模操作状态；B—清理浇道状态	内加热器	1—加热器；2—加热器支架
说明	（a）点浇口的全绝热流道。脱模时塑件从浇口处断开，不必进行修饰，但浇口处易冻结失效。适于成型周期不超过 1min 的大型多腔模	（b）带加热探针的半绝热流道。浇口中心插入加热探针（不宜于浇口壁相碰），能防止浇口冻结，成型周期可达 2min	（c）带加热器的半绝热流道。流道内的加热器能使固化的流道熔融。平时只用绝热流道，只有在成型周期长或停机后再进行操作时才使用加热器

② 半绝热流道。其结构特点是将流道或喷嘴加热，以防浇口凝固，如表 4-13（b）所列。从图中可以看到，其在浇口衬套的周围装有一加热棒，可更好地防止浇口的冻结，有时也可加大分流道直径，在其中插入电加热棒加热。为减少分流道的热损失，应在模具上设置较多空气隔热间隙，以减少接触传热。为了同一目的，在料套的周围还设置了环形的空隙。常见的绝热流道如表 4-13 所列。

2. 热流道浇注系统

热流道浇注系统是在定模的固定板与型腔板之间设有加热的流道板。流道板用加热器加热，使流道内的塑料完全处于熔融的状态。流道板利用绝热材料（石棉、水泥板等）或空气间隙与其余部分隔热。主流道和分流道均设在热流道板内，分流道的直径一般为 $\phi 10\sim18$mm。流道的表面应光滑，流道孔端的螺塞应采用比流道孔径大的细牙螺纹，并用铜或氟塑料垫圈来防止熔料的泄漏。应尽量避免在流道及流道喷嘴的拐角处出现死角，以防止塑料滞留、劣化变质。热流道的主要结构形式有延伸喷嘴热流道、热流道板和阀式浇口热流道等。

（1）延伸喷嘴热流道系统　如图 4-50 所示，它是将注射机的喷嘴延伸到型腔的方式，可以把流道缩到相当的短，因而其喷嘴内的压力损失小。在延伸喷嘴上安装有加热器，通过正确的调控使流道中物料的温度保持适于成型，并不会在浇口处

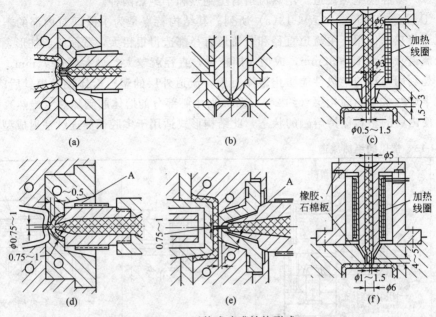

图 4-50 延伸式喷嘴结构形式

发生固化而堵塞流道。为使喷嘴的热量不会过多地传给低温的型腔，必须有有效的绝热措施（如塑料绝热和空气绝热等）。此外，模具还应不易变形。

图 4-50（a）图中，喷嘴的端面亦是构成型腔的一部分，采用空气绝热，喷嘴不易凝固堵塞，塑件残留痕迹小，但喷嘴的前段活动部分易产生飞边和痕迹，适用性差。图 4-50（b）是增加了喷嘴与模具的接触面积，这可提高模具的强度，但喷嘴的热量易传给模具，使模温升高。热量损失较多时喷嘴中的塑料易堵塞浇口。图 4-50（c）为改进后的延伸式喷嘴，是将加热的喷嘴与模具设计成一整体，采用空气绝热和喷嘴外加热器，结构简单可靠，更换模具时不需更换注射机的喷嘴。图 4-50（d）是采用塑料绝热层绝热，A 面起承压的作用。与井坑式喷嘴相比，浇口不易堵塞，应用范围较广，但不适于成型热稳定性差的塑料。图 4-50（e）是采用空气绝热的形式，A 面起承压作用，而浇口衬套则起绝热的作用，损坏后便于更换。图 4-50（f）为改进后的延伸式喷嘴。加热的喷嘴与模具设计成一整体，喷嘴的端面构成型腔的一部分，采用空气、绝热材料和喷嘴外加热器。更换模具时不需更换注射机的喷嘴。

（2）热流道板流道系统 热流道板的作用是将塑料熔体以恒温的形态经分流道送入各个热流道喷嘴。因此对热流道板提出如下要求：熔体在热流道板内流动时压力损失要小，没有使料停滞的死角；在流道板与模具之间隔热良好，加热周期短，有良好的温度调控手段；应尽可能地采用平衡式的分流道布置，均匀地分配物料；能保证流道板与喷嘴之间无泄漏；在更换着色的塑料时，易于净化和清洗；有良好的耐用性，加热器的替换方便。

1) 热流道板的结构类型。尽管热流道板有多种结构和安装方法，而且各种新型的热流道板还在不断出现和研发之中，但其主要的区分界限还是在于加热的方法，热流道板的结构有外加热和内加热两大类型，见图 4-51。

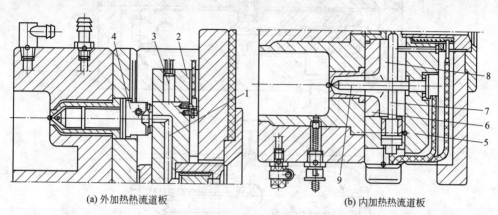

(a) 外加热热流道板　　　　　　　　(b) 内加热热流道板

图 4-51　采用标准模架的内、外加热热流道板模具图例

1,9—流道；2—流道板；3—加热棒；4—顶针式喷嘴；5—鱼雷棒；
6,7—流道板的组成板；8—加热棒嵌件

① 外加热的流道板。这是最常见的形式，它又可分为板式热流道板和管式热流道板。

a. 板式热流道板。其是由热作的工具钢制作，在板上钻出约 $\phi 5 \sim 12 mm$ 的圆形流道，用加热棒或加热圈等加热。流道板和模具的定模板及型腔板之间用空气间隙或其他绝热材料隔热。

图 4-52 为采用加热棒加热的热流道板。测温的热电偶最好是安装在被加热器等效加热的位置，流道板与各个喷嘴应分别进行温度的控制。流道内壁需经铣削或抛光，以免滞料分解，转角处还要平滑地过渡。主流道衬套一般直接用螺纹连接在流道板上，且不与定模的底板接触，应留有隔热的间隙。另外，在主流道衬套中应设置过滤器，以滤去熔料中的杂质，防止其堵塞喷嘴孔（浇口）。同时，还要求流道板有足够的加热功率，能在 $30 \sim 60 min$ 的时间内将流道板的温度从常温升高到 $200 \sim 300 ℃$。

b. 管式热流道板。管式流道板的结构特点是流道设置在管中，如图 4-53 所示。管用线圈加热器加热、陶瓷材料绝热，装在孔板里管输送由注射机注射进来的熔体。管式流道板因用材少并用气隙隔热，相对来说流道板的温度较低。由于温度的波动很小，故较适于 PA66，PBT，PC，PEEK，PET，PSU 和玻璃纤维充填的 PVC 等塑料的成型。

图 4-54 所示是用不锈钢管做成的流道安装于流道板中，并被镶焊在铜合金里。加热器也被镶在同样的板里。因为流道板具有良好的导热性，故其温度分布均匀，还能提高加热器的寿命，并可节省 50% 的能量。因采用了圆弧形的流道，具有光

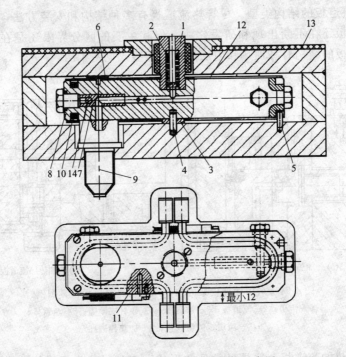

图 4-52　外加热的流道板的结构示意图

1—主流道板；2—熔体过滤网套；3—支承垫；4,5—定位销；6—承压圈；

7—端面堵塞；8—金属密封圈；9—热流道喷嘴；10—管状加热器；

11—热电偶；12—反射铝片；13—绝缘板；14—销钉

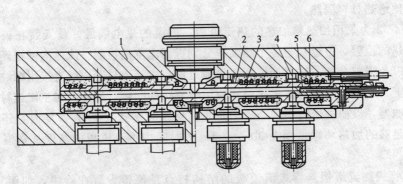

图 4-53　管式热流道板（220V）

1—流道板；2—热流道的管；3—加热器；4—紧固件；5—端面堵头；6—热电偶

滑的内表面，使更换熔体和换色更容易。其适用于有化学腐蚀性的塑料，甚至是氟塑料的成型。管式热流道板可与各种管件连接而制成现代的热流道板系统，并可将流道板以标准化的模式安装上不同数目的喷嘴。

② 内加热式热流道板。这种流道板适用于进料喷嘴部位带有内加热探针的热流道模具，分流道本身也采用内加热，如图 4-55（a）所示。这时流道板的表面温度

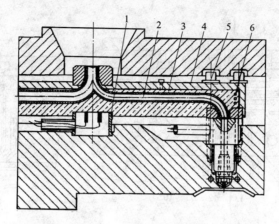

图 4-54 管式的流道板
1—装环；2—流道管；3—铜合金；4—板块；5—喷嘴紧固螺栓；6—镶入的管状加热器

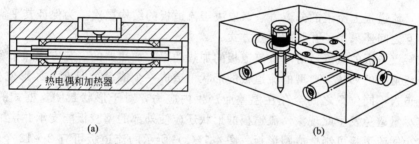

图 4-55 内加热的热流道板结构示意图

比外加热流道板的低得多，仅 40℃ 左右，而外加热流道板的温度在 200～600℃ 的
范围内，因此，其热损失比后者小 75%，能省大量的能耗；其流道外壁附近的
塑料处于冻结的状态，仅流道中心是处于流动状态，这类似于绝热流道，因此，大
大地降低了漏料的可能性。除此之外，也易于换料和换色，可与各类型的喷嘴配合
使用，安装型腔的空间自由度大，易于实现平衡流动。但其流动阻力较大，如在分
流道中心插入一加热管，见图 4-55(a)，塑料熔体沿管的外围空间流动，当流道垂
直相通时，为使处于中心位置的加热器能互不干扰，其垂直流道之间可采取交错穿
通的办法，如图 4-55(b) 所示。采用此类热流道板的模具如图 4-56 所示。这种热
流道板的缺点是流道断面内的物料温度不均匀，在高速注射时易将冷料带入型腔而
使制品的质量下降。

2) 热流道板的形状。热流道板的形状取决于流道中熔体流动的方式、喷嘴的
数目与分布。标准的热流道系统的喷嘴数目通常是 2 的倍数即 2、4、8、16、32 和
64，或者是 3 的倍数即 3、6、12、24、48 和 96。此原则的应用，可保证模具型腔
的对称分布，并容易取得型腔充填时的自然平衡，以实现现代的模具设计。

在分流道的设计中，应能保证对所有喷嘴的等流径的自身平衡。在这样的分流

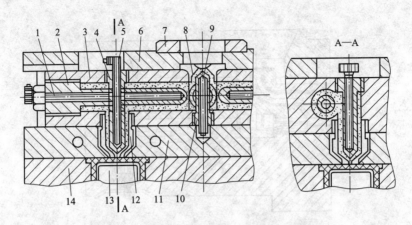

图 4-56　采用内加热流道板的模具结构示意图

1,5,9—管式加热器；2—分流道加热管；3—流道板；4—喷嘴加热管；6—定模底板；7—定位环；
8—主流道衬套；10—主流道加热管；11—浇口板；12—喷嘴；13—型芯；14—型腔板

条件下，流道板上流道的分流方法，取决于流道板的结构层次。为保证其平衡，在型腔相互之间还采用了并联的布置方式。

　　减轻流道板的质量，可降低流道板的加热功率。加热器的安装方法和布置，也会影响流道板的形状。典型的流道板的形状可造成一个或多个 H 形、X 形或 Y 形，由于流道板不同位置之间会存在温差而产生内应力，对于形状封闭、框式的流道板，应尽量避免发生此现象。流道板的形状还应使外部的型腔板能支承并接纳它。

　　较小的流道板可制造成圆形板。图 4-57（a）所示的流道板可有 2～12 个喷嘴，从喷嘴到中央的流道距离为 12～43mm。

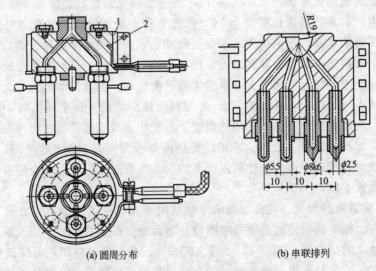

(a) 圆周分布　　　　　　　　　　(b) 串联排列

图 4-57　螺栓连接的板式流道板

1—带式加热器；2—热电偶

3）流道板所用材料。由于热流道板在装配和密封时要承受较大的表面压力，同时为防止其在膨胀期间不会与接触的喷嘴表面产生黏结，因此对流道板材料的硬度方面有很高的要求。为满足此条件，可使用性能坚韧的合金钢，如强度为1100MPa，热导率为35W/(m·K)的合金钢。当不用螺栓来紧固流道板时，则要用硬度为35～40HRC、强度更高的钢材来制造。对于在高温下工作的流道板，选用热作钢 DIN1.2343 或 DIN1.2714 是可行的。对用于成型腐蚀性塑料如 PVC 等，则应选用耐腐蚀的钢材来制造流道板。此外，流道应镀铬，流道板上的接触面都应进行磨削。这里要强调的是，为使熔体不产生泄漏和损伤热流道系统中的其他元件，不要用未经处理的钢材和铝合金制造流道板。

4）热流道板的加热。工作时，热流道系统必须处于热平衡的状态，如图 4-58 所示。热的损失必须由加热来补偿。理想状态下的热流道系统将是个等温状态。要求供热系统在整个流程中所供给的热量能足以补偿热的损耗。必须注意到，流经流道的熔体，特别是流经浇口时由于高的剪切而产生的热还会促使升温，这也将补偿热流道系统热的损耗。

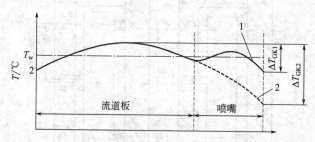

图 4-58　热流道系统流程的温度分布曲线

1—加热喷嘴；2—导热喷嘴

T_w—注射温度；ΔT_{GK1}—单独加热喷嘴的塑料温度分布；ΔT_{GK2}—由流道板导热喷嘴的塑料温度分布

与热流道系统的热平衡有关的因素包括：成型工艺中的各种可变条件、模具与注射机的状况及周边环境等。必须将热流道系统所需的温度保持在最小的偏差范围内。能达到此要求必须满足以下条件：对热流道系统的各加热部分应有明确的指标；要正确地设计和确定加热元件的功率；在结构中适当地设置加热元件的位置；确定适宜的加热区段和温度的测量点；提供良好的绝（隔）热条件。从使用的角度来说，加热装置应满足：具有耐用、易更换、有强的抗力学损伤防泄漏和腐蚀的能力，连接安全可靠。

线圈和带式加热器常用于喷嘴的加热，而流道板的加热则常用棒式和管式加热器。

从安全着想，设计者和使用者都应考虑加热时所使用的电压。这是一个很重要的问题。因为加热方法、控温装置和连接方式等都与电压有关。也有采用混合形式的，如流道板是采用常规电压（220～230V）加热，而喷嘴则是用低压电（24V，5V）加热。

钢制的流道板所需功率为

$$P = \frac{0.115\Delta T m}{860 t \eta} \tag{4-35}$$

式中，m 为流道板的质量，kg；0.115 为钢的比热容，为 0.115kcal/(kg·℃)（1kcal＝4.19kJ）；t 为加热时间，可取 1h；ΔT 为流道板要求温度与室温之差；η 为加热器由电能转变为热能的效率，约为 0.2～0.30。

5）热流道装置的热补偿。设计热流道模具时不可忽略的一个重要问题是在加热时热流道板的膨胀。当温度升高，流道板的三维尺寸都增加，结果进料喷嘴中心之间的距离相对于放置模腔板的空间的中心之间的"固定"距离增大了，如图4-59所示。图（a）表明，当流道板是冷的时，进料喷嘴的中心线"X"，与相应的模腔的中心"Y"，成一直线。当流道板受热时，进料喷嘴的中心线之间的距离增加，而且相应的中心线"X"和"Y"不再成一直线。因此在设计热流道模具时，为使中心线都能在一直线上，必须为此膨胀而预留有一定的间隙。

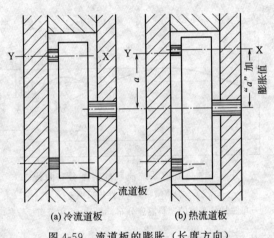

图 4-59　流道板的膨胀（长度方向）

流道板高度方向的膨胀一般不会成为严重的设计问题。图 4-60 是流道板进料喷嘴的结构细部图。当流道板在常温时，其高度（m）与热流道框架中所构成的安装空间的高度（n）一致。当流道板加热时，如图 4-60(b) 所示，流道板的高度增加，进料喷嘴便有突入凹模板前表面的趋势。突入的程度通常可以忽略。而实际上喷嘴与流道板和凹模之间是以密封的接触面接触的。不过，如果热流道装置是用于

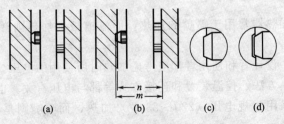

图 4-60　流道板的膨胀（长度方向）

多种物料成型的，则由于需采用不同的加热温度而使流道板的膨胀程度不同，这会产生一些问题。

图 4-60 的局部视图（c）和图（d）所示可说明上述问题。图（c）是加工物料A 时装置膨胀，进料喷嘴嵌入凹模板中。图（d）是说明，到加工物料 B 时，由于流道板需要较低的温度，喷嘴膨胀的幅度较小，于是在进料喷嘴的端面与凹模板的凹坑之间就出现间隙。这样一来，高聚物熔体就有可能从这一间隙中漏出并流到热流道板上。

6）流道板的紧固和密封。

① 流道板的紧固。在流道板被紧固时，应注意以下两个基本问题：一是整个热流道系统应不会出现泄漏且应将流道板的热膨胀作用一起考虑；二是应限制流道板的热损失。

流道板可用模板紧固在模具上或直接用螺栓紧固。但实际上，同时用螺栓和模板紧固的混合固定形式正在增加，这可提高其密封性能。由于外加热的流道板对防泄漏较有保证，因此，已开发出采用螺纹连接喷嘴的流道板。

紧固流道板的形式可见图 4-52。为防止喷嘴与流道板之间发生泄漏，固定板上的压力经承压圈 6 将流道板与喷嘴 9 压紧。在将流道板紧固到模具上时应留有一个间隙，此间隙的大小取决于其装配高度和流道板与模具间的温差。因此，需要获知系统加热和流道板与喷嘴热膨胀后的预伸长量，对所装配零件的刚性和允许的表面压力也应进行实际检测。还应注意的是，太大的紧固力会导致夹紧表面的永久变形和紧固密封的失效。

由于采用了承压圈，流道板与模具固定板之间的接触面积减小，可以减少热的损失，还可传递很大的表面压力，有利于流道板的紧固和密封。

热流道系统的泄漏也与模具的刚度有关，故要提高其刚度。为了增加流道板的紧固力，特别是为了保证开模时不松动，防止因热流道系统残留的压力造成泄漏，建议每个喷嘴用两个螺栓将其旋紧在流道板上。热流道系统的泄漏，也与装配的精确度有很大的关系，应严格地按安装程序进行安装。

② 流道板的密封。为提高流道板与喷嘴之间防泄漏的可靠性，大多数热流道系统都采用柔性的管状密封环来密封，如图 4-61 所示。密封环用不锈钢片制造，内圈上有几个孔。在注射时，高压的熔体填压着密封环，使其产生防漏所需的外部压紧力。对刚度低的模具、已变形的旧模具和模板之间平面度不好的旧注射机，采用此种密封环则特别有利。在模具被拆卸后或是模具连续工作约 6 个月后，密封环应该替换。

应注意，在一些陈旧的热流道系统中仍可遇到用铜制的密封环，但铜制密封环只能一次性使用，在模具每次冷却时都必须更换。进一步来说，由于铜对某些塑料有侵蚀效应，因此在一些塑料的成型中也不应该使用铜密封环。

（3）阀式浇口热流道喷嘴　对于熔体黏度很低的塑料来说，为避免流涎现象，热流道模具可采用特殊的阀式浇口的结构形式。在注射和保压阶段将阀芯开启，保

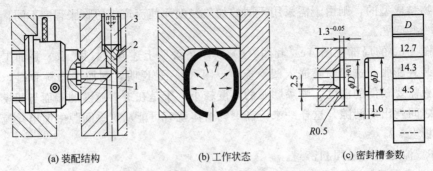

(a) 装配结构　　　　　(b) 工作状态　　　　　(c) 密封槽参数

图 4-61　使用柔性管状密封环密封结构图
1—密封环；2—堵头；3—固定螺钉；R—半径

压结束后即将阀芯关闭，在脱出制品后不再发生流涎现象。

机械或液压驱动的阀式浇口在阀芯开启前可以在注射机机筒内施以预压，使熔体产生预压缩，当浇口开启的一瞬间，被预先压缩的熔体体积迅速膨胀，这能大大缩短充模的时间，并可增加熔体的最大流程比。由于能快速充模和快速封闭浇口，可缩短成型的总周期，这一点对薄壁制品最为明显。

图 4-62 所示为一种用弹簧驱动的阀式浇口，其可用于多型腔和单型腔，加热原件装设在喷嘴和主流道的周围，并用环氧树脂（玻璃钢）压制成的罩壳进行隔热。

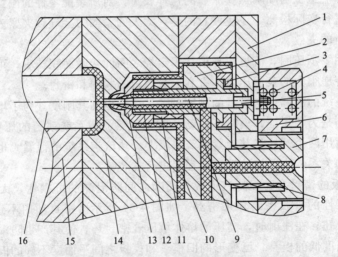

图 4-62　多型腔弹簧阀式浇口热流道模具
1—定模底板；2—热流道板；3—锁紧盖；4—压力弹簧；5—阀杆；6—定位环；
7—主流道衬套；8,11—加热圈；9—针阀；10—隔热外壳；12—喷嘴体；
13—喷嘴头；14—型腔板；15—动模板；16—凸模

阀式浇口的开关除可用弹簧驱动以外，还可采用液、气压机构来驱动。特别是大力发展气压驱动（通过气缸）的阀式浇口，因气压驱动更清洁、安全，不会因泄漏而产生污染等问题。图 4-63 所示的阀式浇口的启闭是由附加的液压机构来完成的。液压缸通过杠杆带动针形阀的阀芯做往复运动，完成浇口的启闭动作。图4-64所示是用气压驱动的阀式浇口。

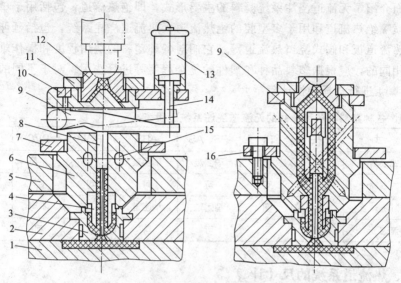

图 4-63 液压杠杆阀式浇口热流道模具

1—模板；2—定模板；3—浇口套；4—喷嘴头；5—定模底板；6—喷嘴体；

7—压板；8—针阀；9—杠杆；10—支撑板；11—锁紧螺母；12—喷嘴盖；

13—油压缸；14—活塞杆；15—加热孔道；16—压紧螺钉

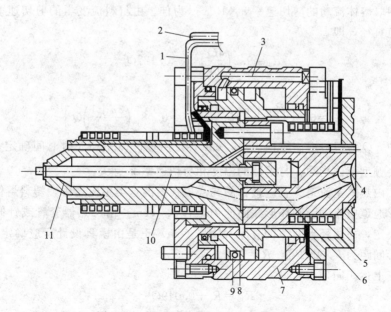

图 4-64 气压驱动阀式浇口热流道喷嘴

1—电源；2—热电偶引线；3—气道；4—物料入口；5—加热圈；6—上下移动横梁；

7—气缸体；8—活塞；9—密封环；10—阀芯；11—喷嘴

在热流道模具里，机械或液压驱动的阀式浇口的阀芯内还可钻孔插入内加热器，使阀芯起到内加热分流梭的作用。

上面介绍了无流道浇注系统凝料的主要形式，即绝热流道，包括用于单型腔的井坑式喷嘴绝热流道和用于多型腔的绝热流道；热流道浇注系统，包括延伸喷嘴热流道、热流道板和阀式浇口热流道等。它们对各种塑料的适用程度和操作难易程度是各不相同的，应根据塑料品种和塑件的复杂程度等进行选用。对于不同的塑料可按照表 4-14 进行选择和设计。

■ 表 4-14　各种塑料与各种形式的无流道浇注系统适用表

形　式	PE	PP	PS、AS	ABS	POM	PVC	PC
井坑式喷嘴	可	可	稍困难	稍困难	不可	不可	不可
延伸式喷嘴	可	可	可	可	可	不可	不可
绝热流道	可	可	稍困难	稍困难	不可	不可	不可
热流道	可	可	可	可	可	可	可

二、热流道系统的尺寸计算

1. 主流道截面尺寸

（1）外热式主流道　无论是单腔热流道模具的延伸喷嘴还是多型腔热流道（含多进浇点的单腔热流道）模具，其截面多为圆筒形。由前面的分析和实验证明，在主流道中取熔体流动的剪切速率 $5 \times 10^3 \, \text{s}^{-1}$ 为佳。由材料流变学的剪切速率方程可得主流道直径，即

$$d_{\text{s}} = 0.2 \left(\frac{4Q}{5\pi} \right)^{1/3} = 0.127 Q^{1/3} \tag{4-36}$$

或

$$d_{\text{s}} = 0.2 \left[\left(\frac{3n+1}{n} \right) \left(\frac{Q}{5\pi} \right) \right]^{1/3} = 0.08 \left[\left(\frac{3n+1}{n} \right) Q \right]^{1/3} \tag{4-37}$$

式中，Q 为塑料熔体体积流率，cm^3/s，由塑件体积和注射时间确定；n 为熔体的非牛顿型流体指数，与熔体的温度和剪切速率 $\dot{\gamma}$ 有关。

（2）内热式主流道　它包括针阀式浇口在内的这类主流道中，塑料熔体均在一个圆环形通道中流动。圆环形截面的内半径 R_{i}（cm）由加热器套管或针阀套的外半径所决定，而圆环形间隙的外半径 R_{so}（cm）正是由模具设计所应确定的尺寸。令圆环形间距为 h，则 $R_{\text{so}} - R_{\text{i}} = h$。

基于上述相同理由可得

$$R_{\text{so}} = R_{\text{i}} + 0.049 Q^{1/3} \tag{4-38}$$

或

$$R_{\text{so}} = R_{\text{i}} + 0.034 \left[\left(\frac{2n+1}{n} \right) Q \right]^{1/3} \tag{4-39}$$

若以直径 D_{so}（cm），D_i（cm）表示，则得描述式分别为

$$D_{so} = D_i + 0.098Q^{1/3} \tag{4-40}$$

或

$$D_{so} = D_i + 0.068\left[\left(\frac{2n+1}{n}\right)Q\right]^{1/3} \tag{4-41}$$

2. 分流道截面尺寸

（1）外热式分流道　根据分流道的功能及需压降小、散热少的要求，通常认为熔体在分流道中流动时，取其剪切速率 $\dot{\gamma}_R = 5 \times 10^2 \, s^{-1}$ 为宜。分流道通常开在流道板上，并呈圆形截面。根据材料流变学及其剪切速率方程，可得外热式分流道直径 d_R（cm），即

$$d_R = 0.273Q_R^{1/3} \tag{4-42}$$

或

$$d_R = 0.172\left[\left(\frac{3n+1}{n}\right)Q_R\right]^{1/3} \tag{4-43}$$

式中，Q_R 为熔体在分流道中的体积流率，cm^3/s；n 为熔体的非牛顿指数。

（2）内热式分流道　塑料熔体在包围加热器的圆环形间隙通道中流动。设加热器套管外半径为 R_i，圆环形间隙为 h，则圆环隙的外半径 $R_{RO} = R_i + h$。根据前述相同的理由，由材料流变学的相关方程，经推导化简，可得内热式分流道半径为

$$R_{RO} = R_i + 0.106Q_R^{1/3} \tag{4-44}$$

或

$$R_{RO} = R_i + 0.074\left[\left(\frac{2n+1}{n}\right)Q_R\right]^{1/3} \tag{4-45}$$

若以直径 D_{RO}（cm），D_i（cm）表示，可得内热式分流道尺寸为

$$D_{RO} = D_i + 0.213Q_R^{1/3} \tag{4-46}$$

或

$$D_{RO} = D_i + 0.147\left[\left(\frac{2n+1}{n}\right)Q_R\right]^{1/3} \tag{4-47}$$

3. 浇口截面尺寸

热流道模具的浇口大多是呈圆形截面的主流道型浇口或点浇口。根据浇口的功能，由理论分析表明，熔体在浇口处流动的剪切速率取 $\dot{\gamma} = 10^4 \sim 10^5 \, s^{-1}$，熔体接近于等温流动，且其表观黏度（处于高剪切速率下）会有利于充模。因此，在设计热道模具的浇注系统时，应予以充分考虑。

（1）主流道型浇口　包括单型腔热流道模具浇口在内，因其浇口结构与主流道极为相似而得此名。此种浇口在大批量生产过程中，不会因生产周期适宜延长而冻结造成操作不正常，因而应用颇多。在确定其小端截面尺寸时，通常取熔体流动的剪切速率处于 $\dot{\gamma} = 5 \times 10^4 \, s^{-1}$ 之下为好。于是可得主流道型浇口小端直径 d_G（cm）为

$$d_G = 0.059 Q_G^{1/3} \tag{4-48}$$

或

$$d_G = 0.037 \left[\left(\frac{3n+1}{n} \right) Q_G \right]^{1/3} \tag{4-49}$$

式中，Q_G 为熔体流经浇口的体积流率，cm^3/s；n 为熔体的非牛顿型流体指数。其大端尺寸，可取锥度 $\alpha = 2° \sim 4°$ 确定。

（2）点浇口　在点浇口处，通常取熔体流动的剪切速率 $\dot{\gamma} = 10^5 s^{-1}$，从而得点浇口直径为

$$d_G = 0.046 Q_G^{1/3} \tag{4-50}$$

或

$$d_G = 0.0294 \left[\left(\frac{3n+1}{n} \right) Q_G \right]^{1/3} \tag{4-51}$$

第四节　热流道技术与应用

上述对热流道技术与理论方面内容叙述了很多，本节主要介绍热流道技术应用问题。热流道模具与普通流道模具相比，具有注塑效率高、成型塑件质量好和节约原料等优点，随着聚合物工业的发展，热流道技术正不断地发展完善，其应用范围也越来越广泛。

一、热流道发展史

热流道系统（hot runner systems）起源于注塑工业中的无流道系统，作为一项先进的塑料注塑加工技术，在西方发达国家的普及使用可以追溯到上个世纪的中期甚至更早。

热流道注射成型法于 20 世纪 50 年代问世，经历了一段较长时间的推广以后，其市场占有率逐年上升，80 年代中期，美国的热流道模具占注塑模具总数的 15%～17%，欧洲为 12%～15%，日本约为 10%。但到了 90 年代，美国生产的塑料注塑模具中热流道模具已占 40% 以上，在大型制品的注塑模具中则占 90% 以上。

近年来，热流道技术在中国的逐渐推广，这很大程度上是由于我国模具向欧美公司的出口量快速发展带来的。在欧美国家，注塑生产已经依赖于热流道技术。可以这样说，没有使用热流道技术的模具现在已经很难出口，这也造成了很多模具厂家对于热流道技术意识上的转变。

二、热流道的原理与热流道模具的特点

1. 热流道的原理

冷流道是指模具入口与产品浇口之间的部分。塑料在流道内靠注塑压力和其本

身的热量保持流动状态，流道作为成型物料的一部分，但并不属于产品。所以在我们设计模具的时候既要考虑填充效果，又要考虑怎样通过缩短、缩小流道来节省材料，理想情况是这样，但实际应用中则很难达到两全其美。

热流道又称无流道是指在每次注射完毕后流道中的塑料不凝固，塑胶产品脱模时就不必将流道中的水口脱出。由于流道中的塑料没有凝固，所以在下一次注射的时候流道仍然畅通。简要言之，热流道就是注塑机喷嘴的延伸。

2. 热流道模具的特点

节约原料、降低制品成本是热流道模具最显著的特点。普通浇注系统中要产生大量的料柄，在生产小制品时，浇注系统凝料的重量可能超过制品重量。由于塑料在热流道模具内一直处于熔融状态，制品不需修剪浇口，基本上是无废料加工，因此可节约大量原材料。由于不需废料的回收、挑选、粉碎、染色等工序，故省工、省时、节能降耗。

注射料中因不再掺入经过反复加工的浇口料，故产品质量可以得到显著地提高，同时由于浇注系统塑料保持熔融，流动时压力损失小，因而容易实现多浇口、多型腔模具及大型制品的低压注射。热浇口利于压力传递，在一定程度上能克服塑件由于补料不足而形成的凹陷、缩孔、变形等缺陷。

适用树脂范围广，成型条件设定方便。由于热流道温控系统技术的完善及发展，现在热流道不仅可以用于熔融温度较宽的聚乙烯、聚丙烯，也能用于加工温度范围窄的热敏性塑料，如聚氯乙烯、聚甲醛（POM）等。对易产生流涎的聚酰胺（PA），通过选用阀式热喷嘴也能实现热流道成型。

另外，操作简化、缩短成型周期也是热流道模具的一个重要特点。与普通流道相比，缩短了开合模行程，不仅制件的脱模和成型周期缩短，而且有利于实现自动化生产。据统计，与普通流道相比，改用热流道后的成型周期一般可以缩短30%。

为什么会有这种热流道技术出现呢？热流道技术又能够带给我们哪些好处呢？熟悉注塑工艺的工程人员都知道，常规注塑成型经常会有以下不利因素的出现：①填充困难；②薄壁大制件容易变形；③浇道原材料的浪费；④多模腔模具的注塑件质量不一等。

三、热流道系统的优势

热流道具有许多优点，因此，在国外发展比较快，许多塑胶模具厂所生产的模具50%以上采用了热流道技术，部分模具厂甚至达到80%以上。在中国，这一技术在近十年才真正得以全面推广和应用，随着模具行业的不断发展，热流道在塑胶模具中运用的比例也逐步提高，但总体上还未达到国外热流道模具的比例。

热流道技术的出现，则给这些问题提供了比较完善的解决方案，一般来讲，采用热流道有以下的好处：

（1）缩短制件成型周期　因没有浇道系统冷却时间的限制，制件成型固化后便可及时顶出。许多用热流道模具生产的薄壁小零件成型周期可在5s以下。

（2）节省塑料原料　在全热流道模具中因没有冷浇道，所以无生产费料。这对于塑料价格贵的应用项目意义尤其重大。事实上，国际上主要的热流道生产厂商均在世界上石油及塑料原料价格昂贵的年代得到了迅猛的发展。因为热流道技术是减少废料降低原材料费用的有效途径。

（3）减少废品，提高产品质量　在热流道模具成型过程中，塑料熔体温度在流道系统里得到准确地控制。塑料可以更为均匀一致的状态流入各模腔，其结果是品质一致的零件。热流道成型的零件浇口质量好，脱模后残余应力低，零件变形小。所以市场上很多高质量的产品均由热流道模具生产。

（4）消除后续工序，有利于生产自动化　制件经热流道模具成型后即为成品，无需修剪浇口及回收加工冷浇道等工序，有利于生产自动化。国内外很多产品生产厂家均将热流道与自动化结合起来以大幅度地提高生产效率。

（5）扩大注塑成型工艺应用范围　许多先进的塑料成型工艺是在热流道技术基础上发展起来的。如 PET 预成型制造、在模具中多色共注、多种材料共注工艺、STACK MOLD 等。

尽管与冷流道模具相比，热流道模具有许多显著的优点，但模具用户也需要了解热流道模具的缺点。概括起来有以下几点：

（1）模具成本上升　热流道元件价格比较贵，热流道模具成本可能会大幅度增高。如果零件产量小，模具工具成本比例高，经济上不划算。对许多发展中国家的模具用户，热流道系统价格贵是影响热流道模具广泛使用的主要问题之一。

（2）热流道模具制作工艺设备要求高　热流道模具需要精密加工机械作保证。热流道系统与模具的集成与配合要求极为严格，否则模具在生产过程中会出现很多严重问题。

（3）操作维修复杂　与冷流道模具相比，热流道模具操作维修复杂。如使用操作不当极易损坏热流道零件，使生产无法进行，造成巨大经济损失。对于热流道模具的新用户，需要较长时间来积累使用经验。

四、热流道系统与结构的组成

尽管世界上有许多热流道生产厂商和多种热流道产品系列，但一个典型的热流道系统均由如下几大部分组成：热流道板、喷嘴、温度控制器、辅助零件。

这些零件的种类与应用，已在上述几节深入讨论。

一个成功的热流道模具应用项目需要多个环节予以保障。其中最重要的有两个技术因素：一是塑料温度的控制；二是塑料流动特性的控制。

1. 塑料温度的控制

在热流道模具应用中塑料温度的控制极为重要。许多生产过程中出现的加工及产品质量问题直接来源于热流道系统温度控制的不好。如使用鱼雷式热嘴浇口注塑成型时产品浇口质量差问题、阀式热嘴成型时阀针完全关闭困难的问题以及多型腔模具中的零件填充时间及质量不一致的问题。如果可能，应尽量选择具备多区域分段控温的热流道系统，以增加使用的灵活性及应变能力。

2. 塑料流动的控制

塑料在热流道系统中要流动平衡。浇口要同时打开使塑料同步填充各型腔。对于零件重量相差悬殊的要进行浇道尺寸设计平衡。否则就会出现有的零件充模保压不够，有的零件却充模保压过度，飞边过大质量差等问题。热流道浇道尺寸设计要合理。尺寸太小充模压力损失过大。尺寸太大则热流道体积过大，塑料在热流道系统中停留时间过长，破坏材料性能而导致零件成型后不能满足使用要求。

在世界众多热流道品牌中，Mastip 热流道系统在全球范围内已被优先选用，属于世界知名品牌行业，销售业绩更是逐年递增。Mastip 热流道已广泛应用于家用电器、化妆品、汽车配件、食品和医药、航空航天等塑料制品的热流道模具中。例如：波音 787 飞机上的绝大部分塑料制品均是使用 Mastip 热流道系统成型的。Mastip 以稳定的质量、优良的服务获得全球消费者的青睐。

3. 热流道系统的结构

热流道系统一般由热喷嘴、分流板、温控箱和附件等几部分组成。热喷嘴一般包括两种：开放式热喷嘴和针阀式热喷嘴。由于热喷嘴形式直接决定热流道系统选用和模具的制造，因而常相应的将热流道系统分成开放式热流道系统和针阀式热流道系统。分流板在一模多腔或者多点进料、单点进料但料位偏置时采用。材料通常采用 P20 或 H13。分流板一般分为标准和非标准两大类，其结构形式主要由型腔在模具上的分布情况、喷嘴排列及浇口位置来决定。温控箱包括主机、电缆、连接器和接线公母插座等。热流道附件通常包括：加热器和热电偶、流道密封圈、接插件及接线盒等。

五、热流道系统的分类

一般说来，热流道系统分为单头热流道系统、多头热流道系统以及阀浇口热流道系统。单头热流道系统主要由单个喷嘴、喷嘴头、喷嘴连接板、温控系统等组成。单头热流道系统塑料模具结构较简单。将熔融状态塑料由注塑机注入喷嘴连接板，经喷嘴到达喷嘴头后，注入型腔。需要控制尺寸 d、D、L 和通过调整喷嘴连接板的厚度尺寸，使定模固定板压紧喷嘴连接板的端面，控制喷嘴的轴向位移，或者直接利用注塑机喷嘴顶住喷嘴连接板的端面，也可达到同样目的。在定模固定板的合适位置设置一条引线槽，让电源线从模具内引出与安装在模具上的接线座连接。

多头热流道系统塑料模具结构较复杂。熔融状塑料由注塑机注入喷嘴连接板，经热流道板流向喷嘴后到达喷嘴头，然后注入型腔。热流道系统的喷嘴与定模板有径向尺寸 D 配合要求和轴向尺寸限位要求。喷嘴头与定模镶块有径向尺寸 d 配合要求，保证熔融状态的塑料不溢流到非型腔部位，并要求定模镶块的硬度淬硬 50HRC 左右。分型面到热喷嘴轴向定位面之间的距离 L 必须严格控制，该尺寸应根据常温状态下喷嘴的实际距离 L' 加上模具正常工作温度下喷嘴的实际延伸量 ΔL

确定。为了保证喷嘴与热流道板贴合可靠，不使热流道板产生变形，在喷嘴的顶部上方设有调整垫，该调整垫与喷嘴自身的轴向定位面一起限制了喷嘴在轴向的移动，且有效地控制了热流道板可能产生的变形。在常温状态下，调整垫与热流道板和定模固定板之间控制 0.025mm 间隙以便模具受热后，在工作温度状态时调整垫恰好压紧。热流道系统的定位座和定位销一起控制了热流道板在模具中的位置。定位座与定模板有径向尺寸 D_2 配合要求，而且深度 h 必须控制准确，定位座的轴向起着支承热流道板的作用，直接承受注射机的注射压力。定位销与热流道板固定板有配合要求。热流道板与模板之间必须留有足够的空隙，以便包裹隔热材料。热流道板和固定板必须设有足够的布线槽，让电源线从模具内引出与安装在模具上的接线座连接。喷嘴连接板与定模固定板之间有径向尺寸 D_1 配合要求，以便注塑机的注射头与模具上的喷嘴连接板配合良好。在热流道板附近，将定模板、热流道板固定板、定模固定板用螺钉连接起来，增强热流道板的刚性。

阀浇口热流道系统塑料模具结构最复杂。它与普通多头热流道系统塑料模具有相同的结构，另外还多了一套阀针传动装置控制阀针的开、闭运动。该传动装置相当于一只液压油缸，利用注射机的液压装置与模具连接，形成液压回路，实现阀针的开、闭运动，控制熔融状态塑料注入型腔。

六、热流道塑料模具设计程序

首先，根据塑件结构和使用要求，确定进料口位置。只要塑件结构允许，在定模镶块内喷嘴和喷嘴头不与成型结构干涉，热流道系统的进料口可放置在塑件的任何位置上。常规塑件注射成形的进料口位置通常根据经验选择。对于大而复杂的异型塑件，注射成形的进料口位置可运用计算机辅助分析（CAE）模拟熔融状塑料在型腔内的流动情况，分析模具各部位的冷却效果，确定比较理想的进料口位置。

然后，确定热流道系统的喷嘴头形式。塑件材料和产品的使用特性是选择喷嘴头形式的关键因素，塑件的生产批量和模具的制造成本也是选择喷嘴头形式的重要因素。

第三，根据塑件的生产批量和注射设备的吨位大小，确定每模的腔数。

第四，由已确定的进料口位置和每模的腔数确定喷嘴的个数。如果成形某一产品，选择一模一件一个进料口，则只要一个喷嘴，即选用单头热流道系统；如果成形某一产品，选择一模多腔或一模一腔两个以上进料口，则就要多个喷嘴，即选用多头热流道系统，但对有横流道的模具结构除外。

第五，根据塑件重量和喷嘴个数，确定喷嘴径向尺寸的大小。目前相同形式的喷嘴有多个尺寸系列，分别满足不同重量范围内的塑件成形要求。

第六，根据塑件结构确定模具结构尺寸，再根据定模镶块和定模板的厚度尺寸选择喷嘴标准长度系列尺寸，最后修整定模板的厚度尺寸及其他与热流道系统相关的尺寸。

第七，根据热流道板的形状确定热流道固定板的形状，在其板上布置电源线引线槽，并在热流道板、喷嘴、喷嘴头附近设计足够的冷却水环路。

第八，完成热流道系统塑料模具的设计图绘制。

七、热流道技术发展动态

热流道系统的优势节约原料、降低制品成本是热流道模具最显著的特点。普通浇注系统中要产生大量的料柄，在生产小制品时，浇注系统凝料的重量可能超过制品重量。由于塑料在热流道模具内一直处于熔融状态，制品不需修剪浇口，基本上是无废料加工，因此可节约大量原材料。由于不需废料的回收、挑选、粉碎、染色等工序，故省工、省时、节能降耗。注射料中因不再掺入经过反复加工的浇口料，故产品质量可以得到显著地提高，同时由于浇注系统塑料保持熔融，流动时压力损失小，因而容易实现多浇口、多型腔模具及大型制品的低压注射。热浇口利于压力传递，在一定程度上能克服塑件由于补料不足而形成的凹陷、缩孔、变形等缺陷。适用树脂范围广，成型条件设定方便。

由于热流道温控系统技术的完善及发展，现在热流道不仅可以用于熔融温度较宽的聚乙烯、聚丙烯，也能用于加工温度范围窄的热敏性塑料，如聚氯乙烯、聚甲醛（POM）等。对易产生流涎的聚酰胺（PA），通过选用阀式热喷嘴也能实现热流道成型。另外，操作简化、缩短成型周期也是热流道模具的一个重要特点。与普通流道相比，缩短了开合模行程，不仅制件的脱模和成型周期缩短，而且有利于实现自动化生产。据统计，与普通流道相比，改用热流道后的成型周期一般可以缩短30%。

八、热流道系统的发展方向

目前，热流道系统存在一些缺陷，如模具结构复杂、加热器组件易损坏、制造费用高、需要较精密的温度控制装置、成型树脂必须清洁无杂物、树脂更换及换色较困难、维修保养较复杂等，不过这些缺陷正在逐渐被克服。当前，国内外热流道模具的主要发展趋势可归纳为以下几个方面。

元件的小型化，以实现小型制品的一模多腔和大型制品多浇口充模。通过缩小喷嘴空间，可在模具上配置更多型腔，提高制品的产量和注射机的利用率。在90年代，Master 公司开发的喷嘴最小可至 15.875mm；Husky 公司开发的多浇口喷嘴，每个喷嘴有 4 个浇口，浇口距可近至 9.067mm；Osco 公司开发的组合复式喷嘴，每个喷嘴有 12 个浇口探针，可用于 48 腔模具的成型。MoldMaters 公司针对小型制件的空间限制，在 2001 年开发了用于小制件的喷嘴，含整体加热器、针尖和熔体通道，体积直径小于 9mm，浇口距仅为 10mm，可成型重量为 1～30g 的制品。

热流道元件的标准化、系列化。当前，用户要求模具设计和制造周期越来越短，将热流道元件标准化不仅有利于减少设计工作的重复和降低模具的造价，并且十分便于对易损零部件的更换和维修。据报道，Polyshot 公司已开发出快换热流道模具系统，尤其适于注射压力为 70kN 的小型注射机。Husky、Presto 和 Moldmasters 等公司的喷嘴、阀杆和分流板都作为标准型便于快速更换和交付模具，现在国外只需 4 周即可交付模具。

热流道模具设计整体可靠性提高。如今国内外各大模具公司对热流道板的设计和热喷嘴相连接部分的压力分布、温度分布、密封等问题的研究开发极为重视。叠层热流道注射模的开发和利用也是一个热点。叠式模具可有效增加型腔数量，而对注射机合模力的要求只需增加 10％～15％。叠式热流道模具在国外一些发达国家已用于工业化。

改善热流道元件材料的目的在于提高喷嘴和热流道的耐磨性和用于敏感材料成型。如使用钼钛等韧性合金材料制造喷嘴，以金属粉末注射成型经烧结制成热流道元件已成为可能。

开发精确的温控系统。在热流道模具模塑中，开发更精密的温控装置，控制热流道板和浇口中的熔融树脂的温度是防止树脂过热降解和产品性能降低的有效措施。

将热流道用于共注。通过支管和热喷嘴元件的有效组合设计可使共注成型与热流道技术相结合，由此成型 3 层、5 层甚至更多层的复合塑料制品。例如 Kortec 公司开发出了熔体输送系统和共注喷嘴；Incoe 公司的多出口、多模腔共注支管生产线能用于多材料多组分共注射。

第五章

>>>

注塑模具成型零件的设计

第一节　概　　述

塑料制品注射成型包括塑料工业产品零部件的一种生产工具。大到飞机、汽车，小到茶杯、钉子，几乎所有的塑料工业产品都必须依靠模具成型。用模具生产制件所具备的高精度、高一致性、高生产率是任何其他加工方法所不能比拟的。

模具零部件的一种设计，在很大程度上决定着产品的质量、效益和新产品开发能力。所以模具又有"工业之母"的荣誉称号。

一般，注塑模具成型零件的设计模具中直接用于成型制品的空腔部分称为型腔，型腔通常是由凹模、凸模等成型零件组合而成。设计时首先根据塑料性能、制品使用要求确定型腔总体结构、进浇点、分型面、排气部位、脱模方式等；然后根据制品尺寸计算成型零件工作尺寸，成型零件的组合方式、结构尺寸等；最后校核成型零件的刚度和强度。

一般来说，模具都由两大部分组成：动模和定模（或者公模和母模）。分型面是指两者在闭和状态时能接触的部分，也是将工件或模具零件分割成模具体积块的分割面，具有更广泛的意义。

在模具分型面的两侧，凡是构成型腔的零件，统称为成型零件，主要包括凹模、型芯、镶块、各种成型杆和成型环。由于型腔直接与高温、高压的塑料相接触，它的质量直接关系到制件质量，因此，要求它有足够的强度、刚度、硬度和耐磨性以承受塑料的挤压力及料流的摩擦力，并要有足够的精度和表面光洁度。在设计这些零件时，除充分注意分型面的设计外，还要使成型容易、排气通畅、加工简单等。

所以分型面的设计直接影响着产品质量、模具结构和操作的难易程度，是模具设计成败的关键因素之一。

确定分型面时应遵循以下原则：

① 应使模具结构尽量简单　如避免或减少侧向分型，采用异型分型面减少动、定模的修配以降低加工难度等。

② 有利于塑件的顺利脱模　如开模后尽量使塑件留在动模边以利用注塑机上的顶出机构，避免侧向长距离抽芯以减小模具尺寸等。

③ 保证产品的尺寸精度　如尽量把有尺寸精度要求的部分设在同一模块上以减小制造和装配误差等。

④ 不影响产品的外观质量　在分型面处不可避免地出现飞边，因此应避免在外观光滑面上设计分型面。

⑤ 保证型腔的顺利排气　如分型面尽可能与最后充填满的型腔表壁重合，以利于型腔排气。

作为塑料注塑零件的开发人员来讲，开发注塑件需要考虑很多因素。不考虑业务谈判，单从技术角度来讲，需要考虑的因素有，图纸的设计思路，零件的结构分析，注塑模具的设计原理和机构，合适设备的合适厂家选择等等。

图纸的设计思路和零件的结构分析往往和设计人员沟通可以基本搞清楚，而注塑模具设计原理和机构需要我们的设计人员和开发人员对专业模具厂家做好沟通，实际的模具设计开发是由专业模具厂家完成的。

当然模具开发初期和开发过程中需要做好和零件制造厂家的沟通，以保证合适的模具放到合适的注塑机上生产。作为较专业的零件开发人员来讲，需要做好模具厂家和注塑厂家的判断和选择，零件开发的成功与否很大程度在于对于此两者的选择是否正确，技术知识和经验的积累尤为重要。

这里给大家介绍一下塑料零件开发的一个重要环节，由注塑零件的模具选择合适的注塑机。正确的选择合适的注塑机是保证产品合格率、生产效率和制造成本的关键因素。

首先应从注塑机的结构，工作原理的熟悉开始，然而再考虑模具的分型面设计工作。

第二节　模具的分型面设计

一、分型面类型

分开模具取出塑料制品的界面称为分型面，也可称为合模面。

1. 按分型面形状分

分型面可以是平面、曲面或阶梯面，图 5-1 中为常见的几类分型面形式。

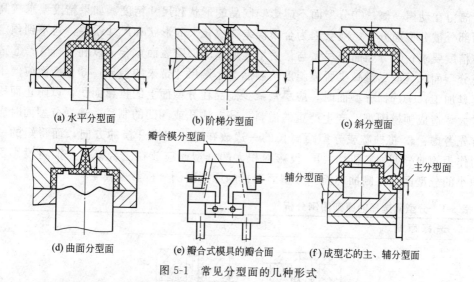

(a) 水平分型面　　　　(b) 阶梯分型面　　　　(c) 斜分型面

(d) 曲面分型面　　(e) 瓣合式模具的瓣合面　(f) 成型芯的主、辅分型面

图 5-1　常见分型面的几种形式

2. 按分型面与型腔的相对位置分

按分型面与型腔的相对位置，则可以分成以下几种：制品全部在动模内成型，见图 5-2(a)；制品全部在定模内成型，见图 5-2(b)；制品同时在动、定模内成型，见图 5-2(c)；制品在瓣合模块中成型，见图 5-2(d)。

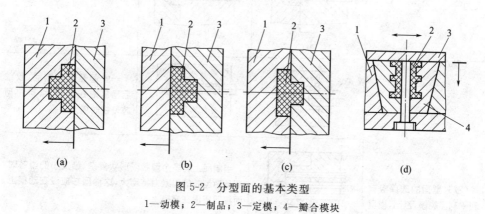

(a)　　　　　(b)　　　　　(c)　　　　　(d)

图 5-2　分型面的基本类型

1—动模；2—制品；3—定模；4—瓣合模块

二、分型面选择的原则

分型面的类型选择是否恰当，设计是否合理，在模具设计中也非常重要。它们不仅直接关系到模具结构的复杂程度，而且对制品的成型质量和生产操作等都有影响。设计分型面时，通常应考虑以下原则：

①分型面的选择应有利于制品外观质量，避免分型面上产生的溢料飞边对制品外观的影响，同时，考虑能比较方便地清除飞边；②分型面的选择应有利于制品脱模，否则，模具结构便会变得比较复杂。通常，分型面尽可能选择可使制品在开模

后滞留在动模一侧；③分型面不应影响制品的形状和尺寸精度。如果精度要求较高的部分被分型面分开，就会因为合模误差造成较大的形状和尺寸误差，达不到预定的精度要求；④分型面应尽量与最后填充熔体的型腔表面重合，以利于排气；⑤选择分型面时，应尽量减少脱模斜度给制品大小端尺寸带来的差异；⑥分型面应便于模具加工；⑦选择分型面时，应尽量减少制品在分型面上的投影面积，以防止面积过大，造成锁模困难，产生严重的溢料；⑧有侧孔或侧凹的制品，选择分型面时应首先考虑：a. 将抽芯或分型距离长的一边放在动、定模开模的方向，而将短的一边作为侧向分型抽芯机构；b. 投影面积大的分型面应放在主合模面，而将投影面积小的分型面设在侧抽芯面。分型面选择的原则图例分析参见表 5-1。

■ 表 5-1　分型面选择的原则图例分析

选择原则	图　例	分　析
（1）分型面的选择应有利于制品外观质量，避免分型面上产生的溢料飞边对制品外观的影响，同时考虑能比较方便地清除飞边		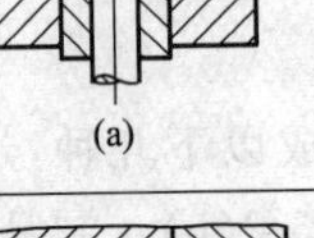 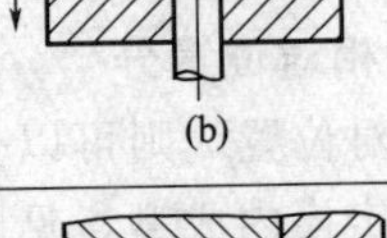 图（a）分型面就比较合理。图（b）分型面产生的飞边影响制品外观质量
（2）分型面的选择应有利于制品脱模，否则，模具结构便会变得比较复杂。通常，分型面尽可能选择可使制品在开模后滞留在动模一侧		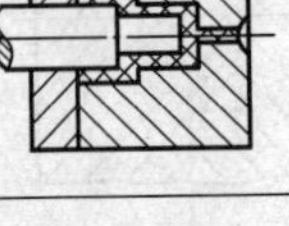 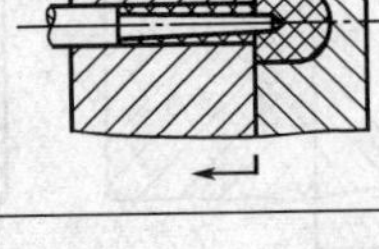 一般薄壁筒形制品，收缩后易包附在型芯上，可将型芯设在动模上
	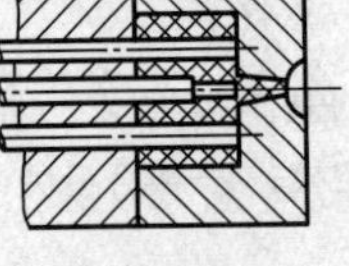	当制品上有多个型芯或形状复杂、锥度小的型芯时，制品对型芯的包紧力特别大，这种型芯应设在动模上，而将凹模设在定模上
	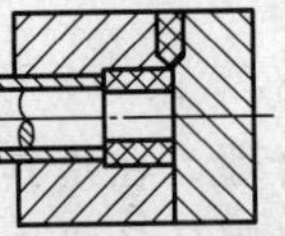	如果制品的壁相当厚，而且内孔又较小，则制品对型芯包紧力很小，往往不能确切判断制品是留在型芯上还是留在型腔内，这时可将型芯和型腔的主要部分都留在动模一侧，利用顶杆脱模
	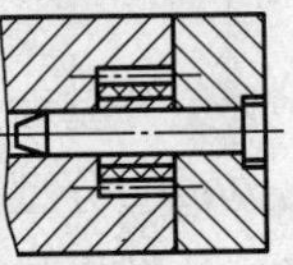	当制品的孔内有管状（无螺纹连接）的金属嵌件时，则不会对型芯产生包紧力，而对型腔的黏附力较大，如图所示内孔有金属嵌件的齿轮。这时应将型腔设在动模一侧，型芯既可设在动模一侧，也可设在定模一侧

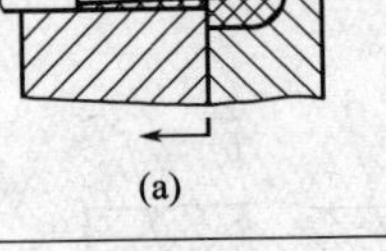

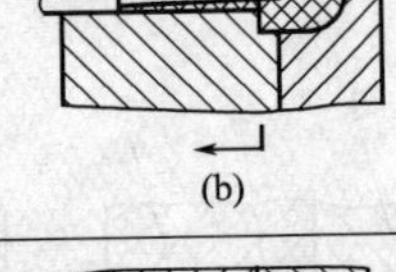

续表

选择原则	图 例	分 析
（3）分型面不应影响制品的形状和尺寸精度。如果精度要求较高的部分被分型面分割，就会因为合模误差造成较大的形状和尺寸误差，达不到预定的精度要求	 (a)　　　　(b) (a) (b)　　　　(c)	图示的双联齿轮，要求大、小齿轮和内孔三者有很好的同心度，为此，把齿轮型腔和型芯都设在动模一侧［图(a)］，而图(b)的形式就不够妥当 制品［图(a)］中，d_1和d_2同心度要求较高，以提高合模的对中性。 此时要求相互同心的部位不便设在分型面的同一侧，应设置特殊的定位装置，如图(b)中的锥面定位。且图(b)中易保证同心度，图(c)则不易保证同心度
（4）分型面应尽量与最后填充熔体的型腔表面重合，以利于排气	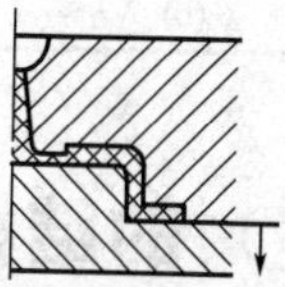 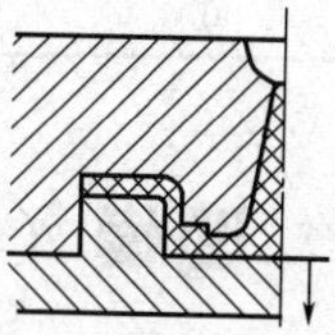 (a)　　　　(b)	如图(a)所示的分型面较合理，而图(b)的分型面欠妥
（5）选择分型面时，应尽量减少脱模斜度给制品大小端尺寸带来的差异	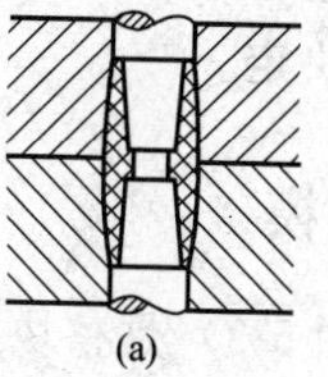 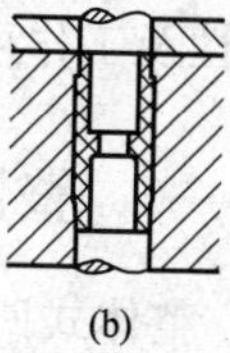 (a)　　　　(b)	若制品外观没有严格要求，则可选择图(a)所示的分型面，这样不仅可以使用较小的脱模斜度，而且还能减少脱模难度。若采用图(b)所示的分型面，制品两端外圆尺寸就会产生较大的差异，而且脱模也较困难
（6）分型面应便于模具加工	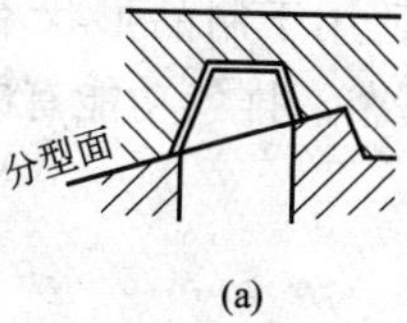 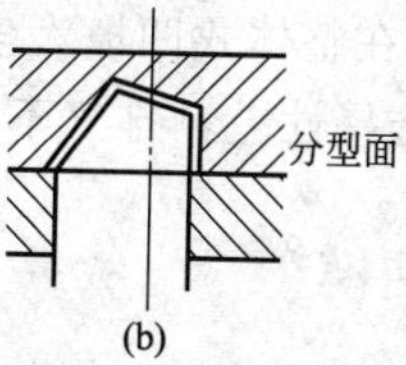 分型面　　　　分型面 (a)　　　　(b)	采用图(a)所示的斜分型面，型腔加工较容易；如采用图(b)所示的水平分型面，型腔加工较困难

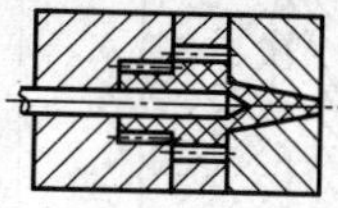

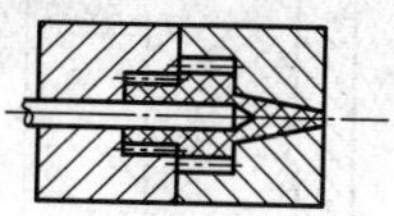

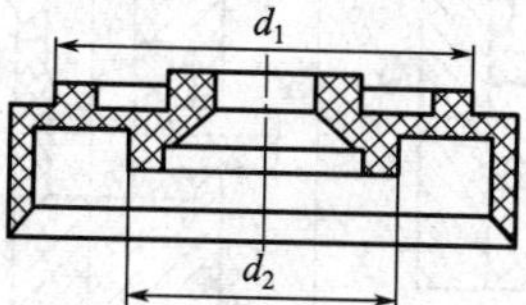

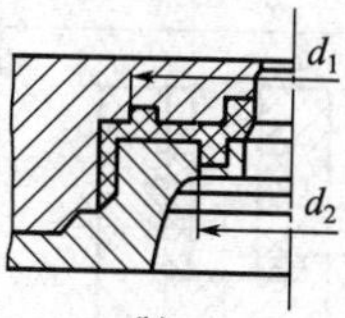

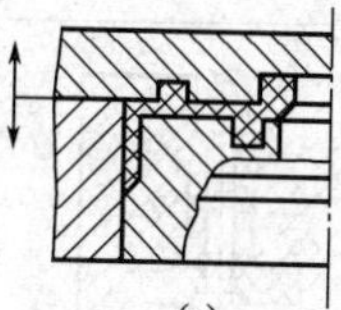

续表

选择原则	图 例	分 析
（7）选择分型面时，应尽量减少制品在分型面上的投影面积，以防止面积过大，造成锁模困难，产生严重的溢料	(a) (b)	如图所示的弯板制品，若采用图(b)所示的分型面时容易发生溢料，可改用图(a)所示的分型面
（8）有侧孔或侧凹的制品，选择分型面时应首先考虑： ①将抽芯或分型距离长的一边放在动、定模开模的方向，而将短的一边作为侧向分型抽芯机构； ②投影面积大的分型面应放在主合模面，而将投影面积小的分型面设在侧抽芯面	动模 定模 (a)　　动模 定模 (b)	除液压抽芯的侧向抽拔距离较大外，一般的分型抽芯机构侧向抽拔距离较小。图(b)所示由于侧向抽芯型芯过长，侧向滑块合模时锁紧力较小，故此位置选择不妥。改为图(a)则抽芯机构抽拔距离短、较合理
	动模 定模 (a)　　动模 定模 (b)	图(a)较为合理；图(b)中侧滑块的锁紧机构必须做得很庞大，或由于锁不紧而溢边。故大型制品不宜采用图(b)的结构

第三节　凹模（动模）的结构设计

一般凹模又称型腔，用来成型塑料制品的外形轮廓。其基本结构可分为整体式、整体嵌入式、局部镶嵌式、大面积镶嵌组合式和四壁拼合的组合式五类。选用何种结构要根据其加工复杂性及工作可靠性决定。

一、整体式凹模

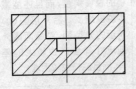

图 5-3　整体式凹模

整体式凹模（图 5-3）是整块模具材料直接加工而成，这种凹模的特点是结构简单、牢固可靠、不容易变形，成型出制品表面无任何拼接缝的溢料痕迹。局限性主要表现在整体式凹模大多适用于制品形状不复杂的中小型注塑模具，模具的排气槽位置选择性差，排气不可靠，排气功能有缺陷。

二、整体嵌入式凹模

嵌入式凹模的特点是其型腔部分仍用整体模具材料加工制造而成，但它们必须嵌入到固定板或某些特制的模具中才能使用。多用于小型多腔注射模，为了加工方便，并能保证各个模腔的几何形状和尺寸保持一致，可以将凹模腔做成多个整体凹模，然后将它们嵌入到模板固定使用。

嵌入式凹模有一些整体式凹模的特点，如凹模嵌入到模板上，其材料强度和刚性将会提高。具有可靠性，不易变形等特点；同时制品不会留下拼缝痕。因为制造模腔，一般使用优质钢材，如果采用嵌入式凹模，会节约大量的优质钢。嵌入式凹模主要适应于小型多腔注塑模具中，其优点非常突出。

图 5-4 所示为几种常用的凹模镶块，图（a）为镶块从凹模固定板上面嵌入式，其固定板沉孔底面做平比其他方法困难。也可以采用带台阶的圆柱形镶块，如图（b）和图（c）所示，从凹模固定板下面嵌入，再用垫板将其固定。当凹模镶块外表面为旋转体时，应考虑采用销钉止转定位，销钉孔可钻在凸肩上，如图（b）所示，也可钻骑缝孔，当凹模镶件的硬度与固定板硬度不同时，齐缝孔易钻偏，以前者为宜。图（c）则为键定位，适用于多型腔模具，加工容易且比较好拆装。

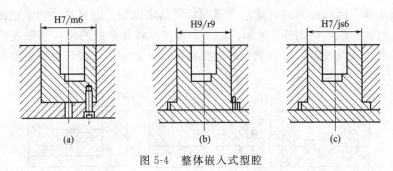

图 5-4　整体嵌入式型腔

三、局部镶嵌式凹模

塑件形状复杂多变，对于非常复杂塑件所用的注塑模具，凹模型腔很难加工，甚至需要局部的研磨抛光及热处理。

当模腔的某一部分容易损坏需经常更换时，为了加工方便、降低成本，应采取局部镶嵌的办法。如图 5-5(a) 所示的异形凹模，加工时先钻周围的小孔，在小孔内镶入芯棒后加工大孔，加工完毕把缺损的芯棒取出，加工新的芯棒再次镶入。图

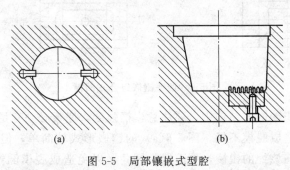

图 5-5　局部镶嵌式型腔

（b）中的凹模内有局部突起，可将此凸起部分单独线切割或者仿形刨加工，再把加工好的镶块利用圆形孔（也可以用 T 形槽、燕尾槽等）镶在圆形凹槽内，当然，若图（a）或图（b）中是通孔，则用线切割的办法进行加工更为方便和可靠。

四、大面积镶嵌组合式凹模

一般采用瓣合式凹模或镶拼组合式凹模，其实是可以活动的镶块凹模。不管瓣合式凹模分几部分，都采用了通过锁紧瓣模块，或者在开模时打开瓣模块的机构。当瓣合式模块数量等于 2 时，将它们组成的凹模称为哈夫（Half）凹模，瓣合式凹模其实就是采用侧抽芯式模具。也可以根据制品特殊外形，将其分成两块以上的多块成型镶块加工制造，然后拼装固定在一起组合成凹模形状。这类凹模有局部、底部、侧部及多组块模式，适应性广，特别适合于形状复杂的大、中型注塑模具。

如果采用大面积镶嵌组合式凹模，是为了模具的机械加工、研磨、抛光、热处理等工艺加工的方便，其形式可以为底部大面积镶嵌式，也可以为四壁镶嵌式。最常见的是底部大面积镶嵌式，适用于深腔且底部难以加工的模具，通常把凹模做成穿通的，再镶上底，如图 5-6 所示。对于大型或形状复杂的凹模，当凹模的侧壁有较复杂的形状或花纹时，可以把它的四壁和底部分别加工，经研磨后组装而成，如图 5-7 所示。

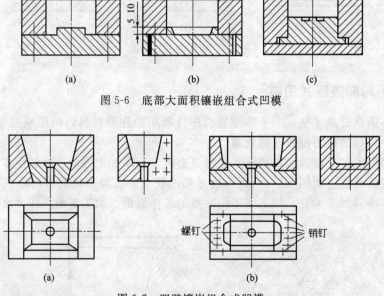

图 5-6　底部大面积镶嵌组合式凹模

图 5-7　四壁镶嵌组合式凹模

在底部大面积镶嵌式结构中，要注意模框强度，底板必须有足够厚度，以免变形而楔入塑料，造成脱模不畅。图 5-6(a) 的镶嵌形式较简单，但结合面处应仔细磨平，以避免损伤该处的锐棱，更不能带圆角，以免造成脱模倒锥度；图（b）和

图 (c) 的结构制造稍麻烦，但垂直的配合面不易嵌入塑料。

四壁镶嵌式组合模具，侧壁配合面经磨削抛光后，用销钉和螺钉定位紧固，如图 5-7(a) 所示；由于塑料的压力甚大，对于侧壁面积较大的型腔，用螺钉紧固易被拉伸变形 [图 (a)]，或剪切变形 [图 (b)]。

为此，可在外侧再加靠山或将上面几部分组合后过盈（加预应力）压入模框中，如图 5-8 所示，但这样将增加模具的尺寸和质量，对于大模具就不适合。

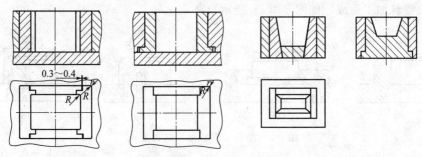

图 5-8　大型镶嵌组合式凹模

大面积拼合模具最主要的缺点是，在外观上塑件有拼痕，在超大型模具设计中，除非有很特殊的原因，一般不将模具做成这种形式，多数情况下还是做成局部镶拼的形式，既能简化加工，又不增大模具的尺寸。

这类凹模具有下列优点。

① 可将形状复杂的凹模腔进行分割加工，以便降低整体加工难度，或者将复杂的内形加工转化为多个简单的外形加工，大大降低加工难度及成本。

② 由于成型的小镶块尺寸测量方便，凹模的形状和尺寸精度容易保证。

③ 对于尺寸较大，形状又特别复杂的凹模，采用小镶块进行拼接。小镶块加工方便，特别是易于热处理及抛光加工。

④ 对于模具凹模中不同部位，可以选材不一致，以节约优质钢。

⑤ 拼接缝经处理后不会溢料，还可作为排气间隙。

这类凹模具有下列缺点。

① 各镶块的配合是制作关键，如果处理不好，会从拼缝处溢料，给产品表面造成缺陷。

② 随着镶块的数量增多，模具的复杂程度及配合精度要提高。

③ 整块凹腔的公差来自各镶件的制作公差。

第四节　型芯的结构设计

型芯（或称凸模）都是用来成型塑料制品内形及尺寸的零件，两者从严格意义上讲区别不大，一般这样认为：凸模是成型制品整体内型的模具零部件，形状较

189

大，而型芯多指某些局部的特殊内形（小）局部孔、槽等用的模具零件。与凹模相似，凸模也分整体式、嵌入式，镶拼组合式及活动式不同类型，其特点也非常相近，不再分述。

一、整体式型芯

整体式型芯一般用于内表面形状简单的塑件。最简单的整体式型芯是和模板用同一块整料加工而成，如图 5-9(a) 所示。

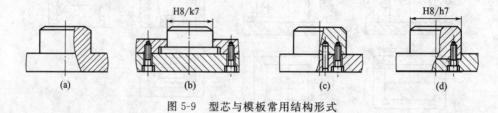

图 5-9 型芯与模板常用结构形式

二、组合式型芯

当模具本身较大或较复杂时，可将型芯单独加工，再嵌入模板中装配成一体。固定模板和型芯可分别采用不同的材料和不同的热处理工艺制造，这样既便于加工，又可以节省贵重钢材。型芯与模板最常用的连接形式如图 5-9(b) 所示，即用轴肩和底板连接；当轴肩为圆形时，为了防止型芯在固定板内转动，需在轴肩处用销钉或键止转；此外还有直接用螺钉连接的，如图 (c)、图 (d) 所示。螺钉连接虽然比较简单，但是连接牢固度不及凸肩连接，为了防止侧向位移和转动，应采取销钉定位；对于大尺寸、形状复杂的凸模，将型芯局部嵌入模板效果更好，即有利于减少横向飞边，也便于设置型芯的冷却回路，见图 (d)。

1. 圆柱型型芯

圆柱型芯镶入时其固定方式有以下几种。对于成型 3mm 以下的盲孔的圆柱型芯可采用正嵌法，将型芯从型腔表面压入。结构与配合要求如图 5-10(a) 所示，下

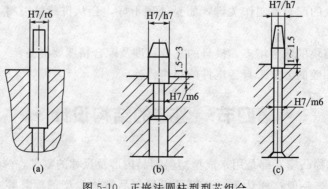

图 5-10 正嵌法圆柱型型芯组合

面的通孔是更换时顶出型芯用的，这种结构当配合不紧密时有可能产生横向飞边，并将型芯拔出来。如在型芯的下部铆接，则可克服上述缺点，如图（b），（c）所示。

从模板背面压入型芯的方法，称之为反嵌法。图 5-11(a) 为最常用的圆柱型芯结构，它采用轴肩与垫板的固定方法，定位配合部分长度为 3～5mm，用小间隙或过渡配合，非配合长度上扩孔后，有利于排气。对于细而长的圆型芯，为了便于制造、固定及提高强度，常将型芯下段加粗或将小型芯做得较短（但是对于异形型芯就不适用了），用圆柱衬垫［图（b）］，或用螺钉压紧［图（c）］。

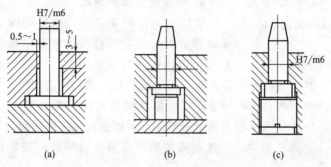

图 5-11　反嵌法圆柱型型芯组合结构

有多个小型芯时，则采用图 5-12(a) 所示结构，型芯轴肩高度在嵌入后都必须高出模板装配平面，经研磨成同一平面后再与垫板连接。对于多个互相靠近的小型芯，当采用轴肩连接时，如果其轴肩部分互相干涉，可以把轴肩相碰的一面磨去，固定板的凹坑可根据加工的方便与否，车成大圆坑或铣成长槽，如图 5-12(b) 所示。也可在型芯固定板及垫板间垫与轴肩等厚的板解决。

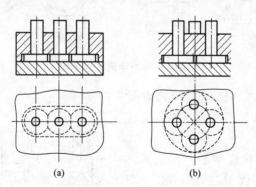

图 5-12　多个互相靠近的小型芯固定

2. 异形型芯结构

非圆的异形型芯大都采用反嵌法，如图 5-13(a) 所示。在型腔板上加工出相配合的异形孔。但支承和轴肩部分均为圆柱体，以便于加工与装配。对径向尺寸较小的异形型芯可用正嵌法的结构，见图 5-13(b)。实际应用中，反嵌法结构的工作性

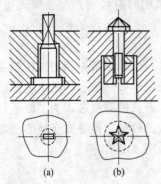

图 5-13　异形型芯的结构

能比正嵌法可靠。

3. 镶拼组合型芯

形状复杂、精度高及有耐磨性要求的型芯，采用拆分的方法加工，小型芯单独制造后，再嵌入模板或大型芯之中镶拼组合而成，组合时要注意结构的合理性。图 5-14 所示为几种组合形式，图（a）为镶入模板或者大型芯后，用侧面横向销钉进行固定，图（b）为直接压入式。

4. 螺纹成型零件结构

螺纹型芯是用来成型内螺纹的模具零部件，螺纹型环是用来成型外螺纹的模具零部件，螺纹成型零件包括螺纹型芯和型环。一般地，退出螺纹有 3 种方法，即强制脱卸、机器脱卸、手工脱卸。其中强制脱卸的方法适用于聚乙烯、聚丙烯类塑料；机器脱卸可以提高效率；手动脱卸模具结构简单。在成型外螺纹时，螺纹型环也可做成两瓣式，采用哈夫模式。另外，前者用于成型塑料件上内螺纹或安装有内螺纹的嵌件，后者用于成型塑料件上的外螺纹。在注射成型后，在模外将螺纹成型零件从塑料件上旋出。

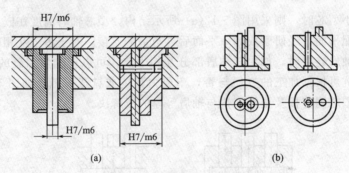

图 5-14　几种镶拼组合结构

（1）螺纹型芯　螺纹型芯结构设计时，首先要考虑螺纹型芯在模具内的定位和固定。

1）用于下模的螺纹型芯。在立式注射机的下模上安装螺纹型芯最为方便。图 5-15 是利用型芯重力安放在下模中的简易结构。图（a）用于成型塑料件上螺纹孔，利用型芯端面定位；图（b）用于安放有内螺纹的金属嵌件。用嵌件端面做轴向方向的定位。

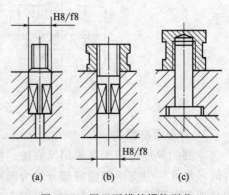

图 5-15　用于下模的螺纹型芯

生产中也有将盲孔螺纹嵌件直接套在型芯杆上，如图（c）所示。

在高压熔体作用下，特别在塑料熔体黏度较低时，为防止熔体的挤入，可利用锥面或圆柱面的配合起密封作用，同时也起到了型芯的轴向定位作用，如图5-16所示。

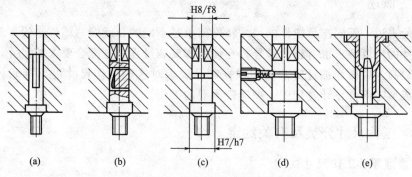

图 5-16　弹性连接的螺纹型芯

2）弹性连接的螺纹型芯。在卧式注射机的模具上，或立式注射机的上模，必须采用弹性连接卡紧型芯，又能快装快卸。图5-16(a)，采用豁口柄弹性连接于定位孔内，适用于8mm以下的螺纹型芯。图（b）和（c）适用于M3～M12螺纹杆。图（b）中，利用弹簧钢丝压入孔中所储存弹性力卡滞型芯；图（c）中，型芯杆的圆周槽中嵌入0.5mm钢丝，利用C形钢丝的张开力卡于定位孔中。图（d）和图（e）适用于更大直径的螺纹型芯。前者用压缩弹簧将钢珠弹压到沟槽内，夹固了型芯杆；后者为弹簧夹头连接的螺纹型芯，使用可靠，但制造复杂。

（2）螺纹型环　螺纹型环以小间隙配合装入模板的孔中。配合长度一般不超过5mm，其余部分为"锥面。便于快装，也便于与塑料件从模具孔中一起脱出。图5-17(a)为整体型环，环外有扳手平面，可将螺纹型环从塑料件上旋出。图（b）为剖分式型环，可用楔形槽使其撬开。此螺纹塑料件上会有飞边痕。复位时有两个小导销定位。

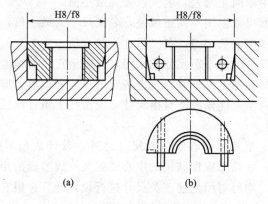

图 5-17　螺纹型环结构

第五节　成型零部件的工作尺寸计算

一、概述

一般来说，不同产品塑件的尺寸精度要求是不同的。就同一塑件来说，塑件上各个尺寸的精度要求也有很大差异，在使用和安装过程中有配合要求的尺寸，其精度要求较高，应做详细计算。如何根据制品要求对这些工作尺寸进行准确设计计算，是成型零部件设计过程中一项非常重要的工作。

二、工作尺寸分类及有关约定

1. 成型零件工作尺寸

工作尺寸指成型零件上直接用来成型塑件的尺寸。成型零件的工作尺寸对应于塑料制品的几何尺寸，通常包括：①型芯型腔的径向尺寸；②型芯的高度尺寸；③型腔的深度尺寸；④中心距尺寸；其中型腔尺寸可分为深度尺寸和径向尺寸，型芯尺寸可分为高度尺寸和径向尺寸。显然，型腔尺寸属于包容尺寸，当型腔与塑料熔体或制品之间产生摩擦磨损后，该类尺寸具有增大的趋势。型芯尺寸属于被包容尺寸，当凸模与塑料熔体或制品之间产生摩擦磨损后，该类尺寸具有缩小的趋势。中心距尺寸一般指成型零件上某些对称结构之间的距离，如孔间距、型芯间距、凹槽间距和凸块间距等，这类尺寸通常不受摩擦磨损的影响，因此可视为不变的尺寸。

对于上述型腔、型芯和中心距三大类尺寸，可分别采用三种不同的方法进行设计计算。在计算之前，有必要对它们的标注形式及偏差分布做一些规定。如图5-18所示，对制品与成型零件所做的规定如下。

（1）制品的外形尺寸采用单向负偏差，名义尺寸为最大值；与制品外型尺寸相对应的型腔尺寸采用单向正偏差，名义尺寸为最小值。

（2）制品的内形尺寸采用单向正偏差，名义尺寸为最小值；与制品内形尺寸相对应的型芯尺寸采用单向负偏差，名义尺寸为最大值。

（3）制品和模具上的中心距尺寸均采用双向等值正、负偏差，它们的基本尺寸均为平均值。塑料制品图上凡不符合以上规定的尺寸和偏差，应按极限尺寸不变原则进行改造换算。对于未注偏差的自由尺寸，应按技术条件取低精度的公差值，按上述规定标注偏差。

除了上述型腔、型芯和中心距三大类尺寸之外，设计成型零件时，还会遇到型芯、凸块和孔槽等一些局部成型结构的中心线到某一成型面的距离。原则上讲，对于这些特殊的尺寸，均可对照上述三类尺寸进行设计计算，但它们又有一些各自的特点。

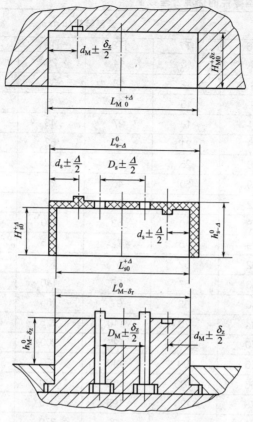

图 5-18 制品与成型零件的尺寸标注

2. 成型零件的尺寸和精度

设计成型零件工作尺寸时，要依据塑料件尺寸和精度要求进行计算。因此，掌握塑料件和模具成型零件尺寸和公差的确定公式、规则及其影响因素，是十分必要的。

常用模塑料公差等级可参看表 2-9 和表 2-10。我国制定的 GB/T 14486—1993《模塑件尺寸公差》见表 2-11。但目前大多数企业仍沿用 SJ 1372—1978 的塑料制品公差数值。

由于成型零件工作尺寸的制造精度对塑件尺寸精度有影响，模具成型零件精度等级及公差，应该与塑料制品的尺寸公差相对应。在模具设计中，需按国家标准或行业规定确定模具制造允许误差和塑件尺寸公差之间的对应关系，塑件精度与模具制造精度的关系详见表 5-2 和表 5-3。

■ **表 5-2　注塑模具成型零件的制造精度**

塑件精度	SJ 1372—1978	1	2	3	4	5	6	7	8
模具精度	GB/T 1800—1998	IT6	IT7	IT8	IT9	IT9	IT10	IT10	IT11

■ 表 5-3   注塑模具成型零件的标准公差数值

基本尺寸/mm	公差等级/μm					
	IT6	IT7	IT8	IT9	·IT10	IT11
~3	6	10	14	25	40	60
3~6	8	12	18	30	48	75
6~10	9	15	22	36	58	90
10~18	11	18	27	43	70	110
18~30	13	21	33	52	84	130
30~50	16	25	39	62	100	160
50~80	19	30	46	74	120	190
80~120	22	35	54	87	140	220
120~180	25	40	63	100	160	250
180~250	29	46	72	115	185	290
250~315	32	52	81	130	210	320
315~400	36	57	89	140	230	360
400~500	40	63	97	155	250	400
500~630	44	70	110	175	280	440
630~800	50	80	125	200	320	500
800~1000	56	90	140	230	360	560
1000~1250	66	105	165	260	420	660
1250~1600	78	125	195	310	500	780
1600~2000	92	150	230	370	600	920
2000~2500	110	175	280	440	700	1100
2500~3150	135	210	330	540	860	1350

注：摘自 GB/T 1800.3—1998

　　对于标准未规定的某些尺寸，如有特殊公差范围要求，必须做工艺处理，如脱模斜度，应在图纸上标明基本尺寸所在位置，如图 5-19 所示。脱模斜度的大小必须在图纸上标出。常用的脱模斜度推荐值如表 5-4 所列。

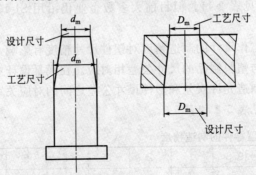

图 5-19　脱模斜度对成型零件尺寸及公差标注的要求

■ 表 5-4 常用的脱模斜度推荐值

塑料种类	脱模斜度		塑料种类	脱模斜度	
	凹模	凸模型芯		凹模	凸模型芯
聚酰胺（尼龙）	25′～40′	25′～40′	ABS	40′～1°20′	35′～1°
聚乙烯	25′～45′	20′～45′	聚碳酸酯	35′～1°	30′～50′
聚苯乙烯	35′～1°30′	30′～1°	聚甲醛	35′～1°30′	30′～1°
有机玻璃	35′～1°30′	30′～1°	氯化聚醚	25′～45′	20′～45′

在模具厂各有处理这类技术问题的约定规则，如电火花加工型腔，就有模板上下面装夹位置的工艺等规定。

三、影响塑料制品尺寸精度的因素及控制措施

1. 影响塑料制品尺寸精度的因素

影响塑件尺寸的主要因素：①成型零件本身制造公差；②使用过程中的磨损；③收缩率的波动。

成型零部件中与塑料接触并决定制品几何形状的各处尺寸，称为工作尺寸。由于塑料制品的特殊性能所致，塑件制品成型后得到的实际尺寸与名义尺寸之间会产生尺寸偏差，因此，在设计模具时，必须根据制品的尺寸和精度要求来确定相应的成型零件的尺寸和精度等级，以保证成型零件的工作尺寸满足使用要求。

影响塑料制品精度的因素较为复杂，首先它与成型零件的制造公差有关，显然成型零件的精度越低，生产的制品尺寸或形状精度就越低。其次是模具设计时，估计的塑料收缩率与实际收缩率的差异以及生产制品时收缩率的波动值均会影响塑件精度。此外，型腔在使用过程中不断磨损，会使同一模具在新与旧的时候所生产的制品尺寸各不相同。模具可动成型零件配合间隙变化值（压塑模具上下模压紧面上的溢边间隙厚度也在一定范围内波动）、模具固定成型零件安装尺寸变化值，这些都将影响塑件的精度。计算时，塑件上某尺寸可能出现的最大公差值常取该尺寸各影响因素误差值的总和，主要有以下四方面，即

$$\delta = \delta_z + \delta_c + \delta_s + \delta_j \tag{5-1}$$

式中，δ 为塑件成型总误差；δ_z 为成型零件制造误差；δ_c 为型腔使用过程中磨损量引起的尺寸误差；δ_s 为塑料收缩率变化引起的塑件尺寸误差（包括工艺波动和材料批号变化所引起的波动和设计时收缩率估计的误差）；δ_j 为可动成型零件因配合间隙变化而引起的制件尺寸误差。

虽然各项误差同时达到最大值的概率极小，但影响塑件尺寸的因素较多，累积误差较大，因此，塑料制品的精度往往较低，并总是低于成型零件的制造精度，应慎重选择塑件的精度，以免给模具制造和工艺操作带来不必要的困难。为了使生产的塑件完全合格，其规定公差值 Δ 应大于或等于以上各项因素带来的累积误差，即

$$\Delta \geqslant \delta \qquad (5\text{-}2)$$

当然，不是塑料制品的任何尺寸都与以上各种因素有关，如整体制造的型腔所成型制件，其径向尺寸就不存在安装误差和配合间隙的影响。当测量一大批相同制件的同一尺寸时，尺寸有一定的分布范围和分布中心，距分布中心近的尺寸比距分布中心远的尺寸出现的概率多，而且所有的各项误差，同时都偏向最大值或同时偏向最小值的机会是非常小的。

（1）成型收缩率变化引起的制品尺寸误差　塑料制品从模具中取出后产生尺寸收缩的特性称为塑料制品的收缩性。因为塑料制品的收缩不仅与塑料本身的热胀冷缩有关，还与模具结构及成型工艺条件等因素有关，故将塑料制品的收缩统称为成型收缩。

成型收缩率定义为塑件绝对收缩量与成型温度时的制品尺寸之比。塑料制品成型收缩的大小可用制品的成型收缩率表示，其值为

$$S = \frac{L_{\mathrm{M}} - L_{\mathrm{s}}}{L_{\mathrm{M}}} \times 100\% \qquad (5\text{-}3)$$

式中，L_{M} 为成型零件尺寸（由于成型温度时的制品尺寸无法测量，以模腔尺寸代替）；L_{s} 为塑制品公称尺寸；S 为成型收缩率。

为了计算模具成型零件尺寸方便，将式（5-3）改写为

$$L_{\mathrm{M}} = \frac{L_{\mathrm{s}}}{1 - S} \qquad (5\text{-}4\mathrm{a})$$

将式（5-4a）按二项式定理展开，可得

$$\frac{L_{\mathrm{s}}}{1 - S} = L_{\mathrm{s}}(1 + S + S^2 + S^2 + \cdots)$$

由于成型收缩率取在 $10^{-2} \sim 10^{-3}$ 范围之间，后面的多次项可以略去。故有

$$L_{\mathrm{M}} \approx L_{\mathrm{s}}(1 + S) \qquad (5\text{-}4\mathrm{b})$$

成型收缩率变化引起的制品尺寸误差 δ_{s} 包含两方面的误差：一方面是设计所采用的成型收缩率与制品生产时实际成型收缩率之间的误差 γ_1；另一方面是成型过程中，受注射工艺条件的影响，塑料的成型收缩率可能产生波动而引起的误差 γ_2，其值可表达为

$$\gamma_2 = \gamma \times L_{\mathrm{s}} \qquad (5\text{-}5)$$

式中，γ_2 为成型收缩率波动引起的制品尺寸误差值；γ 为塑料成型收缩率波动值（$\gamma \leqslant S_{\max} - S_{\min}$）；$S_{\max}$ 为塑料的最大成型收缩率；$S_{\min}$ 为塑料的最小成型收缩率。

成型塑料件是批量生产制品，塑性塑料的成型收缩率往往是在一定试验条件下以标准试样实测获得，或者是带有一定规律性的统计数值，有些甚至是某些工厂的经验数据。因此，预定的收缩率的选取（可参看表 2-8）不可能完全准确，按式（5-3）中的成型收缩率计算值与制品在成型过程中产生的实际成型收缩率误差不一定正好相符。实际生产中，一般要求 γ_1 不要大于制品尺寸公差 Δ 的 1/6，要

求 γ_2 不要大于制品尺寸公差 Δ 的 1/3 即可。

（2）成型零件的制造偏差　成型零件的制造偏差 δ_z 包括加工偏差及装配偏差。加工偏差与成型零件尺寸的大小、加工方法及设备有关；装配偏差主要由镶拼结构装配尺寸不精确所引起。因此，在设计模具成型零件时，一定要根据制品的尺寸精度要求，选择比较合理的成型零件结构及相应的加工制造方法，使由制造偏差所引起的制品尺寸偏差保持在尽可能小的程度。在实际生产中，一般要求不要大于制品尺寸公差 Δ 的 1/3。

各尺寸的实际偏差由模具制造精度控制在公差范围内，$|\delta_z| \leqslant \Delta_z$ 模具尺寸的公差，由表 5-2 和表 5-3 以模具精度等级和尺寸分段决定。常用的模具制造精度为 IT7 或 IT8，尺寸越大，其公差 Δ_z 越大，实际偏差 $|\delta_z|$ 也越大。它们与塑料件尺寸公差 Δ 的关系见表 5-5。

■ 表 5-5　模具制造公差在塑料件公差中所占比例

塑料件基本尺寸 L/mm	Δ_z/Δ	塑料件基本尺寸 L/mm	Δ_z/Δ
0～50	1/3～1/4	>355	1/6～1/7
>140	1/4～1/5	>500	1/7～1/8
>250	1/5～1/6		

（3）成型零件的磨损引起的尺寸误差　成型零件的磨损引起的尺寸误差 δ_c 包括两个方面：一是熔体的冲磨和塑料件脱模的刮磨，其中被刮磨的型芯径向表面有最大磨损；二是旧模具的修磨抛光量 δ_c 与塑料件尺寸大小无关，而与塑料件尺寸类型、塑料及钢材的物理性能有关。玻纤增强塑料使型腔表面有较快的磨损速率。注射工程要求模具在使用期限内，工作尺寸磨损量造成塑料件误差限制在 $\delta_c < \Delta/6$ 之内。这对于低精度大尺寸塑料件，由于 Δ 值较大而容易达到要求。但对高精度小尺寸注射制品，必须采用镜面钢等耐磨钢种才能达到。生产中实际注射 25 万次，型芯径向尺寸磨损量约为 0.02～0.04mm。

（4）可动成型零件因配合间隙变化而引起制件尺寸误差　δ_j 为使用中模具运动零件的动配合表面间间隙变大所产生的塑料制品尺寸误差。模具导柱与导套间的间隙逐渐变大，会引起塑料件径向尺寸误差增加；而模具分型面间隙增大，则会引起塑料件深度尺寸误差增大。显然，全新模具的 δ_j 应趋于零。

2. 减小塑料制品尺寸精度误差的措施

制品总的尺寸误差虽然与多种因素有关，但每种因素引起的制品尺寸误差并不一定同时存在，而且各种尺寸误差同时出现最大值的可能性很小，它们之间有时甚至还会相互抵消。因此，在实际工作中，可以针对具体的制品情况和生产条件，选出影响制品尺寸的最主要的因素进行分析，以找到减小尺寸误差的有效措施。可以采用以下方法来减小制品的尺寸误差。

（1）减少因选用的成型收缩率不准确而引起的制品尺寸误差　一种方法是在确定成型收缩率之前，根据制品的结构、形状、尺寸，模具结构及生产工艺和生产设备条件，设计一个试验模具对将用的物料进行成型收缩率实测，以得到可靠的成型收缩率数据。这种方法特别适合于大批量生产或高精度制品的成型；另一种方法是确定成型零件工作尺寸时，预留一定的修磨余量，待试模时通过修模工作尺寸来减小由 γ_1 引起的制品尺寸误差。显然，如果把这种修磨余量放在制造偏差 δ_z 或磨损尺寸误差 δ_c 中考虑，则在计算工作尺寸时也可以不再考虑 γ_1。

（2）减少因制造或磨损引起的制品尺寸误差　当制品尺寸较小时，制品的收缩值不大，收缩率波动对制品尺寸误差的影响较小，此时主要的影响因素是制造偏差和磨损引起的尺寸误差，应采取减小 δ_z 和 δ_c 的方法来保证制品的尺寸精度，例如，采用加工性能和耐磨性较好的优质模具材料便会取得明显的效果。

（3）减少因收缩率的波动引起的制品尺寸误差　当制品尺寸较大时，制品的收缩值也随之增大，此时收缩率的波动对制品尺寸误差的影响相当显著，同时，由于对大尺寸成型零件进行热处理不太方便，要从减小 δ_z 和 δ_c 的角度来控制制品的尺寸误差也就比较困难，应从减小收缩率波动方面想办法，如稳定成型工艺条件、优化模具结构或采用收缩率较小的塑料材料等，均有可能控制收缩率的波动。

四、成型零部件工作尺寸计算方法

目前，成型零部件工作尺寸计算主要使用两种方法，即平均值法和公差带法。

平均值法是用平均收缩率对偏差 δ_z 和 δ_c 进行统计计算，统计规律显示偏差 δ_z 和 δ_c 呈正态分布，它们取平均值的概率最大，而取最大值和最小值的概率接近零。假设制品的成型收缩率和成型零部件的工作尺寸制造偏差与其磨损尺寸误差分别等于它们各自的平均值时，制品的尺寸偏差也恰好可以获得平均值，由此推导出一系列计算型腔类、型芯类和中心距类尺寸的公式，这些公式统称为平均值法。

平均值法的特点是计算工作比较简便，但计算公式建立在假设基础上，容易使计算结果与实际需用的工作尺寸之间出现较大的误差。故在制品尺寸精度要求较高或制品尺寸比较大时，最好不用平均值法，而采用公差带法比较合适。

公差带方法的特点是先用成型收缩率的最大值（或最小值）以及制品的尺寸公差，对成型零部件工作尺寸的最小值（或最大值）进行初算，然后根据预定的制造偏差和磨损量来验算制品可能出现的最大尺寸（或最小尺寸）是否位于制品规定的公差范围内。理论上讲，对于型腔类和型芯类尺寸，既可以先计算它们的最小值再验算制品尺寸的最大值，也可以先计算它们的最大值再验算制品尺寸的最小值。但实际经验表明，两种不同方法的计算结果往往不大相同。因此，考虑成型零部件工作尺寸的磨损性质，为可靠起见，对于型腔类尺寸，一般需先算其最小值（即基本尺寸），然后再验算制品尺寸的最大值（算小验大）。而对于型芯类尺寸，一般需先算其最大值（即基本尺寸），然后再验算制品尺寸的最小值（算大验小）。然而，在某些特殊情况下，如计算型腔深度或型芯高度时，如果考虑修磨部位，对于型腔深度也有可能参照型芯类尺寸性质进行计算，对于型芯高度也有可能参照型腔类尺寸性质进行计算。

1. 平均值计算法

由尺寸标注规定可计算出模具型腔的各个工作尺寸如下。

（1）型腔或型芯的径向尺寸　图 5-20(a) 表示型腔径向尺寸与制品对应外型尺寸之间的关系；图（b）表示型芯径向尺寸与制品上对应内孔尺寸之间的关系。

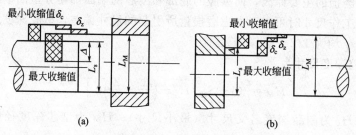

图 5-20　模具径向尺寸与制件径向尺寸关系示意图

1）型腔径向尺寸

$$L_s - \frac{\Delta}{2} = \left(L_M + \frac{\delta_z}{2} + \frac{\delta_c}{2}\right) - \left(L_s - \frac{\Delta}{2}\right)S_{cp} \tag{5-6}$$

式中，L_s 为制品名义尺寸（最大尺寸）；L_M 为型腔径向名义尺寸（最小尺寸）；S_{cp} 为给定条件下的平均收缩率 $S_{cp} = \frac{1}{2}(S_{max} - S_{min})$；$\Delta$ 为制品尺寸公差（负公差）；δ_z 为制造偏差；δ_c 为磨损偏差。

整理式(5-6)，并略去二阶小量 $\frac{\Delta}{2}S_{cp}$，型腔径向基本尺寸为

$$L_M = (1 + S_{cp})L_s - \frac{1}{2}(\Delta + \delta_z + \delta_c)$$

分析上式，等式右边第二项括号内的 δ_z、δ_c 均为引起制品尺寸偏差的主要因素，因此可用制品公差 Δ 表示，故上式可改写为

$$L_M = (1 + S_{cp})L_s - \chi\Delta \tag{5-7}$$

式中，χ 为工作尺寸制造与使用修正系数，取值的大小与制品尺寸大小和精度有关。

对中小型制品，且有一定精度要求时，δ_z、δ_c 对制品尺寸偏差有较大的影响，令 $\delta_z = \Delta/3$，$\delta_c = \Delta/6$，则 $\chi = 3/4$；对大型制品，尺寸精度一般较低，影响制品的尺寸偏差的主要因素是成型收缩率的波动，δ_z、δ_c 的影响可忽略不计，则 $\chi = 1/2$。因此，改写式(5-7)，并标注制造偏差后，得

$$L_M = \left[(1 + S_{cp})L_s - \left(\frac{1}{2} \sim \frac{3}{4}\right)\Delta\right]^{+\delta_z} \tag{5-8}$$

2）型芯径向尺寸计算。类比型腔径向尺寸计算，型芯的径向基本尺寸为

$$L_M = (1 + S_{cp})L_s + \chi\Delta \tag{5-9}$$

式中，L_s，为制品名义尺寸（最小尺寸）；L_M 为型芯径向名义尺寸（最大尺寸）；Δ 为制品尺寸公差（正公差）；χ 为修正系数，$\chi = 1/2 \sim 3/4$。

标注上制造偏差后，得

$$L_M = \left[(1+S_{cp})L_s + \left(\frac{1}{2} \sim \frac{3}{4}\right)\Delta\right]_{-\delta_z} \tag{5-10}$$

（2）型腔深度与型芯高度尺寸　由于制品脱模时与成型零部件之间的刮磨是引起工作尺寸磨损的主要原因，而型腔的底部和型芯的端面都与分型面平行，因此在计算这两种工作尺寸时可以不考虑磨损量所引起的尺寸偏差，型腔深度及型芯高度的修正系数 χ 均为 $1/2 \sim 2/3$，于是有

1）型腔深度尺寸为

$$H_M = \left[(1+S_{cp})H_s - \left(\frac{1}{2} \sim \frac{2}{3}\right)\Delta\right]^{+\delta_z} \tag{5-11}$$

式中，H_s 为制品深度名义尺寸（最小尺寸）；H_M 为型芯深度径向名义尺寸（最大尺寸）。

2）型芯高度尺寸为

$$h_M = \left[(1+S_{cp})h_s - \left(\frac{1}{2} \sim \frac{2}{3}\right)\Delta\right]_{-\delta_z} \tag{5-12}$$

式中，h_s 为制品名义尺寸（最大尺寸）；h_M 为型芯高度名义尺寸（最小尺寸）。

对中小型制品，且尺寸精度要求较高时，取 $\chi = 2/3$；而对大型制品，一般尺寸精度要求较低，取 $\chi = 1/2$。

（3）中心距尺寸　影响模具中心距的因素有制造误差 δ_z 和配合间隙值 δ_j 两类。在坐标机床上加工孔时，孔中心距的制造公差只取决于坐标机床的精度，与基本尺寸无关，其偏差范围一般不会超过 $\pm(0.015 \sim 0.020)$mm；若型芯与模具呈动配合，配合间隙值 δ_j 也会影响模具的中心距尺寸，对一个型芯而言，当偏移到极限位置时引起中心距的偏差为 $0.5\delta_j$。两个活动型芯对模具中心距的影响见图 5-21。静配合的型芯和模具上的孔没有这项偏差。型芯或成型孔的均匀磨损不会引起孔间距的变化，故可以不考虑磨损的影响。

根据规定，中心距尺寸上下偏差对称分布，因此模具中心距即为它们各自的基本尺寸。再根据平均值方法的假设，可得

$$D_M = (1+S_{cp})D_s$$

标注制造偏差后，有

$$D_M = (1+S_{cp})D_s \pm \delta_z/2 \tag{5-13}$$

式中，D_s 为制品名义中心距；D_M 为型芯径向名义中心距。

制造偏差 δ_z 应根据模具的制造精度、加工方法确定或取制品公差 Δ 的 $1/4$。

由于修正系数 χ 的取值范围较大，取值不当会使制品尺寸超差。为了保证制品的实际尺寸在允许的公差之内，对于成型收缩率变化范围较大的制品，应按如下公式对成型零件的工作尺寸进行验算：

制品尺寸为轴类尺寸，则

$$\Delta > L_M(S_{max} - S_{min}) + \delta_z + \delta_c \tag{5-14}$$

制品尺寸为孔类尺寸，则

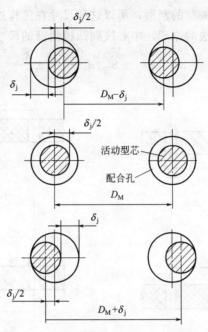

图 5-21　活动型芯中心距的装配偏差

$$\Delta > l_M(S_{max} - S_{min}) + \delta_z + \delta_c \tag{5-15}$$

制品尺寸为中心距类尺寸，则

$$\Delta > D_M(S_{max} - S_{min}) + \delta_z + \delta_c \tag{5-16}$$

公式中左边值大于右边值越多，说明所设计的成型尺寸越可靠。表 5-6 列出了按平均值法计算模具尺寸中修正系数 χ 的数值，供设计时参考。

■ 表 5-6　按平均值法计算模具尺寸中修正系数 χ 的数值

制品公差尺寸Δ/mm	型腔和型芯径向工作尺寸的χ值	型腔深度和型芯高度工作尺寸的χ值	制品公差尺寸Δ/mm	型腔和型芯径向工作尺寸的χ值	型腔深度和型芯高度工作尺寸的χ值
<0.1	0.80	0.65	0.5~0.6	0.58	0.55
0.1~0.2	0.75	0.63	0.6~1.0	0.56	0.54
0.2~0.3	0.70	0.60	1.0~2.0	0.54	0.53
0.3~0.4	0.65	0.58	>2.0	0.53	0.52
0.4~0.5	0.60	0.56			

（4）模内中心线到某一成型面的尺寸计算　设计成型零部件时，经常会遇到型芯、凸块和孔槽等一些局部成型结构的中心线到某一成型面（如凹模侧壁或凸模侧壁）的距离尺寸，要对它们进行计算，必须正确判断它们的尺寸性能。由于这类尺寸一般均属单边磨损性质，故其允许使用的磨损量 δ_c' 比一般情况小一半，即 $\delta_c' = \frac{1}{2}\delta_c$。下面就型芯中心线到凹模侧壁和凸模侧壁两种情况加以讨论。

① 型芯中心线到凹模侧壁的尺寸。型芯中心线到凹模侧壁的尺寸见图 5-22。

由于制品脱模时对凹模侧壁的刮磨，所以这种尺寸在工作过程中会增大，属于型腔类尺寸，根据平均值方法的原理，中心线到凹模侧壁的尺寸计算式为

$$d_M = \left[(1+S_{cp})d_s - \frac{\delta_c}{4} \right] \pm \frac{\delta_z}{2} \qquad (5\text{-}17)$$

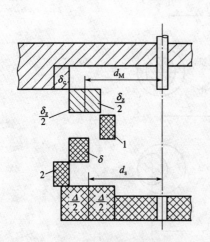

图 5-22　型芯中心线到凹模侧壁的尺寸

1—最大收缩率引起的制品收缩率，其值为 $(d_s - \Delta/2)S_{max}$；2—最小收缩率引起的制品收缩率，其值为 $(d_s + \delta)S_{min}$；δ—制品可能出现的上偏差

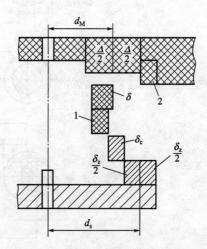

图 5-23　型芯中心线到凸模侧壁的尺寸

1—最大收缩率引起的制品收缩值，其值为 $(d_s - \delta)S_{max}$；2—最小收缩率引起的制品收缩值，其值为 $(d_s + \Delta/2)S_{min}$；δ—制品可能出现的下偏差

② 型芯中心线到凸模侧壁的尺寸。型芯中心线到凸模侧壁的尺寸见图 5-23。由于制品脱模时对凸模侧壁产生刮磨，这种尺寸在工作过程中会减小，属于型芯类尺寸。用公差带方法进行设计计算时，需要考虑型芯类尺寸的性质。根据平均值方法的原理，中心线到凸模侧壁的尺寸计算式为

$$d_M = \left[(1-S_{cp})d_s + \frac{\delta_c}{2} \right] \pm \frac{\delta_z}{2} \qquad (5\text{-}18)$$

式中，$\delta_c' = \frac{1}{2}\delta_c$。

按收缩率平均值计算的设计公式及其对应的校核式见表 5-7。

■ 表 5-7　按收缩率平均值计算的设计公式及其对应的校核式　　单位：mm

尺寸类型	计 算 公 式	制品尺寸类型	校 核 公 式
型腔径向尺寸	$L_M = \left[(1+S_{cp})L_s - \left(\frac{1}{2}\sim\frac{3}{4}\right)\Delta \right]^{+\delta_z}$	轴类尺寸	$\Delta > L_M(S_{max} - S_{min}) + \delta_z + \delta_c$
型芯径向尺寸	$l_M = \left[(1+S_{cp})l_s + \left(\frac{1}{2}\sim\frac{3}{4}\right)\Delta \right]_{-\delta_z}$		
型腔深度	$H_M = \left[(1+S_{cp})H_s - \left(\frac{1}{2}\sim\frac{2}{3}\right)\Delta \right]^{+\delta_z}$	孔类尺寸	$\Delta > l_M(S_{max} - S_{min}) + \delta_z + \delta_c$
型芯高度	$h_M = \left[(1+S_{cp})h_s - \left(\frac{1}{2}\sim\frac{2}{3}\right)\Delta \right]_{-\delta_z}$		

续表

尺寸类型	计 算 公 式	制品尺寸类型	校 核 公 式
中心距尺寸	$D_M = (1+S_{cp})D_s \pm \delta_z/2$	中心距类尺寸	$\Delta > D_M(S_{max}-S_{min})+\delta_z+\delta_c$
型芯中心线到凹模侧壁的尺寸	$d_M = \left[(1+S_{cp})d_s - \dfrac{\delta_c}{4}\right] \pm \dfrac{\delta_z}{2}$	中心线到凹凸模侧壁的尺寸	$\Delta > d_M(S_{max}-S_{min})+\delta_z+\delta_c$
型芯中心线到凸模侧壁的尺寸	$d_M = \left[(1+S_{cp})d_s + \dfrac{\delta_c}{2}\right] \pm \dfrac{\delta_z}{2}$		

2. 公差带计算法

按公差带计算法计算模具成型零件工作尺寸，是用最大和最小成型收缩率 S_{max} 和 S_{min} 计算。其理论推导的过程较严密，计算中可保证塑料件尺寸不超差，也给新模具的成型尺寸留有充分的修磨余地，便于修模并延长了模具的使用寿命，对大型塑料件和收缩率波动大的塑料有很好的实用意义。而且，公差带方法中的校验原理同样适用于按平均收缩率的计算过程，是防止塑料件尺寸超差的手段。在应用公差带计算方法时，同样要遵循前述塑料件和模具尺寸的公差和偏差的规则。特别需要强调的是，塑料件尺寸精度等级确定，必须考虑塑料材料收缩率波动的程度。

（1）型腔和型芯的径向尺寸

1）型腔径向尺寸。使用公差带方法计算型腔径向尺寸的步骤如下：

先初算型腔的最小径向尺寸，即基本尺寸 L_M。设型腔径向尺寸取最小值，制品以最大收缩率进行收缩时可以获得其下限尺寸，由图 5-24 则有

$$L_s - \Delta = L_M - (L_s - \Delta)S_{max}$$

整理并略去二阶小量 $\Delta \cdot S_{max}$，得

$$L_M = (1+S_{max})L_s - \Delta \tag{5-19}$$

然后，按预定的制造公差 δ_z 和磨损量 δ_c 取值，验算 L_M 是否能够保证制品的最大尺寸不超出制品的公差范围。根据图 5-24，制品可能取得的最大径向尺寸 L'_s 为

$$L'_s = (L_M + \delta_z + \delta_c) - (L_s - \Delta + \delta)S_{min}$$

整理并略去二阶小量 $\Delta \cdot S_{min}$ 和 $\delta \cdot S_{min}$，得

$$L'_s = (L_M + \delta_z + \delta_c) - L_s S_{min}$$

因此，若要保证上述验算条件，必须

$$L'_s = (L_M + \delta_z + \delta_c) - L_s S_{min} \leqslant L_s \tag{5-20}$$

很显然，如果式（5-20）中的小于号不成立，则意味着 δ_z 取值过大，必须修正；如果式（5-20）两边相等，则 δ_z 或 δ_c 取值正好合适；如果式（5-20）中的小于号成立，则意味着 δ_z 或 δ_c 的取值偏小，若要降低制造难度，可以适当增大 δ_z；若要延长模具使用寿命，可以适当增大 δ_c。

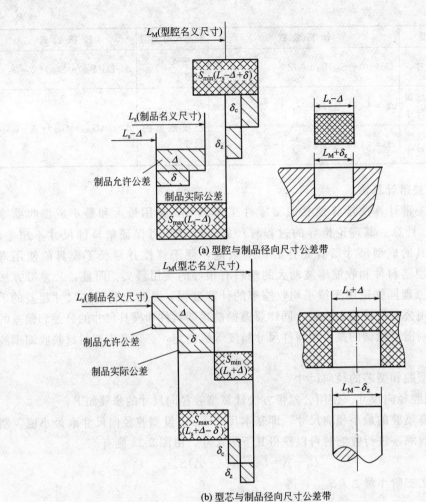

(a) 型腔与制品径向尺寸公差带

(b) 型芯与制品径向尺寸公差带

图 5-24　模具与制品径向尺寸公差带示意图

标注上制造公差后，型腔径向尺寸可以表示为

$$L_M = [(1+S_{max})L_s - \Delta]^{+\delta_z} \tag{5-21}$$

2) 型芯径向尺寸。图 5-24 所示为型芯和制品尺寸公差带示意图。用公差带方法计型芯径向尺寸的步骤如下：

初算型芯的最大径向尺寸，即基本尺寸 L_M。设型芯径向尺寸取最大值，制品孔径以最小收缩率进行收缩时可以获得其上限尺寸，于是有

$$L_s + \Delta = L_M - (L_s + \Delta)S_{min}$$

整理并略去二阶小量 $\Delta \cdot S_{min}$，得

$$L_M = (1+S_{min})L_s + \Delta \tag{5-22}$$

然后，按预定制造偏差 δ_z 和磨损量 δ_c 取值，验算当型芯尺寸最小，制品收缩率最大时孔径的最小尺寸是否超出其公差范围。根据图 5-24，制品孔径可能取得

的最小尺寸 L'_s 为

$$L'_s = (L_M - \delta_z - \delta_c) - L_s S_{max}$$

因此，若要保证上述验算条件，必须

$$L'_s = (L_M - \delta_z - \delta_c) - L_s S_{max} \geqslant L_s \qquad (5-23)$$

同样地，如果式(5-23)中的大于号不成立，则意味着 δ_z 或 δ_c 取值过大，必须修正；如果式(5-23)两边相等，则 δ_z 或 δ_c 取值正好合适；如果式(5-23)中的大于号成立，则意味着 δ_z 或 δ_c 的取值偏小，若要降低制造难度，可以适当增大 δ_z；若要延长模具使用寿命，可以适当增大 δ_c。

标注公差，型芯径向尺寸可表示为

$$L_M = [(1 + S_{min})L_s + \Delta]_{-\delta_z} \qquad (5-24)$$

（2）型腔深度与型芯高度尺寸

1）型腔深度尺寸。设计计算型腔深度时一般不考虑制品对基准面的磨损问题，但使用公差带方法时，必须考虑试模或修模时的修磨部位对其尺寸性质的影响。当型腔深度需要留有修磨余量 δ_{zc} 时，通常都不把修磨部位设计在型腔底面。如图5-25(a)所示，修磨部位设计在型腔底平面，属于内型加工，工作不方便，特别是底面上带有局部凹陷或文字花纹等成型结构时，修磨十分困难。若将修磨部位设计在型腔上端面，图5-25(b)则属于外型加工，工作比较方便。然而，修磨后型腔深度减小，其尺寸变化与型芯类尺寸磨损时的情况相似，用公差带方法进行设计计算时，需参照型芯类尺寸性质。下面以修磨部位设计在型腔上端面为例，用公差带方法推导型腔深度的计算和验算公式。

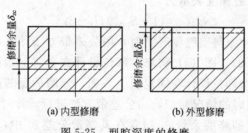

(a) 内型修磨　　　　　(b) 外型修磨

图5-25　型腔深度的修磨

假设型腔深度的修磨设计在型腔上端面，且其修磨余量 δ_{zc} 包含在制造偏差 δ_z 之中，则使用公差带方法计算型腔深度的步骤如下：

首先，根据制品的最大高度和预定的制造偏差 δ_z，初算型腔深度的基本尺寸。设型腔深度按预定制造偏差 δ_z 取值，且塑料以最小收缩率进行收缩时，制品高度可以获得其上限尺寸，参考图5-26，则有

$$H_s = (H_M + \delta_z) - H_s S_{min}$$

整理得

$$H_M = (1 + S_{min})H_s - \delta_z \qquad (5-25)$$

然后，验算当型腔深度最小，收缩率最大时的最小制品高度尺寸，即制品按预

207

定制造偏差 δ_z 计算出的最小型腔深度能否保证制品最小高度尺寸在其公差范围。根据图 5-26 制品高度可能取得的最小尺寸 H'_s 为

$$H'_s = H_s - \delta = H_M - (H_s - \delta)S_{max}$$

式中，δ 为制品高度可能取得的最小尺寸与其基本尺寸之间的差值。

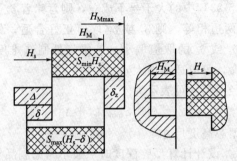

图 5-26　型腔深度和制品高度尺寸公差带示意图

整理并略去二阶小量 $\delta \cdot S_{max}$，得

$$H'_s = H_M - H_s S_{max}$$

因此，若要保证上述验算条件，必须

$$H'_s = H_M - H_s S_{max} \geqslant H_s - \Delta \tag{5-26}$$

显然，如果式（5-26）不成立，则说明 δ 取值过大，必须修正；如果式（5-26）两边相等，意味着 δ 取值正合适；如果式（5-26）中大于号成立，则说明该取值偏小，若适当增大 δ，可以降低制造难度或提高修磨余量的可靠性。

标注公差后，型腔深度表示为

$$H_M = [(1+S_{max})H_s - \delta_z]^{-\delta_z} \tag{5-27}$$

2）型芯高度尺寸。与型腔深度类似，用公差带方法计算型芯高度也要注意修磨部位问题，见图 5-27。图（a）将修磨部位设计在型芯上端面，修磨后型芯高度减小；图（b）将修磨部位设计在固定板上端面，修磨后型芯高度增大，其尺寸变化与型腔类尺寸磨损时的情况相似，用公差带方法进行设计时，需参照型腔类尺寸性质。假设型芯高度的修磨余量 δ_{zc} 包含在其制造公差 δ_z 中，按图 5-27(a)，(b) 两种情况讨论。

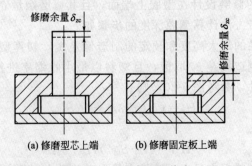

(a) 修磨型芯上端　　　(b) 修磨固定板上端

图 5-27　型芯高度的修磨

① 修磨部位设计在型芯上端面。在这种情况下，型芯高度尺寸性质不变。由图 5-28(a)，用算大验小的方法可得以下公式略去二阶微小项，得初算公式，

$$h_M = h_s + \Delta + S_{min}(h_s + \Delta)$$

即

$$h_M = (1 + S_{min})h_s + \Delta \tag{5-28}$$

验算公式为

$$h'_M = h_M - \delta_z - h_s S_{max} \geqslant h_s \tag{5-29}$$

标注公差后，型芯高度可表示为

$$h_M = [(1 + S_{min})h_s + \Delta]_{-\delta_z} \tag{5-30}$$

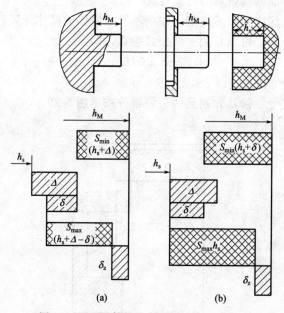

图 5-28　型芯高度尺寸和制品孔深度尺寸

② 修磨部位设计在固定板上端面。根据制品的最小深度和预定的制造偏差，初算型芯高度的基本尺寸 h。设型芯高度按预定制造偏差 δ_z 取值，且塑料以最大收缩率收缩时，制品深度可获得其下限尺寸，根据图 5-28(b)，则有

$$h_s = (h_M - \delta_z) - h_s S_{max}$$

整理后得

$$h_M = (1 + S_{max})h_s + \delta_z$$

按预定制造偏差 δ_z 计算出的最大型芯高度，即基本尺寸能否保证制品深度的最大尺寸不会超出其公差范围。根据图 5-28(b)，验算制品深度可能取得的最大尺寸 h'_s 为

$$h'_s = h_s + \delta = h_M - (h_s + \delta)S_{min}$$

式中，δ 为制品深度可能取得的最大尺寸与其基本尺寸之间的差值。

整理并略二阶小量 $\delta \cdot S_{\min}$，得

$$h'_s = h_M - h_s S_{\min} \tag{5-31}$$

因此，若要保证上述验算条件，必须

$$h'_s - h_M - h_s S_{\min} \leqslant h_s + \Delta \tag{5-32}$$

标注公差后，型芯高度可表示为

$$h_M = [(1 + S_{\max})h_s + \delta_z]_{-\delta_z} \tag{5-33}$$

如果式(5-29)或式(5-32)不成立，则说明 δ_z 取值过大，必须修正；如果式(5-29)或式(5-32)两边相等，意味着 δ_z 取值正好合适；如果式(5-29)中的大于号成立，或式(5-32)中的小于号成立，则说明凡取值偏小，若适当增大 δ_z，可以降低制造难度或保证修磨余量的可靠性。

当然，对型腔深度和型芯高度，如果不考虑它们的尺寸计算，只判别它们的预定制造偏差是否合理，可以只用下面公式验算，即

$$(S_{\max} - S_{\min})H_s + \delta_z \leqslant \Delta \tag{5-34}$$

$$(S_{\max} - S_{\min})h_s + \delta_z \geqslant \Delta \tag{5-35}$$

（3）中心距尺寸　模具和制品的公差带分布见图5-29。

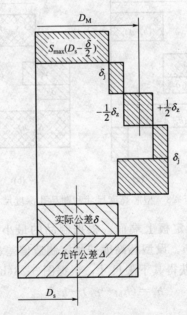

图5-29　型芯或成型孔中心距尺寸与制品尺寸公差带示意图

设活动型芯中心线向外侧的偏移量达到极限值 $\delta_j/2$ 时，模具中心距制造偏差达上限值 $\delta_z/2$。若此时塑料以最小收缩率进行收缩，则制品中心距可获得理想最大值，模具中心距初算公式为

$$D_s + \frac{\Delta}{2} = \left(D_M + \frac{\delta_z}{2} + \delta_j\right) - \left(D_s + \frac{\Delta}{2}\right)S_{\min} \tag{5-36}$$

再设活动型芯中心线向内侧的偏移量达到极限值$-\delta_j/2$时，模具中心距制造偏差达到下限值$-\delta_z/2$，若此时塑料以最大收缩率进行收缩，则制品中心距可获得理想最小值计算公式为

$$D_s - \frac{\Delta}{2} = \left(D_M - \frac{\delta_z}{2} - \delta_j\right) - \left(D_s - \frac{\Delta}{2}\right)S_{max} \tag{5-37}$$

将式(5-37)和式(5-38)相加，整理并略去二阶小量$\frac{\Delta}{2}S_{min}$和$\frac{\Delta}{2}S_{max}$，得

$$D_M = (1 + S_{cp})D_s \tag{5-38}$$

式中，S_{cp}为平均收缩率，$S_{cp} = 1/2(S_{max} - S_{min})$。

然后，验算制品实际上可能出现的最大中心距是否会超出公差范围。由于中心距尺寸偏差对称分布，所以，只要验算制品最大或最小中心距中任何一个不会超出规定的公差范围即可。由图5-29可得

$$D_s + \delta_1 = \left(D_M + \frac{\delta_z}{2} + \delta_j\right) - (D_s + \delta_1)S_{min} \tag{5-39}$$

式中，δ_1为根据模具中心距的基本尺寸以及预定的加工偏差和装配偏差，制品中心距实际上可能出现的上偏差。

整理并略去二阶小量$\delta_1 \cdot S_{min}$，得

$$D_s + \delta_1 = \left(D_M + \frac{\delta_z}{2} + \delta_j\right) - D_s S_{min} \tag{5-40}$$

很显然，若要保证制品最大中心距尺寸不超出规定的公差范围的条件为

$$D_M + \frac{\delta_z}{2} + \delta_j - D_s S_{min} \leqslant D_s + \frac{\Delta}{2} \tag{5-41}$$

同样，可由图5-31得到制品实际上可能出现的最小中心距不会超出规定公差范围的条件为

$$D_M - \frac{\delta_z}{2} - D_s S_{max} \leqslant D_s - \frac{\Delta}{2} \tag{5-42}$$

初算和验算后，模具的中心距尺寸可表示为

$$D_M = (1 + S_{cp})D_s \pm \frac{\delta_z}{2} \tag{5-43}$$

应当指出，图5-29是指两个活动型芯配合间隙相同的情况，如果两者配合间隙不同，δ_j可近似取二者的平均值，即$\delta_j = (\delta_{j1} + \delta_{j2})/2$。

如果模具的中心距尺寸不受装配偏差影响，即型芯与安装孔之间采用静配合，则$\delta_j = 0$，可用下面公式进行初算和验算。

初算

$$D_M = (1 + S_{cp})D_s \tag{5-44}$$

验算

$$D_M + \frac{\delta_z}{2} - D_s S_{min} - \frac{\Delta}{2} \leqslant D_s \tag{5-45}$$

$$D_M - \frac{\delta_z}{2} - D_s S_{max} + \frac{\Delta}{2} \geqslant D_s \tag{5-46}$$

（4）模内中心线到某一成型面的尺寸计算

1）型芯中心线到凹模侧壁的尺寸。型芯中心线到凹模侧壁的尺寸见图 5-22。这种尺寸在工作过程中会增大，属于型腔类尺寸，采用公差带方法进行设计计算，获得以下公式。

初算

$$d_M = (1 + S_{max}) d_s - \frac{1}{2}(\Delta - \delta_z) \tag{5-47}$$

验算

$$d_M + \frac{\delta_z}{2} + \delta_c - d_s S_{min} \leqslant d_s + \frac{\Delta}{2} \tag{5-48}$$

因此，中心线到凹模侧壁的尺寸可表示为

$$d_M = \left[(1 + S_{max}) d_s - \frac{1}{2}(\Delta - \delta_z)\right] \pm \frac{\delta_c}{2} \tag{5-49}$$

2）型芯中心线到凸模侧壁的尺寸。型芯中心线到凸模侧壁的尺寸见图 5-23。这种尺寸在工作过程中会减小，属于型芯类尺寸。用公差带方法进行设计计算，并设制品内型收缩后变小，获得以下公式。

初算

$$d_M = (1 + S_{min}) d_s + \frac{1}{2}(\Delta - \delta_z) \tag{5-50}$$

验算

$$d_M - \frac{\delta_z}{2} - \frac{\delta_c}{2} - d_s S_{max} \geqslant d_s - \frac{\Delta}{2} \tag{5-51}$$

因此，型芯中心线到凸模侧壁的尺寸可表示为

$$d_M = \left[(1 + S_{min}) d_s + \frac{1}{2}(\Delta - \delta_z)\right] \pm \frac{\delta_z}{2} \tag{5-52}$$

表 5-8 为按公差带计算的设计公式及其对应的校核式。

■ **表 5-8　按公差带计算的设计公式及其对应的校核式**　　　　　　　　　单位：mm

尺寸类型		计算公式	校核公式
型腔径向尺寸		$L_M = [(1 + S_{max}) L_s - \Delta]^{-\delta_z}$	$L'_s = (L_M + \delta_z + \delta_c) - L_s S_{min} \leqslant L_s$
型芯径向尺寸		$l_M = [(1 + S_{min}) l_s + \Delta]_{-\delta_z}$	$l'_s = (L_M - \delta_z - \delta_c) - l_s S_{max} \geqslant L_s$
型腔深度尺寸		$H_M = [(1 - S_{max}) H_s - \delta_z]^{-\delta_z}$	$H'_s = H_M - H_s S_{max} \geqslant H_s - \Delta$
型芯高度尺寸	修磨部位设计在型芯上端面	$h_M = [(1 + S_{min}) h_s + \Delta]_{-\delta_z}$	$h'_M = h_M - \delta_z - h_s S_{max} \geqslant h_s$
	修磨部位设计在固定板上端面	$h_M = [(1 + S_{max}) h_s + \delta_z]_{-\delta_z}$	$h'_s = h_M - h_s S_{min} \leqslant h_s + \Delta$

续表

尺寸类型			计算公式	校核公式
中心距尺寸	有配合间隙	最大中心距尺寸	$D_M=(1+S_{cp})D_s\pm\dfrac{\delta_z}{2}$	$D_M+\dfrac{\delta_z}{2}-\delta_j-D_s\,S_{min}\leqslant D_s+\dfrac{\Delta}{2}$
		最小中心距尺寸		$D_M-\dfrac{\delta_z}{2}-D_s\,S_{max}\leqslant D_s-\dfrac{\Delta}{2}$
	静配合	最大中心距尺寸	$D_M=(1+S_{cp})D_s$	$D_M+\dfrac{\delta_z}{2}-D_s\,S_{min}-\dfrac{\Delta}{2}\leqslant D_s$
		最小中心距尺寸		$D_M-\dfrac{\delta_z}{2}-D_s\,S_{max}+\dfrac{\Delta}{2}\geqslant D_s$
型芯中心线到凹模侧壁的尺寸			$d_M=\left[(1+S_{max})d_s-\dfrac{1}{2}(\Delta-\delta_z)\right]\pm\dfrac{\delta_c}{2}$	$d_M+\dfrac{\delta_z}{2}+\delta_c-d_s\,S_{min}\leqslant d_s+\dfrac{\Delta}{2}$
型芯中心线到凸模侧壁的尺寸			$d_M=\left[(1+S_{min})d_s+\dfrac{1}{2}(\Delta-\delta_z)\right]\pm\dfrac{\delta_z}{2}$	$d_M-\dfrac{\delta_z}{2}+\dfrac{\delta_c}{2}-d_s\,S_{max}\geqslant d_s-\dfrac{\Delta}{2}$

【例】　图 5-30 所示的塑料制品，用最大收缩率 1%，最小收缩率 0.6% 的材料成型，确定型芯的直径、型腔的内径、型腔深度、型芯高度及两小孔中心距。

（1）型腔直径

① 按平均值法计算平均收缩率。

$$S_{cp}=\dfrac{1}{2}(S_{max}-S_{min})0.8\%$$

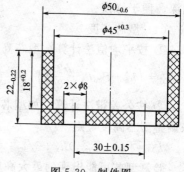

图 5-30　制件图

模具型腔按 IT8 制造，其制造偏差 $\delta_z=0.05$，则

$$L_M=\left(L_s+L_s S_{cp}-\dfrac{3}{4}\Delta\right)^{+\delta_z}$$

$$=\left(50+\dfrac{50\times0.8}{100}-\dfrac{3}{4}\times0.6\right)^{+0.05}$$

$$=49.95^{+0.05}$$

$$L_M=49.95^{+0.05}$$

② 按公差带法计算。

$$L_M=[(1+S_{max})L_s-\Delta]^{+\delta_z}=[(1+1\%)50-0.6]^{+0.05}=49.90^{+0.05}$$

验算制品可能出现的最大尺寸，设模具最大磨损尺寸误差 $\delta_z=0.04$，则

$$L_s'=L_M+\delta_c+\delta_z-S_{min}L_s\leqslant L_s$$

$$L_s'=49.90+0.04+0.05-0.6\%\times50=49.70\ (mm)$$

49.7＜50，满足要求，故型腔直径为拟 9.70＋0.05mm，比按平均值法计算的结果偏小，便于修模。

（2）型芯直径

① 按平均值法计算。模具型芯按 IT8 制造，制造偏差 $\delta_z=0.05$，则

$$L_M=\left(L_s+L_s S_{cp}+\dfrac{3}{4}\Delta\right)_{-\delta_z}=(4+45\times0.8\%+0.75\times0.5)_{-0.05}=45.74_{-0.05}$$

② 按公差带法计算。

$$L_M = [(1+S_{min})L_s+\Delta]_{-\delta_z} = [(1+0.6\%)\times45+0.5]_{-0.05} = 45.80_{-0.05}$$

验算制品可能出现的最小尺寸，有

$$L'_s = L_M - (\delta_z+\delta_c) - S_{max}L_s \geqslant l_s$$

$$L'_s = 45.8 - (0.05+0.04) - 1\%\times45 = 45.24$$

45.24＞45，满足要求，故型芯直径为 $\phi45.80_{-0.05}$ mm。比按平均值法计算的结果偏大，便于修模。

（3）型腔深度

① 按平均值法计算。型腔深度按 IT8 制造，其制造偏差 $\delta_z = 0.045$，则

$$H_M = \left(H_s + H_sS_{cp} - \frac{2}{3}\Delta\right)^{+\delta_z} = \left(22+22\times0.8\% - 0.22\times\frac{2}{3}\right)^{+0.045} = 22.03^{+0.045}$$

② 按公差带法计算。验算制品可能出现的最小深度是否合格，有

$$H'_s = H_M - S_{max}H_s \geqslant H_s$$

$$H'_s = 22.09 - 22\times1\% = 22.09$$

22.09＞22，故满足要求，型腔深度为 $22.09^{+0.045}$。比按平均值法计算的结果偏深，便于修模。

（4）型芯高度

① 按平均值法计算。型芯高按 IT8 制造，制造偏差 $\delta_z = 0.035$，则

$$h_M = \left(h_s + S_{cp}h_s + \frac{2}{3}\Delta\right)_{-\delta_z} = \left(18+18\times0.8\% + 0.2\times\frac{2}{3}\right)_{-0.035} = 18.27_{-0.035}$$

② 按公差带法计算。如型芯采取轴肩连接，用修磨型芯固定板上端面的办法来调整型芯高度，则

$$h_M = [(1+S_{max})h_s+\delta_z]_{-\delta_z} = [(1+1\%)\times18+0.035]_{-0.035} = 18.20_{-0.035}$$

验算型芯可能出现的最大高度是否在制品允许的公差范围内，有

$$h'_s = h_M - S_{min}h_s - \Delta \leqslant h_s$$

$$h'_s = 18.20 - 18.20\times0.6\% - 0.2 = 17.89$$

17.89＜18，故满足要求，型芯高度为 $18.2_{-0.035}$。

（5）计算小孔中心距。

按平均值法和公差带法，有

$$d_M = (d_s + S_{cp}d_s) \pm \frac{\delta_z}{2}$$

孔心距的制造偏差取±0.04，则

$$d_M = (30+30\times0.8\%) \pm 0.04/2 = 30.24 \pm 0.02$$

按公差带验算极限尺寸，则

$$d_M - \frac{\delta_z}{2} - \delta_j - S_{max}d_s + \frac{\Delta}{2} \geqslant d_s$$

设 $\delta_j = 0$，即孔轴采用静配合，其

$$左端 = 30.24 - 0.02 - 0 - 30\times1\% + 0.15 = 30.10$$

30.10＞30，故符合要求，模具上小孔中心距为 30.24 ± 0.02。

3. 螺纹成型零件尺寸的计算

螺纹连接的种类很多，其配合性质也各不相同，影响塑料螺纹连接的因素也比较复杂，目前一般都采用平均值法的工作尺寸计算方法，在此仅就普通三角形螺纹（牙尖角 60°的公制螺纹）型芯和型环计算方法加以讨论，且假定成型中塑料收缩均匀，牙尖角不变。

（1）径向工作尺寸计算　螺纹型芯和型环径向尺寸计算方法与普通型芯和型环的计算原理相同，但需适当放大螺纹型芯径向尺寸、缩小螺纹型环的径向尺寸，以补偿各种成型误差，改善旋入性。

1）螺纹型芯工作尺寸

$$d_{m大} = [D_大(1+S_{cp})+\Delta_中]_{-\delta_m}$$
$$d_{m中} = [D_中(1+S_{cp})+\Delta_中]_{-\delta_m}$$
$$d_{m小} = [D_小(1+S_{cp})+\Delta_中]_{\delta_m} \tag{5-53}$$

式中，$d_{m大}$、$d_{m中}$、$d_{m小}$ 为螺纹型芯的大、中、小径尺寸，mm；$D_大$、$D_中$、$D_小$ 为制品内螺纹的大、中、小径尺寸，mm；δ_m 为螺纹型芯中径的制造公差，mm，查表 5-10；S_{cp} 为塑料的平均成型收缩率；$\Delta_中$ 为制品内螺纹的中径公差（mm）

$\Delta_中$ 可按 GB/T 197—1981《普通螺纹公差与配合》，取 6 级～8 级精度；或者查表 5-10，取螺纹型芯中径制造公差 δ_m 的 5 倍。

2）螺纹型环工作尺寸计算式为

$$D_{m大} = [d_大(1+S_{cp})-1.2\Delta_中]^{+\delta_m}$$
$$D_{m中} = [d_中(1+S_{cp})-\Delta_中]^{+\delta_m} \tag{5-54}$$
$$D_{m小} = [d_小(1+S_{cp})-\Delta_中]^{-\delta_m}$$

式中，$D_{m大}$、$D_{m中}$、$D_{m小}$ 为螺纹型芯的大、中、小径尺寸（mm）；$d_大$、$d_中$、$d_小$ 为制品外螺纹的大、中、小径尺寸，mm；$\Delta_中$ 为制品外螺纹的中径公差，mm。

$\Delta_中$ 可按 GB 197—1981 金属件普通螺纹，取 6 级～8 级精度；或者查表 5-9，取螺纹型环中径制造公差 $\delta_{m中}$ 的 5 倍。

■ 表 5-9　普通螺纹的螺纹型芯和型环的制造公差 δ_m　　　　　　　　单位：mm

	螺纹大径	M3~M12	M14~M33	M36~M45	M48~M68
粗牙螺纹	中径制造公差	0.02	0.03	0.04	0.05
	大、小径制造公差	0.03	0.04	0.05	0.06
	螺纹大径	M3~M22	M24~M52	M56~M68	
细牙螺纹	中径制造公差	0.02	0.03	0.04	
	大、小径制造公差	0.03	0.04	0.05	

从上面的公式可以看出，螺纹型芯径向尺寸计算与一般型芯径向尺寸计算相似，螺纹型环径向尺寸计算与一般型腔径向尺寸计算相似，但又不完全相同。这是因为塑料螺纹成型时，由于收缩的不均匀性和收缩率波动等因素使其牙型和尺寸（如牙距尺寸等）都有比较大的偏差和变化，使可旋入性降低。

　　螺纹配合中螺距和牙尖角的误差，可通过增大螺母中径或减小螺栓中径的办法来补偿（即增加中径配合间隙），因此，按一般规律，型芯计算公式中加上（0.5～0.75)$\Delta_{\text{中}}$，而在螺纹型芯中径计算公式中是加上 $\Delta_{\text{中}}$，即增加了制品螺孔的中径。型腔计算公式中是减去（0.5～0.75)$\Delta_{\text{中}}$，而这里是减去 $\Delta_{\text{中}}$ 即减小了制品螺栓的中径。在外径和内径计算公式中，无论是螺纹型芯或螺纹型环都是采用中径的公差 $\Delta_{\text{中}}$，其制造公差也取中径的制造公差值 δ_{z}，这是因为中径的公差值总是小于内径和外径的公差值，这样可提高模具制造精度。

　　此外，塑料螺纹配合时，齿顶和齿根有较大的间隙，以增加松动，避免磨损。因此，螺纹型芯的内径计算公式中，按一般规律应加上（0.5～0.75)$\Delta_{\text{中}}$，但在此式中是加上 $\Delta_{\text{中}}$，用它成型的制品螺孔内径大、牙尖短。塑料螺纹的牙尖过薄是不恰当的，易发生破碎或变型，牙尖切短后相应地增加了牙尖的厚度。同样道理，螺纹成型环的外径计算公式中减去了 1.2$\Delta_{\text{中}}$，用它成型的外螺纹（螺栓）外径较小，这不仅增加了牙齿顶端的配合间隙，同样也增加了牙尖的厚度和强度。

　　(2) 螺距尺寸计算　计算收缩率相同或相近的塑料外螺纹与塑料内螺纹相配合的螺距尺寸时，两者都不考虑收缩率。塑料螺纹与金属螺纹配旋时，螺距应加大，由于其值是不规则小数，加工困难，要在车床上配置特殊的交换齿轮来车制螺纹，或者采用偏移车刀来切削。螺纹型芯或型环上的螺距尺寸计算式为

$$p_{\text{m}} = p(1 + S_{\text{cp}}) \pm \frac{\Delta_{\text{m}}}{2} \tag{5-55}$$

　　式中，p_{m} 为螺纹型芯或型环上的螺距尺寸，mm；p 为制品上螺纹的螺距尺寸，mm；Δ_{m} 为螺纹型芯或型环上螺距的制造公差，mm。查表 5-10 可得。

■ 表 5-10　螺纹型芯或型环螺距的制造公差　　　　　　　　　　　　单位：mm

螺纹公称直径	螺纹旋合长度	螺距制造公差
M3～M12	约 12	0.01～0.03
M12～M22	>12～20	0.02～0.04
M24～M68	>20	0.03～0.05

　　当塑料螺纹与金属螺纹的旋合长度较短时（旋合少于 7～8 牙），或者旋合长度小于可补偿的极限长度 L_{max}，而且应用式(5-53) 或式(5-54) 加大了螺纹型芯或缩小了型环的径向尺寸时，可不考虑螺距收缩率。L_{max} 的计算式为

$$L_{\text{max}} = \frac{0.432\Delta_{\text{中}}}{S_{\text{cp}}} \tag{5-56}$$

　　式中，L_{max} 可补偿的极限长度，mm；$\Delta_{\text{中}}$ 为制品螺纹中径的制造公差，mm；S_{cp} 为塑料的平均收缩率。

第六节 型腔的强度和刚度计算

一、概述

一般成型零部件的刚度、强度校核：①当型腔全被充满的瞬间，内压力达极大值；②大尺寸型腔，刚度不足是主要问题，以刚度校核为主；③小尺寸型腔以强度不足为主要矛盾，以强度校核为主；④凹模强度校核公式。

塑料模具在使用过程中主要承受来自两方面的力：一是来自注射机的锁模力，锁模力使分型面处产生很大的压应力，如接触面面积不够，便会发生屈服变形，同理在模具内模板之间，模板与支架之间都可能产生压缩屈服变形的问题，模具断面尺寸过小还会反过来压伤注射机的模板，造成巨大的损坏。

另一方面，在塑料注射成型过程中，模具在全部充满的瞬间，型腔内压力可达到极高值。因此，型腔应具有足够的壁厚以承受塑料熔体充模时产生的高压，否则可能会因强度不够，产生塑性变形甚至破裂，使模具失效；或因刚度不足，产生过大的弹性变形，引起成型零部件在其接触或配合表面出现较大的间隙，产生溢料等现象，不仅导致制品精度达不到技术要求，还有可能在脱模时划伤、撕裂制品；强度不够则可能发生塑性形变，甚至在应力最大处产生裂纹或断裂。而当型腔尺寸的变形量大于制品的收缩量时，制品成型后的弹性恢复又会使型腔紧紧包住制品，从而造成开模困难。此外，对于有圆柱形或矩形断面型芯的模具，当型芯强度不够而产生弯曲变形时，会产生塑件偏心，尺寸超差及脱模困难等后果。因此，设计模具时，应当进行强度和刚度计算。

在成型零件中，型腔和动模垫板是构成型腔的主要受力构件，通常需要对它们进行强度和刚度的力学计算和校核。必要时，还需对型芯在高压熔体作用下的变型和偏移进行校核。

对于大尺寸型腔，刚度不足是主要矛盾，要防止模具产生过大的弹性变形。因此，需先确定不同情况下的许用变形量，用刚度条件计算公式进行壁厚和垫板厚度的设计计算，再用强度条件计算公式进行校验。而小尺寸模具主要是强度问题，首先要防止模具的塑性变形和断裂破坏。因此，需用强度条件计算公式进行型腔壁厚和垫板厚度的设计计算，再用刚度条件计算公式进行校验。

对具有复杂型腔的模具，其型腔和垫板进行强度和刚度的精确计算则要借助于计算机．用有限差分、有限元或者边界元为基础的数值分析方法进行。在此，将各种型腔结构形式归类为圆形型腔和矩形型腔的整体式及组合式等四种结构，介绍用传统力学方法，解决其一般性的强度与刚度的计算问题。

强度计算的条件是各种受力形式下的应力不超过许用应力。首先对注射机动定模板处的接触压应力进行强度校核，模具在使用过程中不允许成型零部件发生屈服

变形，因此材料的许用应力可定义为

$$[\sigma] = \frac{\sigma_s}{n_s} \qquad (5\text{-}57)$$

式中，σ_s 为屈服强度；n_s 为安全系数。

表 5-11 为常用模具材料的许用强度。

■ **表 5-11 常用模具材料的许用强度**

材　　料	45	Cr12	3Cr2W8V	45Mn2	65	55	40MnB	40Cr	QT800-2
强度/MPa	180	880	650	360	210	180	390	390	240

根据式(5-57)确定模板与模具间最小接触面积。对定模边定模板与模具的接触面积尚需扣除定位孔的圆面积，理论上，当模具尺寸较小不能承受最大锁模力时，可降低机器的锁模力操作，例如某机器最大锁模力为 500t，现有一模具，与机器定模板接触面外轮廓尺寸为 250mm×300mm，定位孔直径为 100mm。允许锁模力为接触面积与许用应力为

$$\left(25 \times 30 - \frac{\pi}{4}10^2\right) \times \frac{55}{100} = 369.3 \ （t）$$

因此，该模具必须在降低机器锁模力情况下操作，但是一般的注射机没有锁模力显示，特别是肘杆式锁模机构即无法进行这种操作，虽然全液压式锁模机构有可能降低锁模力到指定值，但最好不要在大吨位注射机上安装小断面尺寸的模具，以免发生意外。

由于模具的特殊性，刚度条件应从以下三方面考虑。

(1) **模具型腔不产生溢料**　当高压塑料熔体注入后，模具型腔的侧壁或底板发生挠曲变型，某些配合面会产生足以溢料的间隙，在制品上形成飞边，这时应根据不同塑料的最大不溢料间隙来决定其刚度条件。不同黏度的塑料，其许用变形量 $[\delta]$ 也不同，其刚度条件，见表 5-12。

■ **表 5-12 组合式型腔的允许变形值**（刚度条件）

黏度特性	塑料品种	容许变形值 $[\delta]$/mm
低黏度塑料	PA、PE、PP、POM	≤ 0.025~0.04
中黏度塑料	PS、ABS、PMMA	≤ 0.05
高黏度塑料	PC、PSF、PPO	≤ 0.06~0.08

(2) **保证塑料制品的尺寸精度**　当塑料制品某些尺寸或配合精度要求较高时，型腔不能产生过大的变形量，以免使制品超差。为此，型腔侧壁的刚度条件，应为制品尺寸及其公差值 △ 的函数。其允许变形量 $[\delta]$ 可由经验公式确定，见表 5-13。

(3) **保证塑料制品顺利脱模**　塑料熔体充模产生的压力会使塑腔产生过大的弹性变形，当变形量超过制品的收缩值时，则制品周边将被回弹的型腔侧壁紧紧包住而难以脱模，强制顶出易使制品划伤或破裂。因此，型腔许用变形量 $[\delta]$ 应小于制品壁厚的收缩值。

■ **表 5-13　注塑模具刚度计算的许用变形量计算式**

制品件精度 GB/T 14486—1993		MT1～MT3	MT4～M17
模具制造精度 GB 1800—1979		IT17～IT19	IT10～IT12
型腔组合式	低黏度塑料（如 PA、PE、PP、POM）	$15i_1$	$25i_1$
	中黏度塑料（如 PS、ABS、PMMA）	$15i_2$	$25i_2$
	高黏度塑料（如 PC、PSF、PPO）	$15i_3$	$25i_3$
整体式型腔		$15i_2$	$25i_2$
$i_1 = 0.35W^{1.5} + 0.001W$；$i_2 = 0.45W^{1/5} + 0.001W$；$i_3 = 0.55W^{1/5} + 0.001W$			

注：W 应是影响模具形变的最大尺寸。若圆筒形是 r 或 h，若矩形是 l 或 L。W 用 mm 代入，i 单位为 μm。

这可由下式计算，即

$$[\delta] = b \cdot S$$

式中，$[\delta]$ 为型腔的许用变形量，mm；b 为制品侧壁厚，mm；S 为塑料的成型收缩率，%。

由上式求得的 $[\delta]$，应不大于表 5-12 中的相应值，以免溢料；或不大于表 5-13 中的相应值，以保证尺寸精度。

二、圆形型腔、型芯的尺寸计算

圆形型腔指模具型腔内外壁横断面呈圆环形的情况，分组合式和整体式两类，如图 5-31 所示，下面分别对其侧壁、底板和动模垫板的厚度进行计算。

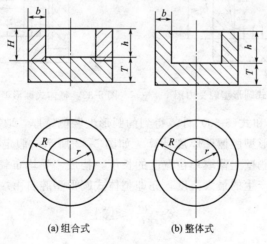

(a) 组合式　　　　(b) 整体式

图 5-31　圆形型腔

1. 圆形型腔侧壁厚度的确定

（1）组合式圆形型腔壁厚计算　图 5-32 为两端开口，仅受均匀内压的厚壁圆筒。根据广义虎克定律，则有

$$\varepsilon_t = \frac{(\sigma_t - \mu\sigma_r)}{E} = \frac{\delta}{r}$$

式中 $\sigma_t = p_c \dfrac{(R^2 + r^2)}{(R^2 - r^2)}$;

$$\sigma_r = -p_c$$

因为 $b = R - r$

故可得到按刚度要求的侧壁厚度，即

$$b = r\left[\left(\frac{E[\delta] + (1-\mu)r p_c}{E[\delta] - (1+\mu)r p_c}\right)^{\frac{1}{2}} - 1\right] \tag{5-58}$$

式中，b 为圆形型腔侧壁厚度，mm；r 为圆形型腔的半径，mm；E 为模具材料的弹性模量，MPa；μ 为模具材料泊松比；p_c 为型腔内压，MPa。

使用式(5-58)时，如果根据刚度条件得到的型腔壁厚太大时，则可考虑改用整体式结构或采用加强结构，大型模具型腔的结构设计尤应如此。

进行强度计算时，按第三强度理论，得

$$b = r\left[\left(\frac{[\sigma]}{[\sigma] - 2p_c}\right)^{1/2} - 1\right] \tag{5-59}$$

式中，$[\sigma]$ 为模具材料的许用应力，MPa。

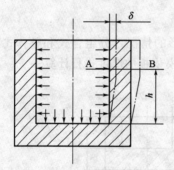

图 5-32　组合式圆形型腔受力图

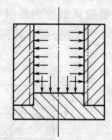

图 5-33　整体式圆形型腔侧壁变形图

比较式(5-58)和式(5-59)计算得到的圆形型腔侧壁厚，取其大者做设计值。

(2) 整体式圆形型腔侧壁厚度计算　如图 5-33 所示，假定沿其径向，并过轴线做两平面，在其侧壁上截取单位宽度的长度，构成"受均布载荷的悬臂梁"的力学模型，则梁中所产生的最大挠度，亦即整体式圆形型腔自由端的径向位移，为

$$\delta = \frac{qh^4}{8EJ} \leqslant [\delta]$$

式中，$q = p_c$；$J = \dfrac{b^3}{12}$。

因此，整体式圆形型腔侧壁厚度可表示为

$$b = \left(\frac{3p_c h^4}{2E[\delta]}\right)^{\frac{1}{3}} \tag{5-60}$$

式中，b 为型腔侧壁厚度，mm；h 为型腔有效高度，mm；$[\delta]$ 为型腔自由端的许用变形量，mm。

强度计算时，计算公式即为式(5-59)。

2. 圆形型腔底板厚度的确定

当底板周边被模脚支撑而悬空时，见图 5-34，在压力作用下，底板将产生明显的变形，需要进行厚度计算。若底板底平面直接与注射机底定模板或动模板紧贴，则底板本身不产生明显的内应力，其厚度凭经验决定即可。

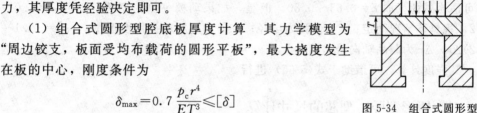

图 5-34　组合式圆形型腔底板受力图

（1）组合式圆形型腔底板厚度计算　其力学模型为"周边铰支，板面受均布载荷的圆形平板"，最大挠度发生在板的中心，刚度条件为

$$\delta_{max} = 0.7\,\frac{p_c r^4}{E T^3} \leqslant [\delta]$$

整理后，得组合式圆形型腔底板厚度计算公式，即

$$T = 0.89r\left(\frac{p_c r}{E[\delta]}\right)^{\frac{1}{3}} \tag{5-61}$$

式中，r 为圆形型腔内半径，亦为模脚内半径，mm；$[\delta]$ 为底板的许用变形量，mm，$[\delta] = \Delta i/10$，Δi 为制品轴向尺寸公差。

强度计算的力学模型同样为"周边铰支，板面受均布载荷的圆形平板"，最大应力发生在板中心，强度条件为

$$\sigma_{max} = 1.24 p_c\left(\frac{r}{T}\right)^2 \leqslant [\sigma]$$

整理得组合式圆形型腔底板厚度计算公式，即

$$T = \left(1.24\,\frac{p_c r^2}{[\sigma]}\right)^{\frac{1}{2}} \tag{5-62}$$

（2）整体式圆形型腔底板厚度计算　其力学模型为"周边固定，板面受均布载荷的圆形平板"，其最大挠度发生在板中心，则

$$\delta_{max} = 0.17\,\frac{p_c r^4}{E T^3} \leqslant [\delta]$$

整理得整体式圆形型腔底板厚度的计算公式，即

$$\sigma_{max} = 0.75 p_c\left(\frac{r}{T}\right)^2 \leqslant [\sigma] \tag{5-63}$$

然而，根据力学模型分析，其最大应力却发生在底板周边，可用下式作为强度条件

$$\sigma_{max} = 0.75 p_c\left(\frac{\gamma}{T}\right)^2 \leqslant [\sigma]$$

整理得整体式圆形型腔底板厚度的计算公式，即

$$T=(0.75 p_c r^2 [\sigma])^{\frac{1}{2}} = 0.866r \left(\frac{p_c}{[\sigma]} \right)^{\frac{1}{2}} \tag{5-64}$$

（3）圆形型腔动模垫板厚度的确定　动模垫板可视为"组合式圆形型腔底板"，将式（5-64）乘以修正系数 k，就得到圆形型腔动模垫板厚度的计算公式，即

$$T = 0.89kr \left(\frac{p_c r}{E[\delta]} \right)^{\frac{1}{3}} \tag{5-65}$$

式中，T 为动模垫板厚；p_c 为动模底板所承受一部分型腔压力，因此动模垫板可适当减薄，取 $k=0.65\sim0.80$，但是，如果动模一侧为型芯，则取 $k=1.0\sim1.2$，视具体情况而定；r 为模脚内半径；$[\delta]$ 为垫板的许用变形量，$[\delta]=(0.1\sim0.2)\Delta r$，$\Delta r$ 为制品轴向公差值。

其强度计算，可借助于式（5-65）进行。

三、矩形型腔、型芯的尺寸计算

矩形型腔横截面呈封闭矩形结构的型腔。矩形型腔的模具在工业生产中广泛使用，下面就模具设计中最常见的几种矩形型腔结构（包括组合式和整体式以及带模框的）的侧壁、底板和动模垫板的计算问题进行讨论。

1. 矩形型腔侧壁厚度的确定

矩形型腔侧壁，按型腔结构不同而有不同的厚度要求。矩形型腔侧壁在压力下的变形主要发生在长边，因此，只计算其长边厚度 b_1。在长短边壁厚相同的情况下，长边厚度能满足刚度和强度要求，短边必然能满足。

（1）镶底式矩形型腔侧壁厚度计算　其典型结构见图 5-35。对这种型腔侧壁的计算，目前多作为受均布载荷的固定梁内部受均布载荷的矩形框架及受均布载荷的简支梁来计算。大多数资料所介绍的方法，在计算型腔的变形量时，只考虑了所计算侧壁的弯曲挠度，而未计入相邻侧壁变形的影响。当然在某些特定条件下，这些方法均可用于镶底矩形型腔侧壁厚度的近似计算。例如，当短边 l_2（图 5-35）相当短，而壁厚 b_2 又足够大的情况下，长边 l_1 的工作条件就近似于固定梁，型腔的变形量可只计算 l_1 边的挠度，这时因短边 l_2 的变形很小，可忽略不计；如果短边 l_2 的壁厚 l_2 较小（或由于被开的孔所减弱），则长边 l_1 的工作条件便与简支梁相近。

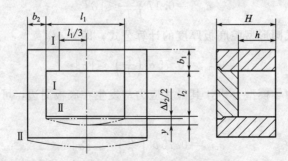

图 5-35　镶底式矩形型腔典型结构

这些情况在实例中均可见到。一般情况下，镶底矩形型腔的工作条件，近似于内表面受均布载荷的矩形框架。

为了保证这种型腔结构的模具能够正常工作，型腔侧壁的单面允许变形量，以不致引起塑料熔体挤入镶底与型腔侧壁之间的缝隙和不阻碍制品脱模为限。常用塑料的允许缝隙值见表 5-14，并以此作为主要因素考虑型腔的允许变形量。

对边长尺寸较大的矩形型腔，在计算侧壁的变形量时，仅考虑弯曲挠度是不够的，因型腔侧壁所承受的负荷不仅使长边产生弯曲，同时又使相邻侧壁产生拉伸。因此，型腔侧壁 l_1 的单面变形量 f，应当是该边侧壁的挠度 y 与相邻侧壁 l_2 的拉伸变形量 Δl_2 的 $1/2$ 之和，即

$$f = y + \frac{\Delta l_2}{2} \tag{5-66}$$

为简化计算，现假设型腔四壁厚度相等，即 $b_1 = b_2 = b$。若将镶底矩形腔看做内表面受均布负荷的矩形框架，最大挠度 y 发生在长边 l_1 的中点，其值为

$$y = \frac{p_c l_1^4 h \beta}{32 E H b^3} \tag{5-67}$$

式中，p_c 为型腔内压，MPa；l_1 为型腔长边的长度，mm；H 为型腔侧壁高度，mm；h 为承受熔体压力的型腔侧壁高度，mm；E 为弹性模量，MPa；β 为系数，取决于边长比 $\alpha = \frac{l_2}{l_1}$，见表 5-14。

■ 表 5-14　由矩形型腔边长比 α 确定的 β 等系数

$\alpha = \frac{l_2}{l_1}$	β	ν	φ	$\alpha = \frac{l_2}{l_1}$	β	ν	φ
0.1	1.36	0.91	0.91	0.6	1.96	0.76	0.72
0.2	1.64	0.84	0.87	0.7	1.84	0.79	0.67
0.3	1.84	0.79	0.83	0.8	1.64	0.84	0.61
0.4	1.96	0.76	0.79	0.9	1.36	0.91	0.54
0.5	2.00	0.75	0.76	1.0	1.00	1.00	0.44

相邻侧壁 l_2 的拉伸变形量为

$$\Delta l_2 = \frac{p_c l_2^2 h \alpha}{2 E H b} \tag{5-68}$$

整理合并上述三式，得型腔的单面变形量为

$$\varphi = \frac{p_c l_1^2 h}{32 E H b^3}(l_1^2 \beta + 8\alpha \cdot b^2) \leqslant [\delta] \tag{5-69}$$

确定了壁厚尺寸 b 和型腔压力 p_c 后，便可用式（5-69）进行刚度校核。也可根据预定的许用变形量来计算壁厚 b，将式（5-69）变为

$$b = \frac{1}{\sqrt[3]{X + (X^2 + Y^3)^{\frac{1}{2}}} + \sqrt[3]{X - (X^2 + Y^3)^{\frac{1}{2}}}} \tag{5-70}$$

式中，$X = \dfrac{16 E H [\delta]}{p_c l_1^4 h \beta}$；$Y = \dfrac{8\alpha}{3 l_1^2 \beta}$。

采用式(5-70) 计算型腔侧壁厚度 b 比较麻烦，如果利用一系数子来近似计入 $(\Delta l_2/2)$ 变形量的影响，便可用简单的方法来计算。由式(5-68) 得

$$b=l_1\left(\frac{p_c l_1 h\beta}{32EHy}\right)^{\frac{1}{3}} \tag{5-71}$$

令 $y=\varphi\cdot[\delta]$，于是有

$$b=l_1\left(\frac{p_c l_1 h\beta}{32EH\varphi[\delta]}\right)^{\frac{1}{3}} \tag{5-72}$$

式中的 φ 值由表 5-14 查出。

进行强度计算时，镶底矩形型腔侧壁的最大弯矩 M_{max} 发生在角部，其值为

$$M_{max}=\frac{p_c l_1^2 h\nu}{12}$$

式中，ν 为取决于 $\alpha=l_2/l_1$ 的系数，由表 5-14 查出。

最大应力 σ_{max} 发生在 Ⅱ—Ⅱ 断面（图 5-35），其值为弯曲应力 σ_w 与由相邻侧壁 l_2 上的负荷引起的拉伸应力 σ_1 之和，即

$$\sigma_{max}=\sigma_w+\sigma_1\leqslant[\sigma] \tag{5-73}$$

式中，$[\sigma]$ 为型腔材料的许用应力，一般常用模具钢可取 $[\sigma]=200MPa$。

$$\sigma_w=\frac{p_c l_1^2 hr}{2b^2 H}, \quad \sigma_1=\frac{p_c h l_2}{2bH}$$

所以有

$$\sigma_{max}=\frac{p_c l_1^2 hr}{2b^2 H}+\frac{p_c h l_2}{2bH}\leqslant[\sigma] \tag{5-74}$$

式(5-74) 可计算求得 b，或直接利用式(5-74) 做强度校核。

由于以上计算都是在假设型腔四壁厚度相等的条件下进行的。如果结构需要 $b_2\neq b_1$ 时，表 5-15 中的系数应做如下修正。

当 $b_2=nb_1$ 时，

$$r_n=\frac{n^3+\alpha^3}{n^3+\alpha} \tag{5-75}$$

$$\beta_n=5-4\nu_n \tag{5-76}$$

$$\varphi_n=\frac{n-1+\varphi}{n} \tag{5-77}$$

式中，γ_n、β_n、φ_n 为修正系数。

例如，当 $b_2=1.5b_1$ 时，$\gamma_n=0.9$，$\beta_n=1.4$，$\varphi_n=0.84$。型腔内角必须避开尖角，以减少应力集中。导柱孔应尽可能设置在长边上距中心线约 $0.3l_1$ 处（图 5-35 中的 Ⅰ—Ⅰ 断面），使该断面的弯矩近似为零。型腔四角有足够的圆角时，导柱孔亦可设置在 Ⅱ—Ⅱ 断面处。开设在型腔上的螺钉孔、拉杆、复位杆及冷却水孔等的设计位置必须避免危险断面，同时还应视具体情况，在壁厚 b 的计算值上，增加适当的补偿值，或取最弱断面做计算。实际型腔的成型表面并非简单的平面，为安全起见，一般可按型腔壁厚最薄处进行计算；沿开模方向有较大斜度或为阶梯形时，

型腔壁厚可按平均值计算。

（2）整体矩形型腔侧壁厚度计算　图5-36为整体式的矩形型腔，这种型腔结构与镶底式型腔结构相比，具有较大的刚性。由于其底部与侧壁为整体，所以不存在镶底型腔那样因变形过大而出现缝隙和产生滋料的问题。在计算这种型腔的侧壁厚度时，刚度条件（即许用变形量）主要由制品的尺寸公差以及保证顺利脱模确定。

整体式矩形型腔侧壁的力学模型为"三边固定，一边自由的矩形平板"，其最大挠度必然发生在自由边的中点。此点既可以看成是受均布载荷的固定梁在其中点所产生的最大挠度，也可以看成在另一方向上受均布载荷悬臂梁末端所产生的最大挠度。最大挠度 y 为

$$y = C \frac{p_c h^4}{Eb^3} \tag{5-78}$$

$$C = \frac{3(l_1/h^4)}{2(l_1/4)^4 + 98} \tag{5-79}$$

系数 C 亦可根据型腔深度 h 与边长 l_1 之比值，由表5-15查出。

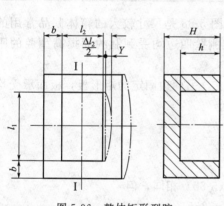

图5-36　整体矩形型腔

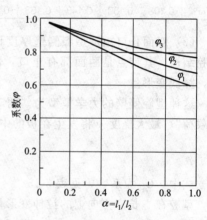

图5-37　矩形型腔变型比例关系

在 l_1 侧面上承受的负荷，还将引起型腔在 l_2 长度方向的拉伸变形，其变形量为

$$\Delta l_2 = \frac{2p_c h l_1^2}{EF} \tag{5-80}$$

式中，F 为型腔上平行于 l_1 边的截面积，$F = l_1(H-h) + 2hb$ 型腔的单面最大变形量为

$$f = y + \frac{\Delta l_2}{2} = \frac{Cp_c h^4}{Eb^3} + \frac{\alpha \cdot p_c h l_1^2}{2EF} = \frac{p_c h}{E}\left(\frac{Ch^3}{b^3} + \frac{\alpha \cdot l_1^2}{2F}\right) \leqslant [\delta] \tag{5-81}$$

在给定型腔各部分尺寸及型腔压力 p_c 之后，可利用式(5-81)进行刚度校核。

但也可在确定型腔压力 p_c 之后，利用式(5-81)的变异式求解型腔侧壁的理论厚度值，即

$$b=h\left(\frac{Cp_{c}h}{E\varphi_{1}[\delta]}\right)^{1/3} \tag{5-82}$$

式中，φ_{1} 为系数，按 $\alpha=l_{2}/l_{1}$ 的比值选取，见图 5-37。

式(5-82)适用于型腔底部厚度（$H-h$）约为（$0.25\sim0.3$）l_{1} 的模具。

进行强度计算（校核）时，可用以下公式：

当 $h/l_{1}\geqslant0.41$ 时，有

$$\sigma_{\max}=\frac{p_{c}l_{1}^{2}(1+\omega a)}{2b^{2}}\leqslant[\sigma] \tag{5-83}$$

当 $h/l_{1}<0.41$ 时，有

$$\sigma_{\max}=\frac{3p_{c}h^{2}(1+\omega a)}{b^{2}}\leqslant[\sigma] \tag{5-84}$$

式中，ω 为系数，见表 5-15。

■ 表 5-15　系数 C 及 ω 的关系

h/l_{1}	0.3	0.4	0.5	0.6	0.7	0.8	0.9	1.0	1.2	1.5	2.0
C	0.930	0.570	0.330	0.188	0.117	0.073	0.045	0.031	0.015	0.006	0.002
ω	0.108	0.130	0.148	0.163	0.176	0.187	0.197	0.205	0.219	0.235	0.254

（3）双面止口矩形型腔侧壁厚度计算　图 5-38 是尺寸较大的箱体制品常用的型腔结构，其特点是两面都有止口，使型腔侧壁四边均受到制约而提高型腔的刚度，降低变形量。

这种型腔侧壁的力学模型为"两对边简支，另两边固定的矩形板，板面承受均布载荷"。最大挠度 y 将发生在板的中心，为

$$y=C_{1}\frac{p_{c}h^{4}}{Eb^{3}}$$

式中，C_{1} 为系数，见表 5-15。

型腔在 l_{2} 长度方向上的拉伸变形量与式(5-80)相同，但

$$F=F_{1}\cdot F_{2}+2hb$$

式中，F_{1}、F_{2} 为两面模板的截面积，见图 5-38。

型腔长边的单面最大变形量为

$$f=y+\Delta l_{2}/2\leqslant[\delta] \tag{5-85}$$

型腔侧壁厚度凸可用下式计算，即

$$b=h\left(\frac{C_{1}p_{c}h}{E\varphi_{2}[\delta]}\right)^{1/3} \tag{5-86}$$

式中，φ_{2} 为系数，由图 5-37 查得。

l_{1} 边中心的最大应力为

$$\sigma_{\max}=\frac{6C_{2}p_{c}h^{2}}{b^{2}}\leqslant[\sigma] \tag{5-87}$$

式中，C_{2} 为系数，查表 5-16。

■ 表 5-16　系数 C_1 及 C_2 关系

h/l_1	2.0		1.5		1.4		1.3		1.2		1.1		1.0
C_1	0.0284		0.0270		0.0262		0.0255		0.0243		0.0228		0.0214
C_2	0.0842		0.0829		0.0808		0.0793		0.0770		0.0739		0.0698
l_1/h	1.1	1.2	1.3	1.4	1.5	1.6	1.7	1.8	1.9	2.0	3.0
C_1	0.0276	0.0349	0.0425	0.0504	0.0582	0.0658	0.0730	0.0799	0.0863	0.0987	0.1276
C_2	0.0788	0.0868	0.0938	0.0998	0.1049	0.1090	0.1124	0.1152	0.1173	0.1191	0.1246

当 $h > l_1$ 时，式(5-86) 和式(5-87) 中的 h 均应变为 l_1。

在分型面上具有止口的整体矩形型腔，见图 5-39，其侧壁厚度的计算方法与双面止口型腔相同。

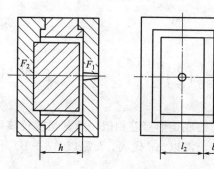

图 5-38　具有双面止口的型腔结构

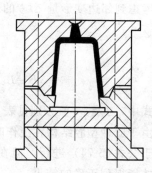

图 5-39　单止口的整体式结构

（4）带模框的镶底矩形型腔厚度计算　在模具中有时为了便于制造和节约优质合金钢材，常采用带模框的结构。图 5-40 为带模框的镶底矩形型腔结构简图。在设计这类型腔结构时，通常是先确定型腔镶件的壁厚尺寸，然后根据刚度条件计算模框侧壁厚度，再进行强度校核。

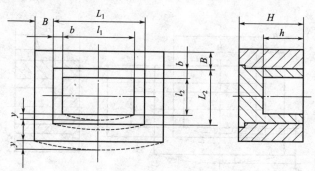

图 5-40　带模框的镶底矩形型腔结构

在型腔压力 p_c 的作用下，型腔侧壁和模框共同变形，模框长边 L_1 的挠度 y 应与型腔镶件侧壁 l_1 边的挠度相等。因模框受内部镶件的固定，各边近似于两端固定的均荷梁。

那么

$$y = \frac{QL_1^3}{32EHB^3} = \frac{p_c b_1^4 h\beta}{32EHb^3} \tag{5-88}$$

式中，p_c 为型腔侧壁产生挠度 y 时所需的压力；Q 为模框在产生挠度 y 时内表面所受的负荷；B 为模框壁厚。

当型腔及模框四壁厚度相等时，模框长边尺寸 $L_1 = l_1 + 2b$。由力的平衡关系，有

$$Q - p_c h l_1 - p_1 h l_1 - (p_c - p_1) h l_1 \tag{5-89}$$

由式(5-88)和式(5-89)，得

$$B = L_1 \left[\frac{p_c h l_1}{32EHy} - \frac{1}{\beta} \left(\frac{b}{l_1} \right)^3 \right]^{1/3} \tag{5-90}$$

考虑到邻边变形量 ΔL_2 的影响，令

$$y = \varphi_2 [\delta] \tag{5-90}$$

故得

$$B = L_1 \left[\frac{p_c h l_1}{32EH\varphi_2[\delta]} - \frac{1}{\beta} \left(\frac{b}{l_1} \right)^3 \right]^{1/3} \tag{5-91}$$

式中，β 及 φ_2 值分别见表 5-14 及图 5-37。

由于此种型腔结构在工作时的受力状态与镶底矩形型腔相似，故其强度校核可借助于公式(5-74)进行。但在该公式中的 l_1，需以 L_1 代入，b 需以 $(b+B)$ 代入，才能得到正确的结果。

(5) 带模框的整体式矩型型腔侧壁厚度计算 图 5-41 是常见的带模框的整体式矩形型腔结构。可采取与图 5-40 的结构类似的方法计算。根据型腔镶件侧壁与模框挠度相等的变形协调条件，得

$$y = \frac{Cp_1 h^4}{Eb^3} = \frac{QL^3}{32EHB^3} = \phi_3 [\delta] \tag{5-92}$$

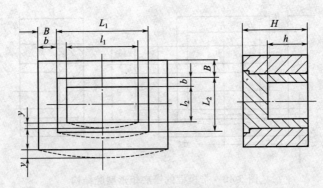

图 5-41 带模框的整体矩形型腔

由式(5-81)和式(5-82)，得

$$B = l_1 \left\{ \frac{l_1}{32H} \left[\frac{p_c h}{E\phi_3[\delta]} - \frac{1}{C} \left(\frac{b}{h} \right)^3 \right] \right\}^{1/3} \tag{5-93}$$

式中，C 及 φ_3 分别见表 5-15 及图 5-37。

由于此种结构在工作时的受力状态与整体式矩形型腔相似，故其强度校核，可视为 h/L_1 之值的不同，借助于式（5-83）或式（5-84）进行之。同样，该公式中的 l_1 需以 L_1 代入，b 需以 $(b+B)$ 代入才能得到正确的结果。

（6）具有垂直分型面型腔镶件的模框厚度计算　图 5-42 中的（a）和（b）都属于这类结构形式。在计算时，型腔镶件可近似地看做"受均布载荷的简支梁"，而模框壁则当做两端固定梁。由变形协调条件，有

$$y=\frac{5Q_1 l_1^3}{32EHb^3}=\frac{Q_2 L_1^3}{32EHB_1^3} \tag{5-94}$$

式中，Q_1、Q_2 为型腔镶件及模框所分担的负荷。

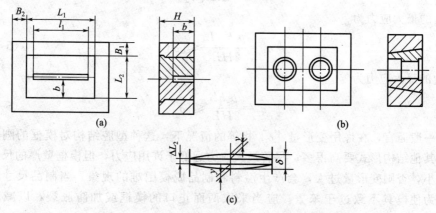

图 5-42　具有垂直分型面型腔镶件的模具结构简图

因 $Q_1+Q_2=p_c h l_1$，而 $Q_1=p_1 h l_1$，故

$$Q_2=(p_c-p_1)hl_1 \tag{5-95}$$

由式（5-94）得

$$Q_1=\frac{32EHb^3 y}{5hl_1^4}$$

将上式代入式（5-95），得

$$Q_2=\left(p_c-\frac{32EHBb^3 y}{5hl_1^4}\right)hl_1 \tag{5-96}$$

将式（5-96）代入式（5-94）并简化以求 B_1，得

$$B_1=L_1\left[\frac{p_c h l_1}{32EHy}-\frac{1}{5}\left(\frac{b}{l_1}\right)^3\right]^{1/3} \tag{5-97}$$

邻边 L_2 的拉伸变形量为

$$\Delta L_2=\frac{p_c h l_1 L_2}{2EHB_2}$$

故模框 L_2 边的壁厚为

$$B_2 = \frac{p_c h l_1 L_2}{2EH\Delta L_2} \tag{5-98}$$

从图 5-42(c) 可以看出，由于其结构特点，L_1 边两面的挠度和 L_2 边的全部伸长量，都在变形量 δ 之内，故

$$[\delta] = 2y + \Delta L_2$$

如果取挠度 $y = [\delta]/4$，则由式(5-97) 和式(5-98)，分别得

$$B_1 = L_1 \left[\frac{p_c h l_1}{8EH[\delta]} - \frac{1}{5} \left(\frac{b}{l_1} \right)^3 \right]^{1/3} \tag{5-99}$$

和

$$B_2 = \frac{p_c h l_1 L_2}{EH[\delta]} \tag{5-100}$$

L_1 边的最大应力为

$$\sigma_1 = \frac{p_c h l_1 L_1}{2HB_1^2} \leqslant [\sigma] \tag{5-101}$$

L_2 边的最大应力为

$$\sigma_2 = \frac{p_c h l_1}{2HB_2} \leqslant [\sigma] \tag{5-102}$$

一般而言，在许用变形量 $[\delta]$ 相等的情况下，这种型腔结构对模框的刚度要求比其他结构形式要高得多。尽管最大应力远低于许用应力，但模框壁厚的尺寸不能减小，否则变形量过大，会产生溢料和制品脱模困难的现象。当制品尺寸较大时，为使模具不致过于笨重，应当采取两面止口的模框或加防胀裂，以减小变形量。

2. 矩形型腔底板厚度确定

有些型腔底板厚度由模具结构决定，不需计算，但也有需将型腔置于动模一侧，以模脚支撑而悬空。此时其底板厚度的计算便必不可少。按矩形型腔结构的不同，大致可分为镶底的组合式底板和与侧壁为一体的整体式底板两类，现分述如下。

(1) 镶底的组合式矩形型腔底板厚度计算 如图 5-43 所示，该板的简化力学模型为"受均布载荷的简支梁"。其最大挠度发生在梁的中心，则

$$y = \frac{5q l_2^4}{384EJ} \leqslant [\delta]$$

式中，$q = l_1 p_c$；$J = L_1 h_s^3 / 12$，代入上式化简整理后，得到组合式矩形型腔底板厚度的计算公式为

$$h_s = 0.54 l_2 \left(\frac{p_c l_1 l_2}{EL_1 [\delta]} \right)^{1/3} \tag{5-103}$$

如图 5-43 所示，当 $l_2 < L$ 时，式(5-103) 中应代 L 进行计算。组合式底板最大弯曲应力发生在板中心，其值为

$$\sigma_{max} = \frac{3p_c l_1 l_2^2}{4L_1 h_s^2} \leqslant [\sigma] \tag{5-104}$$

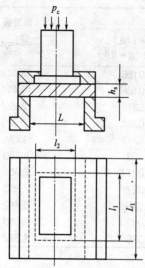

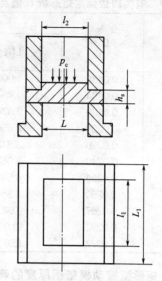

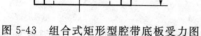

图 5-43　组合式矩形型腔带底板受力图　　　图 5-44　整体式矩形型腔垫板受力图

（2）整体式矩形型腔底板厚度计算　整体式矩形型腔底板如图 5-44 所示，该板可视为"四边固定的矩形板"。由此可简化为两相互垂直平分并交叉在一起的"受均布载荷的固定端梁"，其最大挠度发生在其交叉点。假定该板的长短边长分别为 l_1 和 l_2，对最大挠度及其受力状态建立联立方程，求

得最大挠度，则

$$y=\left[\frac{l_1^4/l_2^4}{32(l_1^4/l_2^4+1)}\right]\cdot\frac{p_{\mathrm{c}}l_2^4}{Eh_{\mathrm{s}}^3}=C'\frac{p_{\mathrm{c}}l_2^4}{Eh_{\mathrm{s}}^3}\leqslant[\sigma]$$

整理后，得整体矩形型腔底板厚度计算公式为

$$h_{\mathrm{s}}=l_2\left(\frac{C'p_{\mathrm{c}}l_2}{E[\delta]}\right)^{1/3} \tag{5-105}$$

式中，C' 为系数，由板内壁边长之比 l_1/l_2 的值而定，其值可查表 5-17，也可由近似公式（5-106）求得，即

$$C''=\frac{L_1^4/L_2^4}{32(1+l_1^4l_2^4)} \tag{5-106}$$

其计算值亦列于表 5-17 中，以供比较。显然，近似计算值 C''，偏大 4%～13%，有利于型腔底板变形量的减小，较安全可靠；$[\delta]$ 为底板许用变形量。常取制品轴向尺寸公差值的 1/10。

其最大应力发生在短边与侧壁交界处，其值为

$$\sigma_{\max}=\frac{p_{\mathrm{c}}l_2^2}{2h_{\mathrm{s}}^2(1+\alpha)}\leqslant[\sigma] \tag{5-107}$$

式中，α 为边长比，见表 5-14。

■ 表 5-17 有关四边固定矩形板 C' 值及 C'' 值

| l_1/l_2 | C' | 近似公式计算 | | 误差值 |
		L_1^4/L_2^4	$C''=\dfrac{L_1^4/L_2^4}{32(1+l_1^4/l_2^4)}$	$\dfrac{C''-C'}{C'}=100\%$
1.0	0.0138	1.000	0.0156	13.043
1.1	0.0164	1.464	0.0186	13.414
1.2	0.0188	2.074	0.0211	12.234
1.3	0.0209	2.856	0.0231	10.526
1.4	0.0226	3.842	0.0248	9.734
1.5	0.0240	5.063	0.0261	8.750
1.6	0.0251	6.545	0.0271	7.968
1.7	0.0260	8.354	0.0279	7.308
1.8	0.0267	10.498	0.0285	6.742
1.9	0.0272	13.032	0.0290	6.618
2.0	0.0277	16.000	0.0289	4.332

3. 矩形型腔动模垫板厚度的确定

动模垫板一般都是中部悬空而两端被模脚支撑，以承受型腔内压所形成的推力。此板若刚度不足，常引起制品高度方向尺寸超差，或在分型面上引起溢料，形成飞边。垫板厚度依其支撑方式不同而有很大的差异。首先讨论最常见的方式，即垫板仅被模脚所支撑的情况，如图 5-45 所示。其受力情况可视为"受集中载荷的简支梁"，最大挠度发生在板的中心轴线上。

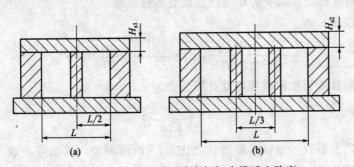

图 5-45 组合式矩形型腔底板加支撑减少跨度

$$y=\frac{5QL^3}{384EJ}\leqslant[\delta]$$

式中，$Q=p_c l_1 l_2$，$J=L_1 H_s^3/12$。

代入上式化简得

$$y=\frac{5p_c l_1 l_2 L^3}{32EL_1 H_s^3}\leqslant[\delta]$$

故

$$H_s=L\left(\frac{5p_c l_1 l_2}{32EL_1[\delta]}\right)^{1/3} \tag{5-108}$$

进行强度计算（或校核）时，按上述简化力学模型，最大应力发生在板的中心，其值为

$$\sigma_{\max} = \frac{3p_c l_1 L^2}{4L_1 H_s^2} \leqslant [\sigma] \tag{5-109}$$

或

$$H_s = 0.866L\left(\frac{p_c l_1}{L_1[\sigma]}\right)^{1/2} \tag{5-110}$$

如果两模脚间的跨度 L 较大，算出的垫板厚度过大时，可在两模脚的正中（即 $0.5L$ 处），增设支撑块或支柱，如图 5-45(a) 所示。此时垫板可减薄为

$$H_{s1} = \left(\frac{1}{1+1}\right)^{4/3} \cdot L\left(\frac{5p_c l_1 l_2}{32EL_1[\delta]}\right)^{1/3} \tag{5-111}$$

此时，可用下式进行强度计算（或校核），即

$$\sigma_{\max} = \frac{3p_c l_1 L^2}{16L_1 H_{s1}^2} \leqslant [\sigma] \tag{5-112a}$$

或

$$H_{s1} = 0.433L\left(\frac{p_c l_1}{L_1[\sigma]}\right) \tag{5-112b}$$

如果在两模脚间增设一交撑块，计算所得垫板仍过厚，此时可在两模脚的跨度方向，设置两块纵向等距离的支撑板或支柱，如图 5-45(b) 所示，则垫板的厚度可进一步减薄为

$$H_{s2} = \left(\frac{1}{2+1}\right)^{4/3} \cdot L\left(\frac{5p_c l_1 l_2}{32EL_1[\delta]}\right)^{1/3} \tag{5-113}$$

式(5-108)、式(5-111)、式(5-113) 中，$[\delta]$ 为垫板允用变形量，常取制品高度尺寸公差的 $1/10$。

增设两支撑块（纵向）的矩形型腔动模垫板强度校核，可用下式进行，即

$$\sigma_{\max} = p_c l_1 L^2 / 12L_1 H_{s2}^2 \leqslant [\sigma] \tag{5-114}$$

或按强度条件计算动模垫板厚度，即

$$H_{s2} = L\left(\frac{p_c l_1}{12L_2[\sigma]}\right)^{1/2} \tag{5-115}$$

如果支撑块（柱）的排数为 n，则得垫板厚度的通用公式如下：

按刚度条件计算时，有

$$H_{sn} = \left(\frac{1}{n+1}\right)^{4/3} \cdot L\left(\frac{5p_c l_1 l_2}{32EL_1[\delta]}\right)^{1/3} = \left(\frac{1}{n+1}\right)^{4/3} \cdot H_s \tag{5-116}$$

按强度条件计算时，有

$$H_{sn} = \frac{0.866}{n+1} \cdot L\left(\frac{p_c l_1}{L_1[\sigma]}\right)^{1/2} = \frac{1}{n+1} \cdot H_s \tag{5-117}$$

以上是中小型模具强刚度计算。前已论及，大尺寸模具的刚度十分重要。因此为保证大型模具有足够刚度，应进行专门的结构设计。请参阅有关专著。

【例】 聚碳酸酯的圆筒形塑料件注射。已知型腔深为 37mm，内径为 84mm。若分别采用组合式和整体式型腔，试求其凹模侧壁厚度。

【解】 模具用调质钢 45。弹性模量 $E=2.1\times10^5$MPa；强度计算的许用应力 $\sigma=160$MPa；钢材泊松比 $\mu=0.25$。型腔压力 $p=50$MPa。代入计算式时型腔半径 $r=42$mm，深度 $h=37$mm。

对于高黏度 PC 物料，模具制造精度 IT10 级时，组合式型腔有许用变形量功 $[\delta]=25i_3$，且 $W=r=42$，则

$$i_3=0.55W^{1/5}+0.001W=0.55\sqrt[5]{42}+0.001\times42=1.203\ (\mu m)$$
$$[\delta]=25\times1.203=30.1(\mu m)=0.030\ (mm)$$

对于整体式的 IT10 级型腔，有许用变形量为

$[\delta]=25i_2$，且 $W=h=37$，则

$$i_2=0.45W^{1/5}+0.001W=0.45\sqrt[5]{37}+0.001\times37=0.964\ (\mu m)$$

所以

$$[\delta]=25\times0.964=24.1(\mu m)=0.024\ (mm)$$

组合式圆筒形型腔壁厚按刚度条件计算，由式(5-58)，有

$$b=r\left[\left(\frac{E(\delta)+(1-\mu)rp_c}{E(\delta)-(1+\mu)rp_c}\right)^{\frac{1}{2}}-1\right]=42\left[\frac{0.03\times2.1\times10^5+(1-0.25)(42\times50)}{0.03\times2.1\times10^5-(1+0.25)(42\times50)}-1\right]^{1/2}$$

$$=19.5\ (mm)$$

其壁厚为 $b=19.5$mm。

按强度条件计算，由式(5-59)，有

$$b=r\left[\left(\frac{[\sigma]}{[\sigma]-2p_c}\right)^{1/2}-1\right]=42\left[\left(\frac{160}{160-2\times50}\right)^{1/2}-1\right]=26.6\ (mm)$$

其模板最小半径

$$R=r+b=42+26.6=68.6\ (mm)$$

比较刚度和强度条件计算结果。组合式圆筒形型腔壁厚至少 27mm。

整体式圆筒形型腔壁厚按刚度条件计算，由式(5-60)，有

$$b=\left(\frac{3p_ch^4}{2E[\delta]}\right)^{1/3}=\left(\frac{3\times50\times37^4}{2\times2.1\times10^5\times0.024}\right)^{1/3}=30.3\ (mm)$$

按强度条件计算，由式(5-59)，有

$$b=r\left[\left(\frac{[\sigma]}{[\sigma]-2p}\right)^{1/2}-1\right]=42\left[\left(\frac{160}{160-2\times50}\right)^{1/2}-1\right]=26.6\ (mm)$$

比较刚度和强度条件计算结果，整体式圆筒形型腔壁厚至少 31mm。

第六章

注塑模具的基本结构部件

◀◀◀

╌╌╌●▶ **第一节　概　　述** ◀●╌╌╌

注塑模具的基本结构部件是由两部分组成的，即合模导向机构与支承零部件。

对于注塑模具来讲，合模导向机构的主要功能是保证动模部分与定模部分或模具内的其他零件之间准确对合，以此来保证注塑制品的形状及尺寸精度，并避免模内各零部件之间发生碰撞和干扰。

一、合模导向机构的作用

（1）可保证动模和定模的精确合模，合模时，先由导向机构导向，凸模和凹模再合模，可避免凸凹模发生碰撞而损坏。

（2）由于型腔的形状不一定对称，所以，腔内的熔体对型腔壁的作用力也不一样，这时导向机构可承受一定的侧压力。

（3）由于导向机构的导向功能强，合模时先行使导向机构结合，所以保证了凸模和凹模的相对位置的准确性。

（4）对于大中型注塑模的脱模机构，由于有导向机构导向使之合模、导柱和导套可起到缓冲作用，使合模运动保证平稳。

二、合模导向机构的设计原则

（1）导向机构零件应合理地分布在模具的周围或靠近边缘的部位，其中心至模具边缘应有足够的距离，以保证模具的强度，防止变形。

（2）导柱中心至模具外缘应至少有一个导柱直径的厚度，导柱通常设在离中心线 1/3 处的长边上。

（3）导套模具，一般只需 2～4 个导柱，对于小型模具，通常只需两个直径相同且对称分布的导柱。

（4）为了保证分型面很好的接触，导柱和导套在分型面处应设有承屑槽，一般是削去一个面，或在导套的孔口倒角。

（5）由于塑件通常留在动模，为了便于脱模，导柱通常安在定模。但在某些特殊场合，如动模采用推板顶出塑件，推板要由导柱导向时，导柱应安在动模上。

（6）各导柱、导套及导向孔的轴线应保持平行，否则将影响合模的准确性。甚至损坏模具。

（7）在合模时，应保证导向零件先接触，切忌使凸模先进入凹模中，导致损坏零件。

（8）当动、定模板采用合并加工时，导柱装配处的直径应与导套外径相等。

（9）如果模具较为简单，可不用导套，而直接与模板的导向孔相配合即可。

（10）导柱的引导部分应做成球形或锥形，其高度应比型芯高，确保导柱顺利进入导套。

三、支承零部件

（1）垫脚　它的主要作用是在动模座板和动模垫板之间形成顶出机构的动作空间，或是调节模具的总厚度，以适应注射机的模具安装厚度要求。结构形式有平行垫块与拐角垫块。

（2）支承柱　起顶出空间的补充支承和顶针固定板的导向作用。常采用圆柱形。尽量均匀分布，一般应根据公模垫板的受力工作状况及可用的空间而定。

第二节　合模导向机构

一般导柱是合模导向机构的主要部件。同时为了保证大型注塑模具、深腔、高精度的制品或薄壁容器及偏心制品的加工精度，还需增加锥面定位机构。对于合模机构的基本要求是定位准确，导向精确并且有足够的强度、刚度和耐磨性。

一、导柱导向机构

利用导柱与导柱孔之间的配合来保证模具的对合精度。导柱导向机构设计的要点包括：导柱、导套的结构和尺寸的设计；导柱与导柱孔的配合；导柱的布排。

（1）导柱

① 导柱的结构。导柱已经成为标准件，图 6-1 为两种典型的标准导柱，其中 A 型导柱用于个别简单的模具和一些生产量较少的模具，一般不使用导套；B 型导柱适用于高精度场合，往往适用于精密注塑模具和生产批量大的模具，通常要与导

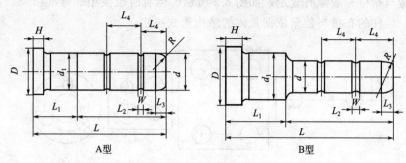

图 6-1　导柱的基本结构形式

套配用，以便保证使用精度及导套磨损后的更换。

② 导柱的尺寸。表 6-1 与表 6-2 所列为图 6-1 所示两种导柱的推荐尺寸。一般导柱的长度应高于型芯 6~8mm，避免模腔部位先合模。

■ 表 6-1　A 型导柱尺寸　　　　　　　　　　　　　　　　　　　　　　　　单位：mm

基本直径 d	d_2	H	L_3	B	W	L_4（参考）
12	16	4	8	2		
16	20	4	8	2		
18	23	4	10	2	3	20
20	25	4	10	2.5	3	20
25	30	6	12	2.5	3	25
30	35	8	15	3	3	30
35	40	8	15	3	4	30
40	45	10	20	4	4	40
50	56	10	25	5	4	50
60	66	12	25	6	4	50

注：1. 基本直径与导柱孔按 H7/f7 或 H8/f8 配合。

2. d_1 与 d 的基本尺寸相同，但按 H7/m6 或 H7/k6 装进安装孔。

■ 表 6-2　B 型导柱尺寸　　　　　　　　　　　　　　　　　　　　　　　　单位：mm

基本直径 d	d_1	d_2	H	L_2	R	W	L_4（参考）
12	18	22	4	8	2		
16	24	28	5	8	2		
18	26	32	5	10	2		
20	30	35	6	10	2.5	3	20
25	35	40	6	12	2.5	3	25
30	42	47	8	15	8	3	30
35	48	54	8	15	8	4	30
40	55	61	10	20	4	4	40
50	70	76	10	25	5	4	50
60	80	86	12	25	5	4	50

注：1. 基本直径与导柱孔按 H7/f7 或 H8/f8 配合。

2. d_1 与 d 的基本尺寸相同，但按 H7/m6 或 H7/k6 装进安装孔。

③ 导柱的数量与布排。注塑模具，一般取 2~4 个导柱。对于标准模架，其导

237

柱的数量与布排一般都有规定，如图 6-2 所示。但有时也使用非标准模架，甚至自做模架，导柱的布排与数量依据具体的结构形式决定。

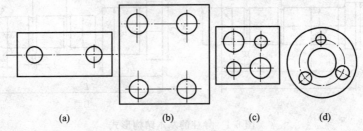

(a)   (b)   (c)   (d)

图 6-2　导柱的数量及分布

（2）导柱孔与导套

① 导柱孔。导柱一般可以安装在动模或定模，因而导柱孔也可直接开在对应的模板部分，其应满足下面基本要求。

（a）导柱孔设置成通孔，因导柱与导柱孔的配合精度较高，不能滞留空气，否则使导柱的合模运动产生阻力。若模具结构受限制，导柱孔必须设置成盲孔时，应在导柱孔设置透气孔或透气槽。

（b）导柱孔与导柱的配合采取间隙配合 H7/f7 或 H8/f8。

（c）导柱孔与导柱应尽量保证较高的同轴度；同时导柱孔表面硬度应低于导柱的工作表面硬度。

② 导套

（a）导套的结构。图 6-3 所示为两种比较常用的导套结构，其中台肩式导套在 GB4169.3—84 中又称为带头导套。使用导套的目的是为了在导柱孔磨损后便于更换。

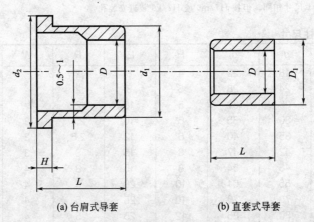

(a) 台肩式导套　　　　　　(b) 直套式导套

图 6-3　导套的基本形式

（b）导套的尺寸。表 6-3 所示两种导套结构的尺寸。一般有效导向长度 L_1 不应小于导柱的直径尺寸。

■ 表6-3　导套尺寸 　　　　　　　　　　　　　　　　　　　　单位：mm

基本直径 D	d_1	d_2	H	R
12	18	22	4	2.5
16	24	28	5	2.5
18	26	32	5	2.5
20	30	35	6	3
25	35	40	6	3
30	42	47	8	4
35	48	54	8	4
40	55	61	10	4
50	70	76	10	4
60	80	86	12	4

注：D 为导柱孔基本直径，它与基本直径相同的导柱之间按 H7/f7 或 H8/f8 配合。

二、锥面定位机构

注射大型、深腔、高精度的制品或薄壁及偏心制品时，成型往往有很大的侧向作用力。如果这种侧向作用力作用在导柱上，有可能造成导柱的弯曲变形，并引起模具中成型零部件的偏移，甚至损伤。这时设置锥面定位机构，可以有效地承受侧向压力，起到保护导柱的作用，如图 6-4 及图 6-5 所示。

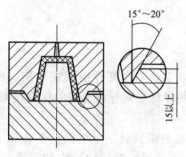

图 6-4　深腔模具锥形定位

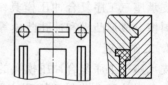

图 6-5　矩形大型制品的锥形定位

第三节　模具零件的支承零部件与设计举例

一、概述

注塑模具中的各种固定板、支承块（垫板）以及模具座（动、定模座底板）等均称为支承零部件。将这些部件与合模导向机构组合在一起，便称为注射模架。

本节主要介绍一种新型支承座三工步复合冲压模具的结构、工作原理、主要工作部件的设计技术和参数计算，使用此种模具，可以在一个工步中完成支承座毛坯的落料、冲孔和弯曲成形，生产效率高，工艺质量好。

图 6-6 所示支承座是某新型设备上的重要钣金冲压件，使用材料是 1Cr18Ni9Ti 钢板，材料厚度 δ＝1.5mm。该零件的冲压特点是：材料屈服强度高，外形尺寸大，毛坯在弯成 U 形件后，还需将两个边都向内折弯，并冲出 ϕ20mm 的小孔。对于这种典型的 U 形件，在单件或小批量生产且技术要求不高时，可采用条料在折板机上成形，小孔在钻床上制出；反之，则应采用冲模成形。按照旧工艺，U 形带孔零件的冲压工艺加工，一般都是采用落料、成形和冲孔 3 套模具，这种工艺方法生产效率低、工艺装备多、经济效益差，由此新设计的三工序复合冲压模具，可以高效优质地完成支承座的冲压工作。

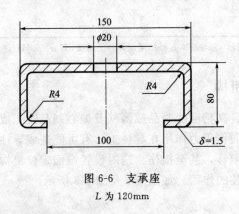

图 6-6　支承座

L 为 120mm

二、模具结构与工作原理

1. 模具结构

支承座三工序复合冲压模具结构见图 6-7，主要工作部件由固定斜楔、凹模、活动斜楔、成形凸模和冲孔凸模等组成，并采用导柱导套导向形式的标准模架。

2. 工作原理

支承座三工序复合冲压模具的工作原理是，当模具处于上极限待工作位置时，将毛坯条料放置在落料凹模和成形凸模上，并通过侧板和定位销定位。模具工作时，上模随压床滑块下行，首先，在弹簧的作用下，压料板压紧毛坯，固定斜楔与凹模共同完成毛坯的落料工序、冲孔凸模完成 ϕ20mm 小孔的冲制工序；随着压床滑块的继续下行，固定斜楔对毛坯实施向下 U 形弯曲；同时，固定斜楔推动活动斜楔向模具中心移动，使毛坯向里弯曲，完成工件的最终成形工序。最后，模具到达下死点并随滑块开始向上运动，固定斜楔和冲孔凸模分别退出落料凹模和成形凸模，弹簧回复推动活动斜楔向模具两侧移动。此时，即可将已成形的工件从模具中取出，冲压工作完成。

三、主要零件的设计

1. 冲孔凸模

冲孔凸模材料为 Cr12MoV 钢，热处理硬度 HRC58～62。因冲孔直径较大，

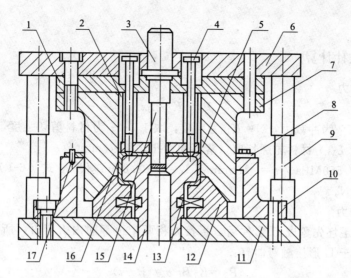

图 6-7　支承座三工序复合冲压模具

1—安装板；2—弹簧；3—模柄；4—拉杆；5—工件；6—上模座；7—固定斜楔；8—侧板；
9—导柱导套；10—凹模；11—下模座；12—活动斜楔；13—弹簧Ⅱ；14—成形凸模；
15—冲孔凸模；16—压料板；17—定位销

故该凸模属于细长杆，在设计时应进行承压和失稳弯曲强度校核。在结构上，力求提高凸模的强度和刚度，可将凸模设计为阶梯轴或加装凸模护套。

2. 成形凸模

成形凸模可用 T10A 钢制造，热处理硬度 HRC56～60。成形凸模形状较复杂，壁厚不均，故在热处理时务必谨慎。在实际操作时可采用预冷淬火或内孔填塞石棉绳来减轻工件的热处理变形和开裂倾向。

3. 凹模

落料凹模可采用拼镶式结构，凹模磨损后，只需拆下镶块刃磨，再加装适宜的垫片，即可保持凸、凹模间隙不变。凹模刃口处采用 T10A 钢，热处理硬度 HRC56～60，用螺钉和柱销固定；本体用 45 钢，热处理硬度 HRC28～32。这样可以减少贵重材料的使用，提高经济效益。

4. 斜楔

模具中有固定斜楔和活动斜楔两种。

（1）固定斜楔

固定斜楔是重要的工作零件，有双重作用。在毛坯落料时充当凸模；还可推动活动凹模向模具中心移动，使工件完成最终成形。固定斜楔工作频率高，受力较大，推荐使用 T10A 钢制造，并淬硬至 HRC56～60，使其能获得较高的强度、耐磨性和韧性。

（2）活动斜楔

活动斜楔采用 45 钢，热处理硬度 HRC43～48，要求具有良好的耐磨性和运动

241

稳定性。

四、设计计算

1. 冲裁力

$$P_1 = K_1 \tau L_1 t \tag{6-1}$$

式中，P_1 为冲裁力，N；K_1 为系数，取 1.3；τ 为材料剪切强度，MPa；t 为板厚，mm；L_1 为材料轮廓长度（落料和冲孔之和），mm。

将 $\tau = 550\text{MPa}$、$t = 1.5\text{mm}$、$L = 302.8\text{mm}$ 代入式（6-1），可得到 $P_1 = 324753\text{N}$。

2. 弯曲力

支承座毛坯先弯成 U 形件后，再接着将两个边都向内折弯时，所需弯曲力是相等的。对于 U 形接触弯曲有：

$$P_2 = K_2 B t^2 \sigma_b / (R+t) \tag{6-2}$$

式中　P_2——弯曲力，N；

　　　K_2——系数，取 0.9；

　　　σ_b——材料抗拉强度，MPa；

　　　B——弯曲件宽度，mm；

　　　R——凸模圆角半径，mm；

　　　t——板厚，mm。

将 $\sigma_b = 700\text{MPa}$、$B = 120\text{mm}$、$t = 1.5\text{mm}$、$R = 4\text{mm}$，代入式（6-2）可得到 $P_2 = 30927\text{N}$。

3. 斜楔行程

固定斜楔行程主要根据与之配对活动斜楔（滑块）行程确定：

$$W_T = W_s \frac{\sin\alpha}{\sin\beta} \tag{6-3}$$

式中，W_T 为固定斜楔行程，mm；W_s 为活动斜楔行程，mm；β 为固定斜楔角度，(°)；α 为活动斜楔角度，(°)。

一般情况下，β 值取标准值为 40°，则 $\alpha = 50°$，可得到 $W_T = 1.19 W_s$。

4. 毛坯尺寸

当弯曲件的弯曲半径较大时（$r/t > 0.5$），弯曲件毛坯长度可取等于中性层的长度。对于上述所示工件有：

$$L = \sum L_1 + 2\pi(r+kt) \tag{6-4}$$

式中，L 为弯曲件展开长度，mm；k 为系数，取 0.45；$\sum L_1$ 为工件平直部分长度，mm；r 为弯曲件内半径，mm；t 为板厚，mm。

将 $\sum L_1 = 316\text{mm}$、$r = 4\text{mm}$、$t = 1.5\text{mm}$ 代入式（6-4）可得到 $L = 345\text{mm}$。

上述有关计算结果，可作为支承座三工序复合冲压模具的结构设计，工序安排及设备选型参考。

总之，使用新型三工序复合冲压模具，可以在一个工步中完成支承座毛坯的落料、冲孔、弯曲成形，生产率提高了 6～8 倍，减少了工艺装备，零件冲压工艺质量也得到了显著提高。对于典型的 U 形件弯曲成形具有重要借鉴作用。

第四节 注塑模具的标准件使用

一、注塑模具正确使用方法

注塑模具的正确使用能够提高生产质量，打造合格的模具成品。注塑模具在加工和贮藏以及生产期间都需要特别精心。当模具闭合开始下一周期时，滞留在模具中的塑件将受损并且这样的损伤可能进一步危及模具的使用。因此，通常采取措施确保塑件全部脱模和脱模零件复位后，才允许模具闭合，对于单型腔模具来说，用一个用来检测注射成型塑件是否落下的光电管就足够了。对于多型腔模具来说，不能使用这一方法。在这种情况下，采用如下的方法：模板先复位装置；多脉冲脱模装置（脉冲脱模器）；机电的模具保护装置；空气排出装置；顶出板复位保险装置。

上述注塑模具正确使用方法大多数涉及机器的附属装置，因为它们不影响模具设计，所以在此将不进行讨论。然而顶出板复位保险装置需要改变模具结构。

二、模具零件的标准化

我国的模具标准化工作从 20 世纪 70 年代末 80 年代初开始起步，目前的标准化程度大幅度提高。如零件的国家标准有：

GB 4169.1—84 塑料注塑模具零件推杆

GB 4169.2—84 塑料注塑模具零件直导杆

GB 4169.3—84 塑料注塑模具零件带头导套

GB 4169.4—84 塑料注塑模具零件带头导柱

GB 4169.5—84 塑料注塑模具零件有肩导柱

GB 4169.6—84 塑料注塑模具零件垫块

GB 4169.7—84 塑料注塑模具零件推板

GB 4169.8—84 塑料注塑模具零件模板

GB 4169.9—84 塑料注塑模具零件限位钉

GB 4169.10—84 塑料注塑模具零件支承柱

GB 4169.11—84 塑料注塑模具零件圆锥定位件

GB 4170—84 塑料注塑模具零件技术件

三、模架的标准化

GB/T12555—90 大型的注射模架的标准

GB/T12556—90中小型注射模架的标准

S与P系列模架

图6-8列出了S与P系列模架的示意图。

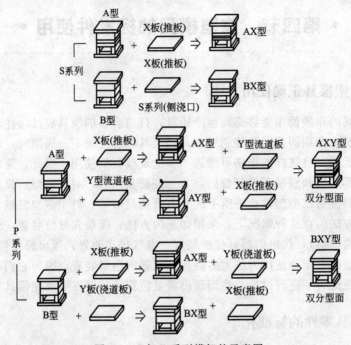

图6-8　S与P系列模架的示意图

（1）组成模架的零件，必须符合相应的标准及技术要求。

（2）装配后的模架，导柱、导套在模板上的压合应牢固可靠。导柱、导套间滑动应平稳、均匀，无紧涩等现象，滑合面之间应保持润滑。

（3）导柱与导套的精度要求。装入模板的每副导柱和导套（包括可卸式导柱、导套）装配前应进行选择配合，以保证模架精度。其配合要求符合规定。

（4）模架的分级技术指标应按国标规定；模架经检测后，对其进行分级。滑动导向模架根据所测的公差结果，按公差等级分为Ⅰ级、Ⅱ级、Ⅲ级模架；滚动模架可分为0级、01级模架。其分级方法是：滑动导向模级按技术指标分级，滚动导向模架按技术指标分级。01级模架必须符合A、B、C三项技术指标，不符合精度指标规定的模架，不予以列入等级标准。

（5）模架的工作表面不应有碰伤、凹痕及其他机械损伤。

（6）经检验合格的模架，在模板的适合位置上应打上刻记，并在所有加工表面擦干净后，涂上无腐蚀性的防锈油。

（7）模架出厂时应附有检验合格书，包括模架的名称、规格、精度等级。

（8）每副模架的上、下模之间，需垫以适当高度的软性垫块，若需装箱发运时，箱内应卡紧，防止运输时碰撞。

第七章 ◄◄◄

注塑模具顶出机构的设计

顶出机构在注塑模具中也是一个很主要的部分，其作用是将塑件及流道凝料从模具中顶出（含义：以使其在每一成型过程中都能让已固化的塑料成型件自动、完好、可靠地从模具中脱出）。此机构被称为脱模机构或顶（推）出机构。

一般大多数情况下，塑件留在动模一边，注射机的顶出机构也设置在动模板，注塑模具的顶出机构也设置在动模部分。因此，顶出机构包括顶杆垫板、顶杆固定板、顶杆、顶管和顶出板等零件。要求顶出力能够均匀分布在塑件的各部位，预防顶出过程中造成塑件变形。

本章将介绍典型的脱模机构及组成、脱模力的计算及其设计要求。

一、顶出机构的典型结构及组成

图 7-1 所示为典型的注射成型模具的顶出机构在开模顶出制品位置时的示意图。

从图中可以看到，其主要由八个零件所组成。其包括直接与塑料件接触的推杆 1，其由顶出固定板 2 和顶出板 5 经螺栓连接后被夹固。注射机上的顶柱 7 作用在顶出板 5 上，经顶杆传递脱模力将塑料件 10 从型芯上推出。为使顶出平稳，减小顶出零件的变形，避免卡滞和过分磨损，应设置导柱 4 和导套 3 实施导向。勾料杆 6 在开模的瞬时勾住浇注系统的冷凝料，使其随同塑料件留在动模，脱模时再将凝料顶出。在合模时回程杆 9 被定模 11 的分型面挤压而使整个脱模机构复位。有的模具还装有挡销 8，只要调整挡销的厚度即可调控顶杆的伸出位置。在立式的注射机上，挡销所形成的空隙还可避免因废杂物滞留于此而影响到机构

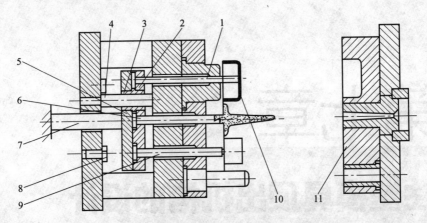

图 7-1　在开模顶出位置时的脱模机构

1—推杆；2—顶出固定板；3—导套；4—导柱；5—顶出板；6—勾料杆；

7—顶柱；8—挡销；9—回程杆；10—塑料件；11—定模

的位置。

二、顶出机构的设计要求

（1）结构优化、运行可靠　机构尽可能简单，零件制造方便，易于配换；机构的动作准确可靠、运转灵活；机构本身应具有足够的刚度和强度，以承受脱模的阻力。

（2）不影响塑件外观，不造成塑件的变形损坏　顶出位置应尽量设在塑件的内部或隐蔽处，以保持塑件的良好外观；能使塑件在脱模过程中不变形、擦伤。要做到这一点，必须正确分析脱模力的大小和力的集中点的部位，为选择合适的脱模方式和推顶位置找出依据。

收缩后的塑件会将型芯包紧，因此，顶出力的作用点应尽可能靠近型芯，并能作用于塑件刚度或强度最大的部位，如筋、凸缘、壳体侧壁等处。顶出力的作用面积也应尽可能大一些；否则可能会在塑件的推顶处产生"应力发白"甚至造成顶穿、损坏等问题。

（3）开模时尽量让塑件留在动模一侧　由于顶出装置一般都设在注射机的活动模板上，因此，希望开模时塑件能留在具有顶出装置的半模即动模上。若因塑件的几何形状的关系，不能留在动模时，应考虑对塑件的外形进行修改或在模具的结构上采取一些能"强制留住"等措施。实在不易处理时也可让塑件留在定模边，而在定模上设置相应的脱模装置。

（4）脱模零件配合间隙适宜，无溢料现象　塑件在型芯上的附着力，多是由塑件的收缩引起的。它与塑料的性能、几何形状、模温、冷却时间、脱模斜度以及型腔的表面粗糙度等因素有关。一般来说收缩率大、壁厚、弹性模量大、型芯形状复杂、脱模斜度小以及成型表面粗糙时脱模阻力就大，反之则小。下面将要介绍的脱模力的计算公式能定量地反映出上述各因素脱模阻力的影响程度。

三、顶出机构的分类

一般顶出机构种类很多，按结构的不同可分为顶杆顶出、顶管顶出、推板顶出、利用或型零部件顶出，对于形状复杂的塑料，可能采用多种顶出方式混合顶出。

按动力来源分，顶出脱模机构可分为三类：

（1）手动推出机构　指当模具分开后，用人工操纵脱模机构使塑件脱出，它可分为模内手工推出和模外手工推出两种。这类结构多用于形状复杂不能设置推出机构的模具或塑件结构简单、产量小的情况，目前很少采用。

（2）机动推出机构　依靠注射机的开模动作驱动模具上的推出机构，实现塑件自动脱模。这类模具结构复杂，多用于生产批量大的情况，是目前应用最广泛的一种推出机构，也是本章的重点。它包括顶针类脱模、推板类脱模，气动脱模、内螺纹脱模及复合脱模。

（3）液压和气动推出机构　一般是指在注射机或模具上设有专用液压或气动装置，将塑件通过模具上的推出机构推出模外或将塑件吹出模外。

按照模具的结构特征分，顶出脱模机构可分为：一次脱模机构、定模脱模机构、二次或多次脱模机构、浇注系统水口料的脱模机构、带螺纹塑件的脱模机构等。

第二节　脱模力的计算

一、概述

塑料成型过程中，型腔内熔融塑料因固化收缩包紧型芯，为使塑件脱落，必须在模具开启后就需在塑件上施加一个顶出力，克服塑件的包紧力，顶出作用点应尽量靠近型芯，并且顶出力应施于塑件刚性与强度的最大部位，即凸缘或加强筋及制品壁厚的部位，作用面积依据顶出力的大小而定，顶出力大时顶出的面积相对大一些。顶出力同时又是顶出机构的结构和尺寸大小的主要依据，它与塑料种类、塑件包容在型芯的面积以及塑件的热收缩值等有关。其近似计算公式如下：

$$F = \frac{C_d EAf}{d\left(\dfrac{d}{2t} - \dfrac{d}{4t}\mu\right)}$$

式中，F 为顶出力，N；E 为塑件的弹性模量，Pa；A 为塑件包容在型芯径向的面积，cm^2；f 为塑件与钢之间的摩擦因数；d 为型芯直径，cm；t 为塑件宽厚，

cm；μ 为塑件材料的泊松比；C_d 为塑件在径向的热收缩。

$$C_d = \alpha_p (T_M - T_E) d$$

式中，α_p 为塑件热膨胀系数，1/K；T_M 为注入型腔的熔融温度，℃；T_E 为塑件出模温度，℃。

$$F = \frac{\alpha_p E A f (T_M - T_E)}{\dfrac{d}{2t} - \dfrac{\mu d}{4t}}$$

塑件在模具中冷却定型时，由于热收缩的原因其体积和尺寸都会逐渐缩小。在塑料的软化温度以前热收缩并不造成对型芯的包紧力，但制品固化后的继续降温则会对型芯产生包紧力，包紧力带来正压力，其垂直于型芯表面。脱模温度越低，正压力越大。脱模时必须克服该包紧力所产生的摩擦力。对于不带通孔的壳体类塑件，脱模时还需克服大气的压力。此外，还需克服塑件与钢材之间的黏附力及脱模机构本身运动时所受到的摩擦阻力，由于在注塑成型时所用的塑料一般都含有适量的脱模剂，故塑料件与钢材之间的黏附力很小，可忽略不计，而机构运动的摩擦阻力可在机构设计时考虑用机械效率来处理。

二、圆锥形型芯脱模力的计算

对于最常见的带锥度的圆筒形塑件，其脱模力可用如下方法进行计算。

（1）正压力的计算　要确定将塑件从圆锥形型芯上脱下的摩擦阻力，应先计算其收缩时对型芯的正压力。对于壁厚与直径之比小于 1/20 的薄壁塑件，由于热收缩而包紧在斜度为 α 的圆锥形型芯上。

用法平面在该塑件上截取一长 ds_1、宽 ds_2 的微单元体，对该微单元体进行受力分析，即可得出型芯对单元体的法向正应力（压强）p 与径向和纬向因收缩而产生的内应力 σ_1、σ_2 之间的关系，如图 7-2 所示。

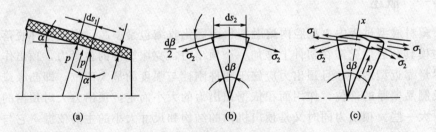

图 7-2　圆锥形型芯的受力图

设塑件各向的收缩率 ε 相同（当自由收缩时），则 $\sigma_1 = \sigma_2$，又由于经纬两向的内应力比该法向的内应力 p 大得多，可将其简化为两向应力状态来处理，则塑件沿经纬线方向的收缩内应力为

$$\sigma_1 = \sigma_2 = \frac{E\varepsilon}{1-\mu}$$

式中，E 为塑料的拉伸弹性模量；ε 为塑件的收缩率（其随塑料品种和塑件形状的不同而异）；μ 为塑料的泊松比。

设定坐标体系，取垂直通过单元体中心与型芯中心线相交的单元体法线为 X 轴，由于 σ_1 沿经线方向垂直于单元体法线，故在 X 轴上的投影为零。力的平衡方程式为

$$\sum F_X = 0$$

$$p\,\mathrm{d}s_1\,\mathrm{d}s_2 - 2\sigma_2 t\,\mathrm{d}s_1 \sin\frac{\mathrm{d}\beta}{2} = 0$$

式中，$\mathrm{d}\beta$ 为截取单元体的法平面夹角；t 为壁厚。

$$\sin\frac{\mathrm{d}\beta}{2} \approx \frac{\mathrm{d}\beta}{2}$$

当 $\mathrm{d}\beta$ 很小时，可以认为
代入上式得

$$p\,\mathrm{d}s_1\,\mathrm{d}s_2 - \sigma_2 t\,\mathrm{d}s_1 \sin\frac{\mathrm{d}\beta}{2}$$

即

$$\frac{p}{t} = \sigma_2\,\frac{\mathrm{d}\beta}{\mathrm{d}s_2}$$

而

$$\mathrm{d}\beta = \frac{\mathrm{d}s_2}{\rho}$$

式中，ρ 为单元体纬线带的平均曲率半径。
代入得

$$\frac{p}{t} = \frac{\sigma_2}{\rho}$$

根据有关数学定律，当用垂直于圆锥母线的法平面截取圆锥时，其交线为椭圆，椭圆小端的曲率半径的中心在该圆锥体的中心线上，则

$$\rho = \frac{\gamma_{\mathrm{cp}}}{\cos\alpha}$$

式中，γ_{cp} 为塑件平均半径 $\gamma_{\mathrm{cp}} = \dfrac{R+r}{2}$。

当塑件甚薄时 γ，可近似地用型芯的半径 γ 代替 γ_{cp}，可得出塑件由于收缩而产生的对型芯的单位正压力，即

$$p = \frac{\sigma_2 t\cos\alpha}{r} = \frac{E\varepsilon t\cos\alpha}{(1-\mu)r}$$

对于制件上壁厚与型芯直径之比大于 1/20 的部位，制品的某点对圆锥形型芯长的正压力应按厚壁圆筒的公式进行计算，即

$$p = \frac{(k^2-1)E\varepsilon}{[(1-\mu)+(1+\mu)k^2]}$$

式中，$k = \rho_0/\rho_i$ 为在法平面上的内外曲率半径之比，简称径比；ρ_i 为该点法平面上制件内壁的曲率半径，即该点型芯的曲率半径；ρ_0 为该点法平面上制件外壁的曲率半径。

（2）总压力计算　全面积所受的总压力为 F_p。对于薄壁制品型芯总长为 l，取高为 dl 的一圈做微分单元，半径为 r，其表面积（图 7-3）为

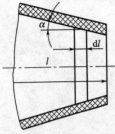

$$dA = 2\pi r \frac{dl}{\cos\alpha}$$

该段所受的总压力为

$$dF_p = 2\pi r \frac{dl E\varepsilon t\cos\alpha}{\cos\alpha \times r(1-\mu)} = \frac{2\pi E\varepsilon t}{1-\mu}dl$$

薄壁塑件收缩使型芯全面积所受的总压力为

图 7-3　圆锥形塑件对型芯的包紧力

$$F_p = \int_0^t \frac{2\pi E\varepsilon t}{1-\mu}dl = 2\pi E\varepsilon t l \frac{1}{1-\mu}$$

对于厚壁部位所围绕的圆锥形型芯，塑件对型芯的总压力近似等于型芯平均半径处的正压力 p_m 与总包容面积 A 的乘积，在平均半径处其径比为

$$k_m = \frac{\rho_{0m}}{\rho_{im}} \approx \frac{r_{0大} + r_{0小}}{r_{i大} + r_{i小}}$$

式中，$r_{i大}$、$r_{0大}$ 为型芯大端处塑件的内、外半径；$r_{i小}$、$r_{0小}$ 为型芯小端处塑件的内、外半径。

总包容面积等于型芯表面积，即

$$A = \frac{2\pi(r_{i大} + r_{i小})l}{2\cos\alpha} = \frac{\pi(r_{i大} + r_{i小})l}{\cos\alpha} = \frac{2\pi r_{im} l}{\cos\alpha}$$

式中，r_{im} 为型芯（塑件内壁）平均半径；l 为型芯的长度。

厚壁塑件收缩产生的对型芯的总压力为

$$F_p = Ap_m = \frac{2\pi r_{im} l}{\cos\alpha} \times \frac{(k_m^2 - 1)E\varepsilon}{[(1-\mu) + (1+\mu)k_m^2]} = \frac{2\pi r_{im}(k_m^2 - 1)E\varepsilon L}{\cos\alpha[(1-\mu) + (1+\mu)k_m^2]}$$

（3）脱模力计算。塑件包紧型芯时，其受力情况如图 7-4 所示，该图是把空间汇交力系简化在平面上，用 $\frac{1}{2}F_p$ 两个对称的音代替垂直于全圆锥表面的总包紧力 F_p，两个对称的表面摩擦力 $\frac{1}{2}F_f$ 代替作用在全圆锥表面上的 F_f。由于型芯有锥度，故在抽拔力 F_{d1} 作用下，塑件对型芯的正压力降低了 $F_{d1}\sin\alpha$，这时摩擦阻力为

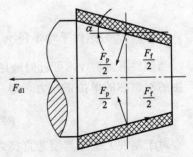

图 7-4　圆锥形塑件的脱模力

$$F_f = f(F_p - F_{d1}\sin\alpha)$$

式中，F_f 为摩擦总阻力，N；f 为摩擦因数；F_{d1} 为脱模力，N。

沿 O 轴列出力平衡方程式为

$$\sum F_O = 0$$

即

$$F_f \cos\alpha = F_{d1} + F_p \sin\alpha$$

$$f(F_p - F_{d1}\sin\alpha)\cos\alpha = F_{d1} + F_p \sin\alpha$$

$$F_{d1} = \frac{F_p \cos\alpha(f - \tan\alpha)}{1 + f\sin\alpha\cos\alpha}$$

不带通孔的壳体塑件脱出时，尚需克服大气压力所造成的阻力 F_{d2} 大气压按 $10\text{N}/\text{cm}^2$ 计算，则

$$F_{d2} = 10 \times A = 10A$$

式中，A 为垂直于抽芯方向型芯的投影面积，cm^2。

当塑料对钢材的黏附力和机构运动的摩擦阻力不计时，总抽拔力 $F_d = F_{d1} + F_{d2}$

故对薄壁塑件，有

$$F_d = \frac{F_p \cos\alpha(f - \tan\alpha)}{1 + f\sin\alpha\cos\alpha} + 10A = \frac{2\pi E\varepsilon tl}{1 - \mu} \times \frac{\cos\alpha(f - \tan\alpha)}{1 + f\sin\alpha\cos\alpha} + 10A$$

对于厚壁塑件，有

$$F_d = \frac{2\pi r_{im}(k_m^2 - 1)E\varepsilon l}{\cos\alpha[(1-\mu) + (1+\mu)k_m^2]} \times \frac{\cos(f - \tan\alpha)}{1 + f\sin\alpha\cos\alpha} + 10A$$

$$= \frac{2\pi r_{im}(k_m^2 - 1)E\varepsilon l}{[(1-\mu) + (1+\mu)k_m^2]} \times \frac{\cos\alpha(f - \tan\alpha)}{1 + f\sin\alpha\cos\alpha} + 10A$$

三、矩形台锥形型芯脱模力计算

对于横截面为矩形的壳型塑件，可以用与上面类似的方法推导出其脱模力。如图 7-5 所示，塑件经冷却后包紧在矩形截锥形的型芯上，用垂直于型芯轴线相距 d_1 的两平面截取一矩形框作为研究的单元体，单元体的任何一边与型芯接触面的宽度为 $d_1/\cos\alpha$。在塑件壁的内部由收缩所引起的内应力同理为

$$\sigma = \frac{E\varepsilon}{1 - \mu}$$

该单元体的一个条形边对型芯的正压力是该条形边两端受到相邻面收缩所产生的拉应力所造成的，其总压力为

$$\mathrm{d}p = 2\sigma t \frac{\mathrm{d}l}{\cos\alpha} = \frac{2E\varepsilon t\mathrm{d}l}{(1-\mu)\cos\alpha}$$

式中，t 为塑件的壁厚。

塑件对型芯的总正压力为

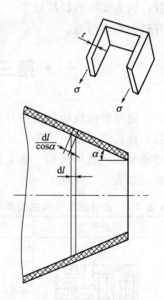

图 7-5　矩形截锥形
型芯的受力图

251

$$F_p = 4 \int_0^l \frac{2E\varepsilon t}{(1-\mu)\cos\alpha} \mathrm{d}l = \frac{8E\varepsilon t l}{(1-\mu)\cos\alpha}$$

经类似的推导，当考虑塑件受到型芯的摩擦阻力和大气压力所造成的阻力时，其总脱模力为

$$F_d = \frac{8E\varepsilon t l}{1-\mu} \times \frac{f-\tan\alpha}{1+f\sin\alpha\cos\alpha} + 10A$$

无论是圆锥形还是矩形截锥形的型芯，由上面的式子可以看出：

① 脱模阻力与塑件的壁厚、型芯的长度有关，对于非通孔的塑件其还与垂直于脱模方向塑件的投影面积有关。以上的各项值越大则脱模阻力越大。

② 塑料的收缩率 ε 越大，其脱模阻力也越大；塑料的弹性模量 E 越大，脱模阻力也越大。由于采用不同的塑料，其 ε 和 E 相差很大，壁厚也各不相同，因此，对型芯的压强可能会有数倍之差，因此不能一概而论。另外，当塑件在较高的温度下脱模时，由于 ε 和 E 都比低温下的小，因此脱模阻力也相对小得多。

③ 塑料对型芯的摩擦系数 f 越大，所需的脱模阻力也越大。摩擦系数则取决于塑料的性能和型芯的表面粗糙度。

④ 型芯的斜角 α 越大，所需的脱模力则越小。如果没有大气压力的影响和塑件对型芯的黏附力等其他因素的影响，则型芯斜角 α 大到 $\tan\alpha \geq f'$ 时，塑件会从型芯上自动滑落。

上面的公式尚未考虑脱模机构本身运动时的摩擦阻力以及塑料和钢制型芯之间的附着力等，因此在计算总脱模力时可适当考虑给一安全系数。实际上，当塑件的收缩率和弹性模量是取在室温下的值代入计算时，则所算出的值即已包含了安全系数，因为实际的脱模温度一般都远高于室温，因此用室温值算出的脱模力就已包含有较大的富裕量。

·• 第三节　简单的脱模机构 •·

简单脱模机构是指在开模后经一次的推顶动作就可将塑件直接脱出的脱模机构，此机构又是应用最广泛的结构形式。其包括推杆、推管和推板脱模机构、活动镶件和凹模脱模机构、多元综合（组合）脱模机构和液、气动脱模机构等结构形式，如表 7-1 所列。

■ 表 7-1　顶杆顶出机构的结构形式

图例	说明	图例	说明
1—复位杆；2—顶杆	用于板状塑件，顶杆设在塑件底面	60°~120°	利用设置在塑件内的圆顶杆顶出，接触面积大，便于脱模，但型芯冷却较困难

续表

图例	说明	图例	说明
	盖、壳体类塑件的阻力大，为避免顶出时塑件变形，应采用侧面周边与顶面同时顶出		当塑件不允许有顶杆的痕迹但又需要顶杆顶出时，可采用顶出耳
	对于有狭小加强筋的塑件，为防止加强筋断裂留在凸模上，除了周边设置顶杆外，在筋槽处也要设顶杆		顶出有嵌件的塑件时，顶杆可设在嵌件上

一、推杆（顶杆）脱模机构

顶杆顶出最为常用，顶出机构设在模具动模一侧，顶杆一般顶出塑件的内侧、端面和加强筋处。当模具开启到一定行程时，顶出杆顶出推动模具中顶杆垫板，并带动顶杆向前运动，将塑件从型腔内或型芯顶出（图7-6、图7-7、图7-8）。顶出杆适用于各种塑件顶出。常用的顶杆头部截面形状不同，一般分为圆形或异形（图7-9）。圆形头顶杆加工方便，使用较广泛，而异型头顶杆适用于特殊形状的制品。

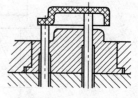

图7-6 内侧顶出

因此，用推（顶）杆塑料制件是最简单，也是应用最广泛的脱模机构，它由推杆、复位杆、拉（钩）料杆等零件所组成。在此机构中，由于推杆位置的设置有较大的自由度，因而用于推顶箱体等异型制品以及局部需较大脱模力的场合。但是，由于推杆的作用面积小，在塑料件的表面上会留下凹坑等痕迹，如使用不当，还会使推顶处出现发白和裂纹等弊病。另外，由于推杆与孔长期的过度磨损，也会造成溢料。

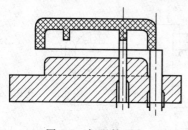

图7-7 加强筋顶出

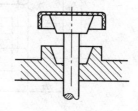

图7-8 盘形顶出

推（顶）杆脱模机构的主要结构形式。

（1）推（顶）杆的形式 推（顶）杆的形式很多，但最常用的是圆形截面顶杆。GB4169.1—84和一些国家标准（如JSB5108）或专业标准对于圆形截面顶杆

253

的型式及尺寸都有具体规定。除了标准圆形截面顶杆之外，还会经常用到一些非标准顶杆以及各种异形截面顶杆。

一般而言（顶）杆与其他零件一样，要求外观无伤痕、裂纹及锈斑等缺陷。配合部分需进行磨削加工，表面粗糙度达 $R_a = 0.63\mu m$ 以下。推杆前端部分淬火后的硬度应达到 55HRC 以上。因使用位置的限制，推杆有多种结构形式，如图 7-9 顶杆的结构形状所示。

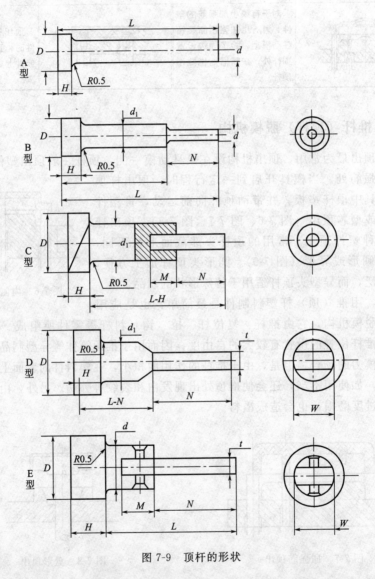

图 7-9　顶杆的形状

（2）推（顶）杆所用材料　推杆可用 T8A，T10A. 也有用 65Mn 和中碳钢制造。整体淬火或工作段局部淬火达 50~55HRC，淬火长度应是配合长度加上 1.5倍脱模行程，以防止与孔咬合。

（3）顶杆与顶杆孔的配合 顶杆与顶杆孔之间取间隙配合，适用 H8/f8。顶杆孔与顶杆之间的配合间隙可以兼起排气作用，但不能超过塑料的溢料间隙。

（4）顶杆脱模的导向装置 顶杆在模具的分布并不是很均匀，而且顶杆较多的情况下，顶杆脱模板受力的合力并不一定在顶出机构中心，也不一定与注射机的顶杆轴向一致。由于这种受力不均、偏位很容易使模具中细长顶杆受力变弯，同时可能顶出底变形。可参考图 7-10 所示在模具内合适的地方设置顶出机构的导向装置。这种导向装置采用导柱导向，一般不应小于 2 个，大型模具是安装 4 个。

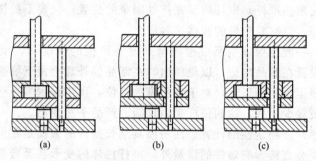

图 7-10 顶出机构的导向装置

（5）推（顶）杆的安装和布置

① 推杆的安装。如图 7-11(a) 所示，通常用凸肩沉压在推出固定板的凹坑和推出板之间，两块板用螺钉紧固。所有推杆，还有回程杆的凸肩高度均对沉坑深度放出余量。在固定板上插入推杆与回程杆后，应将它们搁起与该板磨出一个平面。图 7-11(b) 是用顶出板与固定板的平面夹固顶杆凸肩，避免了沉孔加工。图 7-11(c) 是用螺钉吊紧顶杆，有松动的可能。

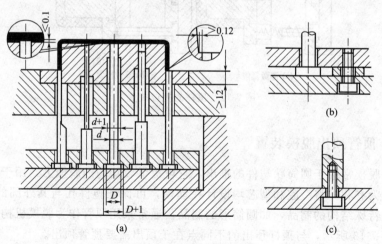

图 7-11 推杆的安装结构

为防止塑料熔体渗漏，顶杆的工作段有配合要求，常用 H7/f7。对于低黏度熔体和直径较大顶杆采用 H7/g6。工作段长度一般不应小于 12mm，或为 $1.5 \sim 2d$。

255

对于非圆顶杆，则需≥20mm。顶杆的非工作段与孔均要有 0.5～1mm 的双边间隙，以减小摩擦，而且有浮动和自行调整位置的作用。还有，顶杆边缘离型芯壁至少有 0.12mm 间距，以防干涉。

顶杆的工作端面与塑料件表面的平齐是难以达到的，允许顶杆侵入塑料件表面不超过 0.1mm，一般不允许顶杆端面低于塑料件的成型表面。

② 推杆的布置。在布置顶杆时应遵循以下原则：考虑脱模力的平衡，尽量避免产生附加倾侧力矩。在筋、凸台处多设推杆；不要让浇口对准推杆端面，因此如有过高的压力会损伤推杆；推杆应设在排气困难的位置；只要不损伤塑件表观，尽可能地多设顶杆，以减轻塑件的脱模接触应力。

上述而言，一般在保证制品成型质量和便利脱模的情况下，顶杆数量应尽量少，并尽可能设置在制品内侧，以免顶出时在制品的外观上留下痕迹。合理的顶杆布置原则是：根据制品的形状，对于难脱模的部位，顶出设置多一些，对于容易脱模的部位可以设置少一些，达到顶杆受力均衡，产品平稳顶出。

(6) 推（顶）杆稳定性的计算　注塑模具细长推杆的破损是常见的事故。除了工作端面的破损会直接影响塑件的质量外，推杆柱体的变形甚至弯折断裂还会将模具损伤。生产中出现推杆破损折断，是属于细长压杆的稳定性问题。应该用欧拉公式进行校核或计算。

(7) 顶杆的复位　使用顶杆顶出的脱模机构，在完成顶出动作时必须使在下一个循环过程中，与制品接触的顶杆回复初始位置。一般根据脱模的动作及顶出后产品是否自动脱落来要求的，甚至有的产品需要二次顶出动作，因而模具的顶出机构的复位设置较重要，一般典型的有弹簧复位及复位杆复位，如图 7-12 所示。

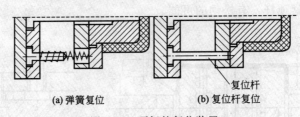

(a) 弹簧复位　　　　　(b) 复位杆复位

图 7-12　顶杆的复位装置

二、顶管顶出脱模装置

推管脱模常用于圆筒状塑件的推出，它可提供较均匀的脱模力，用于一模多腔的成型更为有利。将型腔和型芯均设计在动模，可保证塑件孔与其外圆的同心度。对于某些特殊结构的制品，如圆筒形的制品，通常采用顶管作为脱模机构的顶出零件。如图 7-13 所示，与顶杆顶出的不同点在于顶出需要顶管顶出。

对于小直径筒体和锥形筒体，如图 7-14(a) 和 图 7-14(b) 所示，只能用推管脱模。

(1) 长型芯　型芯紧固在模具底板上，见图 7-14(a)。只用于脱模行程不大的

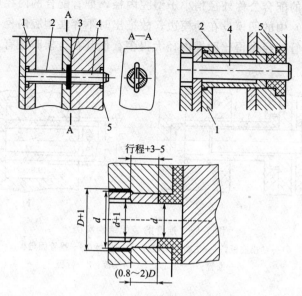

图 7-13 顶管顶出脱模装置

1—顶管固定板；2—顶管；3—键成销；4—型芯；5—制品

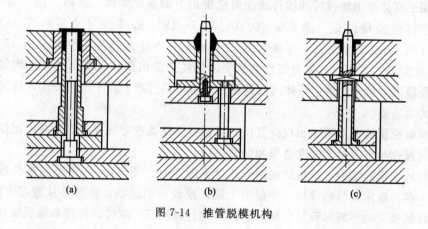

图 7-14 推管脱模机构

场合。

（2）中长型芯 推管用推杆推拉，见图 7-14（b）。该结构的型芯和推管可较短些。

（3）短型芯 见图 7-14（c）。这种结构使用较多。为避免型芯固定凸肩与运动推管相干涉，型芯凸肩需有缺口，或用键固定，又由于推管也必须开窗，或剖切成2～3 个脚，因此会削弱型芯的连接强度和定位精度，推管的强度也会受到削弱。图 7-15 为推管的装配结构实例之一。为减少型芯与推管的配合长度，可如图 7-15（a），将型芯后段的直径减小；也可像图 7-15（b），型芯的直径不变，而将推管后段的内孔扩大。为了保护型腔和型芯的成型表面，推出时推管不宜与成型表面摩擦。为此，推管的配合公称外径稍小于型腔内径，推管配合的内径应稍大于型芯的外径。图 7-15(a) 中的凹模设在动模边，故推出时不存在型腔内径与推管摩擦的问题。这里还将推管外径做得比凹模内径大得多，使其在合模时兼有复位杆的作用。

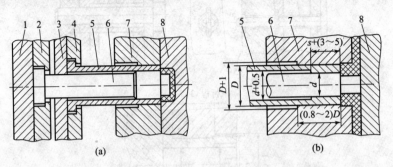

图 7-15　推管的装配结构实例

1—动模底板；2—主型芯固定板；3—推板；4—推管固定板；

5—推管；6—型芯；7—动模板；8—行程

三、推板顶出脱模及装置

用于直接推出塑件或间接传递注射机推出力的板类零件，通称为推（顶）板，也称脱模板或推件板。国家标准 GB4169.7—1984 的推板尺寸系列有 58XL～672XL 的 17 个尺寸系列，厚度可从 10～63mm 中任意选择。推板多用 45 钢或 Q235 钢制造。工作时其在分型面处从壳体的周边推出塑件，推出力大且均匀。对侧壁脱模阻力较大的薄壁箱体或圆筒制品，推出后外观上几乎不留痕迹，这对透明塑件尤为重要。

推板脱模机构不需要回程杆复位。推板应由模具的导柱导向机构导向定位，以防止推板孔与型芯间的过度磨损和偏移。

（1）推板的结构　推板的结构形式可见图 7-16。图 (a) 为典型的推件板脱模机构，推件板由模具的推杆（一般为 4 根）推动向前运动，将塑件从型芯上脱下。推件板脱模机构不需另设复位杆，合模时推件板被压回原位，推杆和推板也相应复位。推件板向前平移时需要有可靠的支承，一般推件板上有 4 个导向孔与模具的 4 根导柱配合，并在导柱上滑动，在设计导柱的长度时应考虑推出距离。推杆的前端可以是平头的，与推件板不相连，如图 7-16(a) 所示。也可以在前端加工成螺纹或利用螺钉等与推件板相连，如图 7-16(b)，(c) 所示。这样可防止其在推件时因运动惯性而从导柱上滑落，或当空模开合时被黏附在定模边而落下。当推杆与推件板用螺纹连接成为一体时，可以靠推杆本身的支承导向，而不必靠模具的导柱来支承，如图 7-16(c) 所示。

如对于薄型容器、壳体以及表面不允许带有顶出痕迹的制品，需要采用推板构成脱模板顶出脱模机构，如图 7-17、图 7-18 所示。推板脱模机构的主要特点是顶

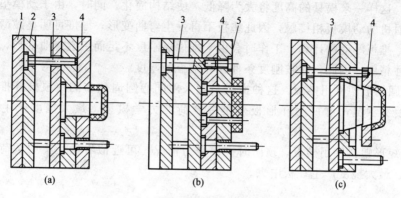

图 7-16　推件板脱模机构

1—推板；2—推杆固定板；3—推杆；4—推杆板；5—螺钉

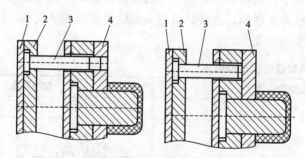

图 7-17　推板顶出脱模结构

1—推杆底板；2—推杆固定板；3—推杆；4—推板

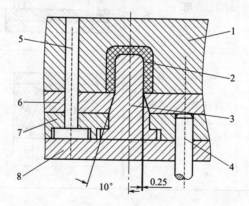

图 7-18　使用推板顶出推板与凸模的安装关系

1—定模；2—制品；3—型芯；4—顶杆；5—导柱；

6—顶出推板；7—型芯垫板；8—型芯底板

出脱模力大而且均匀，运动平衡、平稳，不需设置复位装置。

　　一般采用推件板脱模的模具在适当的时候可以省去推板和推杆，节省模具的推出空间，这样一来模具的高度将大为降低，使结构简化。同时，由于动模垫板可直接与注射机的动模板相接触，因此垫板不再发生弯曲变形，厚度可明显减薄。

（2）推板厚度的计算　工作时会由于推件板刚度不足而引起挠曲变形，影响塑件的尺寸精度。因此，应按刚度条件计算推板的厚度。

① 圆筒形塑件用推板。这种推板一般采用同心圆周分布的数根推杆推动，脱模时的受力状况，可视为环形板受集中载荷的力学模型，最大挠度产生在板的中央。

② 矩形塑料件用推板。顶出时推板受力情况，可近似看做受集中载荷的简支梁模型，最大挠度产生在板中央。

四、活动镶件和型腔脱模机构

某些塑料件由于其结构、形状或所用的塑料材质的原因不能用顶杆、顶板、顶管或顶块等顶出机构来脱模，这时要用到成型镶件或型腔来脱模。活动成型镶件和型腔顶出的结构形式见表7-2。

■ 表7-2　成型镶件和型腔顶出的形式

成型镶件顶出		型腔顶出	
简图	说明	简图	说明
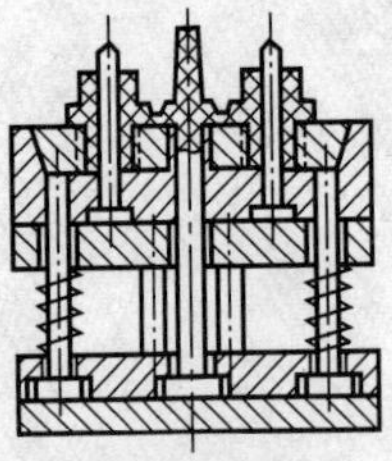	顶出杆顶出螺纹型环，人工取出塑件后，将型环放入模内，弹簧起复位作用	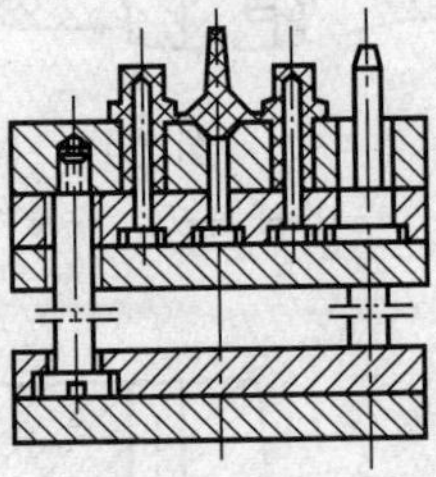	型腔顶出塑件后，人工取出塑件。适用于软质塑料，但型腔数目不宜过多，否则取件困难
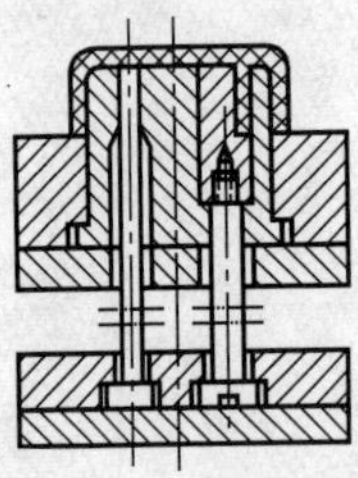	顶杆顶出型芯镶件，塑件取出后，顶杆带动镶件复位	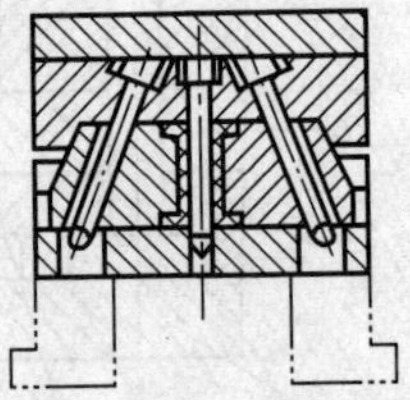	斜导柱与滑块孔间留有较大间隙，刚开模时，滑块不动，型芯卸除包紧力；继续开模，滑块运动，同时完成抽芯和顶出塑件的动作

五、利用成型零部件（组合式）顶出机构

有些制品，如齿轮类或一些带有凸缘的制品，如果采用顶杆脱模时，易造成制品变形；采用推板不脱模，可以采用成型部件中某一推块作为顶出装置顶出，如图7-19、图7-20所示。

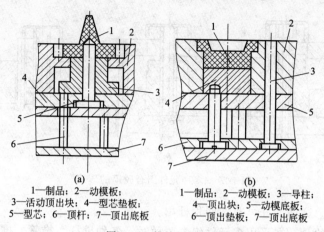

1—制品；2—动模板；
3—活动顶出块；4—型芯垫板；
5—型芯；6—顶杆；7—顶出底板

1—制品；2—动模板；3—导柱；
4—顶出块；5—动模底板；
6—顶出垫板；7—顶出底板

图 7-19　推块顶出结构

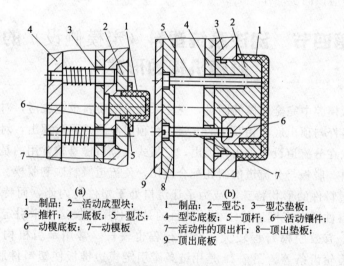

1—制品；2—活动成型块；
3—推杆；4—底板；5—型芯；
6—动模底板；7—动模板

1—制品；2—型芯；3—型芯垫板；
4—型芯底板；5—顶杆；6—活动镶件；
7—活动件的顶出杆；8—顶出垫板；
9—顶出底板

图 7-20　利用成型零件顶出制品的脱模结构

　　顶出装置中使用多种顶出机构，如推板与顶杆的复合顶出，顶杆与成型部件的复合顶出，顶管、顶杆的复合顶出及多种顶出机构的混合顶出也很常见。

　　组合式脱模机构又称为多元件组合脱模机构。在设计脱模机构时，倘若遇到一些形体复杂的塑料件，如薄壁壳体带有凸台和筋，并与圆筒体组合。这就需要用两种或两种以上的多元件组合的脱模机构。

　　（1）推板与推杆联合推出　　如图 7-21(a) 所示，以推板脱出壳体，局部深腔处的挂脚用推杆辅助推出，以防止挂脚产生断裂。

　　（2）推板与推管联合推出　　图 7-21(b) 所示的塑料件，其外周壳体是用推板脱模，中心管状结构则用推管推出。

　　（3）推管推杆联合脱模　　图 7-21(c) 所示塑料件，中央用推管而外周壳体则用

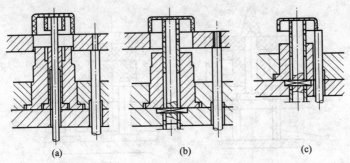

图 7-21 多种元件组合脱模的形式

多根推杆脱模。这种推杆可兼做回程杆用。

必须注意的是，在采用多元件组合脱模时，各种推杆、推管、推板，还包括装嵌件的推杆等应该同步动作。

第四节 浇注系统塑料（定模侧设）的脱模机构的形式

在塑件从模腔中完全脱模的同时，浇注系统的冷凝料也应脱落，对于流道的脱模，采用拉料杆与顶出底板相联接的方式，在顶出制品的同时顶出，对于分流道的顶出，也可以在分流道设置顶出杆顶出，三板式点浇口模具较常用的是采用脱出板顶出流道凝料，脱板与分流道的斜孔配合使用，使流道凝料顺利脱模。

有时因塑料件的形状特殊，或为了让浇口处于塑件的内侧，而特意将模具设计成能使塑料件留在定模边的结构。其目的是可利用开模运动牵引定模上的脱模机构。因此，有效脱模行程较大，牵引行程也较长。常用牵引机构有链条、拉钩、拉板和齿轮齿条等。图 7-22 是用链条牵引定模边推板使塑料件脱模的机构。所需链条为 2 根或 4 根，每根链条受力要均衡。另外，还要设连接座，以保证合

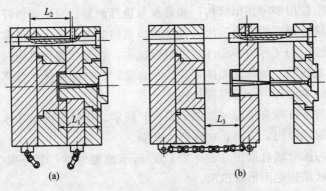

图 7-22 链条牵引设在定模一侧的脱模机构

模时链条不被卡住。开模行程等于 L_1+L_3。考虑到注射机的开模行程误差较大，故脱模行程 $L_2=L_1+(10\sim20)$ mm，如图 7-23 所示为拉钩牵引的设在定模侧的脱模机构。开模时，动模先分开距离 L。该 L 应略大于所需的脱模高度。而后，动模经拉钩与定模上的钩脚接触，牵引定模边的推出板，从定模型芯上脱出塑料件。由于楔形板的作用使推出板止动后，拉钩被强制转动，迫使钩脚脱开，而动模继续运动。

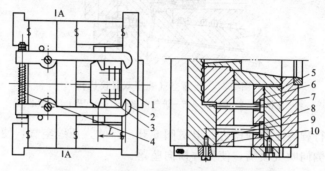

图 7-23　拉钩牵引设在定模侧的脱模机构

1—定模固定板；2—拉钩；3—钩脚；4—支承杆；5—顶出板；
6—顶出固定板；7—顶杆；8—回程杆；9—定模；10—动模

第五节　双脱模（顺序）脱模机构

一、概述

此机构是用于塑件对动模和定模的附着力和包紧力都相差不多时，如所成型的塑件在动模和定模边都设有型芯，且塑件对两型芯的收缩包紧力都相差不大时，又如塑件由于内外壁脱模斜度不相等的原因造成对动定模留模倾向难以判定时，这时应采用双脱模机构，即在动模和定模两侧都应设有脱模机构，无论制品留在哪边均能脱出。但是塑件留模方位的不确定也会给操作带来不便，甚至在开模的瞬间即会拉坏塑件。因此，最好的办法是开模时先使塑件脱离定模，开模后制品则留在动模边，然后从动模边推出塑件，这种采用顺序脱模方式的双脱模机构得到了广泛的应用。

二、压缩空气顺序双脱模机构

最简单的双脱模机构是采用压缩空气的脱模机构，其实它也是采用顺序脱模的方式进行的，如图 7-24 所示。其结构特点是在动、定模的两边都设置有菌形的进气阀，开模时定模边的电磁阀 3 先开启，通入压缩空气，塑件脱离定模留在动模型

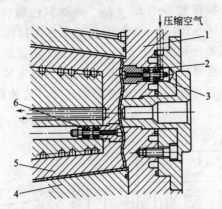

图 7-24 压缩空气顺序双脱模机构

1—定模板；2—镶块；3,6—进气电磁阀；4—凹模；5—型芯

芯 5 上，开模行程终止时动模边的电磁阀 6 开启，吹入压缩空气，使制品脱落，有时还设有一个侧向吹气喷嘴，使塑件横向坠落。

三、弹簧式二次顶出脱模机构

多数塑件从模具型腔中顶出都是一次完成的，但有些塑件形状比较复杂，一次顶出后无法完全脱模，此情况就需要进行二次顶出，才能使塑件脱落。若一次顶出塑件受力过大，也常采用二次顶出，如图 7-25 所示。

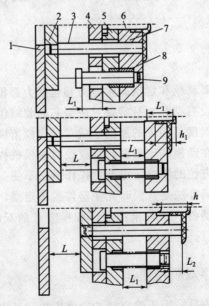

图 7-25 弹簧式二次顶出脱模机构示意图

1—动模座；2—顶出固定板（兼顶出底板）；3—顶杆；4—支承板；
5—凹模固定板；6—凸模；7—凹模型板；8—弹簧；9—限位螺栓

二次顶出脱模，目的是使塑件完全脱落，易于实现自动化。

（1）弹簧推力双脱模（顺序脱模）机构 图 7-26 所示的机构是利用弹簧推力和拉板定距进行定模边脱模，先让塑件滞留在动模型腔内。而后，动模脱模顶杆做长行程推顶，取件颇为方便。如果在定模边直接脱模，要求定模上的硬弹簧工作行程很长，则会很难实现。

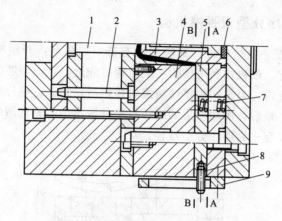

图 7-26 弹簧式双脱模（顺序脱模）机构

1—顶杆；2—导柱；3—型芯；4—动模；5—推件板；

6—密封性；7—弹簧；8—止动圆柱销；9—定距拉板

（2）弹簧锁紧式双脱模（顺序脱模）机构 它是利用各种弹簧机构先锁紧第二次打开的分型面，当第一次分型到位后由定距螺钉定位，克服弹簧力，强制打开第二分型面，其中最简单的是导柱、定位钉顺序分型机构，如图 7-27 所示。开模时

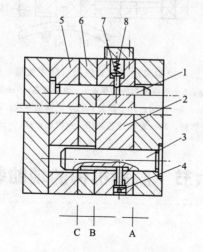

图 7-27 导柱定位钉顺序分型机构

1,3—导柱；2—定模型腔；4—限距钉；5—动模型

芯固定板；6—推件板；7—定位钉；8—弹簧

由于弹簧8使定位钉7的半球头压定紧在导柱1的凹槽内，使模具从A面分型，当导柱拉杆3上的长槽终止端与限距钉4相碰时，定模型腔2停止运动，强制定位钉7退出导柱1的半圆槽，模具从分型面B分型，继续开模时在推杆的作用下，推件板6将塑件推出。这种机构结构简单，但拉紧力小，只能用于定模边第一次分型（A面分型）、分型力小的情况。

四、拉钩顺序分型双脱模机构

图7-28所示是一盆状塑件，其底部设有若干加强筋，开模时，塑件在动、定模两边的去留不定。该机构利用拉钩和限位螺钉先进行定模型芯的脱模，让塑件滞留在定模的型腔板内。当拉钩的尾端与滚轮接触后，动、定模分型。此时塑件包紧在动模的型芯上。最后，由动模边的推板将塑件脱出型芯。这两个机构能实现双脱模的动作要求而又有先后顺序分型过程。

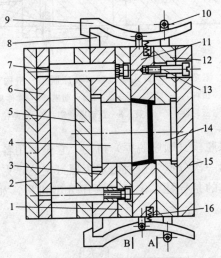

图7-28 拉钩滚轮式的双脱模（顺序脱模）机构

1—推件板；2—动模座；3—动模型芯固定板；4—动模型芯；5—动模垫板；6—顶出板；
7—推杆；8—挡块；9—拉钩；10—滚轮；11—定模型腔板；12—型芯固定板；
13—限位螺钉；14—定模型芯；15—定模底板；16—压缩弹簧

第六节 脱模机构的辅助装置

一、导向机构

对大尺寸的顶出板，为防止脱模过程中出现歪斜倾侧，需附设导向机构。大中型注塑模的此种导柱，还可起到支承柱的作用，以减小动模垫板的挠曲变形，如

图 7-29 所示。只有在塑件的批量较少时，才不设导套。也有用回程杆兼起导向作用的，这就要加粗回程杆，并加长其配合长度。

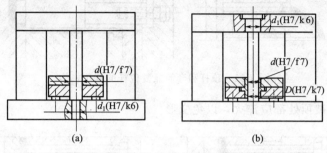

(a)　　　　　　　　　(b)

图 7-29　脱模机构的导向并兼支承的结构

二、回程复位机构

模具在开模取件后、进行下一次注射前，必须使各运动元件回复到原先位置，这一过程叫回程或复位。对普通顶出机构，除用脱模板脱模或滑块端面在合模时与对侧模板接触的顶出式滑块抽芯外，一般推顶机构都必须设脱模复位机构。常用方法有弹簧回程、顶杆兼回程杆回程和回程杆回程。

（1）弹簧回程复位　弹簧回程结构简单，但是弹簧易失效，寿命较短，一般用于模板或推顶板尺寸较小、模具较小的地方，就是在推顶板和垫板之间装上足够的弹簧，在推顶完毕，注射机顶杆回程时让弹簧恢复变形而推动模板复位。如图7-30所示。

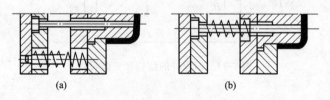

(a)　　　　　　　　　(b)

图 7-30　弹簧复位机构

（2）顶杆兼回程杆回程复位　当用顶杆（或者套筒）推顶塑件边缘时，若顶杆顶端部分能超出塑件外就能兼做回程杆，在合模时被对侧模板压迫而使推顶板带动顶出机构复位，如图7-31所示。一般小模具有2根对称的顶杆复位即可，中型模具多用4根，大型模具可以更多。

（3）用回程杆回程复位　一般注塑机机械顶出后在合模过程中顶出板不会自行退回，模具上就设置回程杆，模具在合模的同时靠静模与顶杆接触将顶杆顶回，顶杆将顶针和顶出板一起顶回。最常用的可靠的复位机构，小模具都用2根或4根回程，大中型模具为了复位平稳可以用多根（如6根、8根等）。图7-32是用回程杆复位的示意图，其安装结构则见图7-33。在大批量生产时为保证精确复位，回程

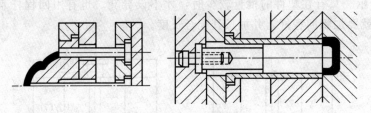

图 7-31　顶杆和套筒兼复位杆的复位机构

杆和对侧模板被顶处都应淬火，以免变形。

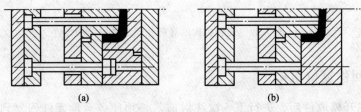

(a)　　　　　　　　　　　　(b)

图 7-32　普通复位杆复位机构

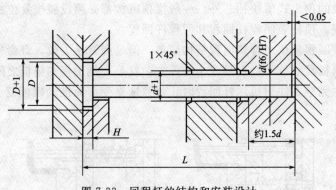

图 7-33　回程杆的结构和安装设计

三、定距分型拉紧机构

一般的模具设计都尽可能使塑件留在动模一侧，但有时会遇到一些形状比较特殊的塑件，开模时它们既可能附着在动模一侧，也可能附着在定模一侧，为此需在动、定模两侧都设脱模机构。同时对于一些双分型面或多分型面的模具，根据塑件的某些要求（例如，为脱出浇注系统凝料），常需要设计先使定模分型，然后使动、定模分型，最后用推出零件使塑件脱模，这一类机构称为顺序脱模机构，也叫定距分型拉紧机构

因此，如表 7-3，为了满足某些塑件的顶出要求，如确保塑件留于动模，为了取出点浇口的浇注系统凝料，以及定模部分同时设置斜导柱和滑块时而设计的常用的定距形式表。

■ 表 7-3　定距拉紧机构的一些结构形式

型式	简　　图	说　　明
模内定距	(a)　　(b)　　(c)	(a)模内螺钉定距杆定距； (b)模内定距螺钉定距； (c)模内螺钉，导柱定距。适用于中小型模具的定距分型拉紧装置
模外定距	(a)　　(b) (c)　　(d)	(a)模外螺钉、导向定距板定距； (b)模外销钉、导向定距板定距； (c)模外销钉、定距板定距； (d)模外拉钩定距杆。定距零件设在模外，有利于调整和装拆

第八章

侧向分型与抽芯结构

◀◀◀

第一节 概 述

一般而言，当塑件上有侧向凸凹或者侧孔时，制品一般都不能在开模时直接脱出，而必须先将成型这些侧向凸或凹的模块、型芯或者型腔脱出。完成这些动作的过程一般叫侧向分型抽芯，而此机构则被称为侧抽芯或者侧分型机构。当然，侧向分型抽芯机构也是塑料注射成型模具脱出制件的一个重要的手段。在所有侧向分型与抽芯机构中，应用最广，也最普通的方式为斜导柱式。

本书统称其为侧向分型抽芯机构。要完成此动作的方式、方法相当多，有时甚至难以将其严格地分类、区别开来，就目前常用的类型，按抽芯与分型的动力来源可分为手动、机动、液压或气动分型抽芯。

第二节 侧向分型抽拔力和抽拔距的计算

一、侧向分型抽拔力的计算

对于断面为圆形或矩形的型芯，其抽拔力是由于塑件的收缩包紧型芯造成的，其抽拔力可应用计算脱模力的公式进行计算。

对于典型的线轴型制品，常采用两瓣瓣合模成型，其中心圆筒形部分的收缩会对滑块两端产生正压力，如图 8-1 所示，其分型力可用下述方法进行计算。

由于塑件外部有滑块，内部有型芯，其轴向和径向都不能自由收缩，因而存在着内应力 σ 从制品的圆筒部分截取一微单元体，它处于三向应力的状态，由于型芯

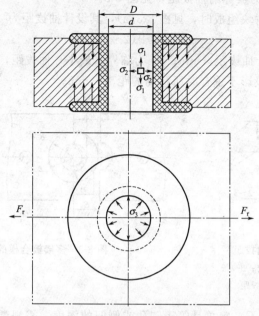

图 8-1　线轴形制品的受力图

对圆筒壁的挤压应力 σ_3 较 σ_1 和 σ_2 小得多，因此，可将其视为两向应力状态处理。设塑件各向的平均收缩率为 ε，则圆筒壁的内应力为

$$\sigma_1 = \sigma_2 = \frac{E\varepsilon}{1-\mu}$$

式中，E 为塑件材料的弹性模量，MPa；ε 为塑件的平均收缩率，%；μ 为塑料的泊松比。

总轴向力为

$$F = \frac{\pi}{4}(D^2 - d^2)\frac{E\varepsilon}{1-\mu} = \frac{\pi E\varepsilon(D^2 - d^2)}{4(1-\mu)} \tag{8-1}$$

式中，D、d 为塑件圆筒部分的外径和内径。

当滑块数为 2 时，每个滑块两端由轴向力产生的摩擦阻力为

$$F_f = \frac{2Ef}{2} = \frac{\pi E\varepsilon f(D^2 - d^2)}{4(1-\mu)} \tag{8-2}$$

当滑块数为 n 时，每个滑块的摩擦阻力为

$$F_f = \frac{\pi E\varepsilon f(D^2 - d^2)}{2n(1-\mu)} \tag{8-3}$$

二、侧向分型抽拔距的计算

为顺利地脱出塑件、侧型芯或侧向瓣合模的滑块应从成型位置外移到不妨碍制件平行推出的位置，此移动的距离称为计算抽拔距。在设计模具时还应加上 2～

271

5mm 的安全距离作为实际的抽拔距，见图 8-2。

当型腔由两块拼块组成时，见图 8-3(a)，其设计抽拔距为

$$S = S_1 + (2 \sim 3)\text{mm} \tag{8-4}$$

式中，S 为设计抽拔距，mm；S_1 为临界（最小）抽拔距，也就是侧型芯或滑块抽到恰好与塑件投影不重合时所移动的距离，mm。

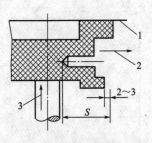

图 8-2 侧抽芯的抽拔距

1—分型面；2—抽芯方向；3—推
出方向；S—设计抽拔距

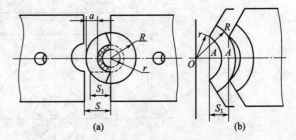

图 8-3 多瓣瓣合模的抽拔距

临界抽拔距 S_1 不一定总是等于侧孔或侧凹的深度，需视塑件的具体结构和侧表面形状而定。对于由多拼块组合的一类塑件，见图 8-3(b)，S 可由下式计算，即

$$S = S_1 + (2 \sim 3)\text{mm} = \sqrt{R^2 - A^2} - \sqrt{r^2 - A^2} + (2 \sim 3)\text{mm} \tag{8-5}$$

式中，A 为拼合型腔前端弦长（两尖角连线）的 1/2，mm。

带侧孔和侧凹的塑件，除了在特定条件下可强制脱模外，小批量生产和抽拔力较小的塑件，可采用活动镶块与塑件一起顶出后在模外抽芯。绝大多数情况下，抽芯都是依靠模具打开时注射机的开模力进行抽芯，随着注射机的发展，液压抽芯应用也逐渐开始增多。

当侧滑块（或侧型芯）的端面形状很复杂不便计算时可用作图的办法确定抽拔距。

第三节 手动侧向分型抽芯机构

手动抽侧型芯或分开瓣合模块多数是在模外进行的，开模后塑件与活动型芯或瓣合模块一道被推出模外，与塑件分离后再将型芯或瓣合模块重新装入模具，进行下一次成型。也有将侧型芯或瓣合模块保持在模内，通过人力推动传动机构带动凸轮、齿轮、螺纹等进行抽拔的。手动分型抽芯机构的优点是可简化模具结构，缺点是劳动强度大、生产效率低，不能自动化生产，因此只适用于生产批量不大，或试生产的模具。这种形式的脱模机构已不多采用。

图 8-4，开模前手动抽芯。图（a）结构最简单，推出制件前用扳手旋出活动型芯；图（b）活动型芯不像图（a）那样随螺栓旋转，抽芯时活动型芯只作水平移动，故适用于非圆形侧孔的抽芯。

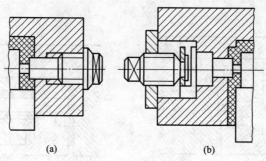

(a)　　　　　　　　　　　(b)

图 8-4　手动抽芯机构

图 8-5，脱模后手工取出型芯或镶块。取出的型芯或镶块再重新装回到模具中时，应注意活动型芯或镶块必须可靠定位，合模与注射成型时不能移位，以免制件报废或模具损坏。

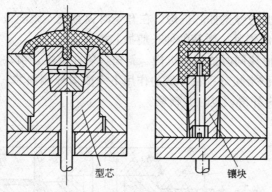

型芯　　　　　　　　　　　镶块

图 8-5　手工取出型芯或镶块

第四节　机械侧向分型抽芯机构

通常是借助注射机的开模力，通过一定的机构改变运动的方向来完成侧向分型抽芯的动作，合模时则利用合模力使其复位。最典型的是斜导柱分型抽芯机构，其他如弹簧分型抽芯机构、斜滑块分型抽芯机构、齿轮齿条分型抽芯机构等。其特点是经济合理、动作可靠，易实现自动化的操作，在生产中被广泛采用。

一、弹簧分型抽芯机构

它适用于抽拔距小、抽拔力不大的场合，其结构简单，采用弹簧（或硬橡皮）实现抽芯的动作。例如，图 8-6 塑件为带有槽形外侧凹的方（或圆）形盒状制品，在开模过程中斜楔 1 后退，滑块 2 在橡皮（或弹簧）的作用下完成外侧抽芯。抽拔距离由动模板上的挡块 4 限位，合模时锁紧楔迫使滑块复位并锁紧，滑块在导滑槽内滑动。

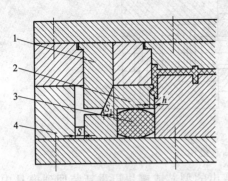

图 8-6 橡皮弹力外侧抽芯

1—斜楔；2—滑块；3—硬橡皮；

4—(动模板上的) 挡块

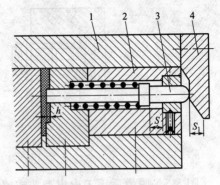

图 8-7 典型的弹簧抽芯

1—定模板；2—动模板；

3—型芯；4—锁紧块

图 8-7 是最典型的弹簧抽芯机构。在开模时锁紧块 4 跟随模板 1 和模板 2 分离逐渐解除对型芯 3 的锁紧，弹簧的伸长使抽芯完成。

图 8-8 为内外滑块同时抽芯的机构。斜楔块装在定模，滑块装在动模，开模时斜楔块离开，内外侧滑块分别在弹簧的作用下完成内外侧抽芯。抽拔距分别为 S_1，S，合模时斜楔使内外滑块复位并锁紧。

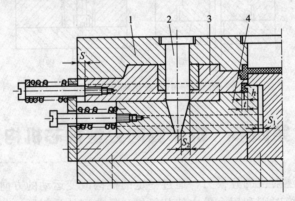

图 8-8 弹簧使内外滑块同时抽芯的机构

1—定模板；2—斜楔；3—外滑块；4—内滑块

二、斜导柱分型抽芯机构

（1）工作原理 斜导柱式侧向分型与抽芯机构利用斜导柱等传送零件，把垂直的开模运动传递给侧向瓣合模或侧向型芯，使之产生侧向运动并完成分型或抽芯动作，其原理如图 8-9 所示。脱模时，滑块受斜导柱的抽拔力作用，使滑块作侧向运动，于是侧向型芯便从制品的孔或侧凹件中脱出。斜导柱式侧向分型与抽芯机构主要由斜导柱、滑块压紧块和定位装置等零部件组成。此外成型模具还需一些与开合模动作有关的复位装置和定距拉紧装置等。

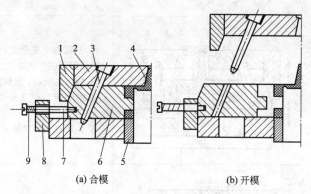

(a) 合模　　　　　　　　(b) 开模

图 8-9　典型的斜导柱侧抽芯

1—楔紧块；2—定模板；3—斜导柱；4—制品；5—顶出；
6—滑块；7—定位销；8—限位块；9—弹簧

　　一般而言，斜导柱分型抽芯机构安装组合的主要结构形式。由于斜导柱和滑块在模具中可处于动模或定模的不同位置上，因而有不同的组合方式。以下五种是最常见的安装组合方式，即：斜导柱在定模，滑块在动模；斜导柱在动模而滑块在定模；斜导柱、滑块都在定模；斜导柱、滑块都在动模；斜导柱外侧抽芯和斜导柱延时抽芯等形式。其图例见表 8-1。

■ **表 8-1　斜导柱侧向分型与抽芯机构的常见结构形式**

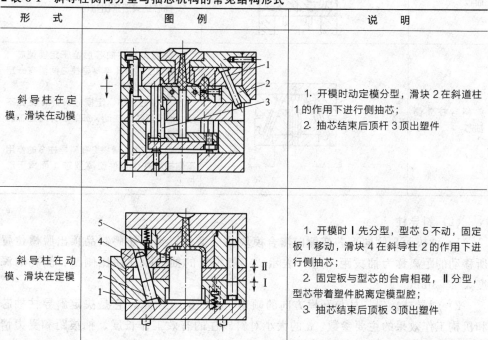

形　　式	图　　例	说　　明
斜导柱在定模，滑块在动模		1. 开模时动定模分型，滑块 2 在斜道柱 1 的作用下进行侧抽芯； 2. 抽芯结束后顶杆 3 顶出塑件
斜导柱在动模、滑块在定模		1. 开模时 I 先分型，型芯 5 不动，固定板 1 移动，滑块 4 在斜导柱 2 的作用下进行侧抽芯； 2. 固定板与型芯的台肩相碰，II 分型，型芯带着塑件脱离定模型腔； 3. 抽芯结束后顶板 3 顶出塑件

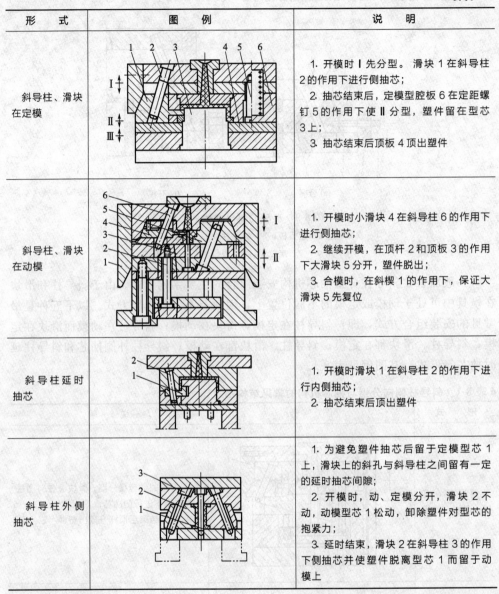

形　式	图　例	说　明
斜导柱、滑块在定模		1. 开模时 I 先分型。滑块 1 在斜导柱 2 的作用下进行侧抽芯； 2. 抽芯结束后，定模型腔板 6 在定距螺钉 5 的作用下使 II 分型，塑件留在型芯 3 上； 3. 抽芯结束后顶板 4 顶出塑件
斜导柱、滑块在动模		1. 开模时小滑块 4 在斜导柱 6 的作用下进行侧抽芯； 2. 继续开模，在顶杆 2 和顶板 3 的作用下大滑块 5 分开，塑件脱出； 3. 合模时，在斜楔 1 的作用下，保证大滑块 5 先复位
斜导柱延时抽芯		1. 开模时滑块 1 在斜导柱 2 的作用下进行内侧抽芯； 2. 抽芯结束后顶出塑件
斜导柱外侧抽芯		1. 为避免塑件抽芯后留于定模型芯 1 上，滑块上的斜孔与斜导柱之间留有一定的延时抽芯间隙； 2. 开模时，动、定模分开，滑块 2 不动，动模型芯 1 松动，卸除塑件对型芯的抱紧力； 3. 延时结束，滑块 2 在斜导柱 3 的作用下侧抽芯并使塑件脱离型芯 1 而留于动模上

（2）斜导柱

1）抽拔距。侧向型芯或侧向瓣合模块从壁型位置到不妨碍制品顶出脱模位置所移动的距离称为抽拔距，用 S 表示。一般模具的抽拔距往往比侧凹、侧孔的深度大 2～3mm。

2）斜导柱。斜导柱与开模方向的倾角 α 如图 8-10 所示，它是决定斜导柱抽芯和机构工作效果的主要参数。α 的大小对斜导柱的有效工作长度、抽拔距和受力情况等起决定性影响。

$$L = S/\sin\alpha \qquad (8\text{-}6)$$
$$H = S\cot\alpha \qquad (8\text{-}7)$$

式中，L 为斜导柱的工作长度；H 为与抽拔距 S 对应的开模距。

$$F_弯 = F_脱/\cos\alpha \qquad (8\text{-}8)$$
$$F_开 = F_脱\tan\alpha \qquad (8\text{-}9)$$

式中，$F_弯$ 为抽芯时斜导柱所受的弯曲力；$F_脱$ 为抽芯时的脱模力；$F_开$ 为抽芯所需的开模力。

分析上式可知，α 增大，L 和 H 减小，有利于模具尺寸减小，但 $F_弯$ 和 $F_开$ 增大，影响斜导柱和模具的强度和刚度。反之，α 减少，斜导柱和模具受力减少，但模具的尺寸较大。综合考虑。取 $22°33'$ 比较理想。为了减少斜导柱所受的弯曲力，生产中常用 $\alpha = 15° \sim 20°$。

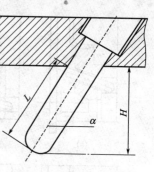

图 8-10　斜导柱的尺寸

当抽芯方向与模具分型面不垂直时，也可用斜导柱，如图 8-11 所示，其中 α 仍是斜导柱与开模方向的倾角。在图（a）中影响抽拔效果的斜导柱有效倾角 $\alpha_1 = \alpha + \beta$，斜导柱的抽拔距和工作长度均需按此角计算；而图（b）中 $\alpha_2 = \alpha - \beta$

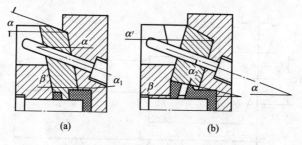

（a）　　　　　　　　　（b）

图 8-11　抽芯方向与分型面不垂直

3）斜导柱分型抽芯机构的结构设计。现将组成该机构的五大零部件的结构和设计要点分述如下：

斜导柱的斜角一般为 $15° \sim 20°$，最大不得超过 $25°$，其安装固定以及与侧滑块的组合形式有多种，见图 8-12。斜导柱与固定板间用过渡配合，由于斜导柱只起驱动滑块的作用，滑块的运动精度是由导滑槽与滑块之间的配合精度来保证的，滑块的最终位置精度则由楔紧块来保证。因此，为了能灵活地滑动，滑块与斜导柱之间采用比较松动的配合，它们之间的配合关系如图 8-12(c) 所示。

斜导柱的头部可做成如图 8-13 所示的半球形，也可做成台锥形，应将台锥头部的斜角设计得大于斜导柱的倾斜角，这样斜导柱的有效长度即圆柱部分离开滑块后，其锥形头部分就不能再继续驱动滑块。

斜导柱多用 45 钢、T8 或 T10 淬火或 20 钢渗碳淬火，淬火硬度为 $50 \sim 55\text{HRC}$。驱动部分的直径为 $10 \sim 40\text{mm}$，固定台阶 $D = d + 5\text{mm}$，其长度由需要来

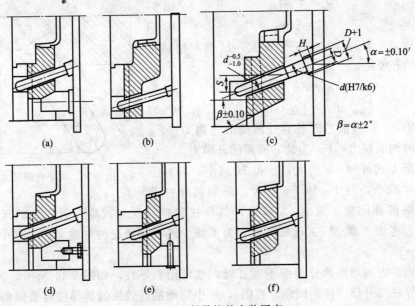

图 8-12　斜导柱的安装固定

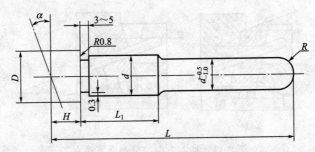

图 8-13　斜导柱典型的外形结构

决定。

4）斜导柱几何尺寸和最小开模行程的计算。通常侧向抽拔距 S 是已知的，在此种情况下完成抽拔动作所需的最小开模行程 H 和斜导柱（斜面）的有效长度 l_c 及其总长度 L 应由计算确定。

① 斜导柱的长度计算。当斜导柱与斜导柱孔间无明显的间隙时，如图 8-14（a）所示，斜导柱（或斜面）的有效长度为

$$AB = \frac{S}{\sin\alpha} \tag{8-10}$$

如图 8-14（b）所示，当斜导柱的驱动面与斜导柱孔之间存在间隙 e 时，其有效长度减为 $A'B$，而驱动面总长度 AB 为

$$AB = A'B + AA' = \frac{S}{\sin\alpha} + \frac{e}{\sin\alpha\cos\alpha} \tag{8-11}$$

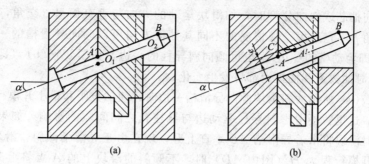

图 8-14　斜导柱有效长度

斜导柱的伸出长度应从伸出纵断面中心算起，不包括锥形头（或半球形头）的长度，即由图 8-15 上得

$$O_1O_2 = AB + \frac{d}{2}\tan\alpha = l_e + \frac{d}{2}\tan\alpha = \frac{S}{\sin\alpha} + \frac{d}{2}\tan\alpha \tag{8-12}$$

由此得到斜导柱的总长度为

$$L = \frac{S}{\sin\alpha} + \frac{e}{\sin\alpha\cos\alpha} + \frac{h}{\cos\alpha} + \left(\frac{D+d}{2}\right)\tan\alpha + (10\sim15)\,\text{mm} \tag{8-13}$$

式中，（10～15）mm 为锥形头部的长度，如是半球形时则改为加 $d/2$。

② 最小的开模行程。最小的开模行程是指抽出侧滑块（侧型芯）时所必需的开模运动距离 H，即图 8-15 中 BC 的长度，则

$$H = S\cot\alpha = L\cos\alpha \tag{8-14}$$

对于斜导柱，有

$$H = S\cot\alpha + \frac{e}{\sin\alpha} \tag{8-15}$$

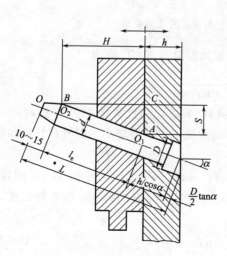

图 8-15　斜导柱的几何尺寸

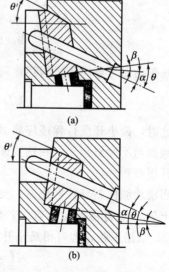

图 8-16　滑块倾斜时斜导柱抽芯

当斜向抽芯或斜向分型时，如滑块运动的方向与垂直面呈 β 交角，如图 8-16 所示，交角 β 不宜过大。视情况的不同其抽拔方向可以倾向导滑槽的一边，如图 8-16(a)（即为动模的一边），也可倾向斜导柱的一边，如图 8-16(b)（即为定模的一边）。这时抽拔距和抽拔力都将发生变化。

图 8-17(a) 所示为斜滑块倾向导滑槽一边时，使抽拔距和最小开模行程发生变化的情况。这里暂不考虑斜导柱驱动边与导柱孔之间间隙的影响。如果滑块不倾斜，开模时滑块将沿着导滑槽 AB 垂直上升，现在由于导滑槽倾斜，滑块沿着 AC 上升，当开模行程为 H（图中 AD）时，不倾斜的滑块上的 A 点将上升到 B 点，但对于倾斜的滑块，A 点将上升到 C 点。斜导柱有效长度 l_e 为 CD，最大抽拔距 S 为 AC。利用正弦定理，可得最小开模行程，即

$$H = l_e(\cos\alpha - \sin\alpha\tan\beta) \tag{8-16}$$

或

$$H = S(\cos\beta\cot\alpha - \sin\beta) \tag{8-17}$$

和

$$l_e = \frac{S\cos\beta}{\sin\alpha}$$

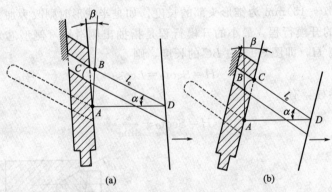

图 8-17　滑块倾斜时斜导柱与抽芯的几何关系

斜导柱驱动面与导柱孔之间存在间隙 e 时，驱动面总长度 CD 应为

$$CD = S\frac{\cos\beta}{\sin\alpha} + \frac{e}{\sin\alpha\cos\alpha} \tag{8-18}$$

这时，最小开模行程还应将式(8-16) 或式(8-17) 的计算结果再加上 $e/\sin\alpha$。滑块倾斜与不倾斜相比，在达到同样抽拔距的情况下，需要较小的斜导柱长度和较小的开模行程。

当滑块倾向斜导柱一侧时，见图 8-17(b)，开模行程为 H（图中 AD），同样，滑块上的 A 点将移动到 C 点。若斜导柱孔之间无明显间隙，则斜导柱有效长度 l_e 为 CD，根据正弦定理可得最小开模行程为

$$H = l_e(\cos\alpha + \sin\beta\tan\beta) \tag{8-19}$$

或

$$H = S(\sin\beta + \cos\beta\cot\alpha) \tag{8-20}$$

斜导柱有效长度为

$$l_e = \frac{S\cos\beta}{\sin\alpha}$$

当斜导柱驱动面与其孔之间存在有间隙 e 时，驱动面总长度 CD 应改为

$$CD = \frac{S\cos\beta}{\sin\alpha} + \frac{e}{\sin\alpha\cos\alpha} \tag{8-21}$$

同样，由于间隙 e 的存在，最小开模行程还应加上一项 $e/\sin\alpha$ 为达到同样的抽拔距，与滑块不倾斜的情况相比，只需较短的斜导柱长度但需要较大的开模行程。

由以上三种情况可知，斜导柱的总长度 L 和最小开模行程 H 分别应为

$$L = \frac{S\cos\beta}{\sin\alpha} + \frac{e}{\sin\alpha\cos\alpha} + \frac{h}{\cos\alpha} + \left(\frac{D+d}{2}\right)\tan\alpha + (10\sim15)\text{mm}$$

$$H = S(\cos\beta\cot\alpha \mp \sin\beta) + \frac{e}{\sin\alpha} \tag{8-22}$$

5）斜导柱直径的确定。斜导柱直径主要受弯曲力影响，根据图 8-10，抽芯时斜导柱所受的弯矩 M 为

$$M = F_弯 \times L_w \tag{8-23}$$

式中，L_w 为斜导柱的弯曲力臂。由材料力学得知

弯曲应力 $\quad\quad\quad \sigma_w = \frac{M}{w}[\sigma_w] \tag{8-24}$

式中，ω 为抗弯截面系数；$[\sigma_w]$ 为斜导柱许用弯曲应力。

因为斜导柱截面积多为圆形，而圆形截面的抗弯截面系数为

$$w = \frac{\pi \times d^3}{32} \approx 0.1d^3 \tag{8-25}$$

所以斜导柱直径 d 为

$$d = \sqrt[3]{\frac{F_弯 \times L_w}{0.1[\sigma_w]}} = \sqrt[3]{\frac{F_脱 \times L_w}{0.1[\sigma_w] \times \cos\alpha}} \tag{8-26}$$

斜导柱的直径也可查表，方法为，先按脱模力 $F_脱$ 和斜导柱的倾角 α 在最大弯曲力 $F_弯$ 和 H_w 以及 α，从斜导柱直径 d，其中 H_w 是侧向型芯中心线到斜导柱固定板底面距离。其数值为

$$H_w = L_w\cos\alpha$$

6）斜导柱长度。斜导柱总长度与斜导柱直径、倾角、抽拔距以及斜导柱的固定尺寸有关。

$$L_总 = L_1 + L_2 + L_3 + L_4 = \frac{d_2}{2} \times \tan\alpha + \frac{d_2}{\cos\alpha} + \frac{S}{\sin\alpha} + (5\sim10)\text{mm} \tag{8-27}$$

安装固定长度 $L = L_2 - L_3$

式中，$L_3 = \frac{d}{2}\tan\alpha$。

7）斜导柱形状及配合。常用的斜导柱结构与导柱结构基本相似，其与固定板

采用过渡配合（H7/m8），而与滑块孔的配合较松，采用 H11/b11。

(3) 滑块

1) 滑块组合的结构。滑块与型芯类似，常见的形式有整体式及组合式两种。组合式是将成型的型芯安装在滑块上，这样组合的优点有：①节约钢材（型芯使用优质钢材而滑块可以使用普通钢材）；②加工方便。目前，应用较广的方式是采用组合式。常见的组合式如图 8-18 型芯与滑块组合的结构形式所示。

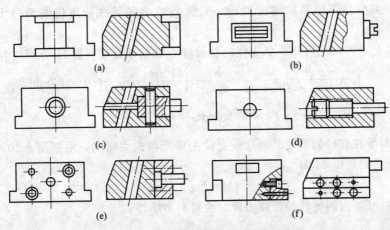

(a)

(b)

(c)

(d)

(e)

(f)

图 8-18　型芯与滑块组合的结构形式

2) 滑块的结构设计举例。滑块结构可以是多种形式的。瓣合模滑块，如图 8-18(a) 所示，也可以是型芯滑块。滑块可做成整体式，也可以做成组合式。组合式的滑块前端成型部分与滑块主体分别制造，然后再采用不同的连接形式将其紧固成一体。其成型部分可选用优质钢材单独制造和热处理。组合式可降低加工难度，常用于大型的滑块。图 (c)～图 (f) 的连接方式有横销连接、螺纹连接、压板紧固等，图 (c) 其滑块上设有通孔，维修时便于敲出型芯，滑块的底面和两侧为滑动面，应有足够的硬度和较低的粗糙度。图 (f) 为滑块的滑动部分，是经淬火 53～55HRC 后镶上的，以增加其耐磨性。

(4) 导滑槽

1) 导滑槽的结构。　滑块与导滑槽的配合方式千变万化，导滑槽不像模具中的导柱对定位要求特别严格，但要保证在抽芯的过程中，保证滑块运行平衡，不出现跳动、串动和卡死等现象，如图 8-19 所示为最常用的导滑槽形式。

2) 导滑槽的结构设计。对导滑槽与滑块的配合要求是运动平稳，不宜过分松动，亦不宜过紧，采用燕尾槽时其精度较高，但制造比较困难。一般多采用 T 形导滑槽，导滑槽可做成整体式，为了便于加工出表面质量高和精度高的导滑槽，多做成组合式，常见的结构如图 8-19 所示。图中除图 (a) 外均为组合式，设计时使滑块与滑槽上下左右各有一个面相配合（为动配合 H8/f7），其余面之间则留出 0.5～1mm 的间隙。导滑表面应有足够的硬度（52～56HRC），应稍硬于滑块，为了使滑块运动时不偏斜，滑块的滑动面要有足够的长度，最好为滑槽宽度的1～1.5倍，滑块在完成抽拔动作停止运动时，其滑动面不一定全长都留在导滑槽内，但留在滑槽内部分的长度应不少于滑块宽度，以免滑块倾斜发生复位困难，如图8-20所示。当导滑槽尺寸不够长时，不必增大整个模具的尺寸，只需局部加长导滑槽的长度即可，如图8-21所示。

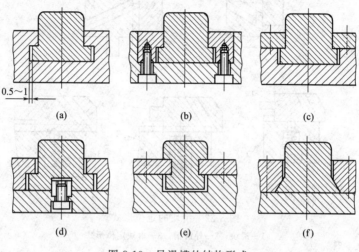

图 8-19 导滑槽的结构形式

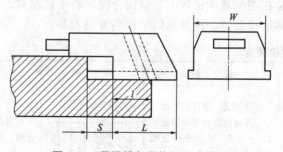

图 8-20 导滑槽与滑块的尺寸关系

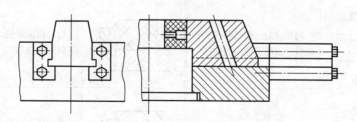

图 8-21 导滑槽局部加长的结构

（5）滑块的定位 开模后，启模的作用力非常大，斜滑块在抽拔力的作用下，要求能够准确地定位在滑道的某一位置。斜滑块在模具上并不一定是在水平方向或者垂直方向。这时如果合模不能准确使斜导柱导入斜滑块，必然会损伤模具，常见的定位方式如图 8-22 所示。

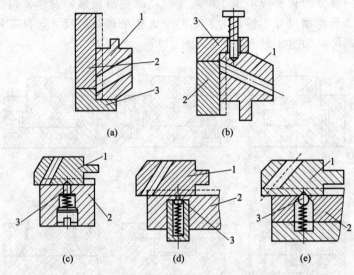

图 8-22　滑块的定位形式

1—滑块；2—导滑槽；3—滑块定位形式

　　一般开模时滑块的定位装置。如分型抽芯结束后，当滑块与斜导柱相互离开时，滑块必须停留在刚分离的位置上，以便合模时斜销能顺利进入滑块的斜孔，为此，必须设滑块的定位装置。最常见的定位装置见表 8-2。

■ 表 8-2　滑块的定位装置

简　图	说　明	简　图	说　明
	利用弹簧、螺钉和挡板定位，弹簧强度为滑块质量的 1.5~2 倍，适用于向上和侧向的抽芯		利用弹簧、螺塞和圆头销定位，适用于侧向的抽芯
	利用弹簧、套筒和圆头销定位，适用于侧向的抽芯		利用挡块定位，适用于向下侧向的抽芯
	利用弹簧、钢球定位，适用于侧向的抽芯		利用埋在模板槽内的弹簧和挡板与滑块上的沟槽配合来定位

另外，当塑料熔体注入型腔后，合模锁紧块。以很高的压力作用于型芯或瓣合模块上并迫使滑块外移。总的作用力等于塑料熔体的压力与（沿着滑动方向）此压力作用在型芯或模块上的投影面积的乘积。由于斜导柱的刚度较差，故常用楔紧面来承受这一侧向的推力，同时斜导柱的精度往往不能保证滑块的准确定位，而精度较高的楔紧面在合模时能确保滑块位置的精确性。楔紧块的结构形式是根据滑块的形状和其所受力的大小来决定的。楔紧块还必须具有足够的表面硬度（52～56HRC）以免受到擦伤或变形。锁紧楔块的斜角应略大于斜导柱的斜角 $2°～3°$，在开模时可使楔块的斜面能很快地离开滑块，不会发生干涉。合模时锁紧块的锁紧结构形式如表 8-3 所列。

■ 表8-3 合模锁紧块的锁紧结构形式

图　例	说　明	图　例	说　明
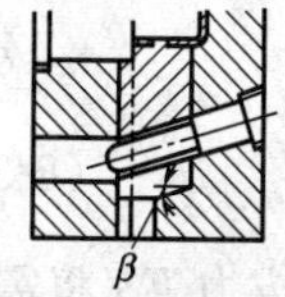	楔紧块与模板成整体，刚性好，但加工困难，适用于抽芯距小的小型模具	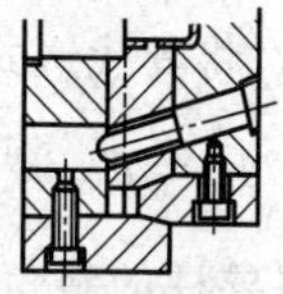	楔紧块外侧设挡块，适用于需较大锁紧力的场合
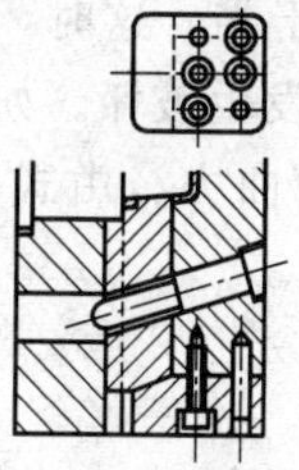	楔紧块用销钉、螺钉固定于模板侧面，适用于抽芯距大、锁紧力小的场合	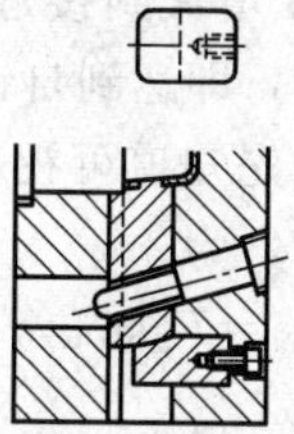	楔紧块镶入模板沉孔内，适用于抽芯距不大、滑块较宽、需要较大锁紧力的场合
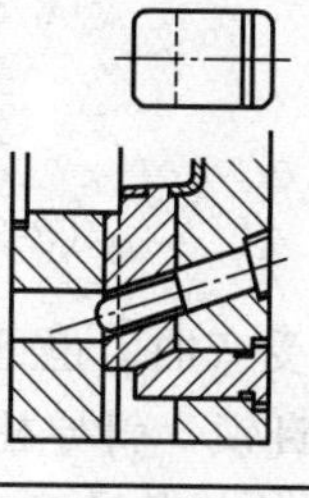	楔紧块镶入模板内。适用于抽芯距不大、滑块较宽、需要较大锁紧力的场合	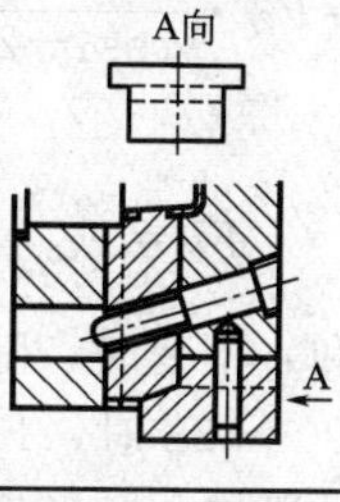	楔紧块以 T 形嵌入模板，适用于模板、需锁紧力大的场合

（6）斜导柱分型抽芯机构的受力分析和强度计算 研究滑块受力状况时，当滑块高度不超过其底面的滑动长度 80%，则可将该空间力系简化为平面汇交力系求解，误差在 10% 以内。图 8-23 为其受力简图，推导时滑块的自重忽略不计。图中，F_f 为导柱与滑块之间的滑动摩擦力；F_p 为导滑槽施于滑块的力，该力等于为完成侧向抽芯或分型所需的开模力；F_Q 为总抽拔阻力，主要是指塑件对滑块包紧力及其他抽拔阻力之和；F_N 为斜导柱施于滑块的正压力，其反作用力即斜导柱承受的弯曲力。

设滑块和导滑槽之间的摩擦因数与斜导柱和导柱孔与滑块间的滑动摩擦因数 f

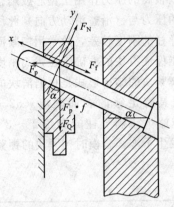

图 8-23　滑块受力图

相等（都是钢对钢），滑块与导滑槽之间的摩擦力为 $F_p f$。列出受力平衡方程式为

$$\sum F_x = 0$$

$$F_p \cos\alpha - F_Q \sin\alpha - F_p \sin\alpha - F_f = 0 \quad (8\text{-}28)$$

式中所列符号含义同图 8-23 所示。

由于

$$F_f = f F_N$$

$$\sum F_y = 0$$

$$F_N - F_p \sin\alpha - F_Q \cos\alpha - F_p f \cos\alpha = 0 \quad (8\text{-}29)$$

联解得

$$F_p = F_Q \frac{\tan\alpha + f}{1 - 2f\tan\alpha - f^2} \quad (8\text{-}30)$$

设 φ 为摩擦角，则 $f = \tan\varphi$，将其代入式(8-29) 并化简得

$$F_p = F_Q \frac{\sin(\alpha + \varphi) + \cos\varphi}{\cos(\alpha + 2\varphi)} \quad (8\text{-}31)$$

由式(8-31) 可知，当斜导柱的斜角 α 增大时，要获得同样的抽拔力 F_Q 将需要更大的开模力 F_p，当斜角 α 增大到接近 $90° - 2\varphi$ 时，分母则接近于零，这时，开模力再大也不能使滑块移动，即达到自锁的状态，这时将不可避免发生破坏。如要进行斜导柱的强度计算，需先知道可视做悬臂梁的斜导柱所受的弯曲力。由式(8-31) 可得斜导柱所受的弯曲力为

$$F_N = F_p \sin\alpha + F_Q \cos\alpha + F_p f \cos\alpha$$

将式(8-31) 代入并化简得

$$F_N = F_Q \cdot \frac{1}{\cos\alpha - 2f \cdot \sin\alpha - f^2 \cdot \cos\alpha} \quad (8\text{-}32)$$

或

$$F_N = F_Q \cdot \frac{\cos^2\varphi}{\cos(\alpha + 2\varphi)} \quad (8\text{-}33)$$

由式(8-33) 可见，当 F_Q 和 φ 不变时，随着斜角 α 增大，斜导柱所受弯曲力也迅速增加，当斜角增大到接近 $90° - 2\varphi$ 时，F_N 趋于无穷大，这时发生自锁，斜导柱折断。如果斜导柱、滑块、导滑槽之间的摩擦因数为 0.1，则斜导柱的斜角达到 $37°$ 时产生自锁。为了机构能运动灵活，斜导柱的斜角一般不宜超过 $25°$，除非采取特殊的措施降低钢对钢的摩擦因数。

当滑块运动方向倾斜时，滑块受力如图 8-24(a) 和（b）所示，图（a）是滑块抽出的方向倾向于导滑槽一边的形式，其倾角为 β；图 8-24(b) 为滑块抽出的方向倾向于斜导柱固定板一边的形式，其倾角也用 β 表示。

对图（a）的形式，以滑块为受力体列出力平衡方程式，即

$$\sum F_x = 0$$

$$F_p \cos(\alpha + \beta) - F_Q \sin(\alpha + \beta) - F_p f \sin(\alpha + \beta) - F_f = 0 \quad (8\text{-}34)$$

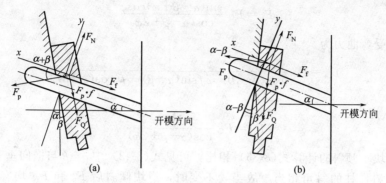

图 8-24　滑块受力图（滑块运动方向倾斜时滑块受力图）

$$F_f = fF_N$$

$$\sum F_y = 0$$

$$F_N - F_p \sin(\alpha+\beta) - F_Q \cos(\alpha+\beta) - F_p f \cos(\alpha+\beta) = 0 \tag{8-35}$$

同前可得

$$F_p = F_Q \frac{\tan(\alpha+\beta)+f}{1-2f\tan(\alpha+\beta)-f^2} \tag{8-36}$$

引用摩擦角的概念得

$$F_p = F_Q \frac{\sin(\alpha+\beta+\varphi)\cos\varphi}{\cos(\alpha+\beta+2\varphi)} \tag{8-37}$$

这里 F_p 是导滑槽施于滑块的正压力，与滑块垂直抽出不相同的是该力并不等于开模力，开模力为 $F_p/\cos\beta$。

斜导柱所受弯曲力为

$$F_N = F_Q \frac{1}{\cos(\alpha+\beta) - 2f\sin(\alpha+\beta) - f^2\cos(\alpha+\beta)} \tag{8-38}$$

或

$$F_N = F_Q \frac{\cos^2\varphi}{\cos(\alpha+\beta+2\varphi)} \tag{8-39}$$

将式(8-38) 和式(8-39) 与滑块垂直开模方向抽出时斜导柱的受力式(8-35) 相比，其受力与斜导柱的斜角为 $\alpha+\beta$ 时的受力状况相当，故此时为了改善受力状况，远离自锁点，斜导柱的斜角应取小一些，以 $\alpha+\beta$ 小于 20°为宜。

当滑块抽出的方向是倾向斜导柱的固定板一边时，按图 8-24(b) 列出滑块受力的平衡方程式，即

$$\sum F_x = 0$$

$$F_p \cos(\alpha-\beta) - F_Q \sin(\alpha-\beta) - F_p f \sin(\alpha-\beta) - F_f = 0 \tag{8-40}$$

或

$$F_p = F_Q \frac{\tan(\alpha-\beta)+f}{1-2f\tan(\alpha-\beta)-f^2}$$

$$F_p = F_Q \frac{\sin(\alpha - \beta + \varphi)\cos\varphi}{\cos(\alpha - \beta + 2\varphi)} \tag{8-41}$$

斜导柱所受弯曲力为

$$F_N = F_Q \frac{1}{\cos(\alpha - \beta) - 2f\sin(\alpha - \beta) - f^2\cos(\alpha - \beta)} \tag{8-42}$$

或

$$F_N = F_Q \frac{\cos^2\varphi}{\cos(\alpha - \beta + 2\varphi)} \tag{8-43}$$

与滑块不倾斜的计算式(8-35)相比，可见式(8-43)中 $\alpha - \beta$ 与横向垂直抽出计算式中的斜导柱的斜角相当，故当 α 不变时，滑块倾斜后 F_p 和 F_N 均有所降低，这时斜导柱的斜角可取大一些，以 $\alpha - \beta$ 不大于 20°为宜。

计算斜导柱强度的目的是根据其受力状况来决定其直径，从受力分析可知，多数的斜导柱均可视为承受弯应力的悬臂梁，最大弯矩是作用在斜导柱的根部，其值为

$$M = F_N L_t \tag{8-44}$$

式中，L_t 为力臂长度。

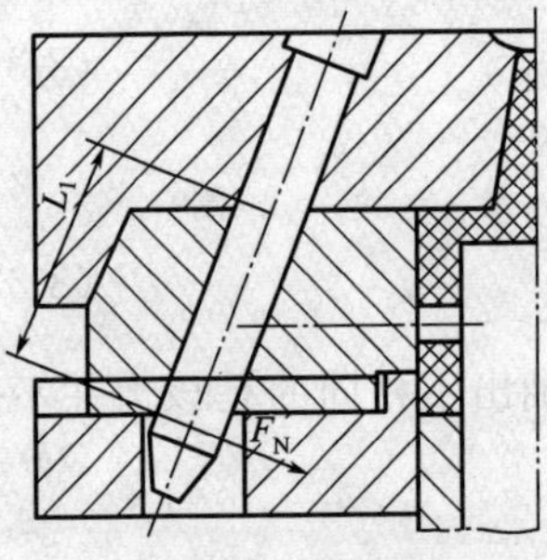

当滑块的斜孔与斜导柱均匀接触时，L_t 为接触长度的中点距斜导柱根部的距离，但制造误差有可能造成斜导柱与斜孔在下端接触，这时力臂最长，如图8-25所示，设计时应从安全可靠出发，L_t 可按图中所示的长度，按下式进行强度校核，即

$$\sigma = \frac{M}{W} \leqslant [\sigma] \tag{8-45}$$

图 8-25　斜销承受弯曲力矩

式中，$[\sigma]$ 为许用弯应力；W 为抗弯矩模量。

斜导柱的直径一般是根据模具的大小和滑块的尺寸来决定的，然后再按式(8-45)做其强度的校核。

对于圆形截面斜导柱，有

$$W = \frac{\pi d^3}{32} \approx 0.1d^3$$

式中，d 为斜导柱直径。

代入上式可求出斜导柱的直径为

$$d = \sqrt[3]{\frac{10M}{[\sigma]}} \tag{8-46}$$

对于矩形截面的斜导柱（即弯销、弯导杆），有

$$W = \frac{bh^2}{6}$$

式中，b 为斜导柱的断面宽度；h 为斜销断面高度。

从节约钢材、受力合理出发，常取 $b = \frac{2}{3}h$，则 $W = \frac{h^2}{9}$ 代入简化得

$$h = \sqrt[3]{\frac{9M}{[\sigma]}}$$

(8-47)

斜导柱分型抽芯机构除斜导柱需进行强度计算外，楔紧块亦为重要的受力元件。

楔紧块的设计应包括决定其斜角的大小，并根据受力的情况决定其固定方式并进行强度计算。为了在开模时楔紧块能迅速离开滑块的被楔紧面，运动时不发生干涉，其斜角应比斜导柱的 α（斜角）大 2°～3°，无论滑块垂直抽出或倾斜抽出都是如此。

楔紧块还会受到很大的侧推力作用，因此需进行强度校核。应根据楔紧块的结构形状决定其力学模型。多数楔紧块其受力情况类似悬臂梁，危险断面在根部，可按受均布载荷的悬臂梁进行强度校核。非整体式楔紧块的连接零件如螺钉等或其他薄弱环节也应进行校核计算。滑块作用在楔紧块上的力可根据该滑块所承受塑料熔体的最大压力和投影面积确定。由于楔紧块楔紧时一般都有预锁紧力造成的预应力，因此，计算时还应将上述力乘以 1.5～2 的安全系数。

（7）斜导柱分型抽芯结构形式　侧抽芯的最典型的结构形式是引用斜导柱的抽芯方式，其中还包含有多种方式，这些不同种类的抽芯方式与斜导柱的抽芯方式基本一致。具有活动的型芯与滑块的组合成的可移动的型芯结构，以及单独由滑动移动的滑块与滑槽组成的移动组件。常见有两大类：①由斜导柱作为抽拔动力的机构元件的组合形式；②由非斜导柱作为抽拔力的机构元件的组合方式（利用模块重力、弯销、顶杆、楔块、液压、气压等）。

斜导柱作为移动抽芯的动力组件时，斜导柱可以安装在动模板或定模板。斜滑块的滑移依靠斜导柱的抽拔力的作用进行侧向抽芯。侧抽芯的组件由斜滑块、斜导柱、导滑槽等组成，这种导引斜滑块移动的动力来源于开模的动力；斜滑块在动模一侧时依靠顶出机构的动力产生位移动力。这时应考虑顶出机构的动作与侧抽芯的动作的顺序关系；不能造成顶出与抽芯的干扰。

三、弯导杆分型抽芯机构

（1）弯导杆分型抽芯机构的结构原理　弯导杆侧型分抽芯机构的工作原理完全和斜导柱的相同，其明显的特点一是用弯的导杆，二是用矩形或者近似矩形的导杆截面代替斜导柱所用的圆形。因而这种机构也能用于许多斜导柱可以使用的场合。其优点是可用比斜导柱较大的倾斜角 α。因此在较短的开模或推顶中能得到较大的抽拔距离。同时，弯导杆能做成弯曲两次的形式，能在开始时以较小的抽拔速度换取较大的抽拔力，而在包紧力解除后又能以较大的倾斜角得到较大的抽拔速度，或者使弯导杆和滑块孔始终接触而省去限位和锁紧装置，以及利用弯导杆的平直部分获得滞后的抽芯。但是弯导杆的加工和装配要比斜导柱的困难得多，因而一些能用斜导柱的场合不一定能用弯导杆抽芯。为简化装配和减轻模具质量，有时将弯导杆装置在模板外侧。其他诸如滑块、滑槽、锁紧、限位和复位，先复位等都和斜导柱的相同。应注意的是弯导杆和滑块孔之间的间隙不能取得太小，否则可能会造成卡滞现象，一般的间隙应大于 0.5mm。

图 8-26 是两种较典型的弯导杆分型抽芯模具，其形式和斜导柱的基本相同，亦可以说是斜导柱的一种变异。图 (a) 的弯导杆安装在模内，而图 (b) 是装在模外侧。在本例中．中间孔对型芯 3 具有较大的包紧力，而且不允许有斜度，脱模力较大，套筒脱模也不是很佳，因而采用弯导杆侧抽芯。刚开模时，弯导杆具有一平直部分，空行一段距离，在这一段距离中滑块被弯导杆锁紧而不能移动，塑件在滑块挟持下基本脱开型芯 3 而不变形。然后继续开模，弯导杆的倾斜部分带动滑块完成侧抽芯，使塑件顺利脱模。

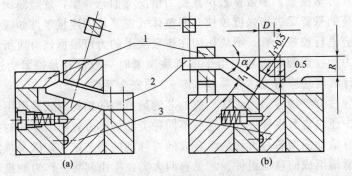

图 8-26　弯导杆分型抽芯机构

1—支承块；2—弯导销；3—滑块（型芯）

（2）弯导杆分型抽芯机构的主要结构形式　主要结构形式有：斜弯导杆在动模侧的内侧抽芯机构；导滑钉导滑的弯导杆外侧抽芯机构；弯导杆延迟外侧抽芯机构；变角弯导杆侧分型抽芯机构等。

开模开始时，弯导杆有较小的倾角，抽拔速度较小但是抽拔力较大，能使塑件解除对型芯的包紧，然后到达弯导杆较大的倾角处时，抽拔速度较大，而不要很大的抽拔力，可在较短的开模距离内完成较长的抽芯。

（3）弯导杆在模具上的固定方式　其在模具上的固定方式较多，如图 8-27 所

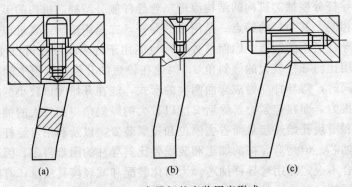

图 8-27　弯导杆的安装固定形式

示。图（a）、图（b）的形式可用于将其安装在模内，图（c）的形式可用于将其安装在模外。安装时应增设销钉，以便能准确定位。

四、滑块导板（料槽导板）侧分型抽芯机构

（1）只起分型作用的滑块导板侧分型抽芯机构　如图 8-28 所示的楔形滑块导板是滑块导板中最简单的形式，楔形滑块导板起着横向分型的作用，该结构常用于两瓣瓣合模的分型。两件楔形滑块导板 1 对称地安装在定模 3 的两侧，滑块 2 装在动模 4 的导滑槽内，滑块上分型时与楔形块对应的斜面可以与滑块加工成一体，也可用耐磨钢材单独地制造后再装固在滑块上。该滑块导板不能引导滑块复位，而是靠楔紧块使滑块重新合拢，因此楔紧块需设计得较长。滑块导板装在模外，占位小，当采用斜导柱位置不够时可采用此结构。导板的单边斜角不宜超过 25°。

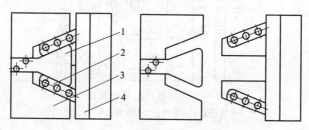

图 8-28　只起分型作用的滑块导板
1—楔形导板；2—滑块；3—定模；4—动模

（2）既能横向分开又能重新合拢的滑块导板侧分型抽芯机构　图 8-29 所示就是此类型的分型抽芯机构。滑块上的圆柱销或滚轮在导板的槽内运动，另外设有楔紧块以保证瓣合模闭合时的精度和刚度。

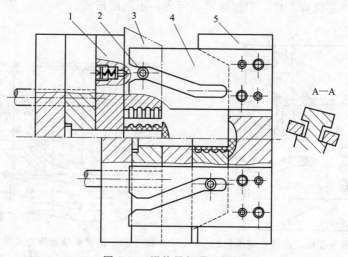

图 8-29　滑块导板分型机构
1—推件板；2—圆柱或滚轮；3—滑块；4—滑块导板；5—动模和锁紧楔

（3）导板装在定模侧的抽芯机构　此机构如图 8-30 所示。在弹簧使定模垫板和定模分型时，导板带动侧型芯抽芯，滑块型芯由限位销及弹簧限位，复位仍由导板完成，由于侧压力几乎为零，锁紧亦是由导板完成。滑块 2 是矩形截面，不需止转，与导板 1 接触部分呈工字形，接触面积较大，传动平稳，和斜导柱等侧抽芯一样，变更导板和滑块的位置、状态等，也能得到各种不同的抽芯机构。有时也称导板为斜导槽。

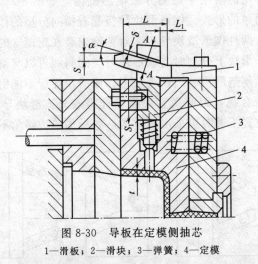

图 8-30　导板在定模侧抽芯

1—滑板；2—滑块；3—弹簧；4—定模

（4）导板在动模而滑块在定模并用整体式外锥体锁紧的机构　图 8-31 的主要特征是导板在动模而滑块在定模，用整体式外锥体锁紧。如果设计得当能省却推顶机构。另一方面，如果将滑块做成动模侧浮动式则能实现塑件的自动脱落，这时就要有推顶或牵拉机构了。刚开模时，滑槽有一平直段使塑件离开型芯一部分而消除包紧力，至滑槽斜线段时即导引滑块侧向运动，从而实现抽芯。滑块的锁紧可与斜导柱等的侧抽芯机构一样，根据需要采用各种不同的形式。

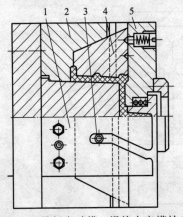

图 8-31　导板在动模，滑块在定模抽芯

1—滑槽板；2—外锥套；3—销；
4—哈夫型腔；5—模板

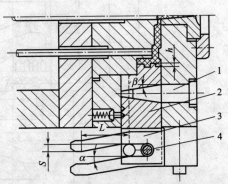

图 8-32　锁紧销锁紧滚轮式导板抽芯

1—锁紧销；2—滑块；
3—滑板；4—滚轮

（5）锁紧销锁紧的滚轮式导板抽芯机构　图 8-32 就是一种锁紧销锁紧的形式，其能够减小模具的体积，简化加工。采用次机构时，滑槽应留一平直段或者倾角小于销的锥斜度的斜线段，使开模时销能顺利地脱开滑块，而复位时又能顺利进入。

（6）滞后式型芯锁紧滑块导板抽芯机构　图 8-33 则是一种巧用型芯锁紧的机构，在导板滑槽上必须有相应长度的直线段，以防止型芯变形和剪断等。

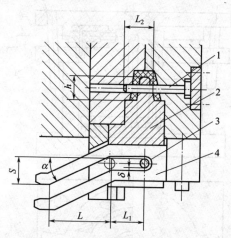

图 8-33　滞后式型芯锁紧导板抽芯
1—长型芯；2—侧型芯；3—销；4—导板滑槽

（7）与弯销分型抽芯机构很相似的滑块导板机构　此导板机构如图 8-34 所示。其是在滑块导板中间开一个叉状缺口，将滑块的一部分置于缺口之中，滑块上装有一圆柱销，在开模过程中滑块导板 2 带动圆柱销 1，从而使型芯 3 完成抽芯动作，闭模时滑块导板驱动型芯复位，定模板上楔紧块的斜面使型芯 3 完全复位并锁紧。

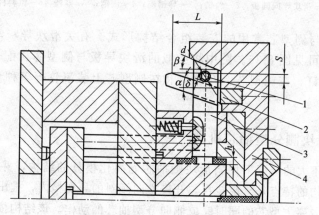

图 8-34　滑块导板抽芯斜面楔紧
1—圆柱销；2—滑块导板；3—型芯；4—定模板

图 8-35 为另外一种滑块导板抽芯机构的结构形式，该模具是成型一个圆圈上

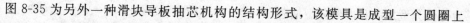

293

有多个侧孔的塑件，滑块导板为一个转动圆盘。该圆盘也开有相应数量的斜槽，每个斜槽通过圆柱销带动与其固定在一起的滑块，滑块在各自的导滑槽内向外滑动，使侧型芯抽出，然后再通过推杆推出塑件。圆盘的转动和复位由装固在定模上的斜导柱驱动。

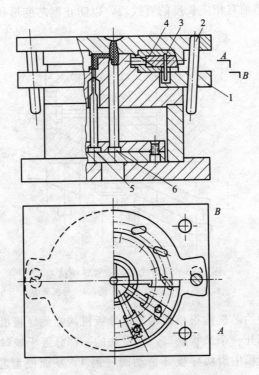

图 8-35　滑块导板转动抽芯机构
1—滑块导向圆板；2—斜销；3—导销侧；4—侧销；5—推杆；6—拉料杆

滑块导板与侧型芯常用的安装组合结构形式。有关滑块导板与侧型芯常用的结构形式，可见图 8-36。图中将类似的滑块导板与侧型芯相配合的方式、在侧型芯上装螺钉、在侧型芯上开缺口和在侧型芯上装滚轮等多种形式都进行了介绍。

五、斜滑块侧分型抽芯机构

在抽拔距不大的情况下用斜滑块侧抽芯能简化模具的结构，并获得很好的效果。此类型机构的特点是滑块装在与开模方向倾斜的导滑槽内，推出滑块时塑件在滑块带动下在脱离主型芯的同时完成侧向分型抽芯的动作。该结构依导滑部位的不同可分为滑块导滑的分型抽芯机构和斜导杆的分型抽芯机构。

（1）斜滑块分型抽芯机构的结构形式　滑块导滑的斜滑块分型抽芯机构又可分为外侧分型抽芯和内侧分型抽芯。

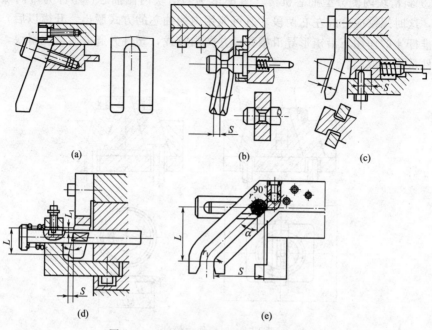

图 8-36　滑块导板与侧型芯安装结构形式

① 斜滑块外侧分型抽芯机构。图 8-37 为斜滑块外侧分型，每个滑块上有一对凸耳，开模时在推杆作用下，在锥形模套凹槽内滑动，在向上升起的同时向两侧分开、塑件也逐渐脱离下型芯 4，限位螺钉 7 起滑块限位作用，避免滑块推出高度过高发生倾斜而难以复位，甚至会从模套中脱出，斜滑块的推出高度一般不超过导滑部位长度的 2/3。

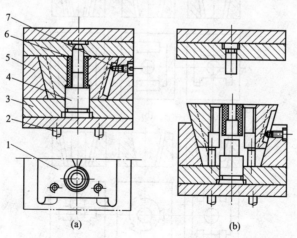

图 8-37　斜滑块外侧分型

1—斜滑块；2—顶杆；3—型芯固定板；4—下型芯；

5—锥形模套；6—上型芯；7—限位螺钉

② 斜滑块内侧分型抽芯机构。图 8-38 为斜滑块内侧抽芯，塑件为带内螺纹的制品，这时螺纹应分成左右两段才有可能用内侧抽芯的方式脱出。开模以后，斜滑块在推杆 4 的作用下沿矩形导滑槽移动并向内收拢，塑件升起并脱离侧滑块，用手把塑件从模中取出。

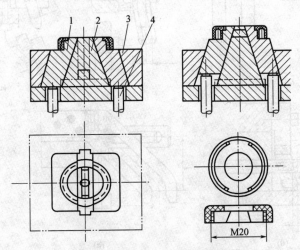

图 8-38　斜滑块内侧抽芯

1—斜滑块；2—型芯；3—固定板；4—推杆

（2）斜滑块侧分型抽芯机构的设计要点

① 斜滑块的组合及其导滑槽的配合形式。瓣合模滑块和模套的一些组合形式可见图 8-39。图（a），（b）为矩形凸耳与矩形导滑槽，图（b）为组合式；图（c）

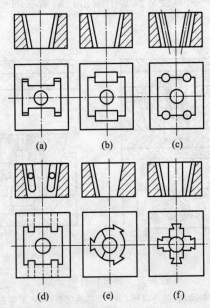

图 8-39　瓣合模滑块和模套的一些组合及配合形式

为半圆形凸耳与半圆形导滑槽；图（d）为圆柱销导滑；图（e），（f）为燕尾槽导滑。燕尾槽的制造稍难一些，但所占尺寸较小，因此滑块数较多时常采用。为使其运动灵活，凸耳和滑槽应采用较为松动的配合。

② 开模时能使滑块全部留在动模边的结构。这种机构便于利用动模边的推出装置，同时要避免在开模时定模型芯将斜滑块带出而损伤制件。设计时除了要注意减少制件对定模型芯的包紧力外，还可在动、定模之间装上弹簧销，利用弹簧的压力帮助斜滑块留在动模，如图 8-40（a）所示。图（b）是另一种止动形式，在动模边设止动销可防止滑块做斜向运动，从而起到分型时的止动作用。

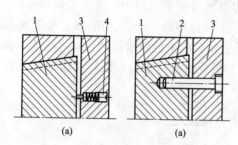

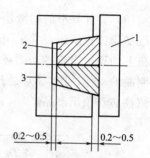

图 8-40　滑块在分型时的止动措施
1—滑块；2—止动销；3—定模板；4—弹簧销

图 8-41　滑块与模套的配合
1—定模板；2—滑块；3—模套

③ 斜滑块的装配要求。为了保证斜滑块闭模时拼合紧密，在注射时不产生溢料，要求滑块在轻轻装入模套后其底面与模套端面间要留有 0.2～0.5mm 的间隙，顶部也必须高出模套不少于 0.2～0.5mm，以保证当滑块与模套的配合有了磨损后还能保持拼合的紧密性，如图 8-41 所示。

④ 滑块分型和塑件推出的结构。在斜滑块向两侧滑开分型时，希望塑件同时离开各个斜滑块，而不要黏附在滑块的任何一边。设置在动模一边的主型芯伸入塑件，便能保持塑件在中心的位置，使其同时离开各滑块。为了缩短滑块的推出距离，只需将主型芯的一段设在动模边，其高度应保证在开始分型时对塑件能起到导向的作用，如图 8-42 所示。一般来说，推出滑块便可以直接带出塑件而不需直接推塑件，但有时为了塑件受力均匀，模具上除了有推斜滑块的推杆外还有推塑件的推杆或推板，使两者同时同步运动，也可利用推件板同时推动斜滑块和塑件，使各个滑块受力均匀，运动同步，如图 8-43 所示。

由于推出时推杆头部和滑块底部之间有横向滑动，因此，推杆头部与滑块应有足够的接触面积，以免剧烈磨损，用淬硬的垫板推滑块更好，或在推杆顶部设滚轮，如图 8-43（a）所示。对于瓣合模相互之间定位精度要求很高的滑块，应在瓣合模块之间设小导柱。

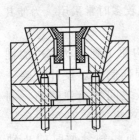

图 8-42 主型芯对脱出
塑件的导向作用

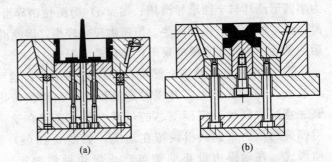

图 8-43 利用推件板同时推动斜滑块和塑件的结构

（3）斜杆导滑的斜滑块分型抽芯机构当滑块数更多时（6 块或 6 块以上），因导滑槽受位置所限，常采用如图 8-44 所示的斜杆导滑的形式。图（a）是开模后注射机上的顶出机构推动挡板，并带动斜杆沿动模板上的斜槽活动，同时做抽芯和顶出制品的动作。图（b）是开模后注射机上的顶出机构推动挡板，并带动斜滑杆做内侧抽芯和顶出制品。

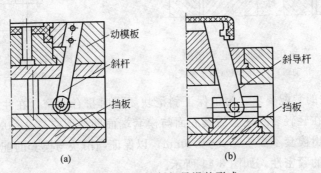

图 8-44 采用斜杆导滑的形式

六、齿轮齿条抽芯

在一般情况下，由于要安装传动系统，齿轮齿条抽芯的模具比较大，制造和装配较复杂。但是用齿轮齿条抽芯平稳可靠、适用性强，能用于侧向内外孔或凸凹、斜孔和凸凹以及圆弧孔等抽芯。如果设计得当，模具结构也不一定显得大或者复杂。该机构一般是用开模动做拖动原动齿条，原动齿条驱动齿轮，再由齿轮带动型芯齿条完成抽芯动作，它既可抽直型芯，也可抽弯型芯。也有利用连杆机构带动原动齿轮旋转的。

（1）原动齿条设在定模，齿轮和型芯齿条设在动模 图 8-45 所示的原动齿条设在定、模一边，齿轮和型芯齿条设在动模一边，开模时齿条 6 使齿轮 4 旋转，再带动型芯齿条 3 抽出斜型芯，并由弹簧销定位。合模时齿轮反旋转，型芯复位，定位杠杆 1 顶住型芯齿条端面，调节丝杆 5，使型芯端面处压紧，不存在间隙。

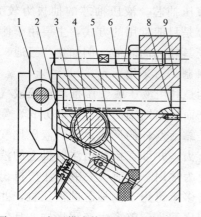
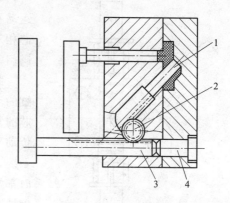

图 8-45　由开模力拖动齿轮齿条抽芯机构
1—杠杆；2—定位销；3,6—齿条；4—齿轮；
5—丝杆；7—螺杆；8—圆柱销；9—定模板

图 8-46　由推出力推出的齿轮齿条抽芯机构
1—齿条型芯；2—齿轮；3—原动
齿条；4—压杆

（2）原动齿条固定在推板上，利用推出力带动齿轮抽出型芯　图 8-46 的原动齿条固定在推板上，利用推出力带动齿轮抽出型芯，然后大推板推动小推板，由小推板上的推杆推出塑件。合模过程中小推板由复位杆复位，压杆 4 的作用是使原动齿条 3 退到起始位置，通过齿轮 2 使型芯完全复位，并起锁紧作用。由于原动齿条 3 与齿轮 2 始终处于啮合状态，因此该型芯齿条无需定位销。齿轮可做成具有不同齿数的双连齿轮以改变传动比。

（3）用来抽出圆弧形弯型芯的齿轮齿条抽芯机构　齿轮齿条抽芯机构可用来抽出圆弧形弯型芯，如图 8-47 所示。塑件为电话听筒手柄，利用开模力使固定在定模边的齿条 2 拖动动模边的齿轮 3。通过互成 90°的啮合斜齿轮转向后由直齿轮 4 带动圆弧型齿条型芯 5 沿弧线抽出，该齿条在弧形滑槽内滑动，同时，装固在定模上的斜销将滑块 6 抽出。塑件由推杆脱出。

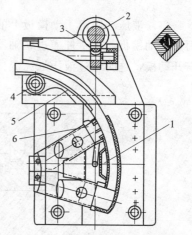

图 8-47　齿轮齿条抽弧形弯型芯
1—成型镶件；2—齿条；3,4—齿轮；
5—圆弧形齿条型芯；6—滑块

除上述用来抽出圆弧形弯型芯的抽芯机构外，还可采用连杆铰链摆动驱动齿轮旋转，再推动型芯齿条（或齿轮）完成抽芯的机构。

第五节　液、气压分型抽芯机构

侧芯的抽动依靠液压，通过油缸、活塞及控制系统完成，如图 8-48 所示的三通抽芯模具。对于大型塑件有侧抽芯，或者中小型模具中斜导柱的形式不易使用

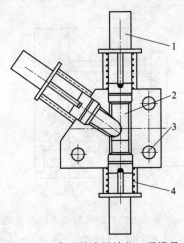

时，采用液压抽芯。液压抽芯的抽拔力较大，运动平稳，是目前常用的方式，主要用于侧抽芯相对于模具较大的时候，例如生产三通、管阀门等塑料制品时采用。

此机构是利用液压或气压推动液压或气压缸的活塞杆而抽出同轴的侧型芯的方式。侧型芯的复位是靠活塞杆的反向运动。液压比气压传动平稳有力，并可直接利用注射机上的液压系统，故更为常用。目前，大中型注塑机出厂时都常配备多个可用于侧抽芯的液压缸，并将侧抽芯的程序编入到整个生产程序中，且装有相应的液压阀，在设计模具时只需将液压缸按制件的抽芯要求装固在模具上与型芯连接在一起即可。

图 8-48　典型的液压抽芯三通模具
1—抽芯油缸；2—型芯；
3—导柱；4—导滑槽

一、液压分型抽芯机构

（1）液压缸固定于动模板上的侧分型抽芯机构　图 8-49 为液压缸 5 通过支架 4 固定于动模板，活塞杆通过联轴器与型芯连接，在开模时固定在定模的锁紧块 2 先离开动模，这时通过液压缸完成抽芯和复位。

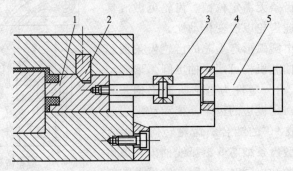

图 8-49　液压侧分型抽芯机构
1—型芯；2—锁紧块；3—联轴器；4—支架；5—液压缸

（2）液压缸装设在型芯孔内的侧分型芯机构　图 8-50 所示的液压抽芯机构由于把液压缸装在大型芯挖空的孔内，因此使模具的外型尺寸大大减小。

（3）液压抽圆弧型芯的机构　图 8-51 为液压抽圆弧型芯机构。制品为管件弯头，因此必须使型芯沿圆弧 T 形导滑槽移动，液压缸 8 的活塞杆与连杆 4 的一端连接，连杆另一端通过轴 2 与曲柄 3、型芯 1、滑块 6 连接，滑块在压板 5 组成的圆弧 T 形槽中滑动，曲柄另一端装在导滑板 7 上，液压缸 8 带动弯型芯，实现抽芯和复位，弯头另一端的直型芯由斜导柱驱动而完成抽芯与复位的动作。

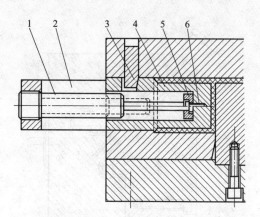

图 8-50　液压缸设在型芯内的侧分型抽芯机构

1—液压缸；2—支架；3—锁紧块；4—支架；5—压板；6—螺钉

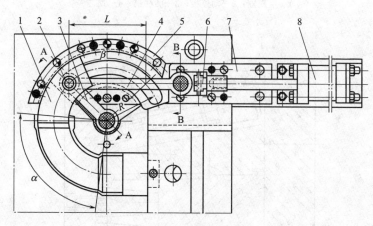

图 8-51　液压抽弯头的圆弧形型芯

1—型芯；2—轴；3—曲柄；4—连杆；5—压板；6—滑块；7—导滑板；8—液压缸

（4）液压抽斜型芯　图 8-52 为液压抽斜型芯，型芯用圆柱销直接与活塞杆连接，结构较为简单。

（5）液压驱动斜滑块的侧抽芯机构　图 8-53 是一种液压驱动斜滑块的侧抽芯机构，常用于大面积较浅的侧抽芯，往往能够省却顶出机构，特别适用于一些大型模具，和斜导柱等联用时更能发挥作用，如用于周转箱等侧分型抽芯的模具上。

二、气压侧分型抽芯机构

气压侧分型抽芯机构是在开模前，利用气缸先将侧型芯抽出，然后再开模。此机构适用于侧孔为通孔的或承受侧压力很小的型芯的抽芯。除了动力源不同外，其结构与液压驱动的相似。

301

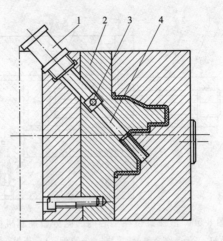

图 8-52　液压驱动的斜滑块侧抽芯

1—液压缸；2—动模板；3—圆柱销；4—型芯

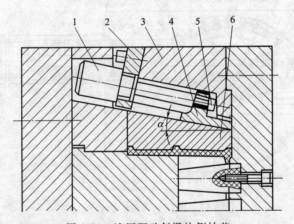

图 8-53　液压驱动斜滑块侧抽芯

1—液压缸；2—固定座；3—模板；4—滑块；5—螺母；6—滑块型腔

● 第六节　联合作用的侧抽芯机构 ●

　　侧分型抽芯机构的种类很多，有时仅采用一种分型抽芯机构尚不能完成抽芯动作，如有的抽芯机构能获得很大的抽拔力，但抽拔距不够。有的在侧向分型抽芯中同时还有与侧型芯抽出方向垂直的或倾斜的侧凹等问题，这时就要采用联合作用的抽芯机构才更为可靠有效。

　　图 8-54 是一种用楔杆（相当于斜导柱）和导板联合抽芯的机构。图中，型芯 6 固定在滑块 5 上，滑块和套筒 4 紧固在一起，可以沿导板 2 的斜槽滑动。开模时当楔杆 1 的斜面和导板斜面接触推动导板滑动，套筒 4 即带动滑块沿导板斜槽滑动而

完成抽芯。复位由锁紧块 7 完成并锁紧。当然，像图中的抽芯也能由斜导柱等沿抽芯方向带动滑块实现，但是这样就使这一方向模具的尺寸加大，可能难以安装。而采用图例的方式模具的尺寸较小。而且如果锁模力和注射量足够，在导板滑动方向超出注射机模具的安装尺寸时亦无妨，因而能用于 H 排列的小件多腔或单件多侧凹的浅侧抽芯。将这种机构略加改进即能在同一平面、深浅不一、不同角度上抽拔侧型芯。

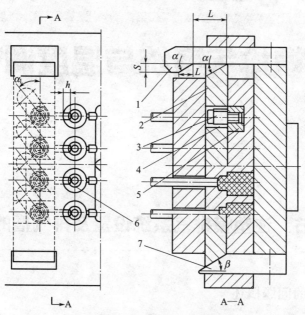

图 8-54　楔杆导板联合抽芯
1—楔杆；2—导板；3—滑动头；4—套筒；5—滑块；6—型芯；7—锁紧块

除此还有利用弯导杆驱动齿条滑块圆弧联合抽芯的机构，亦可达到此抽芯的目的。

第九章

◀◀◀

注塑模排气系统与温度调节系统

• 第一节 注塑模排气系统设置及排气槽的设计 •

一、排气的问题概述

当塑料熔体注入型腔时，如果型腔内原有空气和成型时物料逸出的挥发性气体等不能顺利地排出，在高速注射的压力、温度作用下，模腔残留的气体不仅会在制品上形成银纹、气孔、熔接痕等表面质量缺陷，还会使型腔不能充满，造成塑件表面轮廓不清；模腔内的气体因被压缩而产生的高温还可灼伤制件，使之产生焦痕；而且型腔内气体被压缩产生的阻力会降低充模速度，影响注射周期和产品质量（特别在高速注射时）。因此，在模具的设计制造中必须考虑排气的问题。

一般讲，注塑模的排气是模具设计中的一个重要问题，特别是在快速注塑成型中，对注塑模的排气要求更加严格。

(1) 注塑模中气体的来源

① 浇注系统和模具型腔中存有的空气。

② 有些原料含有未被干燥排除的水分，它们在高温下气化成水蒸气。

③ 由于注塑时温度过高，某些性质不稳定的塑料发生分解所产生的气体。

④ 塑料原料中的某些添加剂挥发或相互化学反应生成的气体。

(2) 排气不良的危害

注塑模的排气不良，将会给塑件的质量等诸多方面带来一系列的危害。主要表现如下：

① 在注塑过程中，熔体将取代型腔中的气体，如果气体排出不及时，将会造成熔体充填困难，造成注射量不足而不能充满型腔。

② 排除不畅的气体会在型腔内形成高压，并在一定的压缩程度下渗入塑料内部，造成气孔、空洞，组织疏松、银纹等质量缺陷。

③ 由于气体被高度压缩，使得型腔内温度急剧上升，进而引起周围熔体分解、烧灼，使塑件出现局部碳化和烧焦现象。它主要出现在两股熔体的合流处、角及浇口凸缘处。

④ 气体的排除不畅，使得进入各型腔的熔体速度不同，因此易形成流动痕和熔合痕，并使塑件的力学性能降低。

⑤ 由于型腔中气体的阻碍，会降低充模速度，影响成型周期，降低生产效率。

（3）塑件中气泡的分布

型腔中气体的来源主要分三类，型腔中积存的空气；原料中分解产生的气体；原料中残留水蒸发的水蒸气，由于来源的不同所产生气泡的位置也不同。

① 模腔中积存空气所产生的气泡，常分布在与浇口相对的部位上。

② 塑料原料中所分解或化学反应产生的气泡则沿塑件的厚度分布。

③ 塑料原料中残存水气化产生的气泡，则不规则地分布在整个塑件上。

从上述塑件中气泡的分布状况看，不仅可以判断气泡的性质，而且可判断模具的排气部位是否正确可靠。

二、模具排气的作用与结构

1. 排气的作用

在塑料熔体填充注射模腔过程中，模腔内除了原有的空气外，还有塑料含有的水分及熔体在加热过程中分解产生的低分子物及气体、塑料助剂的挥发物等。这些气体在注射过程中若不被排出模腔，将会影响制品成型以及脱模后的质量。如在充模过程中，将这些气体卷入熔体内部，将使塑件的芯部产生气泡等不良现象，严重影响塑件质量，另外，这些气体受高压、高温作用，常使制品出现局部碳化和烧焦现象。因此，在设计模腔的同时必须考虑设置排气结构，保证制品不因排气不良而产生质量问题。

2. 排气的结构

一般的排气结构是在分型面的适当部位开设排气槽，如图 9-1 所示。通常排气槽最好加工成弯曲状，其截面由细到粗逐渐加大，这样可以降低塑料熔体从排气槽溢出的动能。

排气槽的最佳位置往往是经过几次试模后确定下来的。对于大型制品应开设多个排

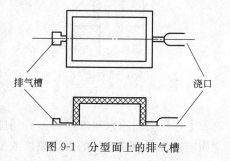

图 9-1 分型面上的排气槽

气槽，一般要求：

① 排气槽位置不应向操作部位开设，以防注射时热气喷射伤人。

② 排气槽应开设在两股料交汇的部位，同时开在分型面上。

③ 为了便于模具加工，排气槽一般开设在在凹模一边。

三、模具的排气方式

模具的排气方式通常有以下几种。

1. 利用间隙排气

对于中小型模具，可以利用分型面间隙或其他配合间隙进行排气而不另设排气槽，如图 9-2 所示，或最简便的方法是利用顶管顶块或脱模板与型芯之间以及顶杆与顶杆孔隙等模具零件的配合间隙排出气体［图 9-3(b) (c)］，图 9-3(a) 与图 9-2(a)是一致的利用分型面排气。利用间隙排气机构的间隙，也不能大于塑料的溢边值。

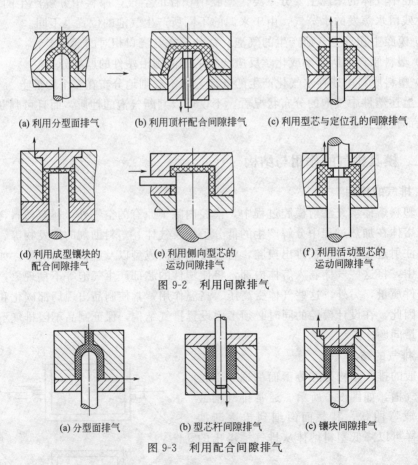

(a) 利用分型面排气　　(b) 利用顶杆配合间隙排气　　(c) 利用型芯与定位孔的间隙排气

(d) 利用成型镶块的　　　(e) 利用侧向型芯的　　　(f) 利用活动型芯的
　　配合间隙排气　　　　　　运动间隙排气　　　　　　运动间隙排气

图 9-2　利用间隙排气

(a) 分型面排气　　　　(b) 型芯杆间隙排气　　　　(c) 镶块间隙排气

图 9-3　利用配合间隙排气

上述活动间隙做排气槽时，其间隙量可取 0.03～0.05mm，视排气量和周边长度而定。如利用模板上的固定镶块或型芯与其安装孔的配合间隙排气，则是不大可靠的，因为这一类不动的间隙易被塑料溢边所堵塞又不能随时清除。小型制件，如排气点正好在分型面上，一般可利用分型面闭合时的微小间隙排气，不必再开设专门的排气槽。

如图 9-4（a）为利用球状合金颗粒烧结块渗导排气的结构，用于型腔最后充满的部位（排气点）不在分型面上，其附近又无可供排气的顶杆或活动型芯的模具，烧结块设置在塑料件隐蔽处，并需开设排气通道，注意烧结块应有足够的承压能力。

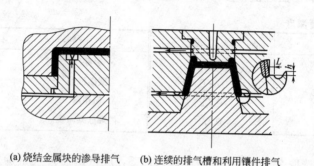

(a) 烧结金属块的渗导排气　　(b) 连续的排气槽和利用镶件排气

图 9-4　利用镶块或镶件排气

对于大型模具，可利用镶拼的成型零件的缝隙排气。图 9-4（b）为圆筒形塑料件，在采用中心浇口时应在分型面的型腔周围均匀布置排气槽。排气槽通常设在分型面的动模一侧。此外，也可在熔合缝位置开设冷料井，在储留冷料前可滞留少量气体。

一般排气与熔接痕的位置，由于模具的排气位置与制品的熔接痕关系密切，因为模腔的排气影响熔体的流动方向、交汇位置。

2. 在分型面上开设专用排气槽

排气槽应设在料流的末端，常开设在分型面凹模一侧，如图 9-5 所示。排气槽深可取 0.015～1mm，宽为 1.5～6mm，以有利于排气，但又不溢料为原则。因此，黏度较低的塑料熔体应有较小的排气槽高度 h，见表 9-1。其出口不要对着操作工人，以防熔融塑料喷出，发生工伤事故。分型面上的排气槽可做成弯曲的形式且逐步增宽，以降低塑料溢出时的动能。

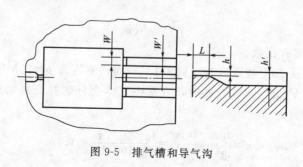

图 9-5　排气槽和导气沟

注意，在固定的型芯或型腔镶块及其装配孔之间一般也不要用排气槽，因为可能产生溢料，使脱模不畅。

四、排气槽尺寸设计

1. 排气槽尺寸

设计实例选取 1：排气槽宽度可取 1.5～6mm，深度以塑料熔体不溢出为宜，最好小于该材料的溢边值，参考表 9-1 选取。

■ 表 9-1　排气槽深度   单位：mm

塑　　料	深　　度	塑　　料	深　　度
聚乙烯	0.02	聚酰胺	0.07
聚丙烯	0.01～0.02	聚碳酸酯	0.01～0.03
聚苯乙烯	0.02	聚甲醛	0.01～0.03
ABS	0.03	丙烯酸共聚物	0.03

设计实例选取 2：如按排气槽流通截面 S，应按所需排气量确定，然后计算得排气槽宽度 W。气流方向的排气槽长度 L，一般不超过 2mm。排气槽后续的导气沟应适当增大，以减小排气阻力。其高度 $h'=0.8～1.6$mm，单个宽度 $W' \geqslant W = 3.2～5$mm。排气槽表面应以气流方向进行抛光。

■ 表 9-2　常用排气槽高度

塑　料　名　称	排气槽高度 h/mm
聚酰胺类塑料	≤0.015
聚烯烃塑料	≤0.02
PS、ABS、AS、SAN、POM、PBT、PET、增强聚酰胺	≤0.03
PC、PSU、PVC、PPO、丙烯酸类塑料及其他增强塑料	≤0.04

2. 排气槽设计方法计算

排气槽截面尺寸计算可按以下方法计算：

考虑到塑料熔体充模时间很短，型腔内气体在第一阶段视为介于等温与绝热之间的压缩过程。根据气体动力学的多方过程，熔体料流气室的压力和温度满足状态方程即

$$pV^n = 恒量 \tag{9-1}$$

式中，n 为多方指数。

当气体温度从 20℃ 被压后升高到 311℃，而气室压力 $p=20$MPa 时，气室体积 V 为原型腔体积 V_0 的 1/100。此时，气室中气体会分解并烧焦物料，气室有危害状态的多方指数为

$$n = \frac{\lg p - \lg p_0}{\lg V_0 - \lg V} = \frac{\lg(20/0.1)}{\lg(100/1)} = 1.15 \tag{9-2}$$

第二阶段是将排气槽视为绝热条件下的喷管。气室气体从喷管中排出时的马赫数 $Ma=1$，由此获得排气槽的截面设计计算式为

$$A=3.5\times10^{-3}\frac{V_0}{t} \tag{9-3}$$

式中，A 为排气槽的截面积，mm^2；V_0 为包括浇注系统的型腔体积，cm^3；t 为注射充模时间，s。

计算关键是充模时间的准确估测。建议按注射机公称注射量与注射时间，根据模具实际型腔体积 V_0 来确定 t。

【例】 有型腔体积 $V_0=100cm^3$ 的模具开设排气槽。取充模时间 $t=1.5s$。求排气槽截面尺寸。

【解】 由式(9-3) 得排气槽面积为

$$A=3.5\times10^{-3}\frac{V_0}{t}=3.5\times10^{-3}\frac{100}{1.5}=0.23mm^2$$

再由表 9-2，按塑料物料取排气槽高度 $h=0.02mm$，高度 h 的制造公差为 $\pm0.005mm$。排气槽总宽度为 11.5mm，单个排气槽宽度为 4mm，需 3 个排气槽，排气方向的长度取 2mm。

随着高速注射的发展，真空排气系统将被采用。如在图 9-3 的烧结金属块后侧，配以真空抽气。

以上是热塑性塑料注塑模具的排气系统。在热固性塑料注塑模具的排气系统的排气系统计算中，必须计入排出气体质量中化学反应产生的气体质量。

五、负压及真空排气

通过冷却水道排气是在负压冷却技术基础上发展起来的新技术。模具内冷却水通过特殊的容积泵抽吸流动，因此，整个冷却水道在负压下操作，型腔内的气体通过排气间隙从冷却水道中随水带出，其中最好的办法是通过推杆间隙排气，推杆穿过冷却水道而与型腔相通，如图 9-6 所示。这就彻底地解决了普通模具设计中常遇到的推杆布置与冷却水孔布置互相干涉的问题。由于顶杆冷却良好，防止了由于气体被压缩产生高温使树脂分解，分解产物沉积在推杆排气间隙中的问题，使排气保持畅通。

通过多孔金属也可把气体引导到冷却水道中，如图 9-7 所示的模具，浇口开设在塑件边缘圆周上，气体聚集在其顶部，在型芯顶上设置了与冷却水路相通的多孔金属嵌块，提供了大的排气面积，气体得以顺利排出。其关键是多孔金属直接由后面的水冷却，可保持该金属块温度低（多孔金属导热性差）而不被塑料熔体渗入堵塞，由于是负压冷却，水压低于大气压力，故不会漏出。

随着高速注射的发展，真空排气系统将会更多采用。如在图 9-3(a) 的烧结金属块后侧。配以真空抽气，使型腔形成真空，避免了排气不畅引发的各种质量缺陷。

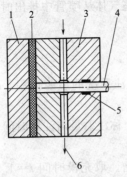

图 9-6　推杆穿过冷却水水道的设计

1—定模；2—塑件；3—动模；4—推杆；

5—O 形密封圈；6—冷却水道

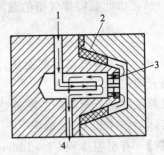

图 9-7　用多孔金属提供大的排气面积

1—进水口；2—熔体液；3—气流；

4—真空排水排气

以上叙述的是热塑性塑料注塑模具的排气系统。热固性塑料注塑模具的排气系统更为重要。排出气体质量中需计入化学反应产生的气体质量。

第二节　注塑模的温度调节系统

在注射成型过程中，熔体的温度与流动性及模具的温度对充模流动的影响最大。其中模具温度还影响着固化定型、生产周期及制品的形状和尺寸精度。模具中的温度调节系统对模具来说非常重要，在模具设置中设置温度调节系统的目的是通过控制模具温度，确保制品的质量，提高生产效率。

一、注射模中设置温度调控系统的必要性

（1）模具温度对制品质量的影响　对于不同的塑料制品来说，具有一个适宜的模具温度，便于其熔体的充模。在此温度范围内，塑料熔体的流动性好，充模能力强，塑料的结晶与取向适宜，脱模后制品收缩与翘曲变形小，形状与尺寸稳定，物理力学性能以及表面质量也比较高。假若在模具中不设置温度调节系统，那么在首次充模时，模温偏低，充模差，需注射压力大。随着充模次数的增多，模具温度便逐渐提高，充模变快，塑件的包紧力增大，脱模性差，甚至无法脱模。因而在模具中设置温控系统很有必要，模温合理地控制在可加工范围内，确保制品的质量。

塑料制品的几何形状决定了塑料注射模的结构，况且在制品冷却过程中，模腔表面各处的温度很难均匀一致。由于冷却的速度差异，很有可能对制品收缩造成影响，致使制品在一定程度上产生应力，对制品的质量造成不良影响。要解决这些问题，必须在模具内设置合理的温控系统，以改善模温的均匀程度及适宜的模温。

（2）模具温度与生产效率的关系　注射成型的生产效率与模具温度关系由冷却时间体现。一般来讲，塑料制品在模内停留的冷却时间与具体给模具的热量之间具

有一定关系。即

$$Q_t = h_a A_m \Delta\theta_{mp} t_c$$

式中，Q 为塑料制品传给模具的热量，J；h_a 为塑料对模腔材料的传热系数，W/(cm² · K)；A_m 为模腔的表面积，m²；$\Delta\theta_{mp}$ 为模腔内塑料与模腔表壁的温度差，℃；t_c 为塑料制品在模内停留的冷却时间，s。

在实际加工中，塑料品种及成型加工工艺条件和模腔设计已经确定，则 h_a、A_m 和 Q_t 应已确定。则

$$t_c \propto \frac{1}{\Delta\theta_{mp}}$$

上式说明制品在模腔内停留时间 t_c 与温度差 $\Delta\theta_{mp}$ 呈反比关系，若要通过缩短冷却时间的方式缩短注射成型周期来提高生产效率，必须在工艺条件允许的情况下尽量增大 $\Delta\theta_{mp}$。如果模具散热情况差，随着生产时间的增加，模内的热量便会累积，温差 $\Delta\theta_{mp}$ 将逐渐减小，从而迫使制品在模内停留冷却时间延长，同时生产周期延长，生产效率下降。

二、模具的温控系统

注塑模具的温控是指模具有冷却装置或加热装置或者二者兼有。通常使用的介质有水、油、蒸汽，单纯加热也可采用电装置。水介质分为常温水、温水和冷水。常温水指自然水流或环境温度下的循环水，温水指经过一定的热交换高于常温的水流，而冷水则指经冷冻处理后的水流。

在成型中，适宜的模温由塑料品种、制品的结构形状、尺寸大小，生产效率、质量指标以及工艺条件等多方面因素决定，遵循以下的原则。

① 对于黏度低，流动性好的塑料（如聚乙烯、聚丙烯、聚苯乙烯、尼龙等）模具温度可偏低；低模温对其流动性影响不大，为了提高生产效率，或者缩短成型周期，可采用冷水控制模温。

② 对于黏度较高，流动性差的塑料（如聚碳酸酯、聚苯醚、氟塑料）为了改善充模性能，成型中需要较高的模温，因此，为了降低制品的内应力形成，在模温较低时，可以采用适当的加热措施。

③ 对于热固性塑料注塑模具，一般模温需要 150～220℃，这时必须采取加热装置来控制模温。

④ 对于要求不同质量要求的制品，应使用不同的模温，如在生产 PET 高结晶度制品（适用电器配件时），要求模温达到 80℃左右，此时对模具的冷却系统要求不高，而生产 PET 透明制品时不需要结晶，模温应控制在 25～40℃之间，模具采用冷水调温。

⑤ 在大型塑件，特别是壁厚不匀，形状与几何形状不规整时，为了保证塑件的冷却均匀性，保证塑件质量，必要时在模具中设置控温装置，如局部加热。

模具中设置了温控系统后，会给注射成型带来一些问题，需要注意克服，如采用冷水冷却模具时，大气中水分容易附着在模腔表壁，从而影响到制品的表面质量。因此，需加热工作的模具，在温度变化下，各配合零部件的配合尺寸要求提

311

高，加热与冷却都会产生负面影响。

三、介质冷却回路设计原则

利用水冷却是注塑模具冷却的最常用方式。在模具中，制作成出口与入口的循环回路形式，通过介质的流入与流出，与模具发生热交换。下面着重介绍在模具中布排冷却水流道的一些原则。

（1）冷却水道尽量多，截面尺寸尽量大 模腔表壁的温度与冷却水道的数量、截面尺寸以及冷却水的温度有关。一般情况下，流道的截面尺寸越大，与模具交换热的水流量增大，冷却效果越好，一般增多冷却水流道来增大水流促进热变换。

（2）冷却水道应靠近模腔表壁，且根据冷却效果，调节均衡性 离模腔表壁的距离越近，水流对模腔表壁的冷却效果越佳，模腔表壁的温度越低，但必须保证模腔具有足够的强度。

为了冷却效果的均衡性，一般壁厚均匀的制件，冷却水道应与模腔表壁距离相等，如图9-8所示。壁厚有差距，为了加速厚壁部分冷却，冷却水道距模腔表壁的距离，可适当地近一些，如图9-9所示。

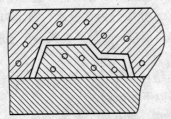

图9-8 冷却水道距模腔壁相等的情况

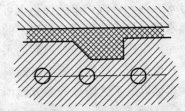

图9-9 冷却水道距模腔壁不等的情况

（3）冷却水道的入口应靠近浇口部位 塑料熔体充模时，浇口附近的温度最高，远离浇口的模腔温度较低，因此，要在浇口附近对模具加强冷却。具体方法是将冷却水路的入口设置在靠近浇口部位，这样可使浇口附近的模具部分在较低水温下冷却，而远离浇口的模具部分用经过一定程度热交换后的温水冷却，这时整副模具的冷却较平衡。如图9-10～图9-13所示。

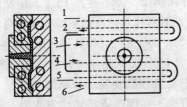

图9-10 直接浇口模具的冷却水路

1,6—水路1出口；2—水路2出口；
3,4—水路1入口；5—水路2入口

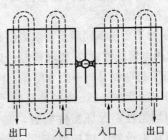

出口　入口　入口　出口

图9-11 双模腔侧浇口模具的冷却水路

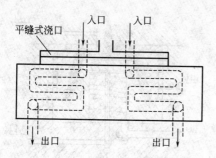

图 9-12 平缝式浇口模具的冷却水路

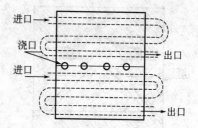

图 9-13 多浇口模具的冷却水路

（4）冷却水路应沿着塑料收缩的方向设置 对于收缩率较大的塑料（如聚乙烯），冷却水路应尽量沿着塑料收缩的方向设置。如图 9-14 所示方形制品，采用中心浇口的冷却水路，制品的收缩方向与其外轮廓边缘垂直，所以，冷却水路从浇口处开始，向外扩展。

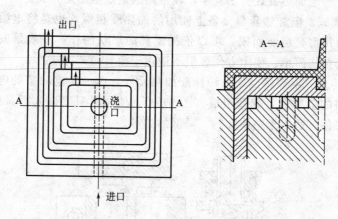

图 9-14 方形制品采用中心浇口时的冷却水路

（5）冷却水路的布排应尽可能与制品形状保持一致 注射制品的形状多种多样，在模具中设置冷却水路时，需要对水路进行布排，为了保证模温均匀，一般模腔表壁按等距的原则布排，如图 9-15～图 9-18 所示。

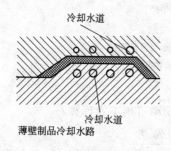

图 9-15 浅形薄壁制品的冷却水路

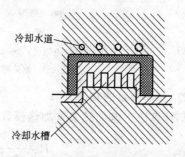

图 9-16 中等深度制品的冷却水路

313

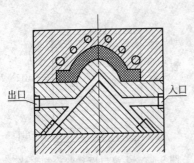

图 9-17　小型深腔制品的冷却水路

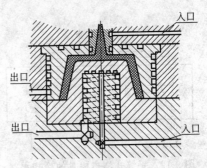

图 9-18　大型深腔制品的冷却水路

四、电加热调节

（1）电加热的方法　在模具中的电加热方法有两种：一种是电阻加热；另一种是感应加热。感应加热装置特别复杂，较常用的是电阻加热方式。

① 加热套式。电加热套与设备上使用的加热圈相似，也是将电阻系统制作在云母片上，再用型套组装而成；可以依据模具的形状制作，一般是安装在模具外皮。电加热套结构简单、使用方便，但不适用于模具局部加热。

② 电热棒式。电热棒也是一种标准加热元件，由一定电功率的电阻丝和带有耐热绝缘材料的金属密封套管组成（图 9-19）。使用时只要嵌入模具的孔中即可，特点是使用方便，适用于整体加热、局部加热等。

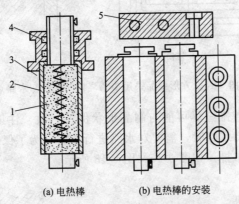

(a) 电热棒　　　(b) 电热棒的安装

图 9-19　电热棒及其安装

1—电阻丝；2—耐热材料；3—金属密封管；

4—耐热绝缘垫片；5—加热板

（2）加热装置的功率计算

1）计算法。电加热装置加热模具需用的总功率可用下式计算：

$$P=\frac{m_{\mathrm{m}}\times C_{P_{\mathrm{m}}}(\theta_{m_2}-\theta_{m_1})}{3600\times\eta_{\mathrm{e}}\times t_{\mathrm{w}}}$$

式中，P 为加热模具需用的电功率，kW；m_m 为模具的质量，kg；C_{p_m} 为模具材料的比热容，kJ/(kg·K)；θ_{m_1} 为模具的初始温度，℃；θ_{m_2} 为模具要求的加热温度，℃；η_e 为加热元件的效率，约为 0.3～0.5；t_w 为加热时间，h。

2）经验法。计算模具的电加热装置所需的总功率很复杂，也是概算，生产中为了方便，也可以根据加热方式和模具大小，采用经验式估算。

① 电热套加热：小型模具（40kg 以下）　　$P=40$ W/kg

　　　　　　　大型模具　　　　　　　　　$P=60$ W/kg

② 电热棒加热：小型模具（40kg 以下）　　$P=35$ W/kg

　　　　　　　中型模具（40kg～100kg)$P=30$ W/kg

　　　　　　　大型模具（100kg 以上）　$P=20\sim30$ W/kg

第十章

注射成型的质量分析与控制

　　注射成型的质量完全体现在注射加工形成的注塑制品上，注射成型质量分为内部质量与外部质量两个部分。一般内在质量包括：制品的内部结构形态（指塑料的结晶与取向等）、制品的密度、制品的物理力学性能和熔接状态，以及与塑料的收缩特性有关的制品尺寸和形状精度等；外部质量即为制品的表观质量，其缺陷有：凹陷、缩孔、气孔、流纹、暗斑、暗纹、银纹、鱼白、剥层、烧焦、变形扭曲、失去光泽、颜色不均、浇口裂纹、表面龟裂以及溢边等。

　　不论注射成型的内部质量与外部质量，均是在注射成型的过程中形成的，因而与注射成型的工艺参数及模具的相关条件关系密切。实际上任何质量状况不是独立存在的，而是相互依存的。如：制品的表观凹陷或缩孔就是内部收缩不匀造成的结果。本章主要对注射过程中的结晶、取向、密度及相关物理力学性能的问题予以阐述。

●　第一节　取向与注射成型质量的关系　●

　　注射过程是使流动着的塑料熔体进行定位、冷却和凝固，并达到所要求的几何形状，这种方法主要应用于热塑性塑料的加工。在加工时，塑料熔体是迫使流动的，因而会发生流动特性，这些流动特性主要表现在聚合物分子的取向趋势。在流动过程中，分子取向往往会使熔体的动态黏度降低，而且在模具中快速冷却、凝固会导致取向的冻结，冻结的取向会造成制品的各向异性。取向是成型过程中熔体流动造成的，研究取向必须与流动相互联系。

一、取向与熔体流动的关系

　　取向的先决条件是塑料熔体的流动特性。对塑料熔体在模腔的流动行为研究发

316

现：注塑流动前沿无取向，从流动前沿开始，逆流而上，取向的级别升高，在距浇口一定距离之处最大，之后取向级别降低。在对沿流向剖面进行测试发现，沿中心线无取向，而自中心线沿厚度方向，取向逐渐增大，形成取向层，至型腔壁处为零，形成未取向的表皮，如图10-1所示。

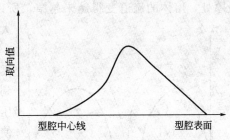

图 10-1　取向值与模腔壁厚的关系示意图

　　注塑件中的取向的变化与注塑过程熔体的流动以及成型的工艺条件密切相关。通过实验技术，可以解释熔体充填模腔的流动机理。

　　注射过程中，首先形成熔体流动，形成取向是两种作用的结果：①熔体流动因受剪切应力作用所产生的取向；②剪切应力降低后，随之而来是分子的布朗运动，分子的布朗运动能够使分子松弛，从而引起取向缓解。这两种作用对取向来说是两个对立的相反作用，而它们的作用效果与模腔的温度变化密切相关。

　　若模腔温度和塑料熔体温度相同，则注射充模形成的熔体流动属于一种在等温条件下的流动，剪切应力在模腔的壁部最大，并线形地降低，达到模腔中心线时为零。如图10-2所示，此时无松弛效应。在非等温条件下（模具温度低），充模流动熔体的温度高于模腔的温度，剪切应力沿厚度方向存在变化，特别是靠近凝固层处，剪切应力的变化非常复杂，取向变化如图10-3所示。在非等温流动过程中，还有一个重要的影响因素，那就是沿流动方向凝固层的变化情况，严格地讲，"凝固层"的概念并不准确，因为聚合物的黏度从冷却的型腔壁部最大，到壁厚的中心区熔体黏度最小值，是连续变化的；凝固层内表面可定义为这样的表面，在此表面的黏度最大，以至于表面的流动速度降低很多。

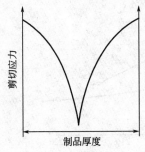

图 10-2　等温条件下剪切应力沿
厚度方向的变化

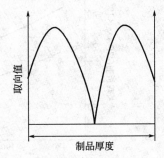

图 10-3　非等温条件下取向沿
厚度方向的变化

　　随之模腔继续充模，凝固层的厚度在不断增大。凝固层的厚度可由凝固速率与凝固时间的乘积得出。在熔体前沿，凝固时间为零，即凝固层环未形成。在浇口处，凝固时间最长，但热的聚合物熔体不断流出，故凝固速率为零；因为冷却与流动同时进行，所以在流动前沿和模腔入口之间的某处，凝固层达到最大值，凝固层

最厚处，熔体的流道变得越来越窄，所以流动速度增加，熔体所受的剪切应力变

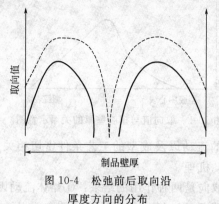

图 10-4　松弛前后取向沿
厚度方向的分布

大，导致形成最大的取向。

注射充模结束后，引起取向的剪切应力迅速降为零；而此时随着凝固层的厚度增加到一定程度，而使模腔封闭，作用于熔体的压力也降为零，与此同时，分子的布朗运动使已经取向的分子松弛，破坏了有规律的线性排列，而呈现出随机的分子分布，从而使取向的程度降低。注塑制品中任何一点的松弛与该点的温度有关，而模腔芯层的温度越高，松弛越多，有时甚至完全松弛，从而消除取向。经松弛后，聚合物的取向分布如图

10-4 所示。该图中的虚线表示松弛前厚度方向上的取向分布；虚线与实线表示松弛达到的取向值，同时体现了聚合物壁厚厚度方向的温度分布。

二、影响制品取向的因素

1. 塑料熔体温度对取向的影响

从取向的趋势分析，在其他条件不变的时候，聚合物熔体的温度升高，有利于松弛程度的增加，加快了解取向的进程，因而最终形成的取向程度降低，如图 10-5 所示。

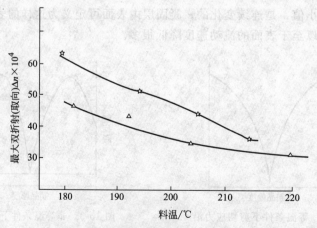

图 10-5　料温对取向的影响（宽浇口）

（材料 PP，宽扁浇口，板厚 1.0mm）

☆—模具温度 54℃，注射压力 6.3MPa；△—模具温度 26.7℃，注射压力 5.2MPa

料温的提高原则上有利于熔体在模腔的松弛，利于解取向。但值得注意的是料温对取向的影响还受浇口尺寸的影响。若采用大浇口尺寸，使得流动应力增大，即

模腔的凝固滞后于浇口。注射压力作用时间长，而流动取向增大，同时模腔相对松弛的时间短，使得取向水平最高。但在采用小尺寸浇口时，因凝固而使型腔封闭发生在浇口，并且封闭时间最早，整个模腔会产生明显的松弛，导致低的取向水平。这时料温提升，取向水平偏低。

料温对取向的影响程度与制件的壁厚有关。在薄壁塑件大浇口的情况下，封闭是在模腔内发生的，取向水平随料温的升高而降低，若改厚壁塑件大浇口，则封闭发生在浇口，浇注时取向水平随料温升高而提高，但当充满模腔以后，则取向水平随料温的升高而降低，在这种情况下，浇口封闭，高料温使松弛增加，取向下降。

2. 注射压力对取向的影响

一般情况下，取向水平随注射压力增加而提高，注射压力对取向的影响表现在两方面，即充模时注射压力增大，充模速度快，剪切应力增大，取向水平值升高；保压时，浇口未封闭，压力的作用通过浇口传递到模腔、型腔内的剪切应力仍存在。但当浇口封冻后，模腔的剪切应力才能消失，热的聚合物才得以松弛。

提高注射压力，一方面增大剪切应力，使取向水平提高；另一方面使熔体流速加快，延缓浇口封冻时间。一般认为，浇口处的流速有一个临界速度。当高于此速度时，浇口封闭相当慢；当低于这个速度时，浇口封闭较快。因而提高注射压力使模腔产生的剪切应力增大，而且作用的时间长，使得后期的解取向值不得抵消，提高注射压力会使取向水平提高。

3. 模具温度对取向的影响

模具温度高，促使解取向时间延长，故取向水平低。

4. 充模速度对取向的影响

快速充模使制品表面部位取向高，但因型腔充满所需的时间短，制品内部的温度高，冷却时间延长；因而反而比表面取向低。在注射温度相同的条件下，慢速充模会延长流动时间，大分子的布朗运动能减弱，松弛时间变短，导致取向水平提高。快速充模在制品中会引起较小取向，而慢速充模取向增大；对于制品表层来讲，快速充模得到较大的取向。

三、取向对制品力学性能的影响

聚合物的强度是由相互缠结在一起大分子之间的作用力，沿分子链长度方向的结合力以及不同链段之间的分子力的综合效果。若聚合物属于结晶型聚合物，则要考虑结晶的程度，结晶相的组织结构，甚至更加复杂。一般地，试验可以沿分子链方向的结合力和垂直于分子链方向的链段之间的结合力分开测量，从而判断取向对聚合物强度带来的影响。图 10-6 所示为对苯乙烯-丙烯腈（25.6％）共聚物所进行的拉伸试验。图中"∥"表示平行方向（取向）；"⊥"垂直于取向方向；"U"代表无取向材料。从图中看出无取向材料表现为脆性，但强度明显很低，图 10-7 表示该材料的拉伸屈服强度与取向的关系。图中，在平行取向方向上，屈服强度随取向程度的提高而增加，达到一定数值时，趋向于平坦。在垂直取向方向上拉伸屈服强度随取向程度的提高迅速降到一个最小值。

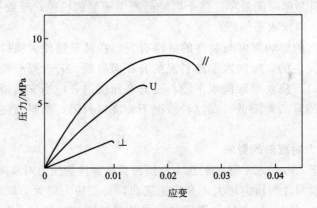

图 10-6　苯乙烯-丙烯腈共聚物应力-应变曲线

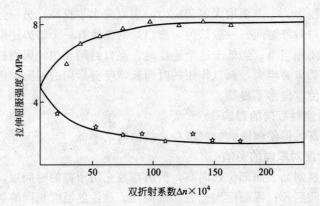

图 10-7　材料拉伸屈服强度与取向的关系
△—平行取向方向；☆—垂直取向方向

　　当然，不同聚合物在无取向的情况下有的表现为脆性，有的表现为韧性，取向后的力学强度变化情况有所不同，但随取向变化的趋势则基本相同。

　　图 10-8 所示为高密度聚乙烯的弹性模量随取向水平值的变化情况，在平行于取向的方向上，G 值随水平值 Δn 的增加而明显提高，而且，在不同温度下，取向试件的 E 值随 Δn 而变化的规律相同。在垂直于取向方向上 E 值随 Δn 值的增加而有所提高。

　　图 10-9 所示为聚苯乙烯试件取向后力学性质的各向异性情况。图中横坐标 Δn 表示沿流向截面中原向均值；纵坐标表示与流向的夹角 θ。沿不同方向切取试件进行单项拉伸试验后，可以划分为 4 个力学性能不同的曲线。在区域 A 试件断裂前明显无裂纹，在区域 B 为脆性区，试件断裂前有裂纹；在区域 C 试件产生大范围裂纹，并有塑性变形；在区域 D 试件产生剪切变形，并出现细颈。

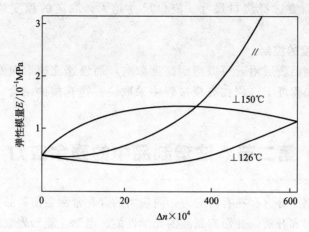

图 10-8　高密度聚乙烯的 E 值与 Δn 值的关系

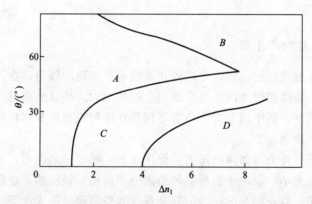

图 10-9　聚苯乙烯取向后力学性能与各向异性的关系

四、取向的控制

注塑加工过程中，各种因素的相互作用产生了取向，取向同时对聚合物的物理力学性能有影响，因而在加工过程通过调整各工艺参数的关系，有效地控制取向的产生；同时也可以通过工艺参数的调解机制，进行解取向，消除取向应力。

1. 从温度的因素上控制

熔体温度及模具温度升高会使取向程度下降，因而在加工时应尽量使选用的熔体温度及模具温度达到最高值，降低取向程度，消除取向应力。

2. 注射压力及保压压力的控制

提高注射压力及保压压力使取向程度增大，因而在选用参数上应予以考虑。

3. 浇口的尺寸

浇口的冻结越早，越有利于模腔内分子的热运动，截断注射及保压压力的传

321

递，因而根据需要选择浇口尺寸。浇口尺寸越大，取向的程度越大，不利于解取向。

4. 充模速度的控制

快速充模制品表层附近可以得到高度取向，而慢速充模取向发生在制品的芯部。在控制取向程度上，应在充模过程中采取快慢速充模的结合，合理控制取向程度。

第二节 注塑制品中的残余应力

注射模塑制品普遍存在有内应力，内应力的存在常常会使制品在储存和使用中易出现翘曲变形和开裂，并影响制品的光学性能、电学性能和表观质量。了解注射模制品产生内应力的原因，影响内应力的因素，就可以采取有效措施消除或降低制品中的残余应力。

一、内应力的产生

应力是指注射成型的时候，热熔体在模腔内所受到的外力，在冷却定型阶段未完全达到平衡，残留在熔体内部单位面积上的作用力。按其性质可分为主动应力与诱发应力两大类型，其中诱发应力很容易保留在注射成型后的塑料制品的内部，从而转化为制品中残余应力。

主动应力是与外力（如注射压力、保压压力）相平衡的内力，故也称为成型应力。成型应力的大小，取决于塑料品种的大分子结构，链结构，链段的刚硬性，熔体的流变学性质，以及制品的形状的复杂程度和壁厚尺寸的大小等许多因素。除非工艺特别要求，一般不需要成型压力取值较大，否则残留应力越大越容易造成制品发生应力开裂和熔体破裂的缺陷。

诱发应力的形成原因很多，如塑料的熔体因变形滞后效应在制品中产生的时效应力，模腔中塑料熔体各部位温度的差别会造成收缩程度的不均匀，从而引起的内应力，塑料熔体因流动取向引起的内应力，诱发应力在得不到平衡时产生的残余应力。

残余应力可以定义为无外力的作用下，存在于物体内部任意部位的局部应力，残余应力的产生的合力或力矩必须为零，残余应力分布应均匀，以避免因应力的作用使制品发生翘曲现象。

注射件中残余应力起因于两个方面：①注射和保压阶段的热熔体聚合物在模腔的非等温条件下，流动产生的应力与剪切应力，这类应力在冷却凝固阶段残存在制品的内部，称残存流动应力；②模腔中热熔聚合物，迅速地冷却（冷却阶段）形成的应力，当黏弹性聚合物冷却，并通过玻璃化温度时，不均衡的密度变化和不均匀的冷却形态都会产生残余应力。

二、流动残余应力

流动应力主要表现在型腔充填阶段，保压阶段是对流动应力的保持和补充。在注射过程中，塑料熔体的高压应变速率引起了剪切应力，与此同时，熔体还受拉伸应力的作用，因此这种应力由外力引发，属于最典型的外力应力，因为此时形成取向，也称取向应力。

凡影响大分子取向的工艺参数，同时也必然影响取向应力。如图 10-10 所示，注射熔体的温度对于取向应力和取向程度影响最大；提高熔体的温度，熔体的黏度下降，因而剪切应力和取向程度降低。同时在高的熔体温度下，取向应力的松弛程度也增大，而如果熔体的温度偏低时，熔体的黏度较大。充模必须选用较大的压力，会引起剪切速率提高，导致取向力增大。

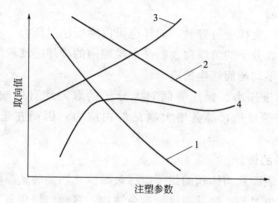

图 10-10　注射工艺参数对内应力的影响
1—注射温度；2—模具温度；3—注射时间；4—保压时间

模具温度直接关系到熔体进入模腔的冷却速率对取向大分子在熔体停止后的解取向有显著的影响；提高模具温度，减缓熔体的冷却速率，有利于大分子的解取向。

提高注射压力和延长保压时间都会因剪切应力和剪切速率的提高而使取向应力增大，直至保压时间随浇口的"冻结"而停止。另外取向应力与制品的壁厚有关，厚壁制品的取向应力较小。

三、热残余应力

由于模腔中的各部位的冷却不一致，造成的温度差，而引起收缩的不均匀，产生的应力，称温度应力或热残余应力。当注射模塑厚壁制品时，高温的熔体进入模腔，熔体与模腔的温度差较大，由于塑料的热容大，导热系数小，靠近模具的熔体迅速冷却而形成凝固表层，会阻碍制品内部继续冷却时的自由收缩，结果在制品的内部产生应力。

制品的表面积与体积之比越大，表面的冷却越快，取向应力和温度应力增大。

除了流动应力与热残余应力之外，还有体积不平衡应力及变形应力等。这些应力往往不是应力的主要方面，同时对制品的物理力学性能的影响不是主要的。

四、内应力的消除及分散

制品内的内应力对制品的性能有影响，因而在加工时，不希望应力集中，目的是要减少或消除内应力，并使残存的应力均匀分布。

1. 工艺条件的控制

使用较高的料筒温度，保证物料的良好塑化，各组分分散均匀。随着注射温度的提高，熔体黏度下降，流动性增加，更容易充模，可降低熔体的取向度而达到减少内应力产生的目的。

提高模具温度，充模变得容易，同样也可以降低注射压力，不但降低应力的产生，同时也有利于大分子的解取向。制品在模腔内的冷却速度较缓，冷却也变得均匀，消除因收缩的不均衡而产生的应力。

注射压力、保压压力、保压时间对大分子的取向均有影响，随着压力的增大、压力作用时间的延长，都会增大制品的内应力，因而在选择时应选适宜的参数。

2. 制品及模具的设计

设计制品时，表面积与体积的比值应尽量减少，制品的壁厚较均匀。在厚、薄壁相接处应使用圆角过渡；制品应尽量避免缺口、直角、锐角等。避免制品的内应力的形成机会，预防内应力的集中。

设计模具时，对浇口的大小、位置、流道的截面积及形状都要合理选择，并且依据制品的几何形状、壁厚的情况等进行设计。因为这些是内应力形成的客观或称结构因素。制品带有金属嵌件时，金属嵌件的形状和设置的位置及材料选择都会对应力的形成产生影响。模具的冷却系统的设计应保证冷却均匀，要求制品的收缩程度均匀，可降低制品的内应力。

3. 原材料

塑料制品的内应力分布与塑料材料的分子结构密切相关。例如分子链的刚性以及分子间的相互作用，分子链上取代基的极性以及取代基的体积大小对塑料制品的内应力都有影响。

分子链刚性较大、熔体黏度较高时，大分子活动性差，在受到外力引起高弹性形变时，由于聚合物熵减小，形变后的状态不稳定，分子活动性变差，则易产生内应力，分子链中含有极性较大的基团。由于分子之间的相互作用，使分子结合紧密，从而使得分子链的刚性增加．因此，上述塑料制品的内应力较大。表 10-1 所列为几种具有刚性链塑料制品中的内应力比较。

■ 表 10-1　几种塑料的内应力比较

塑　　料	分子链刚性	相　　态	制品中内应力
PVC	大	无定型	大
ABS	中	无定型	中
PS	较大	无定型	较大
PA6	较小	结晶型	较小
HDPE	很小	结晶型	小
PSF	大	无定型	大

　　结晶型塑料在球晶与非晶界面产生内应力。结晶型塑料中加成核剂时，将生成大量小球晶，制品的内应力较小，因此，随着结晶结构和结晶度的不同，制品的内应力大小也不同。

　　质量要求较高的制件，常采用"热处理"方法消除被"冻结"的高弹形变，同时使结晶型塑料结晶完善，降低制品内应力。

第三节　注塑件的密度分布与收缩

　　注塑制品的力学性质除受取向、残余应力的影响外，还受密度是否平衡的影响。此外，由于光的折射率与密度有关，故密度分布不均匀还影响注塑制品的光学性质，同时密度与制品的收缩率也息息相关。

一、注塑件的密度与分布

　　注塑件的密度分布不均匀，主要有两个方面原因：①塑料注射件冷却通过玻璃化转变温度时，由于迅速冷却而使不均匀的密度冻结；②由于残余应力的影响。

　　在研究冷却条件对塑件密度的分布影响时，通过对聚合物样件进行淬火试验，研究发现，迅速冷却的试件要比慢速冷却的试件的密度要低，聚合物在高于玻璃化温度 T_g 时，大分子的可动性迅速降低，黏度增加。在玻璃化温度转变时，松弛时间较长，在低冷却温度下，聚合物大分子本身不可能排列成平衡相态，而是冻结成具有较高容积（低密度）的非平衡相态，这就引起了倾向于实现平衡相态的内力，然而，由于低于玻璃化转变温度时，聚合物的大分子的可动性降低很多，故造成塑料制品的物理力学性能在较长时间内发生变化。

　　注塑件的密度变化不仅与冷却状态有关，同时与熔体的温度、注射保压、所需的压力及时间等有关系。

　　熔体的温度高，大分子链段伸展较大，占据的空间大，密度偏低；注射的压力，保压压力较大时，模腔的塑料比较密实；模腔的温度低时，大分子链段冻结的较快。因而，熔体的温度高，注塑件的密度较小；保压、注射压力较大及保压时间较长，制品的密度增大；而制品的冷却速度越快，制品的密度越小。

二、注塑制品的成型收缩率

注射制品在模具型腔内冷却过程中体积要发生变化，脱模后制品尺寸缩减的性能称为收缩性，制品收缩的大小及在各注射周期之间的稳定性，是决定制品尺寸精度的主要因素。

1. 成型收缩的起因

（1）热收缩　高温塑料熔体在注射模内冷却定型为塑料制品，塑料材料大多遵循热胀冷缩的物理规律，此时的收缩现象称为热收缩。

（2）结晶收缩　对于结晶型塑料来讲，成型时的冷却过程，塑件材料内部会发生一定结晶现象，结晶程度受冷却条件的影响。结晶使塑料大分子的构成由无规线团状态转变为规整的紧密排列，于是制品的体积将会发生收缩现象，制品的外形尺寸相对减少。结晶型塑料中的收缩值中，结晶收缩属于主要部分。

（3）取向收缩　在浇注过程中，由于注射压力的作用，使塑料材料沿分子链的方向发生一定的取向作用，熔体在浇注系统中，流动时将会产生非常显著的取向结构，取向作用对塑料的收缩有一定影响，由于取向引起的收缩称为取向收缩。取向收缩量与取向方位和取向程度有关，通常取向收缩沿着取向方位表现显著，而在与取向垂直的方位上收缩值较小，此外，取向收缩的数量，一般与取向程度有关。

（4）负收缩　有些品种的塑料在脱模后，会因模腔压力的突然消失而产生了弹性体积膨胀现象，塑料制品的体积可压缩性与体积弹性膨胀是相对立的，因而将弹性效应可称为负收缩。负收缩与塑料品种、成型温度以及成型时的各种压力因素（如注射压力及模腔压力等）有关。

2. 收缩形成的特征

注射制品冷却时的收缩，一般分3个阶段进行的，第1阶段、第2阶段在注射模内进行，从充模开始到脱模时为止，称为模塑收缩；第3阶段在脱模后进行，直到制品冷却到环境温度为止，称为后收缩。

第1阶段的收缩主要取决于模内压力，并在很大程度上可通过压实过程得到补偿，在保压期内物料温度下降，密度增大，最初进入模腔的物料发生体积收缩后，在适当的保压压力及保压时间下，可以获得不同程度的补偿。

第2阶段的收缩是在浇口外的塑料凝固后才开始，并延续到制品脱模时为止。第2阶段，保压压力已无法传递到模腔内。模内的物料的总质量不再改变。在这种情况下，无定型塑料的收缩是按体积膨胀系数进行的，收缩的大小取决于冷却速率，模温越低，收缩越小。结晶型塑料此时伴随着结晶的过程，由于结晶注射制品的尺寸减小很多，一般模温越高，结晶越彻底，由于结晶引起的收缩越大。

第3阶段的收缩已转化为自由收缩阶段，此时，制品已完全脱模，这时体积的缩小取决于制品脱模时的温度与环境温度之差，也取决于热膨胀系数。

塑料制件的收缩性常用收缩率表示，测量收缩率一般是指在 24h 之内的尺寸变化。注射模塑制品脱模后，在 6h 产生的收缩约占总收缩率的 90% 在 10 天内产生剩余的收缩。然而制品的后收缩则不同，有的制品需要几个月或更长的时间。

3. 影响收缩的因素

影响注射模塑制品收缩的因素有：塑料的特性，料筒温度，模具温度，注射压力和保压压力，保压时间，制件厚度，浇口尺寸等。

（1）塑料的特性　无定型塑料的收缩小，半结晶和结晶型塑料收缩大。结晶度越高，收缩程度越大。如无定型塑料聚苯乙烯收缩率为 0.5%～0.6%，聚氯乙烯为 0.4%～0.5%，而结晶型塑料聚丙烯的收缩率则为 1.8%～2.1%。对于同种塑料来讲，相对分子质量相对较高、相对分子质量分布宽的塑料收缩大。塑料中添加无机填充剂、增强剂等收缩率较小。

由于充模的取向作用，往往在料流的方向由于分子的松弛作用，产生的收缩较大，而垂直于流动方向产生的收缩率偏小，如 HDPE 塑料在流动方向上的收缩率为 2.8%～3.2%，垂直于流动方向则为 1.8%～2%。

（2）料筒温度　提高料筒温度就提高了注射温度，降低物料的比容变化，提高制品的密度，减小收缩率。图 10-11 所示为部分塑料机筒温度与收缩率的关系。

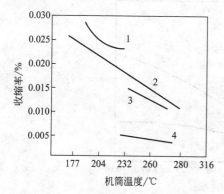

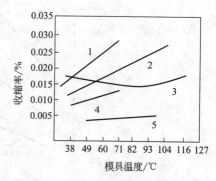

图 10-11　料筒温度对制品收缩率的影响
1—POM；2—HDPE；3—PA66；4—PMMA

图 10-12　模具温度对制品收缩率的影响
1—HDPE；2—PP；3—POM；4—PA；5—PMMA

（3）模具温度　模具温度对收缩率的影响体现在模具温度决定着熔体的冷却速率状况。不论对结晶塑料及无定型塑料来说，冷却速率越大，收缩率越小，如图 10-12 所示。

（4）注射压力与保压压力　注射压力与保压压力对收缩的影响最为显著，提高注射压力、保压压力则制品密实，收缩小，对形状复杂的制品，可减小收缩差别。提高保压压力，可以补偿模内产生的收缩，如图 10-13 所示。

（5）保压时间　保压时间越长，越利于保压补料，收缩越小，如图 10-14 所示。

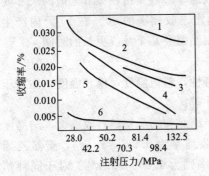

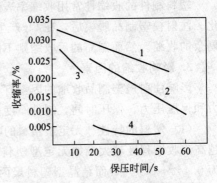

图 10-13 注射压力与收缩率的关系
1—POM；2—HDPE；3—PA66；4—PP 平行
流动方向；5—PP 垂直流动方向；6—PMMA

图 10-14 保压时间对收缩率的影响
1—PP（与流动平行方向）；2—PP（与流动
垂直方向）；3—PA66；4—PMMA

（6）制件厚度与浇口尺寸 制件越厚，收缩越大。如图 10-15 所示，制件浇口的位置及尺寸会影响熔体在模腔内流动的特性，制品的收缩和变形。当浇口位置设置在扁平制品的中心时，由于沿相互垂直的各方向上收缩率的不同，制品易发生翘曲变形。浇口尺寸大有利传递压力，补缩性强。

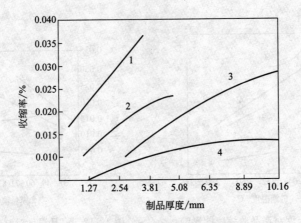

图 10-15 制品的厚度对收缩率的影响
1—HDPE；2—PP；3—PA66；4—POM

三、成型收缩率的控制

比较准确地控制制品收缩率，可从如下几个方面着手。

1. 工艺控制

（1）模温的精确控制，模具温度控制上不宜偏差过大。

（2）料温要适当高，不宜太高。

（3）适当提高注射压力。

（4）提高注射速度。

（5）延长保压时间。

2. 材料方面

（1）成型材料要粒度均匀。

（2）选择流动性较好的物料。

（3）控制物料的水分含量，某些物料加工时，必须干燥。

（4）可选用增强材料或添加无机填充材料。

3. 模具方面

（1）在可能条件下，适当增大浇口截面积。

（2）尽量缩短分流道。

（3）模温控制系统较好以便控制精确。

第四节　注塑制品的熔接痕

一、熔接痕的形成及类型

1. 熔接痕的形成

注塑制品在加工时，熔体从浇口流到模腔内，当有多股料流状态时，这些料流最终要在模腔内汇合，当汇合时，以线状或非点状结合时必然会产生熔接痕。

形成多股料流，一般由于下列情况引起，即模具上采用多浇口结构，或者制件上带有孔、嵌件。形成熔接缝处一般为三维结构，它们对制件的外观及性能的影响取决于熔接的状况。

2. 熔接痕的类型

最常见的熔接痕有两种：充模开始形成的熔接痕，称早期熔接痕。充模终止时，两股料最后对接，形成的熔接痕称后期熔接痕。也可将熔接痕分为冷、热熔接痕，在嵌件周围发生的接痕为冷熔接痕。

通过对各种熔接痕的研究发现，在注射制品的线及点状熔接痕，事实上还是一个三维区域，熔接区的各种性能低于制品其他部位，熔接区的结构形态决定着它的性能。

3. 熔接区的结构与形态

假设两股料流属于稳态流时，熔接痕的产生如图 10-16 所示，由于熔体在型腔壁上严重黏附，充模时，从波前中央产生向型腔壁的方向流动，使熔料流体前端的熔体流动一方向发生取向，熔接区必然含有许多垂直于流动方向的取向分子。当卷入空气时，两个波或更多波前集中时，表面上便形成气泡或凹槽。从微观看，熔接区的分子聚集状态与其他区域差别较大。

对于结晶型塑料来讲，它的熔接区情况更复杂，除分子取向外，还与结晶度、

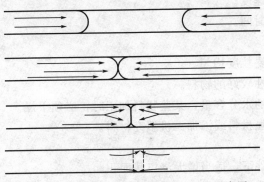

图 10-16　注射制品熔接痕形成的过程示意图

球晶大小和冷却速率有关。慢速冷却有利于结晶生成，球晶越来越大，结晶度高；急速冷却，有利于晶核生成，球晶较小，结晶度低，球晶微观分布均匀，非晶区多。

二、影响熔接痕的因素

1. 聚合物的结构型态

注射制品产生熔接痕，因熔接痕的强度较低，所以提高熔接痕强度显得比较重要。对熔接痕强度影响的因素较多，如注射成型工艺条件、浇口的数量及位置、模具在熔接痕附近有无冷料穴以及制品的壁厚尺寸等，更重要的是聚合物的结构形态。结构形态对熔接痕强度的影响主要表现在结晶与非结晶，以及有无取向结构或取向程度等。

实验表明，在注射成型工艺条件下，非结晶型塑料在熔接痕处的强度比较低。如将塑料熔接痕处的抗拉强度与其取向方向的抗拉强度相比，半结晶型高密度聚乙烯和半结晶型聚丙烯可以分别取值 0.87～0.95 和 0.73，而非结晶有机玻璃、聚苯乙烯、ABS，AS 等分别只能取值为 0.30～0.37、0.6～0.8、0.15 等。

单从冲击韧度上讲，熔接痕处的冲击韧度常常大于其他部位，这是由于取向的影响。一般这样解释，不同流向的塑料熔体汇合在一起，不仅没有取向效应，而且还会将各股熔料中已有的取向结构破坏，所以大分子在熔接痕处呈无规团状，冲击韧度显得高一些：但熔接时，若不能减轻取向作用，则熔接痕处的冲击韧度会较低。

2. 注射工艺参数

（1）熔体温度。注射模塑制品的熔接痕强度在很大程度上是由料流波前的分子缠结数目确定的，因而需要大的分子流动性。随着分子热运动的提高，分子相互缠结程度较高，缠结率增大。

（2）模具温度。模具温度高，可避免熔体快速冷却，使在成型周期内能够保持较高的分子流动性，同时也补偿了流道和型腔对熔体波前的快速冷却。有利大分子更多缠结，以提高熔接痕强度，但是对于结晶塑料的情况则不一样。模温高，结晶度偏高，力学性能则影响较大。

（3）注射速度。选用熔体流动速率（MFR）低的树脂注射时，随着注射速度的增加，熔接痕强度有所增加，对于 MFR 较低树脂，注射速率的提高，对熔接强度影响较小。

（4）冷却时间。冷却时间，一方面与冷却速率有关，一方面与制品定型有关，对熔接痕强度有影响，但并不太大。

3. 制品厚度与浇口位置

制品厚度增大后，熔接强度有利提高。制品厚度增大，熔接区域汇合的接触的面积增大，因而熔接强度提高。

浇口位置决定着熔接痕的区域、位置，因而，浇口位置选在流动行程相对较短的位置，可增强熔接痕强度。

三、消除或减轻熔接痕的措施

熔接痕除影响制品的强度外，对制品的表面质量也有影响，为了消除或减轻熔接痕的缺陷，下面列出几条措施。

1. 合理选择浇口位置及浇口尺寸

熔接痕产生的部位与制品形状及浇口位置等因素有关。因而必要时，应改变浇口的位置及浇口尺寸来调整熔接痕的位置及影响情况。

2. 提高塑料熔体的流动性

塑料熔体在充模过程中，如果流动性较差时，则不同方向的料流汇合处温度及压力变化较大，势必造成熔接痕外观明显及强度降低的缺陷。因而必须提高熔体的流动性，或通过提高注射压力，加大浇口尺寸等方式，改善熔料的流动性。

3. 改善模具的排气功能

塑料熔体充模时，须排除模腔的空气，如果在熔接区夹杂空气，轻则烧伤，重则不能完全熔合。所以必须保证模腔的排气功能。排气有的模具依靠拼块、顶出杆等结构，有时还需设专门的排气槽排气。

在注射成型中，还有脱模剂及着色剂等引起熔接痕质量下降的原因，因而在使用上尽量控制。

熔接痕形成的原因复杂，造成熔接处强度较低的原因也很复杂，上述仅为一些实际上经常发生的应对措施，还有待在实践中再完善。

第五节 表面缺陷及其预防措施

注塑件已广泛地应用于工业产品结构零件、日常品等各个领域，制件的表面质量也更显得越来越重要，表观质量影响着表观的美观性。随着塑料制品的广泛应用，表观质量也成为人们关注的焦点。注塑制品的表观缺陷形成的原因较多，解决的办法也趋向于经验化。经过长期的研究，已在理论上得到一定程度的发展，只要解决了形成缺陷的原因，就能有效地预防和解决表面缺陷的形成。制品的表观缺陷种类很多，最主要有如下几个方面。

1. 凹陷、缩坑、气孔

（1）原因分析　一般情况，物料含水量较大，易发生气孔；制品壁厚不均或模腔的压力不充足，有可能引起收缩或者收缩不均的结果。模具的排气功能不好，有可能造成滞气，这时塑料熔体与模腔表壁不能完全接触，也可能产生缩坑；流料行程较大，造成压力传递不均或流动减慢，补塑效果差，也可能造成缩坑及凹陷。

（2）应对措施　选择物料时选收缩率小的物料品种，降低注射温度及模具温度，提高注射压力，增大注射量或延长保压时间及加大保压压力等。在模具与产品对应易收缩部位，增强冷却，加大浇口截面积，促进注射压力、保压压力的传递。在制品的设计上，减小壁厚不均现象。

2. 无光泽、发白、搓痕及皱纹

（1）原因分析　这种现象产生原因是模具温度过低，熔体温度过高。在模温过低时，塑料熔体的冷却速度过快，先进模腔的熔料快速形成凝薄壁，在充模过程中，由于熔体推动凝料沿模腔壁滑移，在外力的作用下，制品表面将会出现无光泽、发白变浑的现象，更严重时，表层可能被撕裂，制品表面形成搓痕及皱纹。

（2）应对措施　原料上应选择光泽性能较好的物料；模具上应使模腔壁面光滑有较好的光泽，在注射工艺方面，可适当提高模温或在浇口外附近采用局部加热措施。

3. 银纹、剥层

（1）原因分析　塑料熔体中经常会有一定量的低分子挥发气体或水蒸气，如果这些气体不能完全被排出模腔，夹杂在凝固的熔体中，则成型后的制品表面将会出现许多尖端指向浇口的 V 字形银色纹路（银纹），同时因为这些气体的夹杂，造成熔体分层，气泡的体积较大时，会被拉长成扁薄状，且覆盖在制品表面。于是成型后的制品表面就会出现类似于云母片状的剥层。

（2）应对措施　选用材料，应选用稳定性能较好的材质，采用较好的干燥设备。使加工时，物料的水分含量达到可加工标准。在加工工艺设置上，要适当降低熔体温度，提高模具温度，稳定喷嘴温度，以避免熔体的过热分解。同时加大背压以便在料筒内塑化时，促进气体的排出，模具中开设适宜的排气结构，以使气体顺利的排出。

4. 暗斑、暗纹、烧焦

（1）原因分析　暗纹、暗斑的出现多是由于物料过热分解而引起，有时由于塑化不均匀，熔体中夹杂生料（未熔化料）视觉上出现暗斑，也有可能由于物料中含有杂质。烧焦是由于模具中排气不畅，注射过度较快形成的。

（2）应对措施　使用物料尽量少用回收料，并且干燥处理；降低熔体温度，预防分解，提高背压、排除低分子物质，改善塑化效果，增加模具的排气功能，消除烧焦纹。

5. 龟裂（顶白）

（1）原因分析　龟裂和导通的裂纹有所不同，龟裂是塑料大分子在应力的作用下沿应力方向产生的细裂纹，经过退火处理可以消除。一般因脱模时，顶出力不均衡，真空度较大时，在制品表面上引起的龟裂可能性较大。

（2）应对措施　消除制件的内应力是改善龟裂缺陷的最佳办法，提高注射熔体的温度及模具的温度，一般均可改善熔体的流动性，减轻成型中的内应力。消除内应力也可采用退火的方法，同样部分龟裂现象也可通过退火消除。

6. 翘曲

（1）原因分析　制件中残余内应力及制件收缩不均，均会造成制品的翘曲。

（2）应对措施　凡是可减小制品内应力和收缩不均的工艺条件及模具条件，都是预防制品发生翘曲的措施。另外，改善脱模力、顶出力的分布情况及顶出面积的大小也是预防制品翘曲的有效措施。

7. 溢料、飞边

（1）原因分析　溢料、飞边是注射成型过程中从模具分型面处溢出的塑料熔体形成的，需要用后加工的方法去除。形成的原因很多。主要是：①锁模力不足或合模系统刚性较差；②模具的结构设计不合理或模具材料选用不当而引起模具刚性不足；③熔体温度过高，注射压力偏大等。

（2）应对措施

① 设备具有足够的锁模力。

② 模具具有很好的刚度及加工精度和配精度。

③ 模具的各机构配合好，如顶出杆与顶孔的配合。

④ 在注射工艺上尽量调整熔体温度、模具温度以及注射压力、注射速度。

参 考 文 献

[1] 陈子银.模具数控加工技术.北京：人民邮电出版社，2006.

[2] 朱晓春.先进制造技术.北京：机械工业出版社，2004.

[3] 王隆太.先进制造技术.北京：机械工业出版社，2003.

[4] 李奇，朱江峰，江莹.模具构造与制造.北京：清华大学出版社，2004.

[5] 李基洪，李轩主编.注塑成型技术问答，北京：化学工业出版社，2006.

[6] 周殿田编著.注塑成型与设备维修技术问答.北京：化学工业出版社，2004.

[7] 林巨广，洪国俊，方贵盛.汽车覆盖件模具结构面向对象表示方法的研究.模具工业，2000，（1）：18-21.

[8] 吴雨辰.建立标准件库的几种方法//2000 UGS中国用户论文集.南京：东南大学出版社，2000.

[9] 马闯，周军，钟志华.面向对象知识表示方法在冲压模具初始设计中的应用.模具技术，2001，（1）：3-6.

[10] 黄祖勇.应用UG设计汽车模具//2000 UGS中国用户论文集.南京：东南大学出版社，2000.

[11] 毛雨辉，邱长华.基于知识的雷达典型结构件库的设计与实现.哈尔滨工程大学学报，2007，（8）：924-929.

[12] 龙玲，殷国富，胡新如.多工位级进模具运动仿真技术研究与应用.机械设计与制造，2012，（2）：239-241.

[13] 胡新如，潘行伟，晏平仲.级进模设计制造技术.航空制造技术，2008，（7）：65-67.

[14] 胡新如.航空器、汽车共有技术.航空制造技术，2008，（13）：64-66.

[15] 周殿田，张丽珍编著.注塑挤出成型技术问答.北京：化学工业出版社，2006.

[16] 刘敏江主编.塑料加工技术大全.北京：中国轻工业出版社，2001.

[17] 李基洪，胡在明主编.注塑成型实用新技术.石家庄：河北科学技术出版社，2004.

[18] 姚祝平主编.塑料挤出成型工艺与制品缺陷处理.北京：化学工业出版社，2006.

[19] 崔继耀，谭丽娟编著.注塑成型技术难题解答.北京：国防工业出版社，2007.

[20] 吕炎.锻压成形理论与工艺.北京：机械工业出版社，1991.

[21] 钱汉英等编著.塑料加工实用技术问答.北京：机械工业出版社，2007.

[22] 周殿田编著.注塑成型中的故障与排除.北京：化学工业出版社，2004.

[23] 马鹫卿编著.注塑技工实用技术.北京：国防工业出版社，2007.

[24] 陈世煌，陈可娟.塑料注射成型模具设计.北京：国防工业出版社，2007.

[25] 于红军.工业配件用塑料制品与加工.北京：科学技术文献出版社，2003.

[26] 丁浩主编.塑料工业实用手册.北京：化学工业出版社，2000.

[27] 丁浩主编.塑料应用技术.北京：化学工业出版社，2000.

[28] 童忠良主编.化工产品手册：树脂与塑料分册.北京：化学工业出版社，2008.

[29] [美] Charles a. Harper主编.现代塑料.焦书科，周彦豪等译.北京：中国石化出版社，2003.

[30] 陈海涛、崔春芳.塑料制品加工实用新技术.北京：化学工业出版社，2010.

[31] 方国治、高洋等.塑料制品加工与应用实例.北京：化学工业出版社，2010.

[32] 陈海涛，崔春芳，童忠良.挤出成型技术难题解答.北京：化学工业出版社，2009.

[33] 陈海涛，崔春芳，童忠良.编著塑料模具操作工实用技术问答.北京：化学工业出版社，2008.

[34] 谭小华等.高熔体强度聚丙烯的研究进展.中国塑料，2002，16（7）：1.

[35] 黄成.高熔体强度聚丙烯研究进展.现代塑料加工应用，2001，（13）：5

[36] 吕玉杰等.高熔体强度聚丙烯的研究开发进展.合成树脂及塑料，2000，17（4）：30.

[37] 吴建国等.高熔体强度聚丙烯材料的制备.中国塑料，2000，14（6）.

[38] 吴舜英，徐敬一.泡沫塑料成型.第2版.北京：化学工业出版社，1999.

[39] 周文管，王喜顺．泡沫塑料主要力学性能及其力学模型．塑料科技，2003，6（158）：17.

[40] 陈挺，张广成．丙烯腈/甲基丙烯酸共聚物泡沫塑料的制备与表征．中国塑料，2006，20（3）：70.

[41] 山西省化工研究所编．塑料橡胶加工助剂．北京：化学工业出版社，1983.

[42] 齐贵亮主编．泡沫塑料成型新技术．北京：机械工业出版社，2010.

[43] 陈海涛，塑料包装材料新工艺及应用．北京：化学工业出版社，2011.

[44] 方国治，童忠东，俞俊等．塑料制品疵病分析与质量控制．北京：化学工业出版社，2012.

[45] ［荷兰］克里斯·劳温德尔编著．注射和挤出成型中的统计过程控制-SPC．吴大鸣译．北京：化学工业出版社，2005.

[46] ［美］M. del pilar Norega E. Chris Rauwendaal 编著．挤出过程的问题分析及解决方案．任冬云译．北京：化学工业出版社，2004.

[47] Okamoto K T 著．微孔塑料成型技术．张玉霞译．北京：化学工业出版社，2004.

[48] Sun HL，Sur GS，Mark JE. Microcellular foams from polyethersulfone and polyphenylsulfone preparation and mechanical properties. European Polymer Journal.，2002，38：2373.